项目经理一本通系列丛书

建筑工程项目经理一本通

叶怀祥　主编

中国建材工业出版社

图书在版编目(CIP)数据

建筑工程项目经理一本通/叶怀祥主编. —北京：
中国建材工业出版社，2014.1
（项目经理一本通系列丛书）
ISBN 978-7-5160-0639-9

Ⅰ.①建… Ⅱ.①叶… Ⅲ.①建筑工程—工程项目管
理 Ⅳ.①TU71

中国版本图书馆CIP数据核字(2013)第280356号

建筑工程项目经理一本通
叶怀祥　主编

出版发行：中国建材工业出版社
地　　址：北京市西城区车公庄大街6号
邮　　编：100044
经　　销：全国各地新华书店
印　　刷：北京紫瑞利印刷有限公司
开　　本：850mm×1168mm　1/32
印　　张：17.5
字　　数：487千字
版　　次：2014年1月第1版
印　　次：2014年1月第1次
定　　价：50.00元

本社网址：www.jccbs.com.cn
本书如出现印装质量问题，由我社营销部负责调换。电话：(010)88386906
对本书内容有任何疑问及建议，请与本书责编联系。邮箱：dayi51@sina.com

内容提要

本书根据《建设工程项目管理规范》(GB/T 50206—2006),紧扣“一本通”的编写理念,以建筑工程项目周期为主线,全面系统地介绍了建筑工程项目管理的基础理论和方法。全书主要内容包括概论、建筑工程项目范围管理、建筑工程项目管理规划、建筑工程项目合同管理、建筑工程项目采购管理、建筑工程项目施工现场管理、建筑工程项目进度管理、建筑工程项目质量管理、建筑工程项目成本管理、建筑工程项目职业安全与文明施工管理、建筑工程项目风险管理、建筑工程项目收尾管理等。

本书内容丰富,资料翔实,可供建筑工程项目经理使用,也可供建筑工程施工现场其他管理人员、高等院校相关专业师生参考使用。

前　言

项目管理是一门新兴的管理科学，是现代工程技术、管理理论和项目建设实践相结合的产物，它经过数十年的发展和完善已日趋成熟，并以经济上的明显效益在各发达工业国家得到广泛应用。实践证明，在经济建设领域中，特别是在建筑工程施工中实施项目管理，对于提高工程质量、缩短工期、节约成本等方面都具有十分重要的意义。

项目经理就是受企业法人代表人委托对工程项目施工过程全面负责的项目管理者，是企业法定代表在工程项目上的代表人，是工程项目目标的全面实现者，既要对建设单位的成果性目标负责，又要对施工企业的效率性目标负责，在施工活动中占有举足轻重的地位。项目经理是一个项目全面管理的核心和焦点。项目经理的职责和工作性质决定了其必须具有一定的个人素质、良好的知识结构、丰富的工程经验、协调和组织能力以及良好的判断力。任何一种能力的欠缺都会给项目管理带来影响，甚至导致项目的失败。

工程项目经理制在我国已推行了多年，并且形成了一套较为系统的理论、经验和方法，初步形成了一支较为庞大的项目经理队伍。项目经理应运用系统工程的观点、理论和方法，对工程建设的全过程进行全方位的管理，实现生产要素在工程项目上的优化配置，为用户提供优质产品。近年来，随着我国国民经济不断快速地向前发展，工程项目管理水平也得到了空前迅猛的发展与提高，这对广大工程建设项目经理如何不断提高自身的工程项目管理水平提出了更高的要求。为帮助工程建设施工企业培训、选拔和培养优秀项目经理，以确保其在激烈的市场竞争时立于不败之地，我们组织相关方面的专家学者编写了《项目经理一本通系列丛书》。

丛书与市面上同类图书相比，具有如下特点：

（1）紧扣一本通。所谓“一本通”，就是使读者通过一本书的学习即能切实了解、掌握在实际工作中所需求的各类知识、技能，达到学以致用的目的。为此，本系列丛书在编写中，注意图书内容编写的全面性、完整性与实用性，全面涵盖了项目经理应知、应会的基础知识，做到切实能为相关从业人员答疑解惑的目的，方便读者学习、查阅。

（2）体现先进性。当今社会科技飞速发展，各种建筑施工新技术、新材料、新设备、新工艺层出不求，各种管理方法、手段也在不断发展、成熟、完善。为此，本系列丛书在编写过程中，注意参阅行业内最前沿的科技书籍，关注行业的相关发展，保证图书内容的先进性与适用性，满足读者对新科技应用的知识需求。

（3）使用更方便。本系列丛书资料丰富，内容翔实，图文并茂，编写体例清晰易查，编写语言通俗易懂，阐述详略得当，方便读者学习理解，特别适合现场管理时随查随用。

（4）专业更具体。本系列丛书包括《建筑工程项目经理一本通》、《市政工程项目经理一本通》、《公路工程项目经理一本通》、《水利水电工程项目经理一本通》四个分册，分别针对建筑工程、市政工程、公路工程、水利水电工程各专业进行了具体讲解，便于各专业项目经理有针对性地查阅、学习相关专业知识。

由于编写时间仓促，加之编者经验水平有限，丛书中错误及不当之处，敬请广大读者批评指正。

编　者

目　录

第一章　概论 …………………………………………………… (1)
第一节　项目经理 ……………………………………………… (1)
一、项目经理的地位与作用 ……………………………………… (1)
二、项目经理与注册建造师的关系 ………………………………… (3)
三、项目经理的能力要求 ………………………………………… (3)
四、项目经理的素质要求 ………………………………………… (5)
五、项目经理的选择与培养 ……………………………………… (7)
六、项目经理工作内容 …………………………………………… (9)
七、项目经理工作方法 …………………………………………… (11)
八、项目经理工作职责与权限 …………………………………… (12)
九、项目经理的利益与奖罚 ……………………………………… (14)
第二节　项目经理责任制 ………………………………………… (15)
一、项目经理责任制的主体与特征 ……………………………… (15)
二、项目管理目标责任书的编制与考核 ………………………… (16)
三、项目经理责任制的实施条件与实施重点 …………………… (18)
四、项目经理对企业经理的承包责任制 ………………………… (19)
五、项目经理与本部其他人员的责任制 ………………………… (20)
第三节　项目经理部 ……………………………………………… (20)
一、项目经理部的性质与作用 …………………………………… (20)
二、项目经理部的部门设置与人员配置 ………………………… (22)
三、项目经理部的建立与运作 …………………………………… (24)
四、项目经理部的职责与工作制度 ……………………………… (29)
五、项目经理部管理制度的建立 ………………………………… (34)
六、项目经理部的解体 …………………………………………… (36)
第四节　建筑工程项目团队建设 ………………………………… (38)
一、项目团队建设的重要性 ……………………………………… (38)

二、项目团队建设的要求与程序 …………………………… (38)
三、项目团队建设的方法 ………………………………………… (40)
第二章　建筑工程项目范围管理 ………………………………… (43)
第一节　项目范围管理概述 ……………………………………… (43)
一、项目范围管理的目的 ………………………………………… (43)
二、项目范围管理的对象 ………………………………………… (43)
三、项目范围管理的内容 ………………………………………… (43)
四、项目范围管理的经验总结 …………………………………… (44)
第二节　建筑工程项目范围确定 ………………………………… (44)
一、影响建筑工程项目范围确定的因素 ………………………… (45)
二、建筑工程项目范围确定的依据 ……………………………… (46)
三、建筑工程项目范围确定的过程 ……………………………… (46)
四、建筑工程项目范围确定的工作内容 ………………………… (47)
五、建筑工程项目范围确定的方法 ……………………………… (49)
第三节　建筑工程项目结构分析 ………………………………… (49)
一、项目分解 ……………………………………………………… (49)
二、工作单元定义 ………………………………………………… (52)
三、工作界面分析 ………………………………………………… (53)
四、工作分解结构 ………………………………………………… (54)
第四节　建筑工程项目范围控制 ………………………………… (58)
一、建筑工程项目范围控制的要求 ……………………………… (58)
二、项目范围变更管理 …………………………………………… (59)
第三章　建筑工程项目管理规划 ………………………………… (61)
第一节　建筑工程项目管理规划概述 …………………………… (61)
一、建筑工程项目管理规划的作用 ……………………………… (61)
二、建筑工程项目管理规划的基本要求 ………………………… (61)
三、建筑工程项目管理规划与施工组织设计的区别 …………… (62)
第二节　建筑工程项目管理规划大纲 …………………………… (63)
一、建筑工程项目管理规划大纲的特点 ………………………… (63)
二、建筑工程项目管理规划大纲的内容 ………………………… (64)

三、建筑工程项目管理规划大纲的编制 …………………… (67)
四、建筑工程项目管理规划大纲编制实例 ………………… (73)
第三节 建筑工程项目管理实施规划 ………………………… (100)
一、建筑工程项目管理实施规划的特点 ………………… (100)
二、建筑工程项目管理实施规划的要求 ………………… (101)
三、建筑工程项目管理实施规划的编制 ………………… (101)
四、建筑工程项目管理实施规划编制实例 ……………… (103)
第四章 建筑工程项目合同管理 ………………………… (114)
第一节 项目合同管理概述 ……………………………………… (114)
一、项目合同管理的目标 …………………………………… (114)
二、项目合同管理的特点 …………………………………… (115)
三、建筑工程项目合同管理 ………………………………… (117)
第二节 建筑工程项目合同评审 ……………………………… (122)
一、招标文件分析 …………………………………………… (122)
二、合同合法性审查 ………………………………………… (125)
三、合同条款的完备性审查 ………………………………… (126)
四、合同双方责任、权益和项目范围认定 ……………… (127)
五、与产品或过程有关要求的评审 ……………………… (127)
六、合同风险评估 …………………………………………… (128)
第三节 建筑工程项目合同实施计划 ………………………… (131)
一、建筑工程项目合同施工总体策划 …………………… (131)
二、建筑工程项目合同施工分包策划 …………………… (135)
三、建筑工程项目合同实施保证体系的建立 …………… (137)
第四节 建筑工程项目合同实施控制 ………………………… (140)
一、建筑工程项目合同交底 ………………………………… (140)
二、建筑工程项目合同跟踪与诊断 ……………………… (141)
三、建筑工程项目合同变更管理 ………………………… (146)
四、建筑工程项目合同索赔管理 ………………………… (154)
五、建筑工程项目合同反索赔 …………………………… (179)
第五节 建筑工程项目合同终止与评价 …………………… (186)

一、项目合同终止 …… (186)
二、项目合同评价 …… (189)
第五章　建筑工程项目采购管理 …… (192)
第一节　建筑工程项目采购管理模式与制度 …… (192)
一、建筑工程项目采购管理模式 …… (192)
二、建筑工程项目采购管理制度 …… (198)
第二节　建筑工程项目采购计划编制 …… (199)
一、准备认证计划 …… (200)
二、评估认证需求 …… (201)
三、计算认证容量 …… (202)
四、制订认证计划 …… (203)
五、准备订单计划 …… (204)
六、评估订单需求 …… (205)
七、计算订单容量 …… (206)
八、制订订单计划 …… (207)
第三节　建筑工程项目采购控制 …… (208)
一、建筑工程项目采购工作方式 …… (208)
二、建筑工程项目采购计价 …… (210)
三、建筑工程项目采购订单 …… (212)
四、建筑工程项目采购合同控制 …… (213)
五、建筑工程项目采购作业控制 …… (214)
六、建筑工程项目采购验收 …… (216)
第六章　建筑工程项目施工现场管理 …… (218)
第一节　施工现场生产要素管理 …… (218)
一、生产要素管理过程 …… (218)
二、人力资源管理 …… (221)
三、材料管理 …… (235)
四、机械设备管理 …… (250)
五、技术管理 …… (258)
六、资金管理 …… (261)

第二节 施工现场临时设施管理 …………………………… (271)
一、施工现场临时建筑物管理 …………………………… (271)
二、施工现场临时用电管理 ……………………………… (272)
三、施工现场临时用水管理 ……………………………… (273)
第三节 施工现场环境管理 ……………………………… (275)
一、建筑工程项目环境管理体系建立 ………………… (275)
二、建筑工程项目环境管理程序与内容 ……………… (279)
三、建筑工程项目施工区环境卫生管理 ……………… (280)
四、建筑工程项目生活区环境卫生管理 ……………… (282)
五、建筑工程项目现场安全色标管理 ………………… (285)
第四节 施工现场沟通与协调管理 ……………………… (287)
一、建筑工程项目沟通与协调的对象 ………………… (287)
二、建筑工程项目沟通与协调的依据 ………………… (288)
三、建筑工程项目沟通与协调的程序 ………………… (288)
四、建筑工程项目沟通障碍与冲突管理 ……………… (293)
第五节 施工现场信息管理 ……………………………… (295)
一、建筑工程项目信息的分类 ………………………… (295)
二、建筑工程项目信息管理体系 ……………………… (297)
三、建筑工程项目信息编码系统 ……………………… (300)
四、建筑工程项目信息管理任务 ……………………… (301)
五、建筑工程项目信息管理要求 ……………………… (302)
六、建筑工程项目信息流程与过程管理 ……………… (303)
七、建筑工程项目信息安全管理 ……………………… (313)
第七章 建筑工程项目进度管理 ………………………… (317)
第一节 建筑工程项目进度管理概述 …………………… (317)
一、建筑工程项目进度管理原理 ……………………… (317)
二、建筑工程项目进度管理目的与任务 ……………… (318)
三、建筑工程项目进度管理方法和措施 ……………… (319)
第二节 建筑工程项目进度管理体系 …………………… (320)
一、建筑工程项目进度管理目标体系 ………………… (320)

二、建筑工程项目进度计划系统 …………………………… (321)
第三节　建筑工程项目目标计划管理 ………………………… (322)
一、建筑工程项目进度管理目标的确定 ………………………… (323)
二、建筑工程项目施工总进度计划的编制 ……………………… (324)
三、建筑单位工程施工进度计划的编制 ………………………… (326)
第四节　建筑工程项目施工组织计划与进度控制 ……………… (327)
一、流水施工方法特点与形式 …………………………………… (327)
二、网络计划技术在项目管理中的应用阶段和步骤 …………… (333)
三、建筑工程项目进度计划的实施 ……………………………… (340)
四、建筑工程项目进度计划的检查 ……………………………… (343)
五、建筑工程项目进度计划的调整 ……………………………… (344)
第八章　建筑工程项目质量管理 ……………………………… (348)
第一节　质量管理概述 ………………………………………… (348)
一、质量管理特点 ………………………………………………… (348)
二、质量管理原则 ………………………………………………… (349)
三、质量管理方法 ………………………………………………… (350)
四、建筑工程项目质量管理关键环节 …………………………… (355)
第二节　建筑工程项目质量管理体系 ………………………… (357)
一、质量体系与质量管理体系 …………………………………… (357)
二、建筑工程项目质量管理体系的要素 ………………………… (358)
三、建筑工程项目质量管理体系的构成 ………………………… (360)
四、建筑工程项目质量管理体系的建立 ………………………… (360)
五、建筑工程项目质量控制系统的运行 ………………………… (361)
第三节　建筑工程项目质量策划 ……………………………… (361)
一、建筑工程项目质量控制的目标 ……………………………… (362)
二、建筑工程项目质量策划的依据 ……………………………… (363)
三、建筑工程项目质量策划的方法与步骤 ……………………… (363)
四、建筑工程项目质量计划的编制 ……………………………… (366)
五、建筑工程项目质量策划的实施 ……………………………… (372)
第四节　建筑工程项目施工准备阶段质量控制 ……………… (374)

一、建筑工程施工准备阶段质量控制的内容 …………………(374)
二、建筑工程项目设计质量控制 ………………………………(374)
三、建筑工程项目材料质量控制 ………………………………(375)
第五节 建筑工程项目施工阶段质量控制 ……………………(378)
一、建筑工程项目施工阶段质量控制的内容 …………………(378)
二、建筑工程项目施工工序质量控制的原理和步骤 …………(379)
三、建筑工程项目施工工序质量控制的关键 …………………(380)
四、建筑工程项目施工质量控制点的设置 ……………………(380)
五、建筑工程项目施工质量预控 ………………………………(381)
六、建筑工程项目施工工序质量检验 …………………………(383)
七、成品保护 ……………………………………………………(384)
第六节 建筑工程项目竣工验收阶段质量控制 ………………(385)
一、建筑工程项目竣工验收阶段质量控制内容 ………………(385)
二、建筑工程项目竣工验收阶段质量检查 ……………………(386)
三、建筑工程项目质量的政府监督 ……………………………(387)
第七节 建筑工程项目质量事故分析与处理 …………………(388)
一、建筑工程项目质量事故分类 ………………………………(388)
二、建筑工程项目质量事故处理权限 …………………………(389)
三、建筑工程项目质量问题发生原因分析 ……………………(391)
四、建筑工程项目质量问题处理 ………………………………(392)
第八节 建筑工程项目质量保证与质量改进 …………………(397)
一、建筑工程项目质量保证 ……………………………………(397)
二、建筑工程项目质量改进 ……………………………………(397)
第九章 建筑工程项目成本管理 ……………………………(399)
第一节 建筑工程项目全面成本管理责任体系 ………………(399)
一、建筑工程项目成本管理责任体系重要性 …………………(399)
二、建筑工程项目全面成本管理责任体系特征 ………………(399)
三、建筑工程项目全面成本管理责任体系内容 ………………(401)
第二节 建筑工程项目成本费用构成 …………………………(401)
一、按费用构成要素划分 ………………………………………(401)

二、按造价组成要素划分 ……………………………………………… (410)
第三节　建筑工程项目经理部的成本管理工作 ………………… (414)
一、建筑工程项目成本计划 …………………………………………… (414)
二、建筑工程项目成本控制 …………………………………………… (417)
三、建筑工程项目成本核算 …………………………………………… (425)
四、建筑工程项目成本分析 …………………………………………… (433)
五、建筑工程项目成本考核 …………………………………………… (437)
第十章　建筑工程项目职业安全与文明施工管理 …… (441)
第一节　建筑工程项目职业安全管理概述 ……………………… (441)
一、建筑工程项目职业安全管理概念 ……………………………… (441)
二、建筑工程项目职业安全管理内容 ……………………………… (442)
三、建筑工程项目职业安全管理基本要求 ………………………… (443)
四、建筑工程项目职业安全与其相关要素关系 …………………… (444)
五、建筑工程项目职业安全管理“六个坚持”原则 ………… (446)
第二节　建筑工程项目职业安全管理体系 ……………………… (448)
一、职业健康安全管理体系的作用和意义 ………………………… (448)
二、职业健康安全管理体系的目标 ………………………………… (449)
三、职业健康安全管理体系的建立原则 …………………………… (450)
四、职业健康安全管理体系的管理职责 …………………………… (451)
第三节　建筑工程项目职业安全技术措施计划 ………………… (452)
一、职业健康安全技术措施编制 …………………………………… (452)
二、职业健康安全技术措施计划的重要性 ………………………… (455)
三、职业健康安全技术措施计划的编制 …………………………… (456)
四、职业健康安全技术措施计划的实施 …………………………… (458)
第四节　建筑工程项目职业健康安全隐患和事故处理 …… (476)
一、职业健康安全隐患 ……………………………………………… (476)
二、职业健康安全事故 ……………………………………………… (478)
三、工程建设重大事故 ……………………………………………… (482)
第五节　建筑工程项目消防保安 ………………………………… (485)
一、消防管理 ………………………………………………………… (485)

二、保安管理 …………………………………………………… (485)
第六节 建筑工程项目文明施工管理 ………………………… (486)
一、建筑工程项目文明施工的主要内容 ……………………… (486)
二、建筑工程项目文明施工的基本要求 ……………………… (486)
第十一章 建筑工程项目风险管理 …………………………… (488)
第一节 工程建设风险概述 ………………………………… (488)
一、工程建设风险的类型 ……………………………………… (488)
二、工程建设风险管理的重要性 ……………………………… (489)
三、工程建设风险管理的目标 ………………………………… (490)
四、工程建设风险管理的过程 ………………………………… (490)
第二节 工程建设风险识别 ………………………………… (490)
一、风险识别的原则 …………………………………………… (490)
二、风险识别的过程 …………………………………………… (491)
三、风险识别的方法 …………………………………………… (492)
第三节 工程建设风险评估 ………………………………… (494)
一、风险评估的内容 …………………………………………… (495)
二、风险评估分析的步骤 ……………………………………… (498)
三、风险程度分析的方法 ……………………………………… (499)
第四节 工程建设风险响应 ………………………………… (503)
一、风险规避 …………………………………………………… (503)
二、风险减轻 …………………………………………………… (504)
三、风险转移 …………………………………………………… (504)
四、风险自留 …………………………………………………… (505)
第五节 工程建设风险控制 ………………………………… (506)
一、风险预警 …………………………………………………… (506)
二、风险监控 …………………………………………………… (506)
三、风险应急计划 ……………………………………………… (507)
第十二章 建筑工程项目收尾管理 …………………………… (509)
第一节 项目竣工收尾 ……………………………………… (509)
一、项目竣工计划的编制 ……………………………………… (509)

二、项目竣工自检 …………………………………………………… (511)
第二节 项目竣工验收 ……………………………………………… (512)
一、建筑工程项目竣工验收的范围 …………………………… (512)
二、建筑工程项目竣工验收的方式与程序 …………………… (513)
三、建筑工程项目管理竣工验收的依据 ……………………… (515)
四、建筑工程项目竣工验收的标准 …………………………… (516)
五、建筑工程项目竣工验收的内容 …………………………… (517)
六、建筑工程项目竣工验收报告 ……………………………… (519)
七、工程项目文件的归档管理 ………………………………… (523)
第三节 项目竣工结算 ……………………………………………… (525)
一、建筑工程项目竣工结算的编制 …………………………… (525)
二、建筑工程项目竣工结算的办理 …………………………… (526)
三、建筑工程项目工程价款的结算 …………………………… (527)
第四节 项目竣工决算 ……………………………………………… (530)
一、建筑工程项目竣工决算的编制 …………………………… (530)
二、建筑工程项目竣工决算的审查 …………………………… (533)
第五节 项目回访保修 ……………………………………………… (533)
一、建筑工程项目回访工作方式 ……………………………… (534)
二、建筑工程项目回访工作计划的编制 ……………………… (535)
三、建筑工程质量保修书 ……………………………………… (535)
第六节 项目考核评价 ……………………………………………… (538)
一、建筑工程项目考核评价方式 ……………………………… (538)
二、建筑工程项目考核评价指标 ……………………………… (538)
三、建筑工程项目考核评价程序 ……………………………… (541)
四、建筑工程项目管理总结 …………………………………… (542)
参考文献 …………………………………………………………… (543)

第一章　概　　论

第一节　项目经理

一、项目经理的地位与作用

1. 项目经理的地位

一个施工项目是一项整体任务，有统一的最高目标，按照管理学的基本原则，需要设专人负责，才能保证其目标的实现。这个负责人就是施工项目经理。

施工项目经理是施工项目的中心，在施工活动中占有举足轻重的地位。第一，施工项目经理是施工企业法人代表（施工企业经理）在项目上的代理人。施工企业是法人，企业经理是法人代表，一般情况下企业经理不会直接对每个建筑单位负责，而是由施工项目经理在授权范围内对建设单位直接负责。第二，施工项目经理是施工项目全过程所有工作的主要负责人，企业项目承包责任者，项目动态管理的体现者，项目生产要素合理投入和优化组合的组织者。总之，施工项目经理是施工项目目标的全面实现者，既要对建设单位的成果性目标负责，又要对施工企业的效率性目标负责，必须具备以下四个方面条件：

（1）项目经理是施工承包企业法人代表在项目上的全权委托代理人。从企业内部看，项目经理是施工项目全过程所有工作的总负责人，是项目的总责任人，是项目动态管理的体现者，是项目生产要素合理投入和优化组合的组织者。从对外方面看，作为企业法人代表的企业经理，不直接对每个建设单位负责，而是由项目经理在授权范围内对建设单位直接负责。

（2）项目经理是协调各方面关系，使之相互紧密协作、配合的桥梁和纽带。他对项目管理目标的实现承担着全部责任，即承担合同责任，履行合同义务，执行合同条款，处理合同纠纷，受法律的约束和保护。

(3)项目经理对项目实施进行控制，是各种信息的集散中心。所有信息通过各种渠道汇集到项目经理的手中，项目经理又通过指令、计划和“办法”，对下、对外发布信息，通过信息的集散达到控制的目的，使项目管理取得成功。

(4)项目经理是施工项目责、权、利的主体。项目经理是项目总体的组织管理者，即是项目中人、财、物、技术、信息和管理等所有生产要素的组织管理人。他不同于技术、财务等专业的总负责人。项目经理必须把组织管理职责放在首位。项目经理必须是项目的责任主体，是实现项目目标的最高责任者，而且目标的实现还应该不超出限定的资源条件。责任是实现项目经理责任制的核心，它构成了项目经理工作的压力和动力，是确定项目经理权力和利益的依据。对项目经理的上级管理部门来说，最重要的工作首先是把项目经理的这种压力转化为动力。其次项目经理必须是项目的权力主体。权力是确保项目经理能够承担起责任的条件与手段，所以权力的范围，必须视项目经理责任的要求而定。如果没有必要的权力，项目经理就无法对工作负责。项目经理还必须是项目的利益主体。利益是项目经理工作的动力，是由于项目经理负有相应的责任而得到的报酬，所以利益的形式及利益的多少也应该视项目经理的责任而定。如果没有一定的利益，项目经理就不愿负有相应的责任，也不会认真行使相应的权力，项目经理也难以处理好国家、企业和职工之间的利益关系。

2. 项目经理的作用

项目经理在施工企业中的中心地位，对企业的盛衰起关键作用。所谓“千军易得，一将难求”。项目经理是将帅之才，在企业中的作用主要表现在以下几个方面：

(1)确定企业发展方向与目标，并组织实施。

(2)建立精干高效的经营管理机构，并适应形势与环境的变化及时做出调整。

(3)制定科学的企业管理制度，并严格执行。

(4)合理配置资源,将企业资金同其他生产要素有效地结合起来,使各种资源充分发挥作用,创造更多利润。

(5)协调各方面的利害关系,包括投资者、劳动者和社会各方面的利益关系,各得其所,调动各方面的积极性,实现企业总体目标。

(6)造就人才、培训职工,公平、合理地选拔和使用人才,使其各尽所能,心情舒畅地为企业献身。

(7)不断创新,采取多种措施鼓励和支持不断更新企业的机构、技术、管理和产品(服务),使企业永葆青春。

二、项目经理与注册建造师的关系

施工项目经理是施工企业某一具体工程项目施工的主要负责人,其职责是根据企业法定代表人的授权,对施工项目自开工准备至竣工验收,实施全面的组织管理。注册建造师是指通过考核认定或考试合格取得中华人民共和国建造师资格证书,并按照《注册建造师管理规定》,取得注册执业证书和执业印章,担任施工单位项目负责人及从事相关活动的专业技术人员。

注册建造师与施工项目经理都是从事建设工程的管理,但在地位上有很大不同。建造师执业的覆盖面广,可涉及工程建设项目管理的许多方面,担任施工项目经理只是建造师执业范围中的一项;而施工项目经理仅限于施工企业内某一工程的项目管理。

建造师选择工作的权力相对自主,可在社会市场上有序流动,有较大的活动空间;施工项目经理岗位则是企业设定,企业法人代表授权或聘用的一次性的工程项目施工管理者。

应明确:大中型工程项目的项目经理必须由取得建造师执业资格的建造师担任;小型工程项目的项目经理可以由不是建造师的人员担任。

三、项目经理的能力要求

高素质的项目经理是施工企业立足市场谋求发展之本,是施工企业竞争取胜的重要砝码。项目经理的个性不同,爱好也不一样,但在项目管理中,对项目经理的基本要求则是相同的。这不仅是指项目经理要取得某个级别的资质证书，而且要求项目经理应具备一定能力。

1. 科学的组织领导能力

管理一个项目，需要领导和组织项目班子。项目上虽有人、财、物等多种因素，但项目经理最主要的还是与人打交道，要知人善任、用人所长，善于组织、协调，要充分发挥自身的组织、领导才能，构筑一个团结、和谐的项目班子。在施工过程中会碰到许多问题，有时会遇到很难处理的问题，这就要求项目经理要清醒、冷静，具有一定的涵养，能够合理、妥善地解决问题。同时还要求项目经理具有敬业精神、职业道德，要有挑战困难和坚持到底的勇气和毅力。

2. 合同履约能力

从计划经济的项目管理转变为市场经济的项目管理，最大的变化是项目管理的方式，即从行政管理转变为合同管理，从行政关系转变为合同关系。因此，现代企业的项目经理应该是履行合同的专家。如今企业早已到了理性经营阶段、科学管理阶段，项目经理应该会谈判，善谈判，会签合同，更要会履行合同并在合同履行过程中依法索赔。

3. 程序优化能力

一个合同的项目经理在组织好项目队伍的前提下，还要科学组织施工程序，即项目经理还应具有程序优化能力。有程序优化能力的项目经理管理的项目就会井井有条；反之，会手忙脚乱，顾此失彼。项目经理应该从优化程序上下功夫，要学会应用统筹技术等现代化的科学管理方法和手段，找出主要矛盾点，找准影响工期、质量的关键工序，制定相应措施，就一定能确保项目的工期和质量。

4. 风险控制能力

作为项目经理是要承担风险的。建设过程本身就存在风险。取费中还有一项叫不可预见费，即风险费。施工过程中处理风险有以下几种手段：

(1)承认风险，风险自留，愿意承担这个风险。

(2)不想承担这个风险，通过一定的方法转移风险，交给别人去承担。如通过投保交给保险公司去承担风险。

(3)减小风险,本来风险很大,通过各种技术措施将风险减到最小,如担保。

5. 依法维权能力

作为一个现代企业的项目经理要学法、懂法、懂制度、懂规章。在工程建设中如果不懂标准,不熟悉有关的法律、法规,在项目管理中出现违法经营、违章指挥、违规作业的“三违”现象,将会造成安全质量事故,甚至触犯法律。所以,项目经理一定要学法、用法,一方面避免自己犯法;另一方面也要学会正确运用法律维护自己的权益和利益。

6. 提炼、总结能力

一个项目经理要会总结,善于总结。在项目管理中要注意总结经验教训,要经过认真思考,提炼、总结出有价值的东西,以指导今后的工作。

7. 提升价值能力

企业的生存发展需要人才,一个企业只有具有丰富的人才资源,企业的综合实力才会增强,才能在市场竞争中永远立于不败之地。项目经理作为企业人才资源的重要组成部分,他的作用不可忽视。一个优秀的项目经理,可以给企业带来良好的信誉和无限的商机,给他所在的企业带来巨大的利润。项目经理要不断丰富自己的内涵,要善于用知识、用良好的业绩来包装自己,以达到不断提升自身价值的目的。

四、项目经理的素质要求

1. 政治素质

施工项目经理是建筑施工企业的重要管理者,应具备较高的政治素质,必须具有思想觉悟高、政策观念强的道德品质,在施工项目管理中能认真执行党和国家的方针、政策,遵守国家的法律和地方法规,执行上级主管部门的有关决定,自觉维护国家的利益,保护国家财产,正确处理国家、企业和职工三者的利益关系。

2. 领导素质

施工项目经理是一名领导者,应具有较高的组织领导工作能力,具体应满足下列要求：

(1)博学多识，通情明理。即具有现代管理、科学技术、心理学等基础知识，见多识广，眼界开阔，通人情，达事理。

(2)多谋善断，灵活机变。即具有独立解决问题和与外界洽谈业务的能力，点子多，办法多，善于选择最佳的主意和办法，能当机立断地去实行。当情况发生变化时，能够随机应变地追踪决策，见机处理。

(3)知人善任，善与人同。即要知人所长，知人所短，用其所长，避其所短，尊贤爱才，大公无私，不任人唯亲，不任人唯资，不任人唯顺，不任人唯全。宽容大度，有容人之量。善于与人求同存异，与大家同心同德，与下属共享荣誉与利益，劳苦在先，享受在后，关心别人胜于关心自己。

(4)公道正直，以身作则。即要求下属的，自己首先做到；定下的制度、纪律，自己首先遵守。

(5)铁面无私，赏罚严明。即对被领导者赏功罚过，不讲情面，以此建立管理权威，提高管理效率。赏要从严，罚要谨慎。

(6)在哲学素养方面，项目经理必须有讲求效率的“时间观”，能取得人际关系主动权的“思维观”，在处理问题时注意目标和方向、构成因素、相互关系的“系统观”。

3. 知识素质

施工项目经理应取得建造师资格或具有相应学历和文凭，懂得建筑施工技术知识、经营管理知识和法律知识，了解项目管理的基本知识，懂得施工项目管理的规律；具有较强的决策能力、组织能力、指挥能力、应变能力；能够带领经理班子成员，团结广大群众共同工作。

4. 实践经验

每个项目经理，必须具有一定的施工实践经历和按规定经过一段实际锻炼。只有具备了实践经验，才会处理各种可能遇到的实际问题。

5. 身体素质

由于施工项目经理不但要担当繁重的工作，而且工作条件和生活条件因现场性强而相当艰苦。因此，必须年富力强，具有健康的身体，以便保持充沛的精力和旺盛的意志。

五、项目经理的选择与培养

(一)项目经理的选择

项目经理是决定“项目法”施工的关键,在推行施工项目经理负责制时,首先应研究如何选择出合格的项目经理。

施工项目经理的选择主要有两方面的内容:一是选择什么样素质的人担任项目经理;二是通过什么样的方式与程序选出项目经理。

1. 选择项目经理应坚持的原则

(1)选择的方式必须有利于选聘适合项目管理的人担任项目经理。

(2)产生的程序必须经过具有一定的审查资质的监督机制。

(3)最后决定人选必须按照“党委把关、经理聘任、合同约定”的原则由企业经理任命。

2. 选择项目经理应注意的事项

(1)施工项目经理工作的特点是任务繁重、紧张,工作具有挑战性和创新开拓性。一般项目经理应该具有较好的体质,充沛的精力和开拓进取的精神,而且这方面的素质难以靠聘请其他组织或个人去完成。

(2)必须把施工企业的工程任务作为一个有机的完整系统、一个项目来管理,实行项目经理个人全面负责制。所以,项目经理的素质必须较为全面,能够独当一面,具有独立决策的工作能力。如果某一方面能力弱一些,必须在项目经理小组配备该方面能力较强的人才。

(3)由于项目经理遇到的许多问题都具有“非程序性”、“例外性”,难以直接用从书本上学习到的现成理论知识去套用,必须靠实践经验,所以施工项目经理一般应有一定年限的工作经验。

(4)由于项目经理要对项目的全部工作负责,处理众多的企业内外部人际关系,所以必须具有较强的组织管理、协调人际关系的能力,这方面的能力比技术能力更重要。

3. 选择项目经理的形式

(1)经理委任制。委任的范围一般限于企业内部在聘干部,其程序是经过经理提名,组织人事部门考察,党政联席办公会议决定。这种方式要求组织人事部门严格考核,公司经理知人善任。

(2)竞争招聘制。招聘的范围可面向社会,但要本着先内后外的原则,其程序是:个人自荐,组织审查,答辩演讲,择优选聘。这种方式既可选优,又可增强项目经理的竞争意识和责任心。

(3)基层推荐、内部协调制。这种方式一般是企业各基层施工队或劳务作业队向公司推荐若干人选,然后由人事组织部门集中各方面意见,进行严格考核后,提出拟聘用人选,报企业党政联席会议研究决定。

选拔项目经理的程序、方法、对象可参考图 1-1。

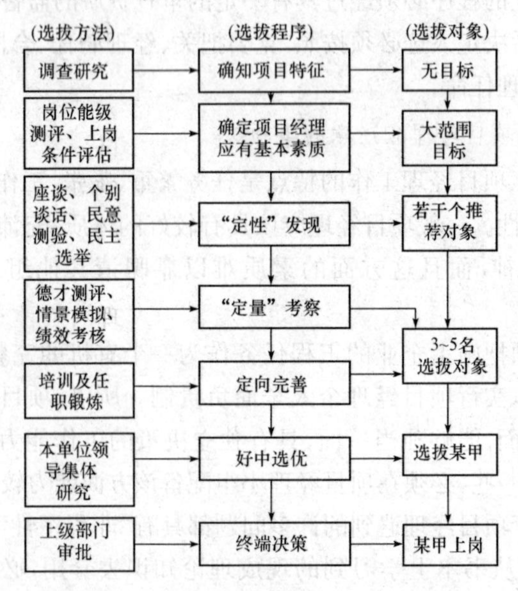

图 1-1　选拔项目经理的程序、方法、对象关系图

(二)项目经理的培养

现代社会已经把工程项目管理人员(包括项目经理)当作一个专

业,在学校中进行有计划的人才培养,克服目前项目经理人才资源的匮乏状况。可以在大学培训,再进行实际锻炼;也可以从实际工作中抽调人员到大学有计划地进行在职培训。

当前,施工企业可以从工程师、经济师以及有专业专长的工程管理技术人员中,注意发现那些熟悉专业技术,懂得管理知识,表现出有较强组织能力、社会活动能力和兴趣比较广泛的人,经过基本素质考察后,作为项目经理预备人才有目的的加以培养,主要是在取得专业工作经验以后,给予从事项目管理的锻炼机会,既挑担子,又接受考察,使之逐步具备项目经理条件,然后上岗。在锻炼中,重点内容是项目的设计、施工、采购和管理知识及技能,对项目计划安排、网络计划编排、工程概预算和估算、招标投标工作、合同业务、质量检验、技术措施制定及财务结算等工作,均要给予学习和锻炼机会。

大中型工程的项目经理,在上岗前要在别的项目经理的带领下,接受项目副经理、助理或见习项目经理的锻炼,或独立承担过小型项目经理工作。经过锻炼,有了经验,并证明确实有担任大中型工程项目经理的能力后,才能委以中型项目经理的重任。但在初期,还应给予指导、培养与考核,使其眼界进一步开阔,经验逐步丰富,成为德才兼备、理论和实践兼能、技术和经济兼通、管理与组织兼行的项目经理。

总之,经过培养和锻炼,建设工程项目经理的工程专业知识和项目管理能力才能提高,才能承担重大工程项目的经理重任。

六、项目经理工作内容

1. 基本工作内容

(1)规划施工项目管理目标。业主单位项目经理所要规划的是该项目建设的最终目标,即增加或提供一定的生产能力或使用价值,形成固定资产。这个总目标有投资控制目标、设计控制目标、施工控制目标和时间控制目标等。作为施工单位项目经理则应当对质量、工期、成本目标做出规划;应当组织项目经理班子对目标系统做出详细规划,绘制展开图,进行目标管理。

(2)制定规范。基础工作是建立合理而有效的项目管理组织机构及制定重要规章制度,从而保证规划目标的实现。规章制度必须符合现代管理基本原理,特别是“系统原理”和“封闭原理”。规章制度必须面向全体职工,使他们乐意接受,以利于推进规划目标的实现。规章制度绝大多数由项目经理班子或执行机构制定,项目经理给予审批、督促和效果考核。项目经理亲自主持制定的制度,一个是岗位责任制,一个是赏罚制度。

(3)选用人才。项目经理必须下一番功夫去选择好项目经理班子成员及主要的业务人员。项目经理在选人时,首先要掌握“用最少的人干最多的事”的基本效率原则,要选得其才,用得其能,置得其所。

2. 日常工作内容

(1)决策。项目经理对重大决策必须按照完整的科学方法进行。项目经理不需要包揽一切决策,只有如下两种情况要及时明确地做出决断:一是出现了例外性事件,例如特别的合同变更,对某种特殊材料的采购,领导重要指示的执行决策等;二是下级请示的重大问题,即涉及项目目标的全局性问题,项目经理要及时明确地做出决断。项目经理可不直接回答下属问题,只直接回答下属建议。决策要及时、明确,不要含糊不清。

(2)联系群众。项目经理必须密切联系群众,经常深入实际,这样才能体察下情,发现问题,便于开展领导工作。要帮助群众解决问题,把关键工作做在最恰当的时候。

(3)实施合同。对合同中确定的各项目标的实现进行有效的协调与控制,协调各种关系,组织全体职工实现工期、质量、成本、安全、文明施工目标,提高经济利益。

(4)学习。项目管理涉及现代生产、科学技术、经营管理,它往往集中了这三者的最新成就。故项目经理必须事先学习,干中学习。事实上,群众的水平在不断提高,项目经理如果不学习,就不能很好地领导水平提高了的下属,也不能很好地解决出现的新问题。项目经理必须不断抛弃老化的知识,学习新知识、新思想和新方法。要跟上改革的形势,推进管理改革,使各项管理能与国际惯例接轨。

七、项目经理工作方法

项目经理的工作千头万绪，其工作方法也因人而异，各有千秋。但从国内外许多成功的项目经理的实践和体会来看，他们大多强调“以人为本”，进行生产经营管理，实现对项目的有效领导。

1. 以人为本，领导就是服务

(1)领导首先不是管理职工的行为，而是争取他们的心。要让企业每一个成员都对企业有所了解，逐步增加透明度，培养群体意识，团队精神。

(2)领导就是服务，这是领导者的基本信条。必须明白，只有我为人人，人人才能为我。

(3)设法不断强化部属的敬业精神，要知道没有工作热情，学历知识和才能都等于零。

(4)精心营造小环境，努力协调好组织内部的人际关系，使各人的优缺点互补，各得其所，形成领导班子整体优势。

(5)要了解部属在关心什么、干些什么、需要什么，并尽力满足他们的合理要求，帮助他们实现自己的理想。

(6)不要以为自己拥有了目前的职位，便表示有知识和才干，要虚心好学，不耻下问，博采部属之长。

(7)要赢得部属的敬重，首先要尊重部属，要懂得权威不在于手中的权力，而在于部属的信服和支持。

(8)要平易近人，同职工打成一片。千万不要在部属面前叫苦、叫累，频呼“好忙”、“伤脑筋”，这等于在向大家宣布自己无能，还影响大家情绪。

2. 发扬民主，科学决策

(1)切忌独断专行。

(2)既要集思广益，又要敢于决策，领导主要是拿主意、用人才，失去主见就等于失去领导。

(3)要善于倾听职工意见，不要以“行不通”、“我知道”等言辞敷衍职工。

3. 要把问题解决在萌芽状态

(1)用人要慎重,防止阿谀逢迎者投机钻营。

(2)切莫迎合别人的不合理要求,对嫉贤妒能者坚决批评。

(3)及时制止流言蜚语,阻塞小道消息,驳斥恶意中伤,促进组织成员彼此和睦。

(4)要有意疏远献媚者。考验一个人的情操,关键是看他如何对待他的同事和比他卑微的人,而不是看他对上司如何。

(5)对于既已形成的小集团,与其耗费很大精力去各个击破,倒不如正确引导,鼓励他们参加竞争,变消极因素为积极因素。

4. 以身作则,思想领先

(1)搞清工作的重点,弄清楚工作的轻重缓急。需要通过授权,戒除忙乱。要把自己应该做,但又一时做不了的次要事交给下属去做。

(2)不要贪图小便宜,更不能损公肥私,这样会让人瞧不起,无法领导别人。公生明,廉生威,领导人的威信,来自清正廉明,在于身体力行。

(3)要做到言有信、言必行、行必果。不能办到的事千万不要许诺,切不可失信于人。

(4)有错误要大胆承认,不要推诿责任,寻找"替罪羊"。

(5)用自己工作热情的"光亮"照耀别人。

(6)养成"换位思考"的习惯,经常提醒自己,如果我是那人,我该如何办。

(7)要学习、学习、再学习。在当前知识快速更新的时代,不学习就要落伍,工作再忙也要挤出时间读书看报,学习可以提高领导的质量和效率。

八、项目经理工作职责与权限

1. 项目经理工作职责

(1)代表企业实施施工项目管理,在管理中,贯彻执行国家和工程所在地政府的有关法律、法规和政策,执行企业的各项规章制度,维护企业整体利益和经济权益。

(2)签订和组织履行《施工项目管理目标责任书》。

(3)主持组建项目经理部和制定项目的各项管理制度。

(4)组织项目经理部编制施工项目管理实施规划,并对项目目标进行系统管理。

(5)对进入现场的生产要素进行优化配置和动态管理,推广和应用新技术、新工艺、新材料和新设备。

(6)在授权范围内沟通与承包企业、协作单位、建设单位和监理工程师的联系,协调处理好各种关系,及时解决项目实施中出现的各种问题。

(7)严格财经制度,加强成本核算,积极组织工程款回收,正确处理国家、企业、分包单位以及职工之间的利益分配关系。

(8)加强现场文明施工,及时发现和处理例外性事件。

(9)工程竣工后及时组织验收、结算和总结分析,接受审计。

(10)做好项目经理部的解体与善后工作。

(11)协助企业有关部门进行项目的检查、鉴定等有关工作。

2. 项目经理的权限

为了履行项目经理的职责,施工项目经理必须具有一定的权限,这些权限应由企业法人代表授予,并用制度具体确定下来。施工项目经理应具有以下的权限:

(1)参与企业进行的施工项目投标和签订施工合同等工作。

(2)有权决定项目经理部的组织形式,选择、聘任有关管理人员,明确职责,根据任职情况定期进行考核评价和奖惩,期满辞退。

(3)在企业财务制度允许的范围内,根据工程需要和计划安排,对资金投入和使用做出决策和计划;对项目经理部的计酬方式、分配办法,在企业相关规定的条件下做出决策。

(4)按企业规定选择施工作业队伍。

(5)根据《施工项目管理目标责任书》和《施工项目管理实施大纲》组织指挥项目的生产经营管理活动,进行工作部署、检查和调整。

(6)以企业法定代表人代理的身份,处理、协调与施工项目有关的内部、外部关系。

(7)有权拒绝企业经理和有关部门违反合同行为的不合理摊派，并对对方所造成的经济损失有索赔权。

(8)企业法人授予的其他管理权力。

九、项目经理的利益与奖罚

项目经理最终的利益是项目经理行使权力和承担责任的结果，也是商品经济条件下责、权、利相互统一的具体体现。利益可分为两大类：一是物质兑现；二是精神奖励。目前，许多企业在执行中采取了以下两种：

(1)项目经理按规定标准享受岗位效益工资和月度奖金(奖金暂不发)、年终各项指标和整个工程项目，都达到承包合同(责任状)指标要求的，按合同奖罚一次性兑现，其年度奖励可为风险抵押金额的23倍。项目终审盈余时可按利润超额比例提成予以奖励。具体分配办法根据各部门、各地区、各企业有关规定执行。整个工程项目竣工综合承包指标全面完成贡献突出的，除按项目承包合同兑现外，可晋升一级工资或授予优秀项目经理等荣誉称号。

(2)如果承包指标未按合同要求完成，可根据年度工程项目承包合同奖罚条款扣减风险抵押金，直至月度奖金全部免除。如属个人直接责任，致使工程项目质量粗糙、工期拖延、成本亏损或造成重大安全事故的，除全部没收抵押金和扣发奖金外，还要处以一次性罚款并下浮一级工资，性质严重者要按有关规定追究责任。

需要注意的是，从行为科学的理论观点来看，对施工项目经理的利益兑现应在分析的基础上区别对待，满足其最迫切的需要，以真正通过激励调动其积极性。行为科学认为，人的需要由低层次到高层次分别为物质的、安全的、社会的、自尊的和理想的。如把前两种需要称为“物质的”，则其他三种需要为“精神的”，因此在进行激励之前，应分析该项目经理的最迫切需要，不能盲目地只讲物质激励。一定意义上说，精神激励的涉及面要大，作用会更显著。

第二节 项目经理责任制

项目经理责任制是以施工项目为对象,以项目经理全面负责为前提,以项目目标责任书为依据,以创优质工程为目标,以求得项目成果的最佳经济效益为目的,实行一次性的全过程管理。也就是指以项目经理为责任主体的施工项目管理目标责任制度,用以确保项目履约,用以确立项目经理部与企业、职工三者之间的责、权、利关系。

在建筑工程项目管理中,实行项目管理责任制有利于明确项目经理部与企业、职工三者之间的责、权、利、效关系;有利于运用经济手段强化对施工项目的法制管理;有利于项目规范化、科学化管理和提高产品质量;有利于促进和提高企业项目管理的经济效益和社会效益。

一、项目经理责任制的主体与特征

1. 项目经理责任制的主体

项目管理的主体是项目经理个人全面负责,项目管理班子集体全员管理。施工项目管理的成功,必然是整个项目班子分工负责团结协作的结果。但是由于责任不同,承担的风险也不同,项目经理承担责任最大。所以,项目经理责任制的主体必然是项目经理。项目经理责任制的重点在于管理。管理是科学,是规律性活动。施工项目经理责任制的重点必须放在管理上。企业经理决定打不打这一仗,是决策者的责任;项目经理研究如何打好这一仗,是管理者的责任。

2. 项目经理责任制的特征

项目经理责任制与其他承包经营制比较,有以下特征:

(1)主体直接性。它是实行经理负责、全员管理、指标考核、标价分离、项目核算,确保上缴集约增效、超额奖励的复合型指标责任制,重点突出了项目经理个人的主要责任。

(2)责任风险性。项目经理责任制充分体现了“指标突出、责任明确、利益直接、考核严格”的基本要求。其最终结果与项目经理部成员、特别是与项目经理的行政晋升、奖、罚等个人利益直接挂钩,经济利益与责任风险同在。

(3)对象终一性。它以施工项目为对象，实行建筑产品形成过程的一次性全面负责，不同于过去企业的年度或阶段性承包。

(4)内容全面性。它是以保证工程质量、缩短工期、降低成本、保证安全和文明施工等各项目标为内容的全过程的目标责任制。它明显地区别于单项或利润指标承包。

二、项目管理目标责任书的编制与考核

项目管理目标责任体系的建立是实现项目经理责任制的重要内容，项目经理之所以能对工程项目承担责任，就是有自上而下的目标管理和岗位责任制做基础。一个项目实施前，项目经理要与企业经理就工程项目全过程管理签订"项目管理目标责任书"。项目管理目标责任书是对施工项目全过程管理中重大问题的办理而事先形成的具有企业法规性的文件；也是项目经理的任职目标，具有很强的约束性。

(一)项目管理目标责任书的编制

项目管理目标责任书应在项目实施之前，由法定代表人或其授权人与项目经理协商制定。

1. 项目管理目标责任书的编制依据

项目管理目标责任书的编制依据包括项目的合同文件、组织的项目管理制度、项目管理规划大纲及组织的经营方针和目标等资料。

2. 项目管理目标的制定原则

(1)满足合同的要求。

(2)考虑相关的风险。

(3)具有可操作性。

(4)便于考核。

3. 项目管理目标责任书的编制内容

(1)项目的进度、质量、成本、职业健康安全与环境目标。

(2)组织与项目经理部之间的责、权和利分配。

(3)项目需用资源的供应方式。

(4)法定代表人向项目经理委托的特殊事项。

(5)项目经理部应承担的风险。

(6)项目管理目标评价的原则、内容和方法。

(7)对项目经理部进行奖惩的依据、标准和办法。

(8)项目经理解职和项目经理部解体的条件及办法。

(二)项目管理目标责任书的考核

企业管理层应对项目管理目标责任书的完成情况进行考核,根据考核结果和项目管理目标责任书的奖惩规定,提出奖惩意见,对项目经理部进行奖励或处罚。

项目管理目标责任书考核是为了规范项目管理行为,鉴定项目管理水平,确认项目管理成果,对项目管理进行全面考核和评价。它的作用是企业推动项目管理、完善项目管理制度、制定项目管理规划和实施方案的依据;也是企业推荐、评选、奖励优秀项目经理和项目管理人员的依据。

1. 考核的方法

企业成立专门的考核领导小组,由主管生产经营的领导负责,“三总师”及各生产经营管理部门领导参加。日常工作由公司经营管理部门负责。考核领导小组对整个考核结果审核并讨论通过,对个别特殊问题进行研究商定,最后报请企业经理办公会决定。

每月由经营管理部门按统计报表和文件规定,进行政审性考核。季度内考核按纵横考评结果和经济效果综合考核,预算工资总额,确定管理人员岗位效益、工资档次。年末全面考核,进行工资总额结算和人员最终奖罚兑现。

2. 考核的程序

(1)制定考核评价方案,经企业法定代表人审批后施行。

(2)听取项目经理部汇报,查看项目经理部的有关资料,对施工项目的管理层和作业层进行调整。

(3)考察已完工程。

(4)对项目管理的实际运作水平进行评价考核。

(5)提出考核评价报告。

(6)向被考核评价的项目经理部公布评价意见。

3. 考核的指标

项目管理目标责任书的考核指标包括定量指标和定性指标，具体内容见表1-1。

表1-1　项目管理目标责任书考核的指标

序号	项目	具体内容
1	定量指标	(1)工程质量等级。 (2)工程成本降低率。 (3)工期及提前工期率。 (4)职业健康安全考核指标
2	定性指标	(1)执行企业各项制度的情况。 (2)项目管理资料的收集、整理情况。 (3)思想工作方法与效果。 (4)发包人及用户的评价。 (5)在项目管理中应用的新技术、新材料、新设备、新工艺。 (6)在项目管理中采用的现代管理方法和手段。 (7)环境保护

4. 考核的内容

项目管理目标责任书考核评价的对象应是项目经理部，其中应突出对项目经理管理工作进行考核评价。

项目经理部是企业内部相对独立的生产经营管理实体，其工作的目标，就是确保经济效益和社会效益的提高。考核内容主要围绕“两个效益”，全面考核并与单位工资总额和个人收入挂钩。工期、质量、安全等指标要单项考核，奖罚和单位工资总额挂钩浮动。

三、项目经理责任制的实施条件与实施重点

1. 项目经理责任制实施条件

(1)项目任务落实、开工手续齐全，具有切实可行的项目管理规划

大纲或施工组织总设计。

(2)组织一个高效、精干的项目管理班子。

(3)各种工程技术资料、施工图纸、劳动力配备、施工机械设备、各种主要材料等能按计划供应。

(4)建立企业业务工作系统化管理,使企业具有为项目经理部提供人力资源、材料、资金、设备及生活设施等各项服务的功能。

2. 项目经理责任制实施重点

(1)按照有关规定,明确项目经理的管理权力,并在企业中进行具体落实,形成制度,确保责、权一致。

(2)按照有关规定,明确项目经理的职责,并对其职责具体化、制度化。

(3)项目经理承包责任制,应是项目经理责任制的一种主要形式,它是指在工程项目建设过程中,用以确立项目承包者与企业、职工三者之间责、权、利关系的一种管理手段和方法。它以工程项目为对象,以项目经理负责为前提,以施工图预算为依据,以创优质工程为目标,以承包合同为纽带,以求得最终产品的最佳经济效益为目的,实行从工程项目开工到竣工交付使用的一次性、全过程施工承包管理。

(4)必须明确项目经理与企业法定代表人是代理与被代理的关系。项目经理必须在企业法定代表人授权范围、内容和时间内行使职权,不得越权。为了确保项目管理目标的实现,项目经理应有权组织指挥本工程项目的生产经营活动,调配并管理进入工程项目的人力、资金、物质、设备等生产要素;有权决定项目内部的具体分配方案和分配形式;受企业法定代表人委托,有权处理与本项目有关的外部关系,并签署有关合同。

四、项目经理对企业经理的承包责任制

项目经理部产生后,项目经理作为工程项目全面负责人,必须同企业经理(法人代表)签订以下两项承包责任文件:

(1)《工程项目承包合同》。这种合同具有项目经理个人责任性质,其内容包括项目经理在工程项目从开工到竣工交付使用全过程期

间的责任目标及其责、权、利的规定。合同的签订，须经双方同意，并具有约束力。

(2)《年度项目经理承包经营责任状》。许多工程项目往往要跨年度甚至需几年才能完成，项目经理还应按企业年度综合计划的要求，在上述《工程项目承包合同》的范围内，与企业经理签订《年度项目经理承包经营责任状》，其内容应以公司当年统一下达给各项目经理部的各项生产经济技术指标及要求为依据，也可以作为企业对项目经理部年度检查的标准。

五、项目经理与本部其他人员的责任制

这是项目经理部内部实行的以项目经理为中心的群体责任制，它规定项目经理全面负责，各类人员按照各自的目标各负其责。它既规定项目经理部各类人员的工作目标，又规定相互之间的协作关系，主要包括以下内容：

(1)确定每一业务岗位的工作目标和职责。主要是在各个业务系统工作目标和职责的基础上，进一步把每一个岗位的工作目标和责任具体化、规范化。有的可以采取《业务人员上岗合同书》的形式规定清楚。

(2)确定各业务岗位之间协作职责。主要是明确各个业务人员之间的分工协作关系、协作内容，实行分工合作。有的可以采取《业务协作合同书》的形式规定清楚。

第三节　项目经理部

一、项目经理部的性质与作用

项目经理部是施工项目管理工作班子，其职能是对施工项目实行全过程的综合管理。

确立项目经理部的地位，关键在于正确处理项目经理与项目经理部之间的关系。施工项目经理是施工项目经理部的一个成员，但由于其地位的特殊，一般都把他单独列出来，同项目经理部的其他成员并列。从总体上说,施工项目经理与施工项目经理部的关系可以总结为:其一,施工项目经理部是在施工项目经理领导下的机构,要绝对服从施工项目经理的统一指挥;其二,施工项目经理是施工项目利益的代表和全权负责人,其一切行为必须符合施工项目的整体利益。在实际工作中,由于施工项目经济承包的形式不同,施工项目经理与施工项目经理部的关系远非如此简单,施工项目的责、权、利落实也存在着多种情况,需要具体分析。

1. 项目经理部的性质

项目经理部是施工企业内部相对独立的一个综合性的责任单位,其性质可以归纳为项目经理部的综合性、相对独立性、单体性和临时性三个方面。

(1)项目经理部的综合性。主要体现在三个方面:第一,应当明确施工项目经理部是施工企业的一级经济组织,主要职责是管理施工项目的各种经济活动,但它又要负责一定的政工管理,比如施工项目的思想政治工作;第二,其管理职能是综合的,包括计划、组织、控制、协调、指挥等多方面;第三,其管理业务是综合的,从横向方面看,包括人、财物、生产和经营活动,从纵向方面看,包括施工项目寿命周期全过程。

(2)项目经理部的相对独立性。即项目经理部与施工企业存在着双重关系。一方面,项目经理部作为施工企业的下属单位,同施工企业存在着行政隶属关系,要绝对服从施工企业的全面领导;另一方面项目经理部又是一个施工项目独立利益的代表,存在着独立的利益,同企业形成一种经济承包或其他的经济责任关系。

(3)项目经理部的单体性和临时性。即项目经理部仅是施工企业一个施工项目的责任单位,要随着项目的立项而成立,随着项目的终结而解体。

2. 项目经理部的作用

项目经理部是施工项目管理的中枢,是施工项目责、权、利的落脚点,隶属企业的项目责任部门,就一个施工项目的各方面活动对企业全面负责。对于建设单位来说，它是目标的直接责任者，是建设单位直接监督控制的对象。对于项目内部成员而言，它是项目独立利益的代表者和保证者，同时也是项目的最高管理者。

为了充分发挥项目经理部在项目管理中的主体作用，必须对项目经理部的机构设置特别加以重视，设计好，组建好，运转好，从而发挥其应有功能。

(1)项目经理部是项目经理的办事机构，为项目经理决策提供信息依据，当好参谋，同时又要执行项目经理的决策意图，向项目经理全面负责。

(2)项目经理部在项目经理领导下，作为项目管理的组织机构，负责施工项目从开工到竣工的全过程施工生产经营的管理，是企业在其工程项目上的管理层，同时对作业层负有管理与服务双重职能。作业层工作的质量取决于项目经理部的工作质量。

(3)项目经理部是一个组织体，其作用包括：完成企业所赋予的基本任务——项目管理和专业管理任务等；凝聚管理人员的力量，调动其积极性，促进管理人员的合作，建立为事业的献身精神；协调部门之间、管理人员之间的关系，发挥每个人的岗位作用，为共同目标进行工作；影响和改变管理人员的观念和行为，使个人的思想、行为变为组织的积极因素；贯彻组织责任制，搞好管理；沟通部门之间、项目经理部与作业队之间、公司之间、环境之间的信息。

(4)项目经理部是代表企业履行工程承包合同的主体，也是对最终建筑产品和业主全面、全过程负责的管理主体；通过履行主体与管理主体地位的体现，使工程项目经理部成为企业进行市场竞争的主体成员。

二、项目经理部的部门设置与人员配置

1. 项目经理部的规模

目前，国家对项目经理部的设置规模尚无具体规定。结合有关企业推行施工项目管理的实际，一般按项目的使用性质和规模分类。只有当施工项目的规模达到以下要求时才实行施工项目管理：$1\times10^4 m^2$

以上的公共建筑，工业建筑，住宅建设小区及其他工程项目投资在500万以上的，均实行项目管理。有些试点单位把项目经理部分为三个等级。

(1)一级施工项目经理部：建设面积在$15\times10^4m^2$以上的群体工程；面积在$10\times10^4m^2$以上（含$10\times10^4m^2$）的单体工程；投资在8000万元以上（含8000万元）的各类工程项目。

(2)二级施工项目经理部：建设面积在$15\times10^4m^2$以下，$10\times10^4m^2$以上（含$10\times10^4m^2$）的群体工程；面积在$10\times10^4m^2$以下，$5\times10^4m^2$以上（含$5\times10^4m^2$）的单体工程；投资在8000万元以下3000万元以上（含3000万元）的各类施工项目。

(3)三级施工项目经理部：建设面积在$10\times10^4m^2$以下，$2\times10^4m^2$以上（含$2\times10^4m^2$）的群体工程；面积在$5\times10^4m^2$以下，$1\times10^4m^2$以上（含$1\times10^4m^2$）的单体工程；3000万元以下，500万元以上（含500万元）的各类施工项目。

建设总面积在$2\times10^4m^2$以下的群体工程，面积在$1\times10^4m^2$以下的单体工程，按照项目管理经理负责制有关规定，实行栋号承包。以栋号长为承包人，直接与公司（或工程部）经理签订承包合同。

2. 项目经理部的部门设置

(1)小型施工项目。对于小型的建筑工程施工项目，不必设专业的项目经理部门，可在项目经理的领导下，设立管理人员，包括工程师、经济员、技术员、资料员、总务员、质量员、测量员。

(2)大中型施工项目。对于大中型建筑工程施工项目可设立专业部门，一般包括表1-2的五类部门。

表1-2　大中型施工项目经理部的部门设置

序　号	部　　门	职　　能
1	工程技术部门	主要负责生产调度、文明施工、技术管理、施工组织设计、计划统计等工作
2	经营核算部门	主要负责预算、合同、索赔、资金收支、成本核算、劳动配置及劳动分配等工作

续表

序号	部门	职能
3	监控管理部门	主要负责工作质量、安全管理、消防保卫、环境保护等工作
4	物资设备部门	主要负责材料的询价、采购、计划供应、管理、运输、工具管理、机械设备的租赁配套使用等工作
5	测试计量部门	主要负责计量、测量、试验等工作

3. 项目经理部的人员配置

项目经理部的人员规模可按下述岗位及比例配备，由项目经理、总工程师、总经济师、总会计师、政工师和技术、预算、劳资、定额、计划、质量、保卫、测试、计量以及辅助生产人员15～45人组成。一级项目经理部30～45人，二级项目经理部20～30人，三级项目经理部15～20人，其中，专业职称设岗为：高级3%～8%，中级30%～40%，初级37%～42%，其他10%，实行一职多岗，全部岗位职责覆盖项目施工全过程的全面管理。

为了充分发挥全体职工的主人翁责任感，项目经理部可设立项目管理委员会，由7～11人组成，由参与任务承包的劳务作业队全体职工选举产生。但项目经理、各劳务输入单位领导或各作业承包队长应为法定委员。项目管理委员会的主要职责是听取项目经理的工作汇报，参与有关生产分配会议，及时反映职工的建议和要求，帮助项目经理解决施工中出现的问题，定期评议项目经理的工作等。

三、项目经理部的建立与运作

1. 项目经理部的建立原则

(1)要根据工程项目的规模、复杂程度和专业特点设置项目经理部。例如：大型项目经理部可以设职能部、处；中型项目经理部可以设处、科；小型项目经理部一般只需设职能人员即可。如果项目的专业性强，便可设置专业性强的职能部门。

(2)要根据设计的项目组织形式设置项目经理部。因为项目组织形式与企业对施工项目的管理方式有关，与企业对项目经理部的授权有关。不同的组织形式对项目经理部的管理力量和管理职责提出了不同要求，提供了不同的管理环境。

(3)项目经理部的人员配置应面向项目施工现场，满足现场的计划与调度、技术与质量、成本与核算、劳务与物资、职业健康安全与文明施工的需要。不应设置专管经营与咨询、研究与开展、政工与人事等非生产性部门。

(4)项目经理部是一个具有弹性的一次性施工生产组织，随工程任务的变化而进行调整。不应该搞成一级固定性组织。在工程项目施工开始前建立，工程竣工交付使用后，项目管理任务完成，项目经理部应解体。项目经理部不应有固定的作业队伍，而是根据施工的需要，在企业内部或社会上吸收人才，进行优化组合和动态管理。

(5)在项目管理机构建成以后，应建立有益于组织运转的工作制度。

2. 项目经理部的建立步骤

(1)根据项目管理规划大纲确定项目经理部的管理任务和组织结构。

(2)根据项目管理目标责任书进行目标分解与责任划分。

(3)确定项目经理部的组织设置。

(4)确定人员的职责、分工和权限。

(5)制定工作制度、考核制度与奖惩制度。

3. 项目经理部的运作原则与程序

(1)项目经理部的运作原则。

1)取得公司的支持和指导。项目经理部的运行只有得到公司强有力的支持和指导，才能高水平的发挥。两者的关系应本着大公司、小项目的原则来建设。所谓大公司不是简单的人数多少，而是要把公司建设成管理中心、技术中心、信息中心、资金和资源供应及调配中心。公司要有现代化的管理理念、管理体系、管理办法和系统的管理制度，规范了项目经理部的管理行为和操作；公司需拥有高水平的技术专业人才，掌握超前的施工技术，从而形成公司的技术优势。对项目施工中遇到的技术难题能迅速地解决并能提供优选的施工方案，使项目施工的技术水平有保障；公司应有多渠道采集信息资源网络、强大的信息管理体系，能及时为领导决策及项目施工服务；公司应该拥有强大的资金及资源的供应和调控能力，才能保证项目的优化配置资源。总之，公司应是项目运行的强大后盾，由于公司的强大使项目运行不会因项目经理的水平稍低而降低水平，从而保证公司各个项目都能代表公司的整体水平。

2)处理好与企业及主管部门的关系。项目经理部与企业及其主管部门的关系：一是在行政管理上，二者是上下级行政关系，又是服从与服务、监督与执行的关系；二是在经济往来上，根据企业法人与项目经理签订的“项目管理目标责任状”，严格履约，以实计算，建立双方平等的经济责任关系；三是在业务管理上，项目经理部作为企业内部项目的管理层，接受企业职能部门的业务指导和服务。

3)处理好与外部的关系。

①协调土建与安装分包的关系。本着“有主有次，确保重点”的原则，统一安排好土建、安装施工。服从总进度的需要，定期召开现场协调会，及时解决施工中的交叉矛盾。

②协调总包分包之间的关系。项目管理中总包单位与分包单位在施工配合中，处理经济利益关系的原则是严格按照国家有关政策和双方签订的总分包合同及企业的规章制度办理，实事求是。

③协调处理好与劳务作业层之间的关系。经理部与作业层队伍或劳务公司是甲乙双方平等的劳务合同关系。劳务公司提供的劳务要符合项目经理部为完成施工需要而提出的要求，并接受项目经理部的监督与控制。同时，坚持相互尊重、支持、协商解决问题的原则，坚持为作业层创造便利条件，特别是不损害作业层的利益。

④重视公共关系。施工中要经常和建设单位、设计单位、监理单位以及政府主管行业部门取得联系，主动争取他们的支持和帮助，充分利用他们各自的优势为工程项目服务。

(2)项目经理部的运作程序。建设有效的管理组织是项目经理的首要职责，它是一个持续的过程。项目经理部的运作需要按照以下程序进行。

1)成立项目经理部。它应结构健全，包含项目管理的所有工作。选择合适的成员，他们的能力和专业知识应是互补的，形成一个工作群体。项目经理部要保持最小规模,最大可能地使用现有部门中的职能人员。项目经理部成立、项目成员进入后,项目经理要介绍项目经理部的组成,成员开始互相认识。

2)随着项目工作的深入,各方应互相信任,进行很好的沟通和公开的交流,形成和谐的相互依赖关系。

3)项目经理的目标是要把人们的思想和力量集中起来,真正形成一个组织,使他们了解项目目标和项目组织规则,公布项目的工作范围、质量标准、预算及进度计划的标准和限制。

4)为了确保项目管理的需求,对管理人员应有一套完整的招聘、安置、报酬、培训、提升、考评计划。应按照管理工作职责确定应做的工作内容,所需要的才能和背景知识,以此确定对人员的教育程度、知识和经验等方面的要求。如果预计到由于这种能力要求在招聘新人时会遇到困难,则应给予充分的准备时间进行培训。

5)随着项目目标和工作方向的逐步明确,成员们开始执行分配到的任务,开始缓慢推进工作。项目管理者应具有有效的符合计划要求的、上层领导能积极支持的项目。由于任务比预计的更繁重、更困难,成本或进度计划的限制可能比预计更紧张,也许会产生许多矛盾。项目经理要与成员们一起参与解决问题,共同做出决策,应该能接受和容忍成员的不满,做导向工作,积极解决矛盾,绝不能通过压制来使矛盾自行消失。项目经理应创造并保持一种有利的工作环境,激励成员们朝预定的目标共同努力,鼓励每个人都把工作做得很出色。

6)明确经理部中的人员安排,宣布对成员的授权,指出职权使用的限制和注意问题。对每个成员的职责及相互间的活动进行明确定义和分工,使各人知道,各岗位有什么责任,该做什么,如何做,什么结果,需要什么,制定并宣布项目管理规范、各种管理活动的优先级关系、沟通渠道。

7)项目经理部成员经常变化,过于频繁的流动不利于组织的稳定,没有凝聚力,造成组织摩擦大,效率低下。如果项目管理任务经常出现,尽管它们时间、形式不同,也应设置相对稳定的项目管理组织机构,才能较好地解决人力资源的分配问题,不断地积累项目工作经验,使项目管理工作专业化,而且项目组成员都为老搭档,彼此适应,协调方便,容易形成良好的项目文化。

4. 项目经理部的工作内容

项目经理部的主要工作内容包括:在项目经理领导下制定“项目管理实施规划”及项目管理的各项规章制度;对进入项目的资源和生产要素进行优化配置和动态管理;有效控制项目工期、质量、成本和安全等目标;协调企业内部、项目内部以及项目与外部各系统之间的关系,增进项目相关部门之间的沟通,提高工作效率;对项目目标和管理行为进行分析、考核和评价,并对各类责任制度执行结果实施奖罚;而在业务管理上,项目经理部作为企业内部某一工程项目的管理层,又受企业职能部、室的业务指导,一切统计报表,包括技术、质量、预算、定额、工资、外包队的使用计划及各种资料都要按系统管理及按照有关规定准时报送主管部门。具体表现如下:

(1)计划统计。项目管理的全过程、目标管理与经济活动,必须纳入计划管理。项目经理部除每月(季)度向企业工程(承包)管理部报送施工统计报表外,还须根据企业经理与项目经理签订的承包合同中所规定工期,编制单位工程总进度计划、物资计划、财务收支计划。坚持月计划、旬安排、日检查制度。

(2)财务核算。项目经理部作为公司内部相对独立的核算单位,负责整个工程项目的财务收支和成本核算工作。施工中所发生的各种经济往来和费用结算均通过内部银行支付。一二级项目经理部,可根据实际情况在银行设立账号,但整个工程施工过程中不论内部银行或项目经理部班子成员如何变动,其财务系统管理和成本核算责任不变。

(3)材料供应。工程项目所需三大主材、地材、钢木门窗及构配件、机电设备,由项目经理部按单位工程用料计划与物资设备部门签订供需包保合同。物资设备部门要向项目经理部派出现场管理机构,凡是供应到现场的各类物资必须在项目经理部调配下统一设库、统一保管、统一发料、统一加工,按规定结算。

(4)周转料具供应。工程所需机械设备及周转材料,由项目经理部与物资租赁部门签订合同,保证供应。设备进入工地后由项目经理部统一管理调配。

(5)预算及经济洽商签证。预算合同管理部门负责工程项目全部设计预算的编制和报批,选聘到项目经理部工作的预算人员负责所有工程施工预算编制,包括经济洽商签证和增减账预算的编制报批。各类经济洽商签证要一式两份,分别送公司预算管理部门、项目经理部,以作为审批和结算增收的依据。

(6)质量、安全、行政管理、测试、计量等工作,均通过业务系统管理,实行从决策到贯彻实施,从检测控制到信息反馈全过程的监控、检查、考核、评比和严格管理。

四、项目经理部的职责与工作制度

1. 项目经理部的职责

(1)项目经理职责:详见本章第一节。

(2)项目副经理职责。

1)项目副经理是施工现场全面生产管理工作的组织与指挥者。

2)领导编制项目施工生产计划,并组织贯彻实施。

3)主管项目质量管理工作,组织质量计划的实施及质量事故的调查与处理工作。

4)对施工组织设计、施工方案的情况进行监督与检查。

5)对项目职业健康安全生产负责。

6)领导做好现场文明施工及现场CI形象管理。

7)领导组织结构验收与竣工验收工作。

8)领导做好现场机械设备的管理工作。

9)领导与组织编写工程施工总结工作。

(3)项目总工程师(项目技术负责人)职责。

1)项目总工程师是施工现场工程技术管理工作的组织与指挥者。

2)协助项目经理做好质量管理工作,负责项目质量保证体系的运行管理工作。

3)组织编制项目质量计划及参与重大质量事故与职业健康安全事故的处理。

4)组织编制项目施工组织设计及施工技术方案,领导技术交底工作。

5)领导做好施工详图设计和安装综合布线图设计工作。

6)领导项目计量设备管理及试验工作。

7)负责引进有实用价值的新工艺、新技术、新材料。

8)参与项目制造成本实施计划的编制与分析工作。

9)参与项目结构验收与竣工验收工作。

10)领导做好各项施工技术总结工作。

(4)工程管理部及经理职责。

1)负责工程项目施工的各项准备工作,办好开工前的各种手续。

2)负责项目施工的计划管理工作,参加编制项目施工的总工期控制进度与年度计划,按上述计划要求,编制项目施工的季、月、周实施计划。

3)做好生产要素的综合平衡工作以及与机电安装工程的交叉作业的综合平衡工作。

4)负责日常施工生产中的技术交底工作和质量过程控制并及时处理出现的质量问题;负责项目质量目标及质量计划的贯彻实施。

5)组织项目结构验收与竣工验收工作。

6)在施工过程中及时收集完整的索赔资料以及工期延误,及时办理签证认可手续。

7)负责计划统计与分析工作。

8)负责编制项目文明施工计划及 CI 管理工作。

9)编制项目成品保护措施。

(5)技术部及经理职责。

1)负责工程项目施工的技术管理工作,贯彻技术规程、规范。

2)组织图纸会审和负责工程洽商工作。

3)编制施工组织设计和施工技术方案及施工详图工作。

4)负责组织项目技术交底工作及技术资料管理工作。

5)负责对工程材料、设备的选型及材质的控制和项目的试验工作。

6)负责引进与推广有实用价值的新技术、新工艺、新材料。

7)参与项目结构验收和竣工验收。

8)参与质量事故和职业健康安全事故的调查和处理工作。

9)负责做好项目的技术总结工作。

(6)物资部及经理职责。

1)负责项目的材料管理工作,贯彻执行公司的材料管理制度。

2)负责项目的材料计划管理,及时提出和上报用料计划。

3)负责项目的物资采购管理。在分工采购中负责材料的采购质量、数量及采购合同的管理、合同纠纷的处理。

4)负责项目材料的验收与现场材料管理。负责进场材料的验收及不合格材料的处理;负责现场材料的存放、保管和使用,以及材料的标识等管理工作。

5)负责材料的材质证明管理。

6)负责项目废旧品、余料回收管理。

(7)质量总监及质量部门职责。

1)全面负责项目质量检查监督和管理工作。执行公司的质量方针和项目质量计划。

2)督促分承包方建立有效的质量管理体系并监督其有效的运行,严格把好过程控制关。

3)对重点部位及工序实施全过程跟踪检查,分阶段提出质量控制点并组织落实。

4)定期召开质量例会或分析会,研究质量状况和存在问题,并提出有效的预防措施。

5)对潜在的不合格隐患发出整改通知,对产生质量问题的责任方进行处罚。

6)参加工程结构验收和竣工验收。

7)参加工程质量事故调查分析会,提供真实施工情况以供上级领导决策。

8)沟通与监理、业主的关系,保持业务联系与往来,做好工程质量报验工作。

(8)经营部(市场部)职责。

1)主管项目工程合同,认真研究和理解合同条款的内容、含义和责任。

2)负责向业主办理工程款结算,收集索赔资料,办理好签证手续,及时收回费用。

3)主管分承包合同,对合同要认真理解和严格管理。

4)负责分承包结算,并防止产生分承包方的反索赔。

5)负责编制项目制造成本实施计划并经批准上报,在实施过程中分阶段进行监控。

6)负责项目办公费、业务招待费、项目管理费及消费基金的控制与使用。

7)负责工程期间及竣工成本分析,办理工程竣工结算。

(9)职业健康安全总监及管理人员职责。

1)职业健康安全总监负责项目的职业健康安全管理工作,协助项目经理开展各项职业健康安全生产业务活动。

2)负责宣传贯彻职业健康安全生产方针、政策、规章制度,推动项目职业健康安全组织保障体系的运行。

3)组织分承包商开展职业健康安全监督与检查工作。查处违章指挥、违章作业,督促有关人员对重大事故隐患采取有效措施,必要时可责令其停工并及时报告项目经理。

4)参与职业健康安全事故的调查与处理。

5)协助人事部门对进场的分包队伍进行资质的审查及三级职业健康安全教育,并负责办理与发放操作人员上岗证。

(10)机电部职责。

1)主管项目的水、电、暖、卫、煤气、强弱电、通风与空调、消防与电梯、工业设备安装等工程的施工技术及经济管理工作。

2)负责对分承包方的选择。

3)负责安装工程的图纸会审和设计洽商工作。

4)负责技术交底及机电施工组织工作。

5)负责机电安装工程的进度控制,与土建积极配合解决交叉作业时出现的问题。

6)负责建立积累完整的索赔资料。

7)负责对专业人员进行技术培训、考核。

(11)综合办公室及主任职责。负责项目方针目标管理、文件管理、人事保卫管理、人员培训、生活后勤以及对外公关等事务。

2. 项目经理部的工作制度

建立项目经理部工作制度应围绕计划、责任、监理、核算、奖惩等方面。计划制是为了使各方面都能协调一致地为施工项目总目标服务，它必须覆盖项目施工的全过程和所有方面，计划的制订必须有科学的依据，计划的执行和检查必须落实到人。责任制建立的基本要求是：一个独立的职责，必须由一个人全权负责，应做到人人有责可负。监理制和奖惩制目的是保证计划制和责任制贯彻落实，对项目任务完成进行控制和激励。它应具备的条件是有一套公平的绩效评价标准和方法，有健全的信息管理制度，有完整的监督和奖惩体系。核算制的目的是为落实上述四项制度提供基础，了解各种制度执行的情况和效果，并进行相应的控制。要求核算必须落实到最小的可控制单位上；要把人员职责落实的核算与按生产要素落实的核算、经济效益和经济消耗结合起来，建立完整的核算体系。根据试点单位的经验，可以围绕以下几个方面建立施工项目经理部的工作制度：

(1)项目经理部业务系统化管理办法。

(2)工程项目成本管理办法。

(3)工程项目效益核实与经济活动分析办法。

(4)项目经理部内外关系处理的有关规定。

(5)项目经理部值班经理负责制实施办法。

(6)项目经理部社会、经济效益奖罚规定。

(7)项目经理部解体细则。

(8)栋号承包责任制实施办法。

(9)工程项目可控责任成本管理办法。

(10)栋号承包成本票证使用管理办法。

(11)项目经理部支票管理规定。

(12)项目经理部现金管理规定。

(13)项目经理部业务招待费管理规定。

(14)工程项目施工生产计划管理规定。

(15)工程项目质量管理与控制办法。

(16)项目经理部施工生产调度有关规定。

(17)工程项目现场文明施工管理办法。

(18)工程项目计量管理办法。

(19)工程项目技术管理办法。

(20)工程项目职业健康安全管理办法。

(21)施工作业职业健康安全技术交底管理规定。

(22)栋号承包限额领料管理办法。

(23)施工现场材料管理办法。

五、项目经理部管理制度的建立

项目经理部管理制度是建筑业组织或项目经理部制定的针对项目实施所必需的工作规定和条例的总称,是项目经理部进行项目管理工作的标准和依据,是在组织管理制度的前提下,针对项目的具体要求而制定的,是规范项目管理行为、约束项目实施活动、保证项目目标实现的前提和基础。

1. 项目经理部管理制度的制定原则

(1)制定项目管理制度必须贯彻国家法律、法规、方针、政策以及部门规章,且不得有抵触和矛盾,不得危害公众利益。

(2)制定项目管理制度必须实事求是,即符合本项目的需要。项目最需要的管理制度是有关工程技术、计划、统计、经营、核算、分配以及各项业务管理等的制度,它们应是制定管理制度的重点。

(3)管理制度要配套,不留漏洞,形成完整的管理制度和业务体系。

(4)各种管理制度之间不能产生矛盾,以免职工无所适从。

(5)管理制度的制定要有针对性,任何一项条款都必须具体明确,有针对性,词语表达要简洁、准确。

(6)管理制度的颁布、修改和废除要有严格程序。项目经理是总决策者。凡不涉及组织的管理制度,由项目经理签字决定,报公司备案;凡涉及组织的管理制度,应由组织法定代表人批准方可生效。

2. 项目经理部管理制度的内容

(1)项目管理人员的岗位责任制度。项目管理人员的岗位责任制度是规定项目经理部各层次管理人员的职责、权限以及工作内容和要求的文件。具体包括项目经理岗位责任制度,经济、财务、经营、安全和材料、设备等管理人员的岗位责任制度。通过各项制度做到分工明确、责任具体、标准一致,便于管理。

(2)项目技术管理制度。项目技术管理制度是规定项目技术管理的系列文件。

(3)项目质量管理制度。项目质量管理制度是保证项目质量的管理性文件。其具体内容包括质量管理规定、质量检查制度、质量事故处理制度以及质量管理体系等。

(4)项目安全管理制度。项目安全管理制度是规定和保证项目安全生产的管理性文件。其主要内容包括安全教育制度、安全保证措施、安全生产制度以及安全事故处理制度等。

(5)项目计划、统计与进度管理制度。项目计划、统计与进度管理制度是规定项目资源计划、统计与进度控制工作的管理文件;其内容包括生产计划和劳务、资金等的使用计划和统计工作制度,进度计划和进度控制制度等。

(6)项目成本核算制度。项目成本核算制度是规定项目成本核算的原则、范围、程序、方法、内容责任及要求的管理文件。

(7)项目材料、机械设备管理制度。项目材料、机械设备管理制度是规定项目材料和机械设备的采购、运输、仓储保管、保修保养以及使用和回收等工作的管理文件。

(8)项目分配与奖励制度。项目分配与奖励制度是规定项目分配与奖励的标准、依据以及实施兑现等工作的管理文件。

(9)项目分包及劳务管理制度。项目分包管理制度是规定项目分包类型、模式、范围以及合同签订和履行等工作的管理文件。劳务管理制度是规定项目劳务的组织方式、渠道、待遇、要求等工作的管理文件。对分包的各种管理要求应该在常规要求的基础上,包括社会责任方面(如:劳务人员的工作、生活条件保障,劳动报酬的及时发放)的系统要求。

(10)项目组织协调制度。项目组织协调制度是规定项目内部组织关系、近外层关系和远外层关系等的沟通原则、方法以及关系处理标准等的管理文件。

(11)项目信息管理制度。项目信息管理制度是规定项目信息的采集、分析、归纳、总结和应用等工作的程序、方法、原则和标准的管理文件。

3. 项目经理部管理制度的作用

(1)贯彻国家和组织与项目有关的法律、法规、方针、政策、标准、规程等,指导项目的管理。

(2)规范项目组织及项目成员的行为,使之按规定的方法、程序、要求、标准进行项目管理活动,从而保证项目组织按正常秩序运转,避免发生混乱,保证各项工程的质量和效率,防止出现事故和纰漏,从而确保施工项目目标的顺利实现。

六、项目经理部的解体

项目经理部是具有弹性的施工现场生产组织机构,工程临近结尾时,业务管理人员及项目经理要陆续撤走,因此,必须重视项目经理部的解体和善后工作。

1. 项目经理部效益审计评估和债权债务处理

(1)项目经理部剩余材料原则上处理给公司物资设备部,材料价格新旧情况就质论价,由双方商定。如双方发生争议,可由经营管理部门协调裁决;对外出售必须经公司主管领导批准。

(2)由于现场管理工作需要,项目经理部自购的通信、办公等小型固定资产,必须如实建立台账、按质论价,移交企业。

(3)项目经理部的工程成本盈亏审计以该项目工程实际发生成本与价款结算回收数为依据,由审计牵头,预算财务、工程部门参加,于项目经理部解体后第四个月写出审计评价报告,交经理审批。

(4)项目经理部的工程结算、价款回收及加工订货等债权债务的处理,由留守小组在3个月内全部完成。如第3个月月末未能全部收回又未办理任何符合法规手续的,其差额部分作为项目经理部成本亏损额计算。

(5)整个工程项目综合效益审计评估为完成承包合同规定指标以外仍有盈余者,按规定比例分成留经理部的,可作为项目经理部的管理奖。整个经济效益审计为亏损者,其亏损部分一律由项目经理负责,按相应奖励比例从其管理人员风险(责任)抵押金和工资中补扣。

亏损额超过5万元以上者，经公司党委或经理办公室研究，视情况给予项目经理个人行政与经济处分，亏损数额较大、性质严重者，公司有权起诉追究其刑事责任。

(6)项目经理部解体善后工作结束后，项目经理离任重新投标或聘用前，必须按上述规定做到人走账清、物净，不留任何尾巴。

2. 项目经理部解体程序与善后工作

(1)企业工程管理部门是施工项目经理部组建和解体善后工作的主管部门，主要负责项目经理部的组建及解体后工程项目在保修期间的善后问题处理，包括因质量问题造成的返(维)修、工程剩余价款的结算以及回收等。

(2)施工项目在全部竣工交付验收签字之日起15d内，项目经理部要根据工作需要向企业工程管理部写出项目经理部解体申请报告。

(3)项目经理部在解聘工作业务人员时，为使其在人才劳务市场有一个回旋的余地，要提前发给解聘人员两个月的岗位效益工资，并给予有关待遇。从解聘第三个月起(含解聘合同当月)其工资福利待遇在系统管委会或新的被聘单位领取。

(4)项目经理部解体前，应成立以项目经理为首的善后工作小组，其留守人员由主任工程师、技术、预算、财务、材料各一人组成，主要负责剩余材料的处理，工程价款的回收，财务账目的结算移交，以及解决与甲方的有关遗留事宜。善后工作一般规定为3个月，从工程管理部门批准项目经理部解体之日起计算。

(5)施工项目完成后，建筑企业还要考虑该项目的保修问题，因此在项目经理部解体与工程结算前，凡是未满一年保修期的竣工工程，要由经营和工程部门根据竣工时间和质量等级确定工程保修费的预留比例。一般占工程造价(不含利润、劳保支出费)的比例是：室外工程2%；住宅工程2%～5%(砖混3%～5%、滑模3%、框架2%)；公共建筑1.5%～3%(砖混3%、滑模2%、框架1.5%)；市政工程为2%～5%。保修费分别交公司工程管理部门统一包干使用，已经制定出了工程保修基金的预留比例的地区应按当地规定执行。

3. 项目经理部解体时的有关纠纷裁决

项目经理部与企业有关职能部门发生矛盾时，由企业经理办公室裁决。项目经理部与劳务、专业分公司及栋号作业队发生矛盾时,按业务分工由企业劳动人事管理部、经营部和工程管理部裁决。所有仲裁的依据,原则上是双方签订的合同和有关的签证。

第四节 建筑工程项目团队建设

建筑工程项目团队是指项目经理及其领导下的项目经理部和各职能管理部门。

建筑工程项目团队建设是指将肩负项目管理使命的团队成员按照特定的模式组织起来,协调一致,以实现预期项目目标持续不断的过程。它是项目经理和项目管理团队成员的共同职责。团队建设过程中应创造一种开放和自信的气氛,使全体团队成员有统一感和使命感。实践证明,团队成员的社会化将会促进团队建设,而且团队成员之间相互了解越深入,团队建设就越出色。

一、项目团队建设的重要性

建筑工程项目团队建设是要创造一个良好的氛围与环境,使整个项目管理团队都为实现共同的项目目标而努力奋斗。建筑工程项目团队建设的重要性主要体现在以下几点:

(1)使团队成员确立起明确的共同目标,增强吸引力、感召力和战斗力。

(2)做到合理分工与协作,使每个成员明确自己的角色、权力、任务和职责,以及与其他成员之间的相互关系。

(3)塑造高度的凝聚力,使团队成员积极热情地为项目成功付出必要的时间和努力。

(4)加强团队成员之间的相互信任,促使成员间相互关心,彼此认同。

(5)实现成员间有效的沟通,形成开放、坦诚的沟通气氛。

二、项目团队建设的要求与程序

1. 项目团队建设的要求

(1)项目团队应有明确的目标、合理的运行程序和完善的工作制度。

(2)项目经理应对项目团队建设负责,培育团队精神,定期评估团队运作绩效,有效发挥和调动各成员的工作积极性和责任感。

(3)项目经理应通过表彰奖励、学习交流等多种方式增强团队氛围,统一团队思想,营造集体观念,处理管理冲突,提高项目运作效率。

(4)项目团队建设应注重管理绩效,有效发挥个体成员的积极性,并充分利用成员集体的协作成果。

2. 项目团队建设的过程

建筑工程项目团队建设的过程可分为以下五个阶段:

(1)形成阶段。项目团队形成阶段主要依靠项目经理来指导和构建。团队形成需要以整个运行的组织为基础,即一个组织构成一个团队的基础框架,团队的目标为组织的目标,团队的成员为组织的全体成员。同时,需要在组织内的一个有限范围内完成某一特定任务或为一共同目标等形成团队。

(2)磨合阶段。磨合阶段是团队从组建到规范阶段的过渡过程,主要包括团队成员之间,成员与内外环境之间,团队与所在组织、上级和客户之间进行的磨合。

1)成员与成员间的磨合。由于项目团队成员之间的文化、教育、性格、专业等各方面的差别,在项目团队建设初期必然会产生成员之间的冲突。这种冲突随着项目成员间的相互了解逐渐达到磨合。项目团队建设磨合期中应该特别注意将员工的心理沟通与辅导有机地结合起来,应用心理学的方法将员工之间的情感不断地融和,将员工之间的关系逐步地协调,这样才能尽快地减少人为的问题,缩短磨合期。

2)成员与内外环境间的磨合。项目团队作为一个系统不是孤立的,要受到团队外界环境和团队内部环境的影响。作为一名项目成员,要熟悉所承担的具体任务和专业技术知识;熟悉团队内部的管理规则制度;明确各相关单位之间的关系。

3)项目团队与其所在组织、上级和客户间的磨合。对于一个新的团队与其所在组织会产生一个观察、评价与调整的过程。二者之间的关系有一个衔接、建立、调整、接受、确认的过程,同样对于与其上级和客户之间来说也有一类似的过程。

(3)规范阶段。经过磨合阶段,团队的工作开始进入有序化状态,团队的各项规则经过建立、补充与完善,成员之间经过认识、了解与相互定位,形成了自己的团队文件、新的工作规范,培养了初步的团队精神。

(4)表现阶段。经过上述三个阶段,团队进入了表现阶段,这是团队的最佳状态时期。团队成员彼此高度信任,相互默契,工作效率有大的提高,工作效果明显,这时团队已经比较成熟。

(5)休整阶段。休整阶段包括休止与整顿两个方面的内容。

1)休止。团队休止是指团队经过一段时期的工作,工作任务即将结束,这时团队将面临总结、表彰等工作,所有这些暗示着团队前一时期的工作已经基本结束,团队可能面临马上解散的状态,团队成员要为自己的下一步工作进行考虑。

2)整顿。团队整顿是指在团队的原工作任务结束后,团队也可能准备接受新的任务。为此团队要进行调整和整顿,包括工作作风、工作规范、人员结构等多方面。如果这种调整比较大,那么实际上是构建成一个新的团队。

三、项目团队建设的方法

1. 转变团队领导管理方式

在成为管理者以前,大多数人都是通过很长一段时间在具体的专业或技术岗位上工作,并因为表现杰出而晋升到管理岗位来的,他们开始的时候都是实干家——如工程师、行政人员、技术工人等,任何事情都是亲力亲为。走上管理岗位以后,在遇到问题时他们自觉不自觉地都倾向于自己独立做事或寻找能人做事,只注重给团队中业务能力特别强的成员安排工作。

作为新走上管理岗位的人员,一方面是通过观摩或感受自己以前上级的管理方式进行管理;另一方面是通过自己的直觉进行管理,从而慢慢形成自己的管理方式。但是,令人遗憾的是,如果上级的管理方式不正确,或自己领悟错误,这种错误的管理方式就会得到延续而自己还很难察觉。

作为项目团队领导，应改变传统的管理方式，更有效地开展团队工作，以达到团队协同效应，具体可以从以下几个方面着手：

（1）让团队成员充分理解工作任务或目标。只有团队成员对工作目标有了清楚、共同的认识，才能在成员心中树立成就感，也才能增加实施过程的紧迫感。达成共识的团队目标，才能赋予成员克服障碍、激发能量的动力。

（2）在团队中鼓励共担责任。要鼓励团队成员共担责任，团队领导应帮助团队成员之间共享信息，以建立一种鼓励信息共享的氛围；让团队成员知道团队任务进展情况，以及如何配合整个任务的完成；在团队中提供成员之间的交叉培训，使每个成员都清楚认识到自己并不知道所有的答案，确保有关信息的传递。

（3）在团队中建立相互信任的关系。信任是团队发挥协同作用的基础，建立相互信任关系应该从以下两个方面进行：

1）在团队中授权，即要勇于给团队成员赋予新的工作，给予团队成员行动的自由，鼓励成员创新性地解决问题，而不是什么事情都认为自己很能干而亲力亲为，一步一汇报。

2）在团队中建立充分的沟通渠道，即鼓励成员就问题、现状等进行充分沟通，塑造一种公平、平等的沟通环境。

2. 为团队树立共享目标

团队目标是一个有意识地选择并能表达出来的方向，它运用团队成员的才能和能力，促进组织的发展，使团队成员有一种成就感。因此，团队目标表明了团队存在的理由，能够为团队运行过程中的决策提供参照物，同时，能成为判断团队是否进步的可行标准，而且为团队成员提供一个合作和共担责任的焦点。

要形成团队共享目标，应从以下几个方面着手：

（1）对团队进行摸底。对团队进行摸底就是向团队成员咨询对团队整体目标的意见，这非常重要，一方面可以让成员参与进来，使他们觉得这是自己的目标，而不是别人的目标；另一方面可以获取成员对目标的看法，即团队成员能为组织做出什么别人不能做出的贡献，团队成员在未来应重点关注什么事情，团队成员能够从团队中得到什么，以及团队成员个人的特长是否在团队目标达成过程中得到有效发挥等，通过这些广泛地获取成员对团队目标的相关信息。

(2)与团队成员讨论目标表述。与团队成员讨论目标表述是将它作为一个起点，以成员的参与而形成最终的定稿，以此获得团队成员对目标的承诺。虽然很难，但这一步确是不能省略的，因此，团队领导应运用一定的方法和技巧——比如头脑风暴法，确保成员的所有观点都讲出来，找出不同意见的共同之处，辨识出隐藏在争议背后的合理性建议，从而达成团队目标共享的双赢局面。

(3)对获取的信息进行深入加工。在对团队进行摸底收集到相关信息以后，不要马上就确定团队目标，应根据成员提出的各种观点进行思考，留下一个空间——给团队和自己一个机会，回头考虑这些观点，以缓解匆忙决定带来的不利影响。

(4)确定团队目标。通过对团队摸底和讨论，修改团队目标表述内容以反映团队的目标责任感；虽然很难让百分百的成员都同意目标表述的内容，但求同存异地形成一个成员认可的、可接受的目标是重要的，这样才能获得成员对团队目标的真实承诺。

(5)由于团队在运行过程中难免会遇到一些障碍，比如组织大环境对团队运行缺乏信任、成员对团队目标缺乏足够的信心等，因此在确定团队目标以后，应尽可能地对团队目标进行阶段性的分解，树立一些过程中的里程碑式的目标，使团队每前进一步都能给组织以及成员带来惊喜，从而增强团队成员的成就感，为一步一步完成整体性团队目标奠定坚实的信心基础。

第二章　建筑工程项目范围管理

项目范围管理应作为项目管理的基础工作，并贯穿于项目的管理过程。组织应确定项目范围管理的工作职责和程序，并对范围的变更进行检查、分析和处置。项目范围管理的过程应包括项目范围的确定、项目结构分析和项目范围控制等。

第一节　项目范围管理概述

一、项目范围管理的目的

项目范围管理应以确定并完成项目目标为根本目的，通过明确项目有关各方的职责界限，以保证项目管理工作的充分性和有效性。项目范围管理的目的具体可表现为以下三个方面：

(1)按照项目目标、用户及其他相关要求确定应完成的工程活动，并详细定义、计划这些活动。

(2)在项目过程中，确保在预定的项目范围内有计划地进行项目的实施和管理工作；完成规定要做的全部工作，既不多余又不遗漏。

(3)确保项目的各项活动满足项目范围定义所描述的要求。

二、项目范围管理的对象

项目范围管理的对象应包括为完成项目所必需的专业工作和管理工作。

(1)专业工作是指专业设计、施工和供应等工作。

(2)管理工作是指为实现项目目标所必需的预测、决策、计划和控制工作，另外，还可以分为各种职能管理工作，如进度管理、质量管理、合同管理、资源管理和信息管理等。

三、项目范围管理的内容

建筑工程项目可划分为策划与决策阶段、准备阶段、实施阶段以及竣工验收和总结评价阶段。项目范围管理在建设工程项目周期的各个阶段的内容也是不同的,见表 2-1。

表 2-1　　建筑工程项目周期各阶段范围管理的内容

项目周期各阶段	策划与决策阶段	准备阶段	实施阶段	竣工验收和总结评价阶段
工作内容	投资机会研究 预可行性研究 可行性研究	设计 招标	项目施工 协调 生产人员培训	试生产 竣工验收 总结评价

四、项目范围管理的经验总结

建筑工程项目结束后,组织应对建筑工程项目范围管理的经验进行总结,以便于项目的范围管理工作持续改进。通常需要总结下列内容:

(1)项目范围管理程序和方法方面的经验。特别是在项目设计、计划和实施控制工作中利用项目范围文件方面的经验。

(2)本项目在范围确定、项目结构分解和范围控制等方面的准确性和科学性。

(3)项目范围确定、界面划分、项目变更管理以及项目范围控制方面的经验和教训。

第二节　建筑工程项目范围确定

项目实施前,组织应明确界定项目的范围,明确项目的目标和可交付成果的内容,确定项目的总体系统范围并形成文件,以作为项目设计、计划、实施和评价项目成果的依据。

建筑工程项目范围的确定是项目实施和管理的基础性工作。项目范围必须有相应的文件描述。在规划文件、设计文件、招标投标文件、计划文件中应有明确的项目范围说明内容。在项目的设计、计划、实施和后评价中,必须充分利用项目范围说明文件。范围说明文件是项目进度管理、合同管理、成本管理、资源管理和质量管理等的依据。

一、影响建筑工程项目范围确定的因素

1. 最终可交付成果的结构

对不同的承包模式,建筑工程项目范围确定的方式是不同的。

(1)对单价合同,业主在招标文件中提供比较详细的图纸、工程说明(规范)、工程量表以及合同文件等。承包工程项目的可交付成果由以下几个方面因素确定:

1)工程量表。工程量表是可交付成果清单,是对可交付成果数量的定义和描述。

2)技术规范。主要描述项目的各个部分在实施过程中采用的通用技术标准和特殊标准,包括设计标准、施工规范、具体的施工做法、竣工验收方法、试运行方式等内容。

(2)对"设计—施工—供应"(EPC)总承包合同,在招标文件中业主提出"业主要求",主要描述业主所要求的最终交付的工程功能,相当于工程的设计任务书。"业主要求"从总体上定义工程的技术系统要求,是工程范围说明的框架资料。承包商必须根据"业主要求"编写详细的项目范围说明书(在承包商的项目建议书中),并提出报价。

2. 合同条款

合同条款对项目范围确定的影响有以下两个方面:

(1)由合同条款定义的工程施工过程责任,如承包商的工程范围包括拟建工程的施工详图设计、土建工程、项目的永久设备和设施的供应和安装、竣工保修等。

(2)由合同条款定义的承包商合同责任产生的工程活动。如为了保证实施和使用的安全性而进行的实验研究工作,购买保险等。

3. 因环境制约产生的活动

因环境制约产生的活动,如由现场环境、法律等产生的项目环境保护的工作任务,为了保护周边的建筑,或为保护施工人员的安全和健康而采取的保护措施,为运输大件设备要加固通往现场的道路等。这些活动都将对项目范围的确定产生一定的影响。

二、建筑工程项目范围确定的依据

(1)项目目标的定义或范围说明文件。

(2)环境条件调查资料。

(3)项目的限制条件和制约因素。

(4)同类项目的相关资料。

要准确确定项目范围,必须准确理解项目目标,进行详细的环境调查,对项目的制约条件和同类工程项目的资料进行了解和分析。对承包人而言,还应准确地分析和理解合同条件。

三、建筑工程项目范围确定的过程

在项目的计划文件、设计文件、招标文件和投标文件中应包括对工程项目范围的说明。

在项目任务书、设计文件、计划文件、招标文件和投标文件中应有明确的项目范围界定。同时,在项目进一步的设计、计划、招标和投标以及在实施过程中,应该充分利用项目范围的说明。

在工程实施过程中,项目范围会随项目目标的调整、环境的改变、计划的调整而变更,项目范围应是动态的。项目范围的调整会导致工期、成本、质量、安全和资源供应的变更。

在进行计划、报价风险分析时,应预测项目范围变更的可能性、程序和影响,并制定相应的对策。一般来说,项目范围确定应经过以下过程:

(1)项目目标的分析。

(2)项目环境的调查与限制条件分析。

(3)项目可交付成果的范围和项目范围确定。

(4)对项目进行结构分解(WBS)工作。

(5)项目单元的定义。将项目目标和任务分解落实到具体的项目单元上,从各个方面(质量、技术要求、实施活动的责任人、费用限制、工期、前提条件等)对它们作详细的说明和定义。这个工作应与相应的技术设计、计划、组织安排等工作同步进行。

(6)项目单元之间界面的分析,包括界限的划分与定义、逻辑关系的分析、实施顺序的安排。将全部项目单元还原成一个有机的项目整体。这是进行网络分析、项目组织设计的基础工作。

四、建筑工程项目范围确定的工作内容

1. 项目的界定

项目的界定，首先要把一项任务界定为项目，然后再把项目业主的需求转化为详细的工作描述，而描述的这些工作是实现项目目标所不可缺少的。

2. 项目目标的确定

(1)项目目标的特点。项目目标是指实施项目所要达到的期望结果。项目目标的特点主要有以下几点：

1)多目标性。一个项目的目标往往不是单一的，而是由多个目标构成的一个系统，不同目标之间有可能彼此相互冲突。

2)优先性。由于项目是一个多目标的系统，因此，不同层次的目标，其重要性也不相同，往往被赋予不同的权重；不同的目标在项目生命周期的不同阶段，其权重也不相同。

3)层次性。目标的描述需要由抽象到具体，要有一定的层次性。通常将目标系统表示为一个层次结构。它的最高层是总体目标，指明要解决问题的总的期望结果；最下层是具体目标，指出解决问题的具体措施。上层目标一般表现为模糊的、不可控的；下层目标则表现为具体的、明确的、可测的。层次越低，目标越具体而可控。

(2)项目目标确定程序。

1)明确制定项目目标的主体。不同层次的目标，其制定目标的主体也是不同的；项目总体目标一般由项目发起人或项目提议人来确定；而项目实施中的某项工序的目标，则由相应的实施组织或个人来确定。

2)描述项目目标。项目目标必须明确、具体，尽量定量描述，保证项目目标容易理解，并使每个项目管理组织成员结合项目目标确定个人的具体目标。

3)形成项目目标文件。项目目标文件是一种详细描述项目目标的文件，也可以用层次结构图来表示。项目目标文件通过对项目目标

的详细描述，预先设定了项目成功的标准。

3. 项目范围的界定

项目范围的界定是确定成功实现项目目标所必须完成的工作。项目范围的界定应着重考虑以下三个方面：

(1)项目的基本目标。

(2)必须做的工作。

(3)可以省略的工作。

经过项目范围的界定，就可以把有限的资源用在完成项目所必不可少的工作上，确保项目目标的实现。

4. 项目范围说明书的形成

项目范围说明书说明了为什么要进行这个项目(或某项具体工作)，明确了项目(或某项具体工作)的目标和主要可交付的成果，是将来项目实施管理的重要基础。

建筑工程项目范围说明书的内容应当包括项目合理性说明(即解释为何要进行这一项目，为以后权衡各种利弊关系提供依据)、项目成果的简要描述、可交付成果清单及项目目标(项目目标的设立要能够量化，否则要承担很大的风险，当项目成功地完成时，就必须向项目业主表明，项目事先设立的目标均已达到)。

编写建筑工程项目范围说明书时必须了解以下情况：

(1)成果说明书。所谓成果，就是任务的委托者在项目结束或者项目阶段结束时，要求项目班子交出的成果。显然，对于这些要求交付的成果必须有明确的要求和说明。

(2)项目目标文件。

(3)制约因素。制约因素是限制项目承担者行动的因素。如项目预算将会限制项目管理组织对项目范围、人员配置以及日程安排的选择。项目管理组织必须考虑有哪些因素会限制自己的行动。

(4)假设前提。假设是指为了制订计划而考虑假定某些因素将是真实的、符合现实的和肯定的。如决定项目开工时间的某一前期准备工作的完成时间不确定，项目管理组织将假设某一特别的日期作为该项工作完成的时间。假设通常包含一定程度的风险。

五、建筑工程项目范围确定的方法

(1)成果分析。通过成果分析可以加深对项目成果的理解,确定其是否必要、是否多余以及是否有价值。其包括系统工程、价值工程和价值分析等技术。

(2)成本效益分析。

(3)项目方案识别技术。项目方案识别技术泛指提出实现项目目标方案的所有技术;在这方面,管理学已经提出了许多现成的技术,可供识别项目方案。

(4)领域专家法。可以请领域专家对各种方案进行评价,任何经过专门训练或具备专门知识的集体或个人均可视为领域专家。

(5)项目分解结构。

第三节 建筑工程项目结构分析

组织应根据项目范围说明文件进行项目的结构分析,项目结构分析是对项目系统范围进行结构分解(工作结构分解),用可测量的指标定义项目的工作任务,并形成文件,以此作为分解项目目标、落实组织责任、安排工作计划和实施控制的依据。

项目结构分析的内容包括项目分解、工作单元定义和工作界面分析。

一、项目分解

项目分解是把主要的项目可交付成果分成较小的、更易管理的组成部分,直到可交付成果定义得足够详细,足以支持项目将来的活动,如计划、实施、控制,并便于制订项目各具体领域和整体的实施计划。也可以说,是将项目划分为可管理的工作单元,以便这些工作单元的费用、时间和其他方面较项目整体更容易确定。

1. 项目分解的作用

项目结构分解是指项目管理的基础工作,结构分解文件是项目管理的中心文件，是对项目进行观察、设计、计划、目标和责任分解、成本核算、质量控制、信息管理、组织管理的对象。建筑工程项目结构分解的基本作用主要表现为以下几个方面：

(1)项目分解可保证项目结构的系统性和完整性。分解结果代表被管理的项目范围的组成部分，它包括项目应包含的所有工作，不能有遗漏。这样才能保证项目的设计、计划、控制的完整性。

(2)项目分解使项目的概况和组成明确、清晰。这使项目管理者，甚至不懂项目管理的业主、投资者也能把握整个项目，方便地观察、了解和控制整个项目过程，同时可以分析可能存在的项目目标的不明确性。

(3)项目分解有助于建立项目目标保证体系。工作分解结构能将项目实施过程、项目成果和项目组织有机地结合在一起，是进行项目任务承发包，建立项目组织，落实组织责任的依据。工作分解结构可以满足各级别的项目参与者的需要。工作分解结构可与项目组织结构有机地结合在一起，有助于项目经理根据各个项目单元的技术要求，赋予项目各部门和各职员相应的职责。

(4)项目分解将项目质量、工期、成本(投资)目标分解到各项目单元，这样可以对项目单元进行详细的设计，确定实施方案，作各种计划和风险分析，实施控制，对完成状况进行评价。

(5)项目分解是进行各部门、各专业的协调的手段。项目分解结构和编码在项目中充当一个共同的信息交换语言。项目中的大量信息，如资源使用、进度报告、成本开支账单、质量过程、变更、会谈纪要，都是以项目单元为对象收集、分类和沟通的。

2. 项目分解的要求

(1)内容完整，不重复，不遗漏。

(2)一个工作单元只能从属于一个上层单元。

(3)每个工作单元应有明确的工作内容和责任者，工作单元之间的界面应清晰。

(4)项目分解应有利于项目实施和管理，便于考核评价。

3. 项目分解的方法

项目应逐层分解至工作单元，形成树形结构图或项目工作任务表,进行编码。

建筑工程项目结构分解的基本思路是:以项目目标体系为主导,以工程技术系统范围和项目的实施过程为依据,按照一定的规则由上而下、由粗到细地进行。

(1)树形结构图。常见的工程项目的树形结构可如图 2-1 所示。项目结构图中的每一个单元(不分层次)统一被称为项目单元。项目结构图表达了项目总体的结构框架。

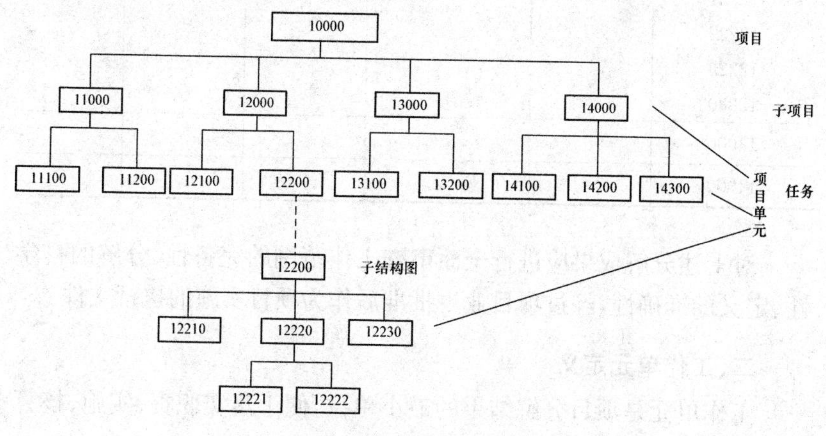

图 2-1 工程项目树形结构图

(2)项目结构分解表。将项目结构图用表来表示则为项目结构分解表,它既是项目的工作任务分配表,又是项目范围说明书。它的结构类似于计算机中文件的目录路径。例如,上面的项目结构图可以用一个简单的表来表示,见表 2-2。

表 2-2 ××项目结构分解表

编码	活动名称	负责人(单位)	预算成本	计划工期	……
10000					
11000 11100 11200					

续表

编码	活动名称	负责人(单位)	预算成本	计划工期	……
12000 12100 12200 12210 12220 12221 12222 12223 12230					
13000					
14000					

对上述分解成果应进行全面审查工作范围的完备性、分解的科学性、定义的准确性，经过项目业主批准后作为项目实施的执行文件。

二、工作单元定义

工作单元是项目分解结果的最小单位，便于落实职责、实施、核算和信息收集等工作。

工作单元的定义通常包括工作范围、质量要求、费用预算、时间安排、资源要求和组织责任等内容。

工作包是最低层次的项目单元，是计划和控制的最小单位(特别在成本方面)，是项目目标管理的具体体现。工作包一般具有预先的定义，有相应的目标、可评价其结果的自我封闭的可交付成果(工作量)，有一个负责人(或单位)。它是设计或计划、说明、控制和验收的对象。但它内涵的大小(工作范围)没有具体的规定。

工作包的相应说明被称为工作包说明，它是以任务(活动)说明为主的，是项目的目标分解和责任落实文件，包括项目的计划、控制、组织、合同等各方面的基本信息，另外，还可能包括工作包的实施方案、各种消耗标准等信息。所以，工作包的内容是一项非常复杂的工作，需要各部门的配合。

三、工作界面分析

工作界面是指工作单元之间的结合部，或叫接口部位，即工作单元之间相互作用、相互联系、相互影响的复杂关系。在项目管理中，大量的矛盾、争执、损失都发生在界面上。界面的类型很多，有目标系统的界面、技术系统的界面、行为系统的界面、组织系统的界面以及环境系统的界面等。对于大型复杂的项目，界面必须经过精心组织和设计。

工作界面分析指对界面中的复杂关系进行分析。

1. 工作界面分析的要求

(1)工作单元之间的接口合理，必要时应对工作界面进行书面说明。

(2)在项目的设计、计划和实施中，注意界面之间的联系和制约。

(3)在项目的实施中，应注意变更对界面的影响。

2. 工作界面分析的原则

随着项目管理集成化和综合化，特别是传统的土建、安装、装饰与现代的建筑智能、钢结构等专业的有机融合，工作界面分析越来越重要。项目工作界面的分析应遵循以下原则：

(1)保证系统界面之间的相容性，使项目系统单元之间有良好的接口，有相同的规格。这种良好的接口是项目经济、安全、稳定、高效率运行的基本保证。

(2)保证系统的完备性，不失掉任何工作、设备、信息等，防止发生工作内容、成本和质量责任归属的争执。

(3)对界面进行定义，并形成文件，在项目的实施中保持界面清楚，当工程发生变更时应特别注意变更对界面的影响。

(4)在界面处设置检查验收点、里程碑、决策点和控制点，应采用系统方法从组织、管理、技术、经济、合同各方面主动地进行界面分析。

(5)注意界面之间的联系和制约，解决界面之间的不协调、障碍和争执，主动、积极地管理系统界面的关系，对相互影响的因素进行协调。

3. 工作界面的定义文件

在项目管理中，对重要的工作界面应进行书面定义，并形成文件。项目工作界面的定义文件应能够综合表达界面的信息，如界面的位置、组织责任的划分、技术界限、界面工作的界限和归宿、工期界限、活动关系、资源、信息的交换时间安排、成本界限等。

四、工作分解结构

工作分解结构是项目管理中的一种基本方法，主要应用于项目范围管理，是一种在项目全范围内分解和定义各层次工作包的方法。

工作分解结构是指按照项目发展规律，依据一定的原则和规定，对项目进行系统化的、相互关联和协调的层次分解。结构层次越往下层则项目组成部分的定义越详细。

例如，对大型建筑工程项目，在实施阶段的工作内容相当多，其工作分解结构通常可以分解为六级。一级为工程项目；二级为单项工程；三级为单位工程；四级为任务；五级为工作包；六级为工作或活动。

第一级工程项目由多个单项工程组成，这些单项工程之和构成整个工程项目。每个单项工程又可以分解成单位工程(第二级)，这些单位工程之和构成该单项工程。以此类推，一直分解到第六级(或认为合适的等级)。

一般情况下，前三级由业主(或其代表)做出规定，更低级别的分解则由承包商完成并用于对承包商的施工进度进行控制。工作分解结构中的每一级都有其重要目的；第一级一般用于授权，第二级则用于编制项目预算，第三级编制里程碑事件进度计划，这三个级别是复合性的工作，与特殊的职能部门无关。再往下的三个级别则用于承包商的施工控制。工作包或工作应分派给某个人或某个作业队伍，由其专门负责。

工作分解结构将项目依次分解成较小的项目单元，直到满足项目控制需要的最低层次，这就形成了一种层次化的“树”状结构。这一树状结构将项目合同中规定的全部工作分解为便于管理的独立单元，并将完成这些单元工作的责任赋予相应的具体部门和人员，从而在项目资源与项目工作之间建立了一种明确的目标责任关系，这就形成了一种职能责任矩阵，如图 2-2 所示。

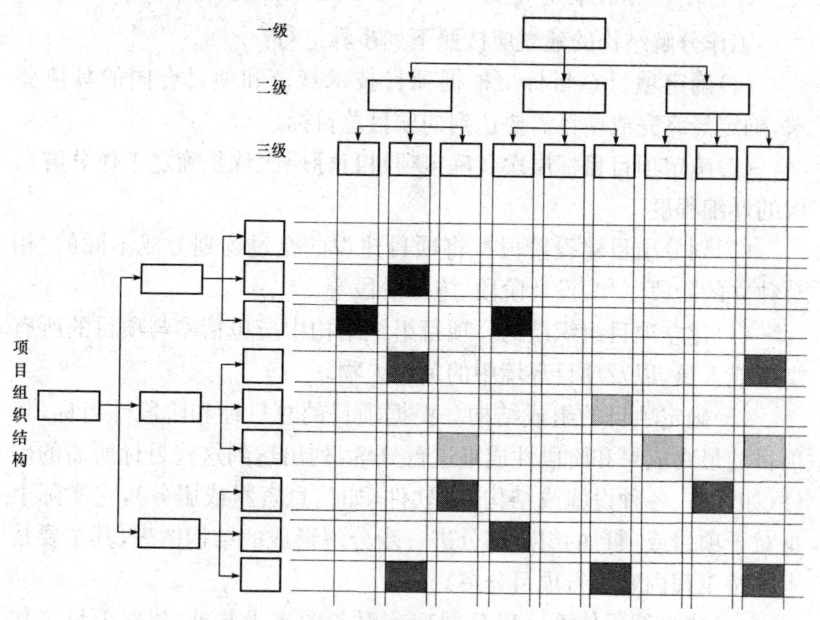

图 2-2　矩阵管理方法示意图

1. 工作分解结构的目的

(1)精确说明项目的范围。

(2)为各独立单元分派人员，确定这些人员的相应职责。

(3)针对各独立单元，进行时间、费用和资源需要量的估算，提高费用、时间和资源估算的准确性。

(4)为计划、预算、进度安排和费用控制奠定共同基础，确定项目进度测量和控制的基准。

(5)将项目工作与项目的费用预算及考核联系起来。

(6)便于划分和分派责任，自上而下地将项目目标落实到具体的工作上，并将这些工作交给项目内外的个人或组织去完成。

(7)确定项目的工作内容和工作顺序。

(8)估算项目整体与全过程发生的费用。

2. 工作分解结构的建立

工作分解结构的建立应按照下列步骤进行:

(1)确定项目总目标。根据项目技术规范和项目合同的具体要求,确定最终完成项目需要达到的项目总目标。

(2)确定项目目标层次。确定项目目标层次就是确定工作分解结构的详细程度。

(3)划分项目建设阶段。将项目建设的全过程划分成不同的、相对独立的阶段。如:设计阶段、施工阶段等。

(4)建立项目组织结构。项目组织结构中应包括参与项目的所有组织或人员,以及项目环境中的关键人物。

(5)确定项目的组成结构。根据项目的总目标和阶段性目标,将项目的最终成果和阶段性成果进行分解,列出达到这些目标所需的硬件(如设备、各种设施或结构)和软件(如信息资料或服务),它实际上是对子项目或项目的组成部分进一步分解形成的结构图表,其主要技术是按工程内容进行项目分解。

(6)建立编码体系。以公司现有财务图表为基础,建立项目工作分解结构的编码体系。

(7)建立工作分解结构。将上述(3)～(6)项结合在一起,即形成了工作分解结构。

(8)编制总网络计划。根据工作分解结构的第二层或第三层,编制项目总体网络计划。总体网络计划可以再利用网络计划的一般技术进行细化。总体网络计划确定了项目的总进度目标和关键子目标。在项目实施过程中,项目总体网络计划用于向项目的高级管理层报告项目的进展状况,即完成进度目标的情况。

(9)建立职能矩阵。分析工作分解结构中各个子系统或单元与组织机构之间的关系,用以明确组织机构内各部门应负责完成的项目子系统或项目单元,并建立项目系统的责任矩阵。

(10)建立项目财务图表。将工作分解结构中的每一个项目单元进行编码,形成项目结构的编码系统。此编码系统与项目的财务编码系统相结合，即可对项目实施财务管理，制作各种财务图表，建立费用目标。

(11)编制关键线路网络计划。前述的十项步骤完成后，形成了一个完整的工作分解结构，它是制订详细网络计划的基础。工作分解结构本身不涉及项目的具体工作、工作的时间估计、资源使用以及各项工作间的逻辑关系，因此，项目的进度控制还须使用详细网络计划。详细网络计划一般采用关键线路法(CPM)编制，它是对工作分解结构中的项目单元作进一步细分后产生的，可用于直接控制生产或施工活动。详细网络计划确定了各项工作的进度目标。

(12)建立工作顺序系统。根据工作分解结构和职能矩阵，建立项目的工作顺序系统，以明确各职能部门所负责的项目子系统或项目单元何时开始、何时结束，同时，也明确项目子系统或项目单元间的前后衔接关系。

(13)建立报告和控制系统。根据项目的整体要求、工作分解结构以及总体和详细网络计划，即可以建立项目的报告体系和控制系统，以核实项目的执行情况。

3. 工作分解结构的注意事项

(1)确定项目工作分解结构就是将项目的可交付成果、组织和过程这三种不同结构综合为项目工作分解结构的过程。项目管理组织要善于巧妙地将项目按可交付成果的结构划分、按项目的阶段划分以及按项目组织的责任划分有机地结合起来。

(2)最底层的工作包应当便于完整无缺地分派给项目内外的不同个人或组织，所以要求明确各工作包之间的界面。界面清楚有利于减少项目进展过程中的协调工作量。

(3)最底层的工作包应当非常具体，以便各工作包的承担者能明确自己的任务、努力的目标和应该承担的责任。工作包划分得具体，也便于监督和业绩考核。

(4)逐层分解项目或其主要可交付成果的过程实际上也是分解角色和职责的过程。

(5)项目工作分解完成以后必须交出的成果就是项目工作分解结

构。工作分解结构中的每一项工作,或者称为单元都要编上号码,这些号码的全体,称为编码系统。编码系统同项目工作分解结构本身一样重要。在项目规划和以后的各阶段,项目各基本单元的查找、变更、费用计算、时间安排、资源安排、质量要求等各个方面都要参照这个编码系统。

(6)在项目工作分解结构中,不管是哪一个层次,每一个单元都要有相应的依据(投入、输入、资源)和成果(产出、输出、产品)。某一层次单元的成果是上一层次单元的依据。

(7)依据和成果之间的具体关系是在逐层分解项目或其主要可交付成果,以及分派角色和职责时确定的。需要注意的是,某一层次工作所需的依据在许多情况下来自于同一层次的其他工作。由此看来,项目管理的协调工作要沿着项目工作分解结构的竖直和水平两个方向展开。

(8)对于最底层的工作包,要有全面、详细和明确的文字说明。由于项目,特别是较大的项目有许多工作包,因此,通常把所有工作包文字说明汇集在一起,编成一个项目工作分解结构词典,以便需要时查阅。

第四节　建筑工程项目范围控制

组织应严格按照项目范围和项目分解结构文件进行项目的范围控制。项目范围控制是指保证在预定的项目范围内进行项目的实施(包括设计、施工、采购等),对项目范围的变更进行有效控制,保证项目系统的完善性和合理性。

一、建筑工程项目范围控制的要求

(1)组织要保证严格按照项目范围文件实施(包括设计、施工和采购等),对项目范围的变更进行有效的控制,保证项目系统的完善性。

(2)在项目实施过程中应经常检查和记录项目实施状况,对项目任务的范围(如数量)、标准(如质量)和工作内容等的变化情况进行控制。

(3)项目范围变更涉及目标变更、设计变更、实施过程变更等。范围变更会导致费用、工期和组织责任的变化以及实施计划的调整、索赔和合同争执等问题发生。

(4)范围管理应有一定的审查和批准程序以及授权。特别要注重项目范围变更责任的落实和影响的处理程序。

(5)在建筑工程项目的结束阶段,或整个工程竣工时,在将项目最终交付成果(竣工工程)移交之前,应对项目的可交付成果进行审查,核实项目范围内规定的各项工作或活动是否已经完成,可交付成果是否完备或令人满意。

二、项目范围变更管理

组织在项目范围控制中,应跟踪检查、记录检查结果、建立文档,并判断工作范围有无变化,对范围的变更和影响进行分析和处理。

1. 建筑工程项目范围变更管理要求

(1)项目范围变更要有严格的审批程序和手续。

(2)项目范围变更后应调整相关的计划。

(3)组织对重大的项目范围变更,应提出影响报告。

2. 建筑工程项目范围变更管理依据

(1)工作范围描述。工作范围描述是项目合同的主要内容之一,它详细描述了完成工程项目需要实施的全部工作。

(2)技术规范和图纸。技术规范规定了提供服务方在履行合同义务期间必须遵守的国家和行业标准以及项目业主的其他技术要求。技术规范优先于图纸,即当两者发生矛盾时,以技术规范规定的内容为准。

(3)变更令。形成正式变更令的第一步是提出变更申请,变更申请可能以多种形式发生——口头或书面的,直接或间接的,以及合法的命令或业主的自主决定;变更令可能要求扩大或缩小项目的工作范围。

(4)工程项目进度计划。工程项目进度计划既定义了工程项目的范围基准,同时,又定义了各项工作的逻辑关系和起止时间(即进度目标)。当工程项目范围发生变更时,必然会对进度计划产生影响。

(5)进度报告。进度报告提供了项目范围执行状态的信息。例如,项目的哪些中间成果已经完成,哪些还未完成。进度报告还可以对可能在未来引起不利影响的潜在问题向项目管理班子发出警示信息。

3. 建筑工程项目范围变更控制系统

建筑工程项目范围变更控制系统规定了建筑工程项目范围变更应遵循的程序,它包括书面工作、跟踪系统以及批准变更所必需的批准层次。范围变更控制系统应融入整个建筑工程项目的变更控制系统。当在某一合同下实施项目时,范围变更控制系统还必须遵守项目合同中的全部规定。

第三章　建筑工程项目管理规划

项目管理规划作为指导项目管理工作的纲领性文件，应对项目管理的目标、依据、内容、组织、资源、方法、程序和控制措施进行确定。

项目管理规划应包括项目管理规划大纲和项目管理实施规划两类文件。

第一节　建筑工程项目管理规划概述

按照管理学的定义，规划是一个综合性的、完整的、全面的总体计划。它包含目标、政策、程序、任务的分配、要采取的步骤、要使用的资源以及为完成既定行动所需要的其他因素。

一、建筑工程项目管理规划的作用

建筑工程项目管理规划就是在施工项目管理目标的实现和管理的全过程中，对施工项目管理的全过程事先的安排和规划。其作用主要有以下几点：

(1)以中标和赢利为前提进行规划，力争项目投标中标。

(2)对中标项目的合同谈判进行规划，以期签订一份既满足业主的要求，又有利于承包单位取得综合效益的工程承包合同。

(3)对施工过程的各项管理活动进行规划，提出控制目标以及实现这些目标应采取的措施。

(4)提出对施工项目管理活动进行考核的标准和方法。

二、建筑工程项目管理规划的基本要求

建筑工程项目管理规划是对工程项目管理的各项工作进行综合性的、完整的、全面的总体规划，其基本要求有以下几点：

(1)项目管理规划应包括对目标的分解与研究及对环境的调查与分析。

1)研究项目的目标,并与相关各方面就总目标达成共识,这是工程项目管理最基本的要求。

2)在项目管理规划的制定和执行过程中,应进行充分的调查研究,大量地占有资料,以保证规划的科学性和实用性。

(2)应着眼于项目的全过程,特别要考虑项目的设计和运行维护,考虑项目的组织,以及项目管理的各个方面;与过去的工程项目计划和项目规划不同,项目管理规划更多地考虑项目管理的组织、项目管理系统、项目的技术定位、功能的策划、运行的准备和运行的维护,以使项目目标能顺利实现。

(3)内容更具完备性和系统性。由于项目管理对项目实施和运营的重要作用,项目管理规划的内容十分广泛,应包括在项目管理中涉及的各个方面的问题。通常应包括项目管理的目标分解、环境调查、项目的范围管理和结构分解、项目的实施策略、项目组织和项目管理组织设计,以及对项目相关工作的总体安排(如功能策划、技术设计、实施方案和组织建设、融资、交付、运行的全部)。

(4)项目管理规划应是集成化的,规划所涉及的各项工作之间应有很好的接口。项目管理规划的体系应反映规划编制的基础工作、规划包括的各项工作,以及规划编制完成后的相关工作之间的系统联系,主要包括以下几个方面:

1)各个相关计划的先后次序和工作过程关系。

2)各相关计划之间的信息流程关系。

3)计划相关的各个职能部门之间的协调关系。

4)项目各参加者(如业主、承包商、供应商、设计单位等)之间的协调关系。

三、建筑工程项目管理规划与施工组织设计的区别

项目管理规划与传统的施工组织设计有着密切的关系,但并不完全相同。项目管理规划类似施工组织设计,并融进了施工组织设计的内容。建筑工程项目管理规划与施工组织设计的区别具体可表现在以下几个方面:

(1)文件的性质不同。项目管理规划是一种管理文件,产生管理职能,服务于项目管理;施工组织设计是一种技术经济文件,服务于施工准备和施工活动,要求产生技术管理效果和经济效果。

(2)文件的范围不同。项目管理规划所涉及的范围是施工项目管理的全过程,即从投标开始至用后服务结束的全过程;施工组织设计所涉及的范围只是施工准备阶段和施工过程阶段。

(3)文件产生的基础不同。项目管理规划是在市场经济条件下,为了提高施工项目的综合经济效益,以目标控制为主要内容而编制的;而施工组织设计是在计划经济条件下,为了组织施工,以技术、时间、空间的合理利用为中心,使施工正常进行而编制的。

(4)文件的实施方式不同。项目管理规划是以目标管理的方式编制和实施的,目标管理的精髓是以目标指导行动,实行自我控制,具有考核标准;施工组织设计是以技术交底和制度约束的方式实施的,没有考核的严格要求和标准。

然而,由于施工组织设计的服务范围(施工准备和施工)是项目管理的最主要阶段,而且施工组织设计又是我国几十年来约定俗成的技术管理制度和方法,有着丰富的实践经验,发挥了巨大的作用,所以在编制和执行项目管理规划时有必要吸收施工组织设计的成功经验。或者说,应对施工组织设计进行改革,形成项目管理规划,充分发挥文件的经营管理作用。否定并取消施工组织设计的做法是错误的;以施工组织设计代替项目管理规划的做法也是不正确的。相反,应在项目管理规划中溶入施工组织设计的全部内容。

第二节　建筑工程项目管理规划大纲

项目管理规划大纲,是由企业管理层在投标之前编制的,旨在作为投标依据,满足招标文件要求及签订合同要求的文件。

一、建筑工程项目管理规划大纲的特点

1. 为投标签约提供依据

建筑工程施工企业为了取得施工项目,在进行投标之前,应根据

施工项目管理规划大纲认真规划投标方案。根据施工项目管理规划大纲编制投标文件,既可以使投标文件具有竞争力,又可以满足招标文件对施工组织设计的要求,还可为签订合同进行谈判提前做出筹划和提供资料。

2. 内容具有纲领性

建筑工程项目管理规划大纲,实际上是投标之前对项目管理的全过程所进行的规划。这既是准备中标后实现对发包人承诺的管理纲领,又是预期未来项目管理可实现的计划目标,影响建筑工程项目管理的全寿命。因为是中标之前规划的,所以只能是纲领性的。

3. 追求经济效益

建筑工程项目管理规划大纲首先有利于中标,其次有利于全过程的项目管理,所以它是一份经营性文件,追求的是经济效益。主导这份文件的主线是投标报价和工程成本,是企业通过承揽该项目所期望的经济成果。

二、建筑工程项目管理规划大纲的内容

在工程项目建设中,不同的人(单位)进行不同内容、范围、层次和对象的项目管理工作,所以不同人(单位)的项目管理规划的内容会有一定的差别,但它们都是针对项目管理工作过程的,所以主要内容有许多共同点,在性质上是一致的,都应该包括相应的建筑工程项目管理的目标、项目实施的策略、管理组织策略、项目管理模式、项目管理的组织规划和实施项目范围内的工作涉及的各方面问题。

1. 项目管理目标分析

项目管理目标分析的目的是确定适合建设项目特点和要求的项目目标体系;项目管理规划的目的是保证项目管理目标的实现,所以项目目标是项目管理规划的灵魂。

项目立项后,项目的总目标已经确定。通过对总目标的研究和分解即可确定阶段性的项目管理目标。在这个阶段还应确定编制项目管理规划的指导思想或策略,使各方面的人员在计划的编制和执行过程中有总的指导方针。

2. 项目实施环境分析

项目实施环境分析是项目管理规划的基础工作。在规划工作中，掌握相应的项目环境信息将是开展各个工作步骤的前提和依据。通过环境调查，确定项目管理规划的环境因素和制约条件，收集影响项目实施和项目管理规划执行的宏观和微观的环境因素资料。特别要注意尽可能参考以前同类工程项目的总结和反馈信息。

3. 项目范围划定和项目结构分解

(1)根据项目管理目标分析划定项目的范围。

(2)对项目范围内的工作进行研究和分解，即项目的系统结构分解。项目结构分解是对项目前期确定的项目对象系统的细化过程。通过分解，有助于项目管理人员更为精确地把握工程项目的系统组成，并为建立项目组织、进行项目管理目标的分解、安排各种职能管理工作提供依据。

4. 项目实施方针和组织策略的制定

项目实施方针和组织策略的制定也就是确定项目实施和管理模式总的指导思想和总体安排，具体内容包括以下各项：

(1)如何实施该项目，业主如何管理项目，控制到什么程度。

(2)采取什么样的发包方式，采取什么样的材料和设备供应方式。

(3)哪些管理工作由内部组织完成，哪些管理工作由承包商或委托管理公司完成，准备投入多少管理力量。

5. 项目实施总规划

(1)项目总体的时间安排，重要的里程碑事件安排。

(2)项目总体的实施顺序。

(3)项目总体的实施方案，如施工工艺、设备、模板方案、给排水方案等，各种安全和质量保证措施，采购方案，现场运输和平面布置方案，各种组织措施等。

6. 项目组织设计

项目组织策略分析的主要内容是确定项目的管理模式和项目实施的组织模式，通过项目组织策略分析，基本上建立建筑项目组织的基本构架和责权利关系的基本思路。

(1)项目实施组织策略。包括:采用的分标方式、采用的工程承包方式、项目可采用的管理模式。

(2)项目分标策划。即对项目结构分解得到的项目活动进行分类、打包和发包,考虑哪些工作由项目管理组织内部完成,哪些工作需要委托出去。

(3)招标和合同策划工作。这里包括两方面的工作,包括招标策划和合同策划两部分。

(4)项目管理模式的确定。即业主所采用的项目管理模式,如:设计管理模式、施工管理模式、是否采用监理制度等。

(5)项目管理组织设置。主要包括以下几项:

1)按照项目管理的组织策略、分标方式、管理模式等构建项目管理组织体系。

2)部门设置。管理组织中的部门,是指承担一定管理职能的组织单位,是某些具有紧密联系的管理工作和人员所组成的集合,它分布在项目管理组织的各个层次上。部门设计的过程,实质就是进行管理工作的组合过程,即按照一定的方式,遵循一定的策略和原则,将项目管理组织的各种管理工作加以科学的分类、合理组合,进而设置相应的部门来承担,同时,授予该部门从事这些管理业务所必需的各种职权。

3)部门职责分工。绘制项目管理责任矩阵,针对项目组织中某个管理部门,规定其基本职责、工作范围、拥有权限、协调关系等,并配备具有相应能力的人员适应项目管理的需要。

4)管理规范的设计。为了保证项目组织结构能够按照设计要求正常地运行,需要项目管理规范,这是项目组织设计制度化和规范化的过程。管理规范包含内容较多,在大型建设项目管理规划阶段,管理规范设计主要着眼于项目管理组织中各部门的责任分工以及项目管理主要工作的流程设计。

5)主要管理工作的流程设计。项目中的工作流程,按照其涉及的范围大小,可以划分为不同层次。在项目管理规划中,主要研究部门之间在具体管理活动中的流程关系。在项目管理规划中，流程设计的成果是各种主要管理工作的工作流程图。工作流程图的种类很多，有箭头图、矩阵框图（表格式）和程序图。

（6）项目管理信息系统的规划。对新的大型的项目必须对项目管理信息系统做出总体规划。

（7）其他。根据需要，项目管理规划还会有许多内容，但它们因对象不同而异。建筑工程项目管理规划的各种基础资料和规划结果应形成文件，并具有可追溯性，以便沟通。

三、建筑工程项目管理规划大纲的编制

（一）建筑工程项目管理规划大纲的编制依据

（1）可行性研究报告。

（2）招标文件以及发包人对招标文件的分析研究结果。

（3）企业管理层对招标文件的分析研究结果。

（4）工程现场环境情况的调查结果。编制施工项目管理规划大纲前，主要应该调查对施工方案、合同执行、实施合同成本有重大影响的因素。

（5）发包人提供的工程信息和资料。

（6）有关本工程投标的竞争信息。如参加投标竞争的承包人的数量及其投标人的情况，本企业与这些投标人在本项目上的竞争力分析与比较等。

（7）企业法定代表人的投标决策意见。因为施工项目管理规划大纲必须体现承包人的发展战略和总的经营方针及策略，故企业法定代表人应按下列因素考虑决策：企业在项目所在地所涉及领域的发展战略；项目在企业经营中的地位，项目的成败对未来经营的影响（如牌子工程、形象工程等）；发包人的基本情况（如信用程度、管理水平、发包人的后续工程的可能性）。

（二）建筑工程项目管理规划大纲的编制程序

（1）明确项目目标。

（2）分析项目环境和条件。

(3)收集项目的有关资料和信息。

(4)确定项目管理组织模式、结构和职责。

(5)明确项目管理内容。

(6)编制项目目标计划和资源计划。

(7)汇总整理,报审送批。

(三)建筑工程项目管理规划大纲的编制内容

项目管理规划大纲的编制内容包括:项目概况、项目范围管理规划、项目管理目标规划、项目管理组织规划、项目成本管理规划、项目进度管理规划、项目质量管理规划、项目职业健康安全与环境管理规划、项目采购与资源管理规划、项目信息管理规划、项目沟通管理规划、项目风险管理规划、项目收尾管理规划。

1. 项目概况

项目概况包括项目范围描述、项目实施条件分析和项目管理基本要求等。

(1)项目基本情况描述包括:投资规模、工程规模、使用功能、工程结构与构造、建设地点、基本的建设条件(合同条件、场地条件、法规条件、资源条件)等。项目的基本情况可以用一些数据指标描述。

(2)项目实施条件分析包括:发包人条件,相关市场条件,自然条件,政治、法律和社会条件,现场条件,招标条件等。这些资料来自于环境调查和发包人在招标过程中可能提供的资料。

(3)项目管理基本要求包括:法规要求、政治要求、政策要求、组织要求、管理模式要求、管理条件要求、管理理念要求、管理环境要求、有关支持性要求等。

2. 项目范围管理规划

项目范围管理规划应以确定并完成项目目标为根本目的,通过明确项目有关各方的职责界限,以保证项目管理工作的充分性和有效性。

(1)项目范围管理的对象应包括为完成项目所必需的专业工作和管理工作。

(2)项目范围管理的过程应包括项目范围的确定、项目结构分析、项目范围控制等。

(3)项目范围管理应作为项目管理的基础工作,并贯穿于项目的全过程。组织应确定项目范围管理的工作职责和程序,并对范围的变更进行检查、分析和处置。

3. 项目管理目标规划

(1)项目管理的目标通常包括两个部分:

1)合同要求的目标。合同规定的项目目标是必须实现的,否则投标就不能中标,中标后必须接受合同或法律规定的处罚。

2)对组织自身要完成的目标。项目管理目标规划应明确进度、质量、职业健康安全与环境、成本等的总目标,并进行可能的分解。这些目标是项目管理的努力方向,也是管理成果的体现,因此必须进行可行性论证,提出纲领性的措施。

(2)有时组织的总体经营战略和本项目的实施策略会产生一些项目的目标,应一并加以规划。

(3)项目管理的目标应尽可能定量描述,是可执行的、可分解的。在项目实施过程中可以用目标进行控制;在项目结束后可以用目标对项目经理部进行考核。

(4)项目的目标水平应通过努力能够实现,不切实际的过高目标会使项目经理部失去努力的信心;过低会使项目失去优化的可能,企业经营效益会降低。

(5)项目管理目标规划应满足顾客的要求,赢得顾客的信任。这里的顾客主要是指发包人,也可能是分包的总包人或其他项目管理任务的提供人。

4. 项目管理组织规划

建筑工程项目管理组织规划应符合施工项目的组织方案,此方案分为两类:

(1)针对专业性施工任务的组织方案。例如,是采用分包方式还是自行承包方式等。

(2)针对施工项目管理组织(施工项目经理部)的方案。在施工项目管理规划大纲中,不需要详细描述施工项目经理部的组成状况,但必须原则性地确定项目经理、总工程师等的人选。通常按照项目业主招标的要求,项目经理或技术负责人在项目业主的澄清会议上进行答辩,所以项目经理或技术负责人必须尽早任命,并尽早介入施工项目的投标过程。这不仅是为了中标的要求,而且能够保证建设工程项目管理的连续性。

5. 项目成本管理规划

建筑工程项目成本管理规划应体现施工预算和成本计划的总体原则。

成本目标规划应包括项目的总成本目标,按照主要成本项目进行成本目标分解(如施工工人、主要材料、设备用量以及相关的费用)、现场管理费额度、保证成本目标实现的技术组织措施等。成本目标规划应留有一定的余地,并有一定的浮动空间。

成本目标的确定应反映以下因素:施工工程的范围、特点、性质、招标文件规定的承包人责任、工程的现场条件、承包人对施工工程确定的实施方案。

成本目标是承包人投标报价的基础,将来又会作为对施工项目经理部的成本目标责任和考核奖励的依据,它应反映承包人的实际开支,所以在确定成本目标时不应考虑承包人的经营战略。

大型建筑工程应建立项目的施工工程成本数据库。

6. 项目进度管理规划

建筑工程项目进度管理规划应说明招标文件(或招标人要求)的总工期目标、总工期目标的分解、主要的里程碑事件及主要工程活动的进度计划安排、施工进度计划表、保证进度目标实现的措施等。

建筑工程项目管理规划大纲中的工期目标与总进度计划不仅应符合招标人在招标文件中提出的总工期要求,而且应考虑到环境(特别是气候)条件的制约、工程的规模和复杂程度、承包人可能有的资源投入强度,要有可行性。在制订总计划时应参考已完成的当地同类工程的实际进度状况。

进度计划应采用横道图的形式,并注明主要的里程碑事件。

7. 项目质量管理规划

建筑项目质量管理规划包括质量目标规划和主要的施工方案描述。

(1)招标文件(或项目业主)要求的总体质量目标规划。质量目标的指标既应符合招标文件规定的质量标准,又应符合国家和地方的法律、法规、规范的要求。施工项目管理工作、施工方案和组织措施等都要保证该质量目标的实现,这是承包人对项目业主的最重要承诺。应重点说明质量目标的分解和保证质量目标实现的主要技术组织措施。

(2)主要的施工方案描述包括:工程施工次序的总体安排、重点单位工程或重点分部工程的施工方案、主要的技术措施、拟采用的新技术和新工艺、拟选用的主要施工机械设备方案。

8. 项目职业健康安全与环境管理规划

(1)建筑工程项目职业健康安全规划应提出总体的安全目标责任、施工过程中的主要不安全因素、保证安全的主要措施等。对危险性较大或专业性较强的建设工程施工项目,应当编制施工安全组织计划(或施工安全管理体系),并提出详细的安全组织、技术和管理措施,保证安全管理过程是一个持续改进的过程。

(2)建筑工程项目环境管理规划应根据施工工程范围、工程特点、性质、环境、项目业主要求等的不同,按照需要增加一些其他内容。比如,对一些大型的、特殊的工程,项目业主要求承包人提出保护环境的管理体系时,应有较详细的重点规划。

9. 项目采购与资源管理规划

(1)建筑工程项目采购规划要识别与采购有关的资源和过程,包括采购什么、何时采购、询价、评价并确定参加投标的分包人、分包合同结构策划、采购文件的内容和编写等。

(2)建筑工程项目资源管理规划包括识别、估算、分配相关资源,安排资源使用进度，进行资源控制的策划等。

10. 项目风险管理规划

建筑工程项目风险管理规划应根据工程的实际情况对施工项目的主要风险因素做出预测，并提出相应的对策措施，提出风险管理的主要原则。

在建筑工程项目管理规划大纲阶段对风险考虑得较为宏观，要着眼于市场、宏观经济、政治、竞争对手、合同、业主资信等。施工风险的对策措施有：回避风险大的项目、选择风险小或适中的项目。对于风险超过自己的承受能力，成功把握不大的项目，不参与投标。

(1)技术措施。例如，选择有弹性的、抗风险能力强的技术方案，而不用新的、未经过工程使用的、不成熟的施工方案；对地理、地质情况进行详细勘察或鉴定，预先进行技术试验、模拟，准备多套备选方案，采用各种保护措施和安全保障措施。

(2)组织措施。对风险很大的项目加强计划工作，选派最得力的技术和管理人员，特别是项目经理；在同期施工项目中提高它的优先级别，在实施过程中严密控制。

(3)购买保险。常见的工程损坏、第三方责任、人身伤亡、机械设备的损坏等可以通过购买保险的办法规避。要求对方提供担保(或反担保)。要求项目业主出具资信证明。

(4)风险预备金。例如，在投标报价中，根据风险的大小以及发生的可能性(概率)在报价中加上一笔不可预见风险费。

(5)采取合作方式共同承担风险。例如，通过分包、联营承包，与分包人或其他承包人共同承担风险。

(6)通过合同分配风险。例如，通过修改承包合同中对承包人不利的条款或单方面约束性条款，平衡项目业主和承包人之间的风险，保护自己，通过分包合同转移总承包合同中的相关风险等。

11. 项目信息管理规划

建筑工程项目信息管理规划应包括下列内容：

(1)与项目组织相适应的信息流通系统。

(2)信息中心的建立规划。

(3)项目管理软件的选择与使用规划。

(4)信息管理实施规划。

12. 项目沟通管理规划

建筑工程项目沟通管理规划主要指项目管理组织就项目所涉及的各有关组织及个人相互之间的信息沟通、关系协调等工作的规划。

四、建筑工程项目管理规划大纲编制实例

某住宅小区工程项目管理规划大纲

该工程规模大、结构复杂、技术难度高。在运作方式上,严格遵循菲迪克条件的原则。

(一)项目管理的思路

1. 项目管理的目的

通过项目管理能够有效地解决施工中各种问题,实现项目质量、效益、工期、文明、安全等各项指标。

2. 项目管理的总原则

本工程项目管理的总原则就是实现全面目标化管理,即建立项目、部门、个人三级的目标化管理。

3. 项目运行的主线

ISO 9002 管理体系文件。

(二)项目管理实施

1. 项目管理体系

项目组织机构如图 3-1 所示。

2. 项目管理实施理念描述

在本工程的项目管理实施过程中,主要本着科学严肃的工作态度,紧紧把握以下几点实施理念:

(1)坚持项目管理科学性,建立健全各种规章制度。

(2)集思广益,充分发扬民主,取得广大工作人员对制度的认可,确保制度实施的群众基础。

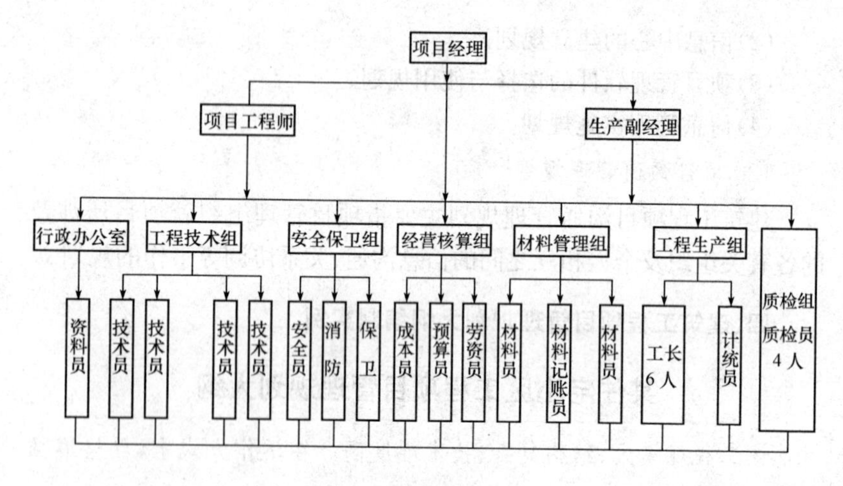

图 3-1　项目组织机构图

(3)加强制度实施的严肃性、权威性、公正性，真正做到令行禁止。

(4)完善责、权、利，让每一个管理人员有责、有权、有利。

(5)建立完整清晰科学的业务系统。建筑工程项目管理是一项综合的系统工程，它涉及生产、技术、经济、材料、成本、预算、合同各个环节，而项目管理的目的就是将各个部门有机地联系起来形成一个整体。项目管理部必须根据各部门的关系建立彼此联系的业务系统。在业务系统的建设过程中严格以 ISO 9002 作为管理体系的依据，对体系文件进行必要的简化，抽取其中的精华部分，对每个业务流程进行细化。

(6)项目决策的独立性、决定性。本工程是五个项目管理部工程之一，是在项目管理部的统一决策领导之下的，但是作为一个项目本身，为确保项目管理有效性的原则，应确保项目决策的独立性，同时应充分参与项目各种合同的签订，掌握一定决定权。

3. 项目管理职责

为了实现项目管理的目标化，以及管理线路的明晰化，现将各部门业务系统的职责规定如下：

(1)项目经理。项目经理是公司法人在本工程项目上的全权委托人,在项目工程实施中全面履行合同。对工程质量、施工进度、施工安全、文明施工等进行全面管理。

(2)项目生产副经理。负责组织施工计划的编制和实施,制订劳动力计划、材料计划、施工机械计划,协调各专业之间的关系,保证各种施工条件,对施工进度、施工安全负责,主持生产调度会,参加业主方和监理方组织的有关会议。

(3)项目技术副经理。负责施工过程中的技术和质量管理工作,组织编制施工组织设计、施工方案,解决施工过程中的技术难点,确保在施工过程中执行国家有关技术规范,确保工程质量,主持技术、质量会议,参加业主方和监理方组织的有关会议。

(4)质量检查员。

1)质量检查员是施工现场施工质量的主要监督人员,对施工质量最终验评负主要责任。

2)对施工全过程的质量控制负有监督的职责。

3)参加隐检、预检和分项、分部工程检查验收工作,负责对质量缺陷进行评估,提出整改意见。

4)对质量体系中质量纠正与预防流程负有主要责任。

(5)预算员。

1)负责现场投标招标文件的编制。

2)负责按时完成现场月度以及竣工结算工作。

3)配合成本员完成成本分析工作。

4)负责参与现场技术洽商工作,并及时收集整理与结算有关的各种文件资料。

5)每月向项目经理提供有关经济预决算的报告。

(6)成本员。

1)负责现场成本管理制度的建立。

2)根据施工进度计划编制成本计划。

3)负责现场成本控制的执行,定期对成本控制情况进行检查并向项目经理及有关人员发相应通知文件。

4)负责每月、季、年出具较为准确的带有建设性意见的成本分析报告。

(7)技术员。

1)负责编制施工组织设计、各项施工方案和季节性施工方案。

2)负责技术和质量管理工作。负责施工图纸管理,组织图纸会审,办理施工图纸技术洽商,保证工程严格按照图纸和有关技术规范实施。

3)负责施工技术资料的收集、整理和工程竣工档案的编制工作。

4)参加隐检、预检和分项、分部工程检查验收工作。

5)负责对质量缺陷进行评估,提出整改意见,参加解决施工过程中的技术难点。

6)负责测量放线、施工试验工作。

7)组织技术复核和质量检查工作。

8)负责与业主方和监理方的有关业务往来,参加业主方和监理方组织的有关会议。

(8)施工员。

1)根据施工计划安排组织施工,确保计划实现。

2)参与施工组织设计与施工方案的编制,并按施工方案组织施工。

3)对施工班组有进行技术、安全交底的职责。

4)对施工质量负有主要责任,负责施工全过程的质量。

5)对文明、安全施工负有主要责任。不违章指挥,制止违章冒险作业。

6)合理用工用料,对施工成本控制负有执行责任。

7)组织对已完成分项、分部工程进行自检、交接检以及监理验收工作,并负责填写相应的文件资料。

(9)材料员。

1)根据生产计划与工长安排制订现场材料计划。

2)负责建立完善的材料管理制度并确保其运行。

3)根据材料进场情况,通知技术部门进行验收。

4)积极与工长配合,结合班组实际工作为提高生产效率和经济效益尽力。

5)结合现场保管条例,做好料具管理工作,不断提高文明施工管理水平。

6)做好现场材料的收、发、管工作。

7)材料进场认真验收,建账登记,做好记录。

8)料具发放严格执行有关制度和规定,做好原始记录及销料转账工作。

9)保管好施工现场物资。

10)掌握各种材料计划,防止上料过多,尽量减少现场二次搬运,避免造成不必要的浪费。

11)月底做好各种材料的盘点工作,做好销料转账工作。

12)施工中落地灰坚持过筛再次利用,降低材料消耗。

13)按时向领导和上级提供资料和汇报情况,与各方做好协作配合,加强团结。

14)按施工部位组织各种材料及大型工具的进场,并做好验收,保证材料符合质量要求。

15)料具进场按平面图堆放,做好标识并随时检查,严格验收手续。

16)加强料具保管,坚持入库验收制度,保证物资储存期的质量。

(10)计划员。

1)负责现场施工计划的编制。

2)负责现场进度计划执行情况的监督检查,并定期向生产项目经理汇报有关执行情况。

3)协助工长合理安排工作。

4)负责现场的统计报量工作。

(11)安全消防员。

1)安全消防员是施工现场安全消防施工的主要监督检查人以及整改意见提出的主要责任人。

2)对现场安全文明施工负直接责任,按国家有关规定对安全生产进行检查,杜绝安全、消防事故的发生。

3)积极贯彻和宣传上级的各项安全规章制度,并监督检查执行情况。

4)参加所有的工作例会和施工组织设计、施工方案的会审,并有权对其中的安全措施提出建议和意见。

5)负责现场安全、消防方案的制订和执行。

6)凡进入现场的单位或个人,安全员有权监督其是否符合现场及上级的安全管理规定。对不服管理或技术不能胜任的人员的选用提出建议并有权清除出场。

7)参与因工伤亡事故的调查处理,并按规定及时上报。

8)参加一般及大、中型脚手架安装的安装验收,及时发现问题,监督有关部门或人员解决落实。

(12)办公室资料员。

1)负责现场各种传真、图纸、通知、会议记录的收集整理工作。

2)指定行之有效的资料管理办法。

3)对文件收发要做到及时准确,确保文件的可追溯性。

4)负责现场事务性文件的起草,负责现场CI、VI文件的编制。

4. 项目管理制度

(1)本工程管理规划制度。工程项目的计划性是整个项目管理科学性的集中体现,也是施工有序进行的重要前提,计划制订的完备与否关系到项目周期全过程的各个环节。项目管理规划主要包括以下几个方面:

1)项目生产管理规划。项目生产进度计划是项目管理规划的龙头,该计划主要由生产经理组织生产、技术、材料等部门参与制订。该计划制订必须具有科学性、现实性和可操作性,针对该工程的特点,该计划分阶段编制,细化到段、天,同时计划严格加注工程量。具体实施中,工程进度应严格按照计划,做到计划以日为指标衡量生产进度。在计划公布实施前应向各部门进行交底,并进行公示。

2)项目技术管理规划。项目技术管理规划是项目管理规划的基础,是施工生产技术先行的具体表现。针对该工程技术难度高的特点,更应特别重视,具体实施由项目技术经理组织技术部门根据生产计划进行编制，计划包括施工方案编制计划、材料试验计划、项目培训计划、项目新技术推广应用计划。

3)项目资源管理规划。项目资源管理规划是项目进度计划实施的物质基础，也是保证。根据本工程实际制订材料供应计划、劳动力计划、资金计划等几个方面。根据本工程特点，材料供应计划注意细节，将材料进出场计划精确到天，以解决现场场地狭小与进度紧之间的矛盾。

4)项目成本管理规划。项目成本管理规划应该说是上述规划的最终服务对象，本工程中由于工程运作方式以及项目本身运作环节较多，因此，作为本工程控制的一部分应特别注意成本计划编制的可行性、直观性以及事实性。

(2)项目技术质量管理制度。在施工生产中，随着生产的发展，“技术先行，质量核心”已经逐渐得到广泛的认同，本工程中在这方面能够有较大程度的改进，要求技术质量部门有相应的管理制度。根据本工程的技术管理特点，制定以下制度：

1)《本工程技术系统管理办法》。

2)《本工程技术部门分工及技术管理内容》。

3)《本工程施工质量管理办法》。

4)《本工程技术资料管理办法》。

5)《本工程函件管理办法》。

(3)本工程生产管理制度。本制度的建立是为了确保施工生产正常有序进行，在施工生产、安全文明施工、消防等方面明确各部门的职责。具体包括以下制度：

1)《本工程施工报验管理制度》。

2)《本工程安全文明施工管理办法》。

3)《本工程施工日志管理办法》。

(4)项目材料管理制度。材料是现场施工的物质基础，本工程为了对工程材料进行全面有效的控制，特制定了相关工作制度。

(5)项目成本管理制度。成本管理是施工现场最核心的管理制度，成本管理通过制定严谨的可操作性极强的管理制度，从成本计划、成本控制、成本分析等几个方面对施工成本进行管理。成本的管理应是全员的、严格的。

(6)项目合同管理制度。本工程是严格按国际惯例实施的工程，根据国际工程管理以合同为依据的特点，加强合同管理工作。这里的合同管理不仅指与甲方的合同管理，同时也包括与各分包方的合同管理。

(7)项目行政管理制度。行政管理制度是非直接生产性制度，但它是施工生产制度的必要补充。行政管理制度主要涉及人员的日常管理以及带有普遍适用性的规定，主要包括以下制度：

1)《本工程工作人员综合考评制度》。

2)《本工程会议管理制度》。

3)《本工程贯标管理制度》。

4)《本工程工作人员行为规范》。

5)《本工程签认制度》。

6)《本工程企业 CI、VI 战略》。

5. 工程业务系统流程

本工程业务系统流程如下：

(1)施工方案编制执行流程。施工方案编制执行流程如图 3-2 所示。

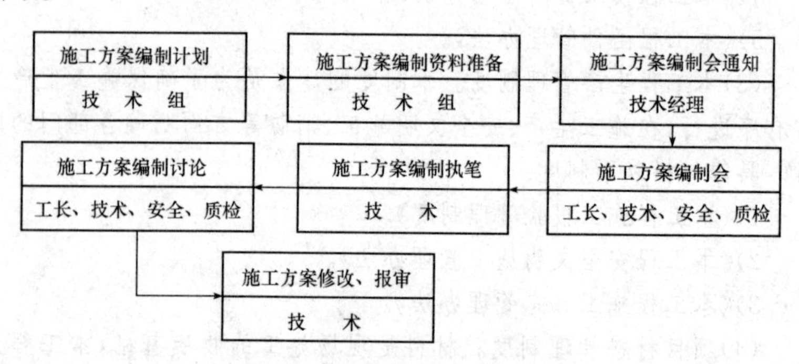

图 3-2　施工方案编制执行流程图

(2)现场报验工作流程。现场报验工作流程如图 3-3 所示。

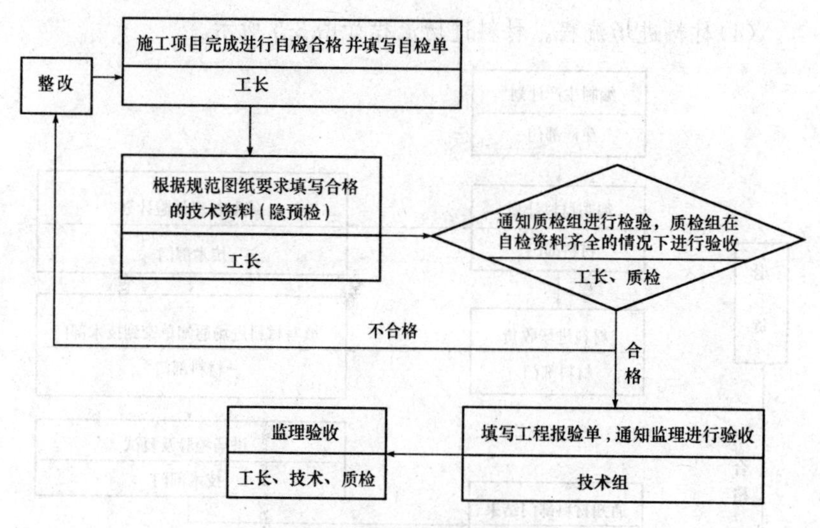

图 3-3　现场报验工作流程图

(3)月度统计报量结算流程。现场报量工作结算流程如图 3-4 所示。

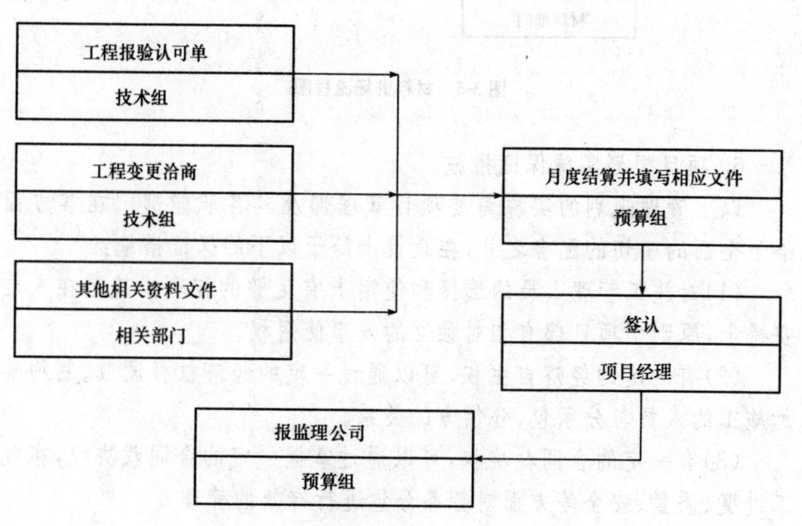

图 3-4　月度统计报量工作结算流程图

(4)材料进场流程。材料进场流程如图3-5所示。

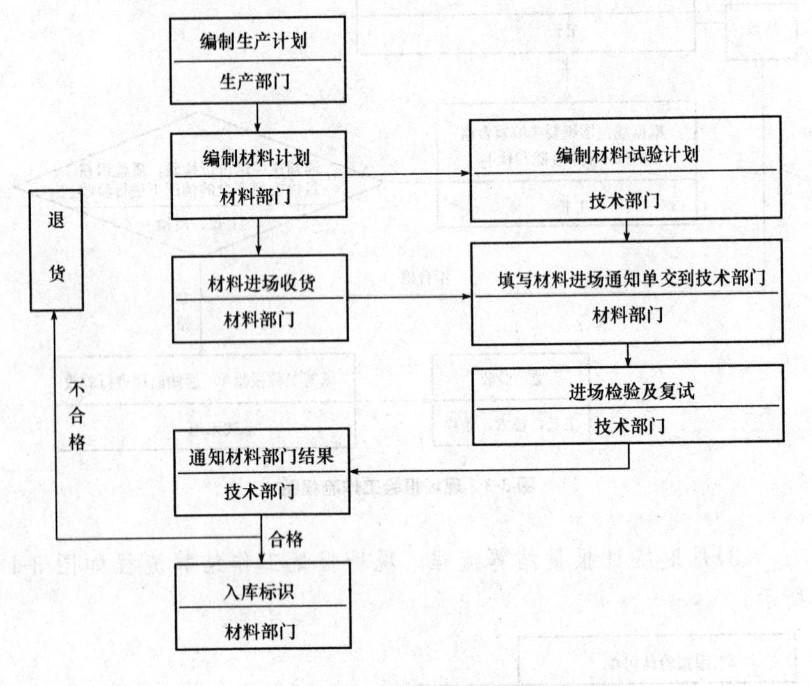

图3-5 材料进场流程图

6. 项目规划实施保证措施

以上管理规划的实施需要项目管理部及其各职能部门在各方面给予全面的密切的配合之外,在政策上给予以下的保证措施:

(1)对施工管理人员的选择和使用上有足够的权利。就是在人员安排上,原则上项目部有相对独立的人事使用权。

(2)有一定的经济自主权,可以通过一定的经济杠杆调节、制约参加施工的人员与分承包、分供方的关系。

(3)有一定的合同裁决权,可以通过掌握一定的合同裁决权,在施工进度、质量、安全等方面对劳务分包进行有效的管理。

(4)在不违反项目管理部统一协调原则的基础上,有权决定材料的选择和使用。

(三)工程管理目标

本工程管理总目标及分项目标如下。

1. 工期管理目标

信守合同,按合同条款完成合同所规定的各项工期指标。

2. 成本管理目标

科学管理,努力节支,降低成本。

3. 质量管理目标

工程保优良,争创“长城杯”。

(四)工程技术管理

1. 技术系统主要工作

(1)图纸管理。

1)工程图纸由总包设专人统一管理,图纸统一标识并加盖“图纸专用章”后,方可发放使用。

2)图纸接收和发放应建立台账。

3)图纸发放份数,见表 3-1。

表 3-1 **图纸发放份数** 套

工程类别	现 场	项目管理部	本公司	合 计
大型工程 3 万 m^2 以上	8	2	1	11

(2)图纸会审。接到图纸后,总分包各部门人员要及时、认真审查图纸,理解设计意图,在了解建筑物结构构造及使用功能的基础上,了解每一节点,每一细部做法。

(3)设计交底。

(4)工程洽商管理。

1)所有洽商须经总包方签认方能生效。

2)所有洽商由总包方设专人统一发放。

3)一般性洽商办理 7 份原件,其他洽商份数酌情增减。

4)洽商完成生效后应将资料及时送达预算部门并做好交底工作。

(5)施工组织设计、方案管理。执行本公司编制的《施工组织设计编制标准》。

(6)技术资料管理。

1)工程技术资料执行国家关于建筑工程资料编制的有关规定及建筑工程质量验收相关标准规范。

2)按有关要求,技术资料编制三套,特殊情况另议。

(7)工程验收。

(8)配合监理工作。

1)严格执行《建设工程监理规范》(GB 50319—2000)。

2)除工程报验、材料报验由监理工程师直接批复分包外,其余文件往来均只交总包。

(9)工程测量管理。

(10)工程试验管理。

1)严格执行见证取样的有关规定、文件。

2)送样试验室为本公司中心试验室。见证取样的试验室由总包和监理指定。

(11)材料、成品、半成品加工订货管理。

(12)环保工作管理。

1)遵守国家的环境保护法规,执行国家的环境保护政策及环境保护要求。

2)严格遵守 ISO 14000 环保文件的有关规定。

(13)计量工作管理。贯彻国家计量法令、法规及本公司的有关计量管理制度、办法。

(14)贯标工作管理。技术部门负责贯标体系相关文件的管理工作。

(15)其他技术管理。本工程技术含量较高,因此在技术管理上应增加科研工作的内容,技术部门负责科研计划、科研实施以及科研总结的工作。

2. 总包管理责任

(1)图纸管理。

(2)图纸会审。总包组织图纸会审工作。对图纸中出现的差错、遗漏、相互矛盾、构造不合理等问题,填写图纸会审记录。

(3)设计交底。

1)由总包组织设计交底,各分包单位参加。

2)设计交底会上,派专人做好交底记录,及时办理一次性洽商。

(4)工程洽商管理。设计变更洽商及经济洽商,由分包提请总包,或由总包直接办理。

(5)施工组织设计、方案管理。

1)施工组织总设计,全场性施工组织设计、方案由总包负责编制。

2)深基础、高层建筑、高层脚手架等工程的方案,总包参与编制。

3)总包在接到上报的组织设计、方案后10d内完成审批工作并下发审批意见。

(6)技术资料管理。总包设专人指导、协助分包进行技术资料收集整理工作。

(7)工程验收。分部工程评定、基础及结构验收、单位工程竣工验收,由总包负责组织。

(8)配合监理工作。

1)分部工程评定、基础及结构验收、单位工程竣工验收,由总包负责报请监理工程师。

2)《建设工程监理规范》(GB 50319—2000)中,除工程报验、材料报验外,其他项目由总包上报监理工程师。

(9)工程测量管理。

1)总包负责提供红线桩点、水准点等工程定位条件。

2)全场性测量放线工作,如总平面控制网、总标高控制网等,为各单位工程定位条件,由总包负责组织。

(10)工程试验管理。总包设专人指导、协助分包进行工程试验工作。

(11)材料、成品、半成品加工订货管理。

1)分包重大材料加工订货,应在生产例会上由总包认可。

2)总包负责材料供应商的资质报验。须纳入技术资料的文件转交分包。

3)业主、总包供应材料,由总包组织验收,收齐相关资料。总包发放材料时，移交相关技术资料。

(12)环保工作管理。总包设专人指导、协助分包进行环保工作，负责汇总工作。

(13)计量工作管理。总包设计量员，其计量器具按时检定(校准)、标识，建立台账，并将检测证明书复印件报送本公司技术部。

(14)贯标工作管理。

1)总包设专人负责贯标工作。

2)由总包组织编写《项目质量计划》，各分包单位贯彻执行。

(15)其他技术管理。

1)科技开发、科技成果推广工作。本工程项目经理部进行科技开发、科技成果推广的立项，积极推广使用新技术、新工艺、新材料、新机具，在施工技术、施工工艺、施工方法上不断创新、不断完善，并及时进行总结。

2)技术质量例会及联检制度。总包定期组织对分包工程技术质量联检，在随后例会上进行讲评。使各分包能及时发现并解决施工中技术质量问题，有利于各分包之间互通信息、取长补短。

3)总包进行日常各项技术工作检查，并提出整改要求。

4)总包向分包发放法规文件，提供规范、标准等购书指导。

5)总包为分包组织提供学习、培训的机会。

6)总包协调组织各种管理技术人员岗位证书、测量工和防水工等工种岗位证书的培训、取证或换证工作。

3. 分包管理责任

(1)图纸管理。

(2)图纸会审。各分包单位参加由总包组织的图纸会审工作。

(3)设计交底。各分包单位参加由总包组织的设计交底工作。

(4)工程洽商管理。需进行设计变更和洽商时，分包应及时提请总包办理。

(5)施工组织设计、方案管理。

1)一般施工组织设计、方案均由分包负责编制，并报总包审批。

2)分包在接到图纸后，在工程施工前15d完成编制并上报总包。

3)报送份数。施工组织设计、施工方案报送份数,见表 3-2。

表 3-2 施工组织设计、施工方案报送份数 套

类别	本公司	总计
国家重点工程、建筑面积 8 万 m^2 以上、建筑高度 100m 以上、科技示范工程、创优工程的单位工程施工组织设计	15	15
基坑深度 8m 以上的土方开挖、基坑支护、基础施工方案	14	22
一般单位工程施工组织设计高度超过 20m 脚手架方案、重难点施工方案	11	18
一般分项工程施工方案		8

(6)技术资料管理。

1)随工程进展,分包按要求收集整理技术资料,按档案馆要求整理竣工资料(含竣工图),并于竣工前 30d 提请总包核查。

2)如施工合同无要求,工程技术资料应在竣工后 2 个月内完成整理工作,报总包移交建设单位或协助建设单位送交城市建设档案馆。

(7)工程验收。

1)隐预检及分项工程验收,由分包负责组织,总包对重点部位抽查。

2)分部工程评定。分包应提前 2d 提请总包组织验收。

3)基础及结构验收。分包应提前 7d 提请总包,总包报请建设单位组织验收。经监督单位、设计单位等验收合格后,方能进行装修工程。视工程具体情况,进行分阶段中间验收。

4)单位工程竣工验收。分包应提前 14d 提请总包,总包组织各分包单位验收后,报请本公司验收,再提请建设单位组织竣工验收(四方验收),并协助建设单位做好备案工作。

(8)配合监理工作。分项工程报验、材料报验由分包代表总包报请监理工程师。

(9)工程测量管理。

1)一般放线工作由分包负责。平面轴线控制网、标高控制网、建筑物定位等主要测量放线工作,须经总包核查后方可进行下道工序。

2)对使用的桩及线有疑义,通知总包解决。

3)分包应配备精度匹配的测量仪器及工具。

4)分包测量工应取得有关部门认可的上岗证书。

(10)工程试验管理。

1)分包负责工程试验工作,并在工程开工前报送试验计划。

2)各分包建立标养室或购置标养箱,保证试块养护条件,并配备试验所需仪器设备。

3)试验如发现异常,应及时通知总包。

4)分包应设专职试验工。

(11)材料、成品、半成品加工订货管理。

1)分包应优先从本公司合格分供方目录上选择供应商,如确有需要,可按贯标要求先行报批。

2)分包积极协助监理、建设单位对厂家进行考察。

3)分包代表总包对监理进行工程材料报验。

4)业主或总包定厂、分包采购的材料,由分包组织验收并收齐相关资料。

5)分包自行定厂采购的材料,由分包组织验收并收齐相关资料。

(12)环保工作管理。

1)分包技术部门专人负责环境保护工作。

2)工程开工前及时办理本工程的排污申报、登记工作,接受环保部门及上级机关的检查及指导,按有关要求收集、整理本工程施工过程中的环境保护档案,按时做好本工程的排污统计表报总包。

3)分包派人参加文明施工检查工作。

(13)计量工作管理。设专职或兼职计量员,根据工程施工需要配备计量器具,建立台账,按时检测,并将检测报告证书复印件报送总包。

(14)贯标工作管理。

1)分包应配备专人负责此项工作。

2)各分包工程各项工作须按本公司颁发的《质量体系程序文件》进行过程质量控制,并收集、整理相关资料,以备复审及相关部门检查。

（五）工程质量管理

1. 验评标准、依据及质量目标

本工程的验评标准、依据为：

(1)《地下防水工程质量验收规范》(GB 50208—2011)。

(2)《混凝土结构工程施工质量验收规范》(GB 50204—2002)。

(3)《建筑装饰装修工程质量验收规范》(GB 50210—2001)。

(4)《工程图纸及洽商、施工组织设计》。

质量目标为：优质工程。

2. 人员配备

项目部配备两名专职质量检查员。质量检查员要努力提高自身的素质，熟练掌握与该工程有关的规范标准和工艺标准，严把质量关，并对自有班组进行质量教育，提高全员的质量意识。

3. 质检员的工作内容

(1)参加技术部门组织的图纸会审，熟悉图纸内容、要求和特点，弄清设计意图及施工应达到的技术标准要求，掌握洽商及设计变更的内容。

(2)参加设计交底，了解工程特点、做法、要求，抗震要求及使用功能，了解掌握施工工艺、规范规程、质量标准以及新工艺、新材料等的特殊要求。

(3)对施工过程中质量检验和试验进行监督管理，并负责有关资料的审查及归档。

(4)参加对地基与基础、主体结构、分部分项工程质量的核定及验收，并负责检验、试验记录的审查。

(5)参加过程检验，隐蔽工作验收，预检工程验收，分项、分部工程验收，对发现的问题及时填写《质量检查记录单》，项目部及时制定整改措施并立即实施，根据处理情况及时填写《质量检查记录回执单》，参加施工现场进行的过程试验。

(6)对不合格品进行评审与参加制定处置方案，不合格品经过返工或返修后由质检员进行复查。

(7)质检员负责收集与反馈施工过程中土建施工项目检验与试验方面的不合格信息,参加纠正和预防措施的制定及具体的验证工作。

(8)参加最终检验和试验工作,填写“单位工程质量评定记录表”,并由项目经理会同建设单位向质量监督部门申报,由质量监督站对该工程进行核验。

4. 质量工作程序

(1)分部、分项工程完成后,由工长填写好隐预检单。各分项工长在自检、互检基础上实事求是地填写好质量评定表,质检员进行质量核定,合格后进行签认,由技术员组织报监理会同有关人员共同验收,有不合格的项目及未进行核定的项目,不得报监理验收。

(2)各专项工长要对自己的施工项目的质量负责,认真做好交底工作,明确质量目标,要掌握与本工程有关的规范要求和操作工艺标准,要把工程质量放在首位,对所施工的项目要保证一次成优,同时要进行质量教育,提高全员的质量意识。

(3)各工种工长负责人必须参加本工程的质量核定工作,对质量核定中发现的问题要组织足够的劳动力,在最短的时间内解决好。工长无故不参加本工种的质量验收核定工作的,质检员有权拒绝验收,所产生的一切后果由工长负责。

(4)质检员在工作中要严格执行国家规范,按照上述要求,认真做好质检工作,并要做到“腿勤、眼勤、嘴勤”,配合好施工生产,加强施工过程中的检查,把施工中出现的质量问题减少到最低限度。

(5)认真执行质量体系文件中的过程检验和试验工作程序,最终检验和试验工作程序,不合格品的控制工作程序,纠正和预防控制工作程序等。

5. 质量管理活动

(1)质量检查员是现场质量管理的主要负责人,负责对施工过程质量问题的发现与解决,以及施工成果的质量评定。

(2)质量检查员有权停止任何有质量问题的操作,并及时通知有关工长直至项目经理。

(3)质量检查员应熟悉图纸及规范,并注意工作的权威性和可追溯性。质量检查员应保证足够的现场检查时间，同时在每次巡检之前应根据部位制订必要的检查计划，确定检查的重点以及关键点，同时将每次检查的内容、数据文字化。

(4)质量检查员负责现场自检资料、质量通知单与回执的收集保存工作。

(5)施工质量采取全过程全员控制，工长是质量问题的第一负责人，工长应确保施工保质保量进行，工程质量直接作为工长业绩考核的主要依据之一。

(6)遵循质量否决制原则，原则上工长、质量检查员对劳务合同享有知情权与部分裁决权，各持有合同5%的裁决权。

(7)对于出现质量问题，无论出现质量问题的大小，都必须进行费工费料的核定，并写出质量报告以及相应的索赔通知单。

(8)对在本工程中出现的不合格品，由技术部门组织有关部门人员召开质量分析会，分析查明原因后，由技术部门组织制定纠正措施，由项目经理负责组织实施，并由技术、质量人员负责措施执行情况的验证。

6. 质量管理奖惩

(1)本奖惩管理办法的管理对象包括劳务分包以及项目部各相关职能部门。

(2)分包施工队在技术质量领导上应绝对服从项目总包工长、技术员以及质检员的指令。对指令应在规定的时间内进行整改，对未按指令进行及时整改的行为，发出指令人有权进行必要的处罚，处罚分警告、罚款两类。罚款金额在50～500元之间。

(3)对由于施工方领导不负责任的指挥造成的工程质量不合格，根据情况罚款50～200元，施工方承担由此造成的一切经济损失。

(4)对不经总包工长、技术员、质量工程师同意随意进行现场技术处理的情况，根据情况对施工队处以100～1000元的处罚。由于以上原因造成的工程损失，包括材料、工期以及用工全部由施工队负责。对于危及结构安全，情节严重者以及屡犯者给予加倍处罚。特别是对以下事项应引起高度重视：

1)未经允许在施工中随意断筋或随意处理钢筋导致对结构质量有影响的罚款200～1000元。

2)未经技术部门批准擅自拆除模板或支顶保温者,罚款100～500元。

(5)质量部门严格进行现场质量检查评定,每月根据现场质量情况进行评比打分,并根据评分结果对工长、外施队进行奖励,具体如下:

1)钢筋、模板混凝土分项评定达到90%的,给予相关人员100～200元奖励。

2)钢筋、模板混凝土分项评定达到75%～80%的,罚款50～100元。

3)对出现不合格产品的相关责任人及施工队罚款100～200元。

4)对月度质量工作认真的人员,对施工提出好的建议的人员给予100～200元的奖励。

(6)质量部门应每周根据上周质量问题召开质量会议,并形成相关文件留档备查。

(六)施工现场管理

(1)材料进场,必须按施工总平面图布置、码放。

(2)预制圆孔板、大模板、大楼板等大型构件和大模板存放,场地要平整,码放要整齐。

(3)水泥库内外散灰要及时清扫使用,水泥袋要及时回收。

(4)施工现场要设立垃圾站,并有标牌,对有用物品应分拣回收、利用,严禁遗撒。

(5)施工现场严禁长明灯、长流水,严禁跑、冒、滴、漏等现象。

(6)施工现场用料有计划,钢材、木材严禁长料短用,优材劣用。

(7)施工场外堆料应办理临时占地手续,不能妨碍交通和影响市容环境。

(8)项目施工现场,必须制定定期安全检查,安全员认真做好检查记录,对自检或上级检查所发现问题,应迅速解决。

(9)项目施工现场,必须建立健全内业资料管理制度,由资料员负责,资料要完整。

(七)工程安全生产管理

1. 项目管理生产责任制

(1)项目经理的安全生产责任。

1)对本工程安全生产负全面领导责任。

2)经常组织职工进行安全技术知识培训和考核。合格者及时发证,不断提高广大职工的安全技术和预防事故的能力。

3)根据公司安全生产计划,结合工程特点,组织制定本项目工程安全生产管理办法,并监督实施。

4)根据工程需要,确定安全工作的管理体系和人员,并指导、支持安全管理人员的工作。

5)领导、组织本项目工程施工现场的定期或不定期的安全检查,及时掌握各项规章制度的落实情况。对安全隐患要按照“三定”的原则解决。

6)组织对本项目工程一般事故的调查、分析、处理,参加特大重大事故的调查处理,负责保护现场及抢救伤员工作,并做到及时上报。

(2)项目生产副经理的安全生产责任。

1)对本项目工程的安全生产及文明施工负直接领导责任。

2)负责落实安全生产及文明施工的各项规章制度,各项设施和设备。

3)组织开展本项目安全生产和文明施工的定期或不定期检查。

4)负责协调本项目安全与各相关部门的工作。

5)协助事故调查工作。

(3)项目工程师的安全生产责任。

1)对本单位施工生产中一切安全技术工作全面负责,及时研究处理安全技术难题。

2)在组织编制、审查施工组织设计、施工方案时,要制定针对性强、实用效果好、可行的安全技术措施,作为科学指导施工的依据。

3)组织制定本项目特殊施工工艺的安全技术措施,督促现场实施。对本项目采用的新技术、新设备、新工艺必须制定相应的安全技术措施,经批准后方可实施。

4)负责本项目安全生产防护设施和设备的验收,经常深入现场,检查安全技术措施的实施情况,并要及时上报。

5)参加重要伤亡事故的调查,从技术上分析事故原因,提出改进措施。

(4)工长、施工员的安全生产责任。

1)对所承担的施工项目的安全生产负直接责任,不违章指挥,制止违章冒险作业。

2)对所管的施工现场环境安全和一切安全防护设施的完整、齐全、有效、是否符合安全要求负有直接责任。

3)组织并督促技术人员做好书面安全技术交底,并做好记录和签字工作。遇到生产与安全发生矛盾时,生产必须服从安全。

4)领导所属班组搞好安全生产,组织班组学习安全操作规程,并检查执行情况。做到不违章指挥,教育工人不违章作业和冒险蛮干,正确使用防护用品。

5)经常进行安全检查,及时纠正工人违章作业,认真清除事故隐患。

6)发生重大伤亡事故要保护现场并立即上报。

7)有权拒绝不科学、不安全、不卫生的生产指令。

(5)安全员的安全生产责任。

1)积极贯彻和宣传上级的各项安全规章制度,并监督检查执行情况。

2)参加所有的工作例会和施工组织设计、施工方案的会审,并有权对其中的安全措施提出建议和意见。

3)凡进入现场的单位或个人,安全员有权监督其符合现场及上级的安全管理规定。对不服管理或技术不能胜任的人员的选用提出建议或有权清除出场。

4)参加因工伤亡事故的调查处理,并按规定及时上报。

5)参加一般及大、中型脚手架安装的安装验收,及时发现问题,监督有关部门或人员解决落实。

(6)工人的安全生产责任。

1)认真学习安全操作规程,遵守安全生产规章制度,正确使用安全防护用品。

2)参加安全活动,认真执行安全技术交底,不违章作业。

3)在生产过程中做到互相监督,维护安全规章制度。

4)有权拒绝违章指令。

5)发生伤亡事故要保护现场并立即上报。

(7)防火负责人的安全生产责任。

1)组织宣传、执行消防法规、规章和防火技术规范,组织制定和审查施工现场的防火安全方案和措施。

2)落实各级防火责任制。

3)组织消防安全检查,纠正违章行为,研究消除火险隐患的措施。

4)协助消防机关研究调查火灾事故。

(8)消防干部的安全生产责任。

1)协助防火负责人制定施工现场安全方案和措施并监督落实。

2)纠正违反消防法规、规章的行为,并向防火负责人报告,提出对违章人员的处理意见。

3)对重大火险隐患及时提出消除措施,填发《火险隐患通知单》并报消防监督机关备案。

4)配备管理消防器材,建立防火档案。

5)组织义务消防队的业务学习和训练。

6)组织扑救火灾并保护火灾现场。

2. 施工现场消防保卫

(1)现场禁止吸烟,设有吸烟室的可在吸烟室内吸烟。

(2)非经批准不得使用电热器。

(3)动用明火前必须经检查开具用火证后,方可操作。

(4)现场的临时支搭场所,禁止使用易燃易爆物。

(5)工地消防道路要保持畅通,消火栓禁止被埋、压、圈、挡,高层建筑应及时安装临时消防用竖管。

(6)工地的办公室、宿舍、更衣室必须人走关门,上锁,财务室等要害部门要安装防撬锁。

(7)职工携物外出和开出车辆必须凭出门条经门卫检查方可放行,建筑物不准做仓库。

(8)工地禁止留宿非本工地人员。会客和洽谈业务人员要经门卫允许,建筑物内住人要经审批。

(9)班前要对职工开展防火安全知识教育,做好安全交底,所有职工要掌握本工种的防火知识和一般防火常识。

(10)各工种下班前要拉闸断电,清理杂物,做到活完脚下清。

(八)工程施工成本管理

(1)成立本工程项目成本管理组,在项目经理的领导下,全面负责工程的发包、重大材料采购的审定工作及项目部的成本管理工作。

(2)每月召开一次成本分析会,全面分析上月的成本情况,及时解决出现的问题。

(3)必须要求预算科及时提供工程分部、分项施工预算(概算不准)及工料分析,使工程材料采购、人工计算有一个准确的依据。

(4)全面实行计划管理,一切经济活动都要在计划的基础上运行。项目部应设专职计划员每月根据生产计划,依据施工预算分别下达材料采购计划及劳动力使用计划。项目部所用材料供应必须由计划员认可,无计划书不准采购。

(5)加强材料采购的价格预控工作,责成材料科要货比三家,努力选择质优价低的材料,大宗材料及高于市场价的材料,采购前要征得项目经理的同意方可进货。

(6)责成材料科每月供应本工程的材料、工具,做到当月供应、当月转账,以确保成本核算的及时准确。

(7)在所有分包工程、大宗材料采购时实行公开招标,择优选用。

(8)建立、健全材料、工具的收发制度,全面实行限额领料制度,加强管理,努力减少支出。

(9)要理顺工作程序,一切经济活动都要有书面文件。技术变更要保证全部送达项目预算员,预算员要及时办好洽商,获得甲方的书面认可。钢筋用量超预算部分要分段获得甲方的书面认可,避免竣工调价时受损。

(10)工程施工方案要把经济效益放在重要位置,要尽量选择经济可行方案,尤其在钢模、架管使用时有潜力可挖。

(11)人工费实行开工前公开招标,一次包死的办法管理,同时明确承包所含范围,这应明确增减洽商,明确工具供应范围,签订书面合同,避免以后扯皮。

(12)要加强租赁机械管理,尽量减少无效占用。机械损坏要及时修复,不能修复要及时退场,努力减少租费支出。

(13)要加强工具管理,领用工具一定严格执行交旧领新制度,并严格按承包合同规定范围供应,如果使用量超出正常范围要及时向项目经理汇报解决。耐用工具要建立收发台账,领用时要本人签字后发放,用完交回。

(14)要加强运费支出管理,尽量少占用固定用车台数,严格控制台班,以减少运费支出。

(15)要加强周转材料的管理,努力缩短使用时间,尽量减少占用数量,用完及时退场,以减少租赁费用。

(16)成本员要加强成本管理、监督,发现问题及时汇报项目经理,确保成本在全面控制下运行。做好施工日志,为今后工期争议准备第一手资料。

(九)工程合同管理

1. 施工总承包合同管理

(1)针对现场图纸及相关条款的规定特点,现场合同管理的重点应放在信息、资料的管理中,为此现场设立专门的合同主管一名,专职负责文字起草与跟进工作。现场项目经理直接领导信息、资料的管理工作。

(2)合同主管在工作过程中应具有敏锐的合同索赔意识,同时要注意与技术、预算部门的配合,确保信息、文字的准确有效。

(3)在信息传递运行的过程中,一定注意信息的跟踪工作,对于涉及工期、资金索赔的文件一定要确保有关方面的确认。

(4)在文件的起草过程中,一定注意文字的严谨全面,尤其是在有关索赔的文字中，应有专门篇幅详细列出索赔的依据以及相应的计算过程。

(5)现场各部门应加强合同意识的培养，现场任何工作人员有义务向现场合同主管或项目经理提供关于合同索赔的协助。由于部门相关人员未及时汇报造成合同的损失，部门责任人员承担相应责任。

(6)合同管理人员以及各部门工作人员，应根据工作需要规范自身合同相关文件的管理，做到便于查找和使用。

2. 劳务承包合同管理

(1)劳务承包合同的确定应采取招投标集体确定。

(2)劳务承包应本着承包为主的原则，根据工程情况将工程量、材料量以及中小型机械工具一次性包定。

(3)劳务承包的范围应包括整建制中质检、技术、翻样、工长以及材料等责任人员的内容，以上人员应担负现场规定的相关工作内容。项目部相关部门应指导劳务人员的工作，并对劳务人员的劳动进行检查验收。

(4)劳务合同管理中各部门应充分树立总包意识，根据自己的职责对相关人员进行管理，管理过程应规范。

(5)在材料合同管理的过程中应逐渐加强材料索赔制度，对已确认的分包方造成的浪费，应根据所发生数量及性质，给予一定的经济处罚。经济处罚除考虑加倍率外还应将采购成本计入处罚中。

(6)在劳务承包合同的管理中应加强对施工质量的管理力度。在劳务合同中应包含有关施工质量的条款，劳务承包方在确保工期的条件下提供符合质量要求的工程成果。

(7)在施工管理过程中所有工作人员必须严格执行劳务合同关于质量管理的有关条款。质检和工长有权对不符合质量要求的施工项目提出合同的处罚，否则对以上人员视为失职行为。

(8)在劳务承包合同的管理中应加强对施工进度计划的控制手段。在劳务合同中应包含有关工期的要求和罚则。根据总的计划安排，对劳务分包方进行工期的要求，并做出具体违约处罚条款。现场计划员负责该条款的执行。

(9)劳务合同最后结账采用会签制度。在劳务行为完成后,根据劳务合同的付款进程,在付款前各部门应在专用付款单上签订具体意见和相应的参考资料,最后由劳资员进行统一核算后报项目经理批准,方可生效。

3. 材料分供合同管理

(1)所有材料合同采用多家公开招标的办法进行,由项目部集体决策选择。

(2)材料的加工订货数量由翻样、预算人员提供,并由现场生产经理和技术经理集体签字方可生效。

(3)所有材料合同有工期要求的,应在合同中给予明确,并给定相应供应计划。对不能按时交货的情况,应在合同中明确违约罚则的条款,违约责任应结合实际工程损失计算。

(4)所有材料进场应确保合同规定的质量和数量要求,材料员应严格核对进料的量,同时配合技术部门对材料质量进行验收。对于材料未按合同进场进行相关验收带来损失的对相关责任人进行处罚。

以上条款仅作为合同管理原则的指导性意见,具体实施见相应具体合同。

(十)施工日志管理

(1)该管理办法适用于本工程各部门的全部门管理人员,对于劳务分承包方也可以由工长按此规定执行。

(2)施工日志统一使用项目部制定的表格作为载体。

(3)施工日志主要记录本职岗位每日所发生的与工程有关的事项,以及对工程的要求建议。

(4)为体现目标化管理的理念,施工日志应分部分填写:本日主要工作安排,本日工作完成情况,以及本日其他事项。

(5)施工日志必须由本人填写,做到每日一志。

(6)每日日志完成后于次日晨8:00～8:30由本人亲自交送综合办公室。由办公室专人管理,记录在案,同时记录考勤。

(7)办公室设专人根据所有提交之施工日志,编写本工地日志并报送监理。

(8)施工日志将作为个人评估的指标之一。

(十一)会议管理

(1)本工程会议分内部会议和外部会议两种。

(2)内部会议包括技术会议、质量分析会、生产调度会以及全体会议,以上各会议必须认真进行并设专人做好记录。

(3)严肃会议纪律,参加会议人员必须按时到场,如不能到场必须向会议主持人请假,会议记录中应明确未到会人员名单及原因。

(4)以上内部会议应定期举行,质量分析会、生产会每周召开,遇有特殊情况可以进行调整。

(5)外部会议是指有甲方、设计、监理等合同外部单位参加的会议;内部会议是指本内部人员参加的会议。

(6)外部会议根据会议需要确定参加人员的范围,外部会议参加人员应做好详细的记录,并设专人进行会议记录的整理工作。

(7)技术会议应根据工程需要召开。

(8)所有内部会议应力求务实、精短。

(9)每周二召开全体会,全体会上各职能部门汇报一周的工作,形成报告。该报告应在会议开始前交项目经理审阅。

第三节 建筑工程项目管理实施规划

项目管理实施规划,是在项目开工之前由项目经理主持编制的,目的在于指导施工项目实施阶段管理的文件。

一、建筑工程项目管理实施规划的特点

1. 项目实施过程的管理依据

施工项目管理实施规划在签订合同之后编制,是指导从施工准备到竣工验收全过程的项目管理。它既为这个过程提出管理目标,又为实现目标做出管理规划,故是项目实施过程的管理依据,对项目管理取得成功具有决定意义。

2. 内容具有实施性

实施性是指它可以作为实施阶段项目管理实际操作的依据和工作目标。因为它是项目经理组织或参与编制的，是依据项目情况、现实具体情况编制而成的，所以具有实施性。

3. 追求管理效率和良好效果

施工项目管理实施规划可以起到提高管理效率的作用。因为管理过程中，事先有策划，过程中有办法及制度，目标明确，安排得当，措施得力，必然会产生效率，取得理想的效果。

二、建筑工程项目管理实施规划的要求

(1)项目经理签字后报组织管理层审批。

(2)与各相关组织的工作协调一致。

(3)进行跟踪检查和必要的调整。

(4)项目结束后，形成总结文件。

三、建筑工程项目管理实施规划的编制

1. 建筑工程项目管理实施规划的编制依据

(1)项目管理规划大纲。

(2)项目条件和环境分析资料。

(3)项目管理责任书。

(4)施工合同等。

2. 建筑工程项目管理实施规划的编制程序

(1)对施工合同和施工条件进行分析。

(2)对项目管理目标责任书进行分析。

(3)编写目录及框架。

(4)分工编写。

(5)汇总、协调。

(6)统一审稿。

(7)修改定稿。

(8)报批。

3. 建筑工程项目管理实施规划的编制内容

建筑工程项目管理实施规划编制内容见表 3-3。

表 3-3　建筑工程项目管理实施规划的编制内容

序　号	项　目	规 划 内 容
1	工程概况	(1)工程特点。 (2)建设地点及环境特征。 (3)施工条件。 (4)项目管理特点及总体要求
2	施工部署	(1)项目的质量、进度、成本及安全目标。 (2)拟投入的最高人数和平均人数。 (3)分包计划,劳动力使用计划。 (4)施工程序。 (5)项目管理总体安排
3	施工方案	(1)施工流向和施工顺序。 (2)施工阶段划分。 (3)施工方法和施工机具选择。 (4)安全施工设计。 (5)环境保护内容和方法
4	施工进度计划	(1)施工总进度计划。 (2)单位工程施工进度计划
5	资源供应计划	(1)劳动力需求计划。 (2)主要材料和周转材料需求计划。 (3)机械设备需求计划。 (4)预制品(件)订货和需求计划。 (5)大型工具、检测器具需求计划
6	施工准备工作计划	(1)施工准备工作组织及时间安排。 (2)技术准备及编制质量计划。 (3)施工现场准备。 (4)作业队伍和管理人员的准备。 (5)物资准备。 (6)资金准备

续表

序 号	项 目	规 划 内 容
7	施工平面图	(1)施工平面图说明。 (2)施工平面图绘制。 (3)施工平面图管理规划
8	技术组织措施计划(包括技术措施、组织措施、经济措施和合同措施)	(1)保证进度目标的措施。 (2)保证质量目标的措施。 (3)保证安全目标的措施。 (4)保证成本目标的措施。 (5)保证季节施工的措施。 (6)保护环境的措施。 (7)文明施工的措施
9	项目风险管理	(1)风险因素识别一览表。 (2)风险可能出现的概率及损失值估计。 (3)风险管理重点。 (4)风险防范对策。 (5)风险管理责任
10	信息管理	(1)项目组织相适应的信息流通系统。 (2)信息中心的建立规划。 (3)项目管理软件的选择与使用规划。 (4)信息管理实施规划
11	技术经济指标分析	(1)规划的指标。 (2)规划指标水平高低的分析与评价。 (3)实施难点的对策

四、建筑工程项目管理实施规划编制实例

某工程总承包施工项目管理实施规划(节录)

(一)编制依据

(1)工程设计图纸。

(2)逆作法维护设计图。

(3)工程承包合同。

(4)工程招投标文件。

(5)地质勘探报告。

(6)国家及地方现行的有关施工及验收规范。

(7)国家及地方安全生产、文明施工的规定及规程。

(二)工程概况

1. 建筑及结构概况

该工程地上部分15层,建筑面积约43618m²,地下2层,建筑面积约6589m²。主体结构以钢筋混凝土框架体系为主,部分剪力墙结构。楼板采用钢筋混凝土肋梁楼板。屋顶网球场顶为钢屋架,屋面为压型钢板。

2. 工程地质条件

工程的地下水属于潜水类型,地下水位较高,埋深很大,对混凝土无腐蚀性。

3. 工程特点及施工难点

(1)上部工程与地下结构施工协调将对总工期产生重要影响。经研究,工程地下结构施工采用逆作法进行施工。因此,明确了上下结构可同步施工的各项技术、施工协调措施和配合方案。

(2)工程屋顶是钢屋架,因此,钢结构施工也就成为该工程的另一项重点内容。由于施工场地狭小,吊装单元的划分、制作和吊装都有一定的难度。

(3)工程三、四层有部分结构转换大梁。这些大梁采用有粘结预应力混凝土结构,是工程主体混凝土结构的重要构件。所以,预应力结构施工也是这个工程施工的重点内容。

(4)施工场地狭小,周边环境和施工条件较差。因此,工程材料、构件的堆放及塔式起重机在安装拆除方面都有一定的困难。

(三)总体工作计划

(1)质量目标。发挥公司综合管理优势,运用ISO 9002标准认证体系要求组织施工,全面推行创优目标管理。确保工程达到国家质量验收标准的优良等级,同时争创“优质结构”奖;在工程竣工后,公司将提供优质满意的保修服务。

(2)工期目标。发挥公司在技术、管理和机械装备等方面的综合优势,组织多工种、多支作业队伍施工,配备足够的劳动力和施工机械,强化目标计划管理和实施,确保在合同工期内完成施工任务。

(3)安全目标。公司与建设单位签订《安全风险总承包合同》,对安全生产实行风险总承包，对公司所承担的土建及水电安装承担施工安全生产责任，确保安全生产无重大事故，同时争创市“文明工地”和“标准化样板工地”。

（四）施工方案

1. 施工工艺总流程图

该工程施工工艺总流程图如图 3-6 所示。

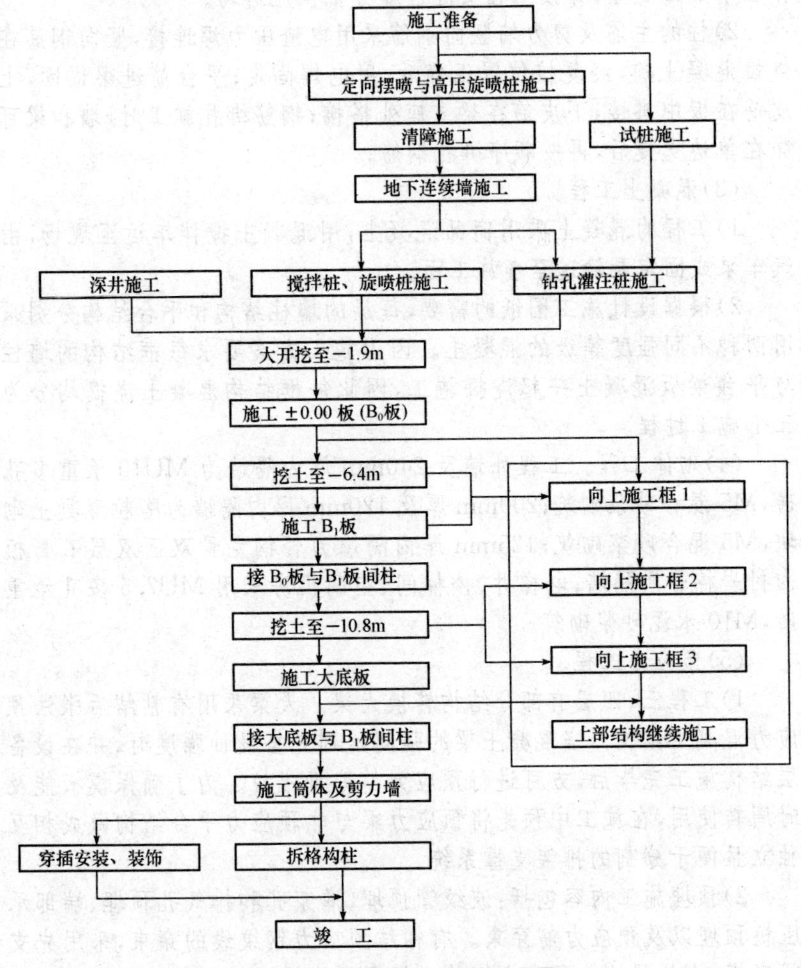

图 3-6　某工程施工工艺总流程图

2. 主要项目的施工方案

(1)模板工程。柱、梁采用小钢模,板采用九夹板模板,根据施工进度要求和建筑面积配备3套模板。在模板安装前,根据楼面弹线,用水泥砂浆在柱外围做好找平层。

(2)钢筋工程。

1)钢筋由加工厂成型,厂房按照本工程提供的钢筋翻样清单及制作要求加工成型,并按工程实际进度分批供应进场。

2)柱的主筋及剪力墙竖向钢筋采用电渣压力焊连接,竖向钢筋在浇捣混凝土前,经复核位置正确后,用电焊固定;平台筋进梁锚固,上皮筋在板中搭接,下皮筋在梁支座处搭接;钢筋绑扎施工时,墙和梁可先在单边支模后,再按顺序绑扎钢筋。

(3)混凝土工程。

1)工程的混凝土采用商品混凝土,用混凝土搅拌车运至现场,由汽车泵或固定泵输送至各施工面。

2)根据设计施工图纸的需要,每层的墙柱结构和平台结构分别采用两种不同强度等级的混凝土。因为施工方案要求每框结构的墙柱与平台梁板混凝土一起浇捣施工,因此每框结构混凝土浇捣均分为三个施工过程。

(4)砌体工程。工程外墙及240mm厚内隔墙为MU10承重多孔砖,M5混合砂浆砌筑;200mm厚及120mm厚内隔墙为陶粒混凝土砌块,M5混合砂浆砌筑;125mm厚内隔墙为轻钢龙骨双面双层石膏板内衬岩棉轻质隔墙;电梯井、楼梯间、空调机房采用MU7.5多孔承重砖,M10水泥砂浆砌筑。

(5)预应力工程。

1)工程三、四层有部分结构转换大梁。大梁采用有粘结后张法预应力混凝土结构。当混凝土梁的强度达到完全设计强度时,并在设备层结构施工完毕后,方可进行预应力筋分批张拉。为了确保模板能及时周转使用,在施工中预先将预应力梁与非预应力平台结构做成相互独立且便于分割的排架支撑系统。

2)预埋施工内容包括:波纹管预埋、灌浆孔和排气孔预埋、端部承压板预埋以及预应力筋穿束。有粘结预应力钢绞线的穿束,采用先支梁底模,绑扎梁的非预应力钢筋。根据梁底模的标高确定波纹管的矢高,波纹管固定好以后,进行预应力筋的穿束,预应力筋穿束结束后封梁两端的侧模。

3)当平台梁混凝土强度达到设计要求时,并在设备层结构施工完毕时就可以进行张拉施工。

4)浆体在专门搅拌机内配制,用压力灌浆泵将浆体压入导管内。根据设计要求,预应力筋张拉完成后,在张拉端绑扎钢筋,浇捣C30混凝土。

(6)钢结构工程。

1)材料加工。全部钢结构按以下要求分段:钢梯、平台梁单件出厂。屋面网球场钢管桁架分成以下几个部分:钢管桁架柱、悬挑桁架上弦、斜撑、拱形桁架分为三段出厂;其余边梁、立柱、支撑均单件出厂。

2)钢结构安装。该工程地处繁华地段,建筑物正面紧靠南京西路,地面无构件堆场,钢结构安装时构件运输车辆只能短暂停放南京西路人行道上,必须尽快用塔式起重机将构件吊运到所安装的楼面。屋面网球场钢结构是大跨度的空间桁架,分单元吊运到楼面后,充分运用起重机的起重能力,扩大拼装后再安装,可减少承重支架的搭设及楼面加固工作量。

(7)外脚手架方案。工程一框结构施工和五框以上施工的南立面安全防护均采用落地脚手架,其余的均采用外挑脚手架。脚手架外侧满铺绿色安全网,防止高空坠物。

(8)垂直运输方案。

1)塔式起重机。基于工程各方面情况考虑,拟再布置一台起重能力为132t·m的塔式起重机,臂长45m。采用如此大吨位的吊车主要是考虑到钢结构的吊装施工。

2)人货两用梯。施工人员、砌筑和装饰材料的垂直运输采用一台人货两用梯。人货梯在完成四框结构施工后安装。人货梯布置在建筑物北面,它的底层门开在与建筑物相邻的一侧,并在建筑物底层设置进出专用的材料运输通道。

3. 安装工程

(1)电气工程。

1)防雷接地测试点的位置、数量、内部照明管敷设、内部防密闭预留管安装按图设置。

2)预埋预留完毕,进行自检、互检,认真复核,合格后办理好隐蔽验收检查。浇捣混凝土时指定专人进行监护，待模板拆除后立即进行管路疏通，清除充填物及孔洞模具。

(2)管道工程。

1)给排水、消防系统在预埋套管、预留孔洞前，进行尺寸校对，按照正确的尺寸进行预埋预留，施工完毕进行复核。

2)套管预埋时与钢筋可靠地焊接，防止位移、歪斜，水平套管安装时用水平仪校正后，进行一次性焊牢。

3)预留孔洞的模具按照比管道直径大两档的要求进行制作，并按照模板上的标记进行放置，待混凝土强度达到30%时，及时拆除模具。

(3)装饰工程。

1)地砖施工。基层上均匀洒水，撒素水泥；地砖背面必须满涂粘结剂。水泥砂浆灌缝，要求灌缝密实，表面平整光洁。

2)内墙面砖施工。墙面必须清理干净，保证粘结牢固，水泥墙柱等处要凿毛；浇水润湿，做好标准灰饼，然后粉1∶3水泥砂浆，粉层厚必须分层刮糙，并养护1～2d；贴瓷砖时墙面上下各做一块标准点，出墙面5cm，铺贴瓷砖，由下至上，从大面到小面，瓷砖抹灰浆必须饱满。

3)轻钢龙骨吊顶。平顶标高线弹好后，必须由现场技术员进行复核；龙骨安装好，应按设计要求起拱；平顶封板前，必须进行隐蔽工程验收，合格才能封板；安装完后，必须检查其平整度，平顶开孔应避免切断主龙骨。

4)铝合金门窗。按图纸要求在门、窗洞口弹出门、窗位置线，在安装好铝窗、门框后必须经过平整度垂直度等的安装质量复查，再将框四周清扫干净、洒水湿润基层；铝框四周的塞灰砂浆达到一定强度后，才能轻轻取下框旁的木楔，继续补灰，然后才能进行饰面工程；安装铝门、窗框的洞口尺寸要正确，框上下、两侧要留有缝隙，并留出窗台板的位置。

(五)施工进度计划

该工程采用逆作法施工，在进度上可以地下与地上同时施工，从而加快施工进度。这里只简单介绍施工总进度计划及资源计划中的主要施工工料、机具计划。

1. 总施工进度计划

总施工进度计划主要包括：地下连续墙施工、工程桩施工、挖土施工、主体结构施工、钢结构施工、设备安装及装饰施工等。

总施工进度计划内容如图3-7所示。

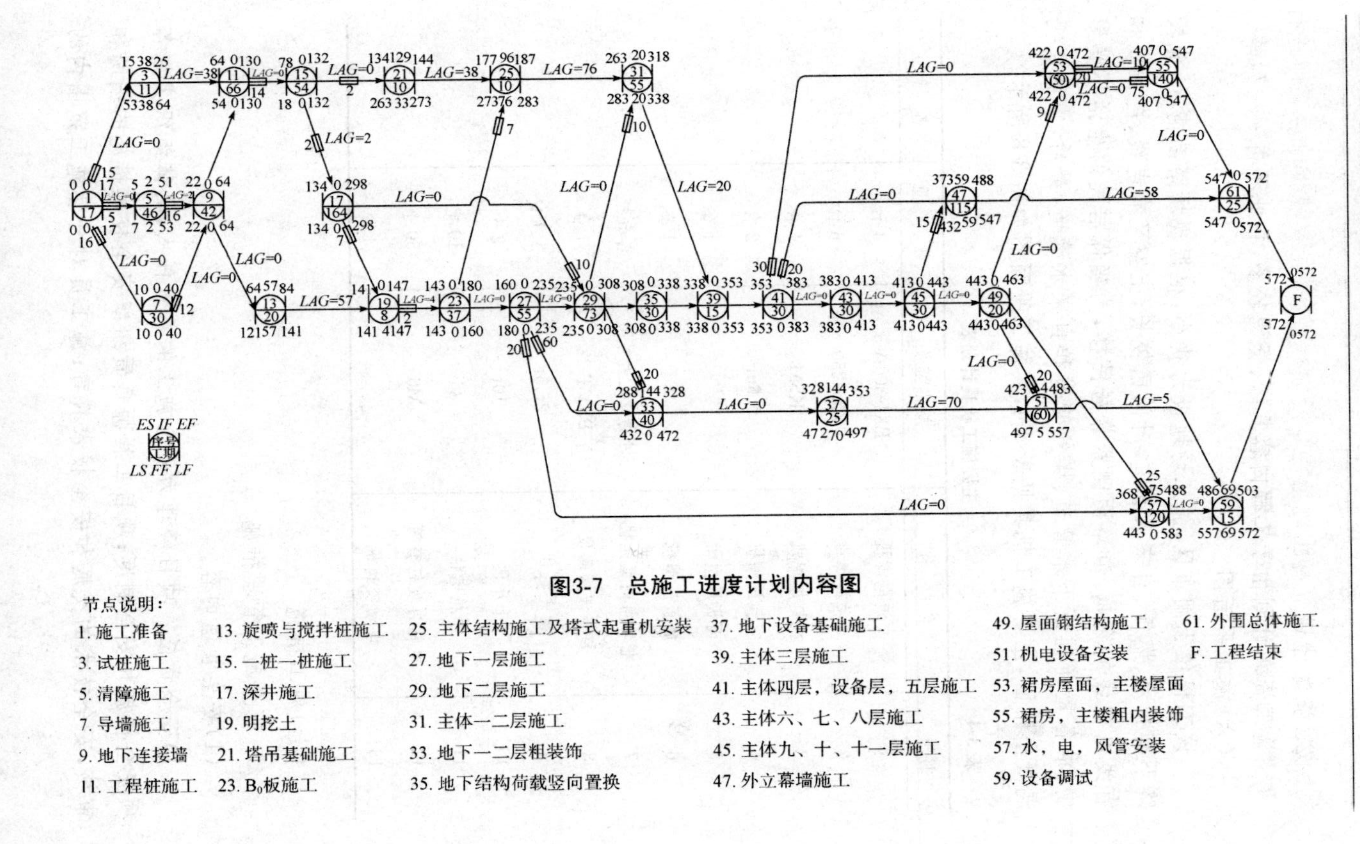

图3-7　总施工进度计划内容图

节点说明：

1. 施工准备	13. 旋喷与搅拌桩施工	25. 主体结构施工及塔式起重机安装	37. 地下设备基础施工	49. 屋面钢结构施工	61. 外围总体施工
3. 试桩施工	15. 一桩一桩施工	27. 地下一层施工	39. 主体三层施工	51. 机电设备安装	F. 工程结束
5. 清障施工	17. 深井施工	29. 地下二层施工	41. 主体四层，设备层，五层施工	53. 裙房屋面，主楼屋面	
7. 导墙施工	19. 明挖土	31. 主体一二层施工	43. 主体六、七、八层施工	55. 裙房，主楼粗内装饰	
9. 地下连接墙	21. 塔吊基础施工	33. 地下一二层粗装饰	45. 主体九、十、十一层施工	57. 水，电，风管安装	
11. 工程桩施工	23. B_0板施工	35. 地下结构荷载竖向置换	47. 外立幕墙施工	59. 设备调试	

2. 资源计划

施工资源计划由于工程内容复杂、资源较多,在此不再一一列举。

(六)施工平面图

该工程位于闹市区,施工场地极为狭小,根据现场踏勘情况,此段路下有排水、燃气、自来水管道,时间已较长,上空又有电线、电话线和有线电视线的穿越,道路两侧紧靠居民楼,为确保居民的生活不受影响,准备重新铺设下水管道、煤气管道和自来水管道,最后,重新浇捣混凝土路面,主要施工机具见表 3-4,其施工平面图如图 3-8 所示。

表 3-4　主要施工机具计划表

序号	名　称	规格型号	数　量	备　注
1	交流电焊机	BX1-300A-3	4 台	
2	可控硅焊机	ZX7-250	6 台	
3	栓钉熔焊机	KSM	1 台	
4	空气压缩机	0.6m²	2 台	
5	面板压型机		1 套	
6	底板压型机		1 套	
7	电动角向磨光机	小号 24、大号 6	各 5 把	
8	超声波探测仪	PXVT-22	1 台	
9	链式葫芦	2t、5t	各 4 台	
10	千斤顶	10t	2 个	
11	手枪电钻	$\phi6$	10 把	
12	电钻自攻钉套筒	M6	50 个	
13	电动咬边机		4 台	

(七)施工措施

1. 安全施工管理措施

(1)安全管理内容。

1)安全责任。项目经理为安全施工的总责任人,具体组织实施各项安全措施和安全制度;项目工程师负责组织安全技术措施的编制和审核,安全技术的交底和安全技术教育;施工员对分管施工范围内的

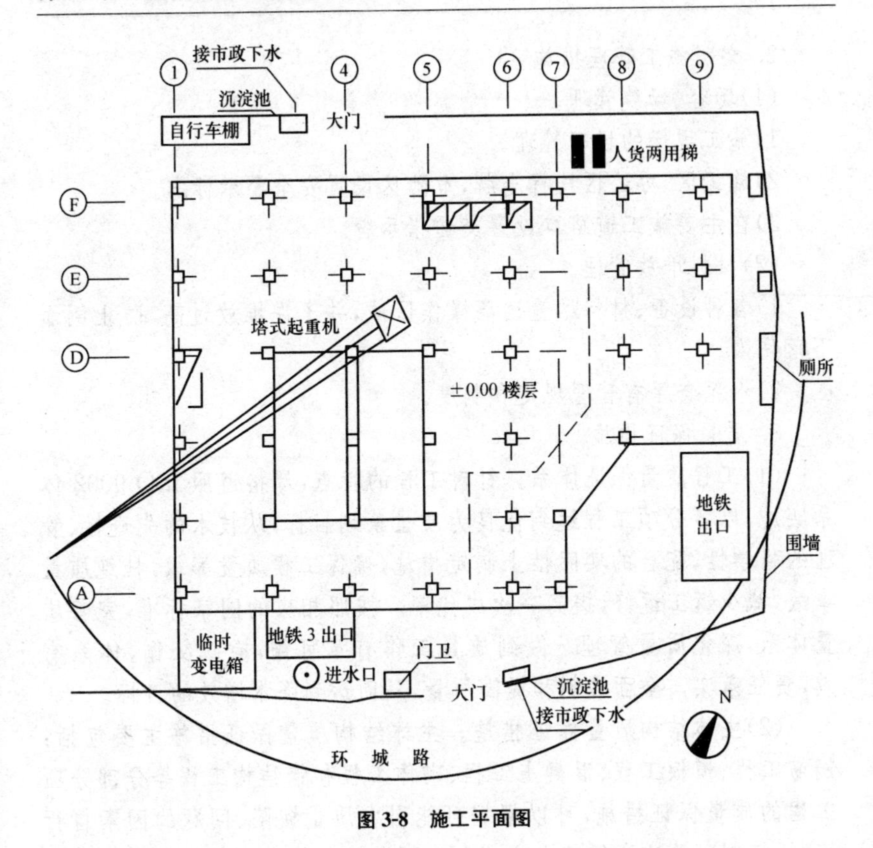

图 3-8 施工平面图

安全施工负责,贯彻落实各项安全技术措施;工地设专职安全管理人员,负责安全管理和监督检查。

2)安全教育。安全教育分为一般性安全教育和安全技术交底两个部分。

3)安全设施验收。施工现场的安全设施搭设完毕以后,经验收合格挂牌后方可投入施工使用。

4)安全检查。

(2)安全措施。

1)施工用电安全措施。

2)消防措施。

2. 文明施工管理措施

(1)场容、场貌管理。

1)施工现场的场容管理。

2)施工区、办公区挂标志牌,危险区设置安全警示标志。

3)在主要施工道路口设置交通指示牌。

(2)材料堆放管理。

1)各种设备、材料尽量远离操作区域,并不许堆放过高,防止倒塌下落伤人。

2)水泥仓库有管理规定和制度。

3. 质量保证措施

(1)工程质量保证体系。针对工程的特点,严格遵照 ISO 9002 体系实施,以各分项工程达到优良为质量策划目标,从技术的先进性、管理的科学性、配合的实际性上制定措施,确保工程质量等级,杜绝质量事故,减少返工返修,提高一次成优率。按照相应的国家标准,完善质量体系,深化质量管理。做到质量工作有章可循,有章必循,体系有效,责任落实。全面控制和提高质量,从而达到降本增效的目标。

(2)主体结构质量保证措施。主体结构质量保证措施主要包括:钢筋工程、模板工程、混凝土工程、砌体工程和钢结构工程等分部分项工程的质量保证措施,可以根据可能引发质量缺陷、问题的因素自行编制,编制时要注意保证有力、切实可行。

(3)季节性施工质量保证措施。

1)雨季施工。

①要有一定数量(雨布、塑料薄膜等)的遮雨材料,雨量过大应暂停室外施工,雨后应及时做好面层的处理工作。

②工作场地四周排水沟要及时疏通。

③混凝土浇捣前应了解 2～3d 的天气预报,尽量避开大雨,而且根据结构情况,适当考虑几道施工缝的留设位置,以备浇筑过程中突遇大雨造成的停工。

④机电设备应采取防雨、防淹措施,安装接地安全装置,电源线路要绝缘良好,要有完善的保护接零。

2)冬期施工。

①冬期施工浇捣混凝土,温度低于4℃时,禁止浇捣混凝土。

②冬期混凝土浇捣完成后,要注意保温,采取必要的保温措施,如在混凝土面覆盖草帘或塑料布等。

4. 信息管理措施

信息管理主要是文件资料管理。文件资料控制要注意以下几点:

(1)项目经理负责对重要文件的审定和批准。

(2)各职能部门负责对有关文件的起草与审核、资料日常管理,包括使用与归档。

(3)综合管理部负责文件的组织起草、审定、修改、批准、分发与回收;负责文件和资料的归档与销毁处理。

(4)项目的受控资料:标准、规范;图样,总承包、监理指令,技术核定单;工程联系单;质量指令(包括对分供方的质量要求);图纸修改通知单纠正和预防措施表。

第四章　建筑工程项目合同管理

建筑工程项目应建立合同管理制度,应设立专门机构或人员负责合同管理工作。

第一节　项目合同管理概述

项目合同管理是指对项目合同的签订、履行、变更和解除进行监督检查,对合同履行过程中发生的争议或纠纷进行处理,以确保合同依法订立和全面履行。合同管理直接为项目总目标和企业总目标服务,保证它们的顺利实现。

建筑工程项目合同管理贯穿于合同签订、履行、终结直至归档的全过程。

一、项目合同管理的目标

项目合同管理不仅是项目管理的一部分,而且是企业管理的一部分。项目合同管理的目标包括以下几项:

(1)使整个工程在预定的成本(投资)、预定的工期范围内完成,达到预定的质量和功能的要求。

由于合同中包括了进度要求、质量标准、工程价格,以及双方的责权利关系,所以它贯穿了项目的三大目标。在一个建筑工程项目中,有几份、十几份甚至几十份互相联系、互相影响的合同,一份合同至少涉及两个独立的项目参加者。通过合同管理可以保证各方面都圆满地履行合同责任,进而保证项目的顺利实施。最终业主按计划获得一个合格的工程,实现投资目的,承包商获得合理的价格和利润。

(2)在工程结束时使双方都感到满意,合同争执较少,合同各方面能互相协调。业主要对工程、对承包商、对双方的合作感到满意,而承包商不但取得了利润,而且赢得了信誉,建立了双方友好合作的关系。

工程问题的解决公平合理，符合惯例。这是企业经营管理和发展战略对合同管理的要求。

二、项目合同管理的特点

1. 对工程经济效益影响大

工程价值量大，合同价格高，使得合同管理对工程经济效益影响很大。工程项目合同管理好，可使承包商避免亏本，赢得利润，否则承包商要蒙受较大的经济损失，这已为许多工程实践所证明。在现代工程中，由于竞争激烈，合同价格中包括的利润减少，合同管理中稍有失误即会导致工程亏本。

2. 合同变更频繁

由于工程过程中内外干扰事件多，合同变更频繁。通常一个稍大的工程，合同实施中的变更能有几百项。合同实施必须按变化了的情况不断地调整，这要求合同管理必须是动态的，必须加强合同控制和变更管理工作。

3. 管理过程持续时间长

建筑工程项目是一个渐进的过程，工程持续时间长，这使得相关的合同，特别是工程承包合同的生命期较长。它不仅包括施工工期，而且包括招标投标和合同谈判以及保修期，所以一般至少两年，长的可达 5 年或更长时间。合同管理必须在这么长时间内连续地、不间断地进行，从领取标书直到合同完成并失效。

4. 受外界影响大、风险大

由于合同实施时间长，涉及面广，所以受外界环境如经济条件、社会条件、法律和自然条件等的影响大，风险大。这些因素承包商难以预测，不能控制，但都会妨碍合同的正常实施，造成经济损失。合同本身常常隐藏着许多难以预测的风险。由于建筑市场竞争激烈，不仅导致报价降低，而且业主常常提出一些苛刻的合同条款，如单方面约束性条款和责权利不平衡条款，甚至有的发包商包藏祸心，在合同中用不正常手段坑人。承包商对此必须有高度的重视，并采取相应对策，否则必然会导致工程失败。

5. 管理技术高度准确、严密、精细

合同管理工作极为复杂、烦琐，是高度准确、严密和精细的管理工作。这是由以下几个方面原因造成的：

(1)现代工程体积庞大，结构复杂，技术标准、质量标准高，要求相应的合同实施的技术水平和管理水平高。

(2)由于现代工程资金来源渠道多，有许多特殊的融资方式和承包方式，使工程项目合同关系越来越复杂。

(3)现代工程合同条件越来越复杂，这不仅表现在合同条款多，所属的合同文件多，还表现在与主合同相关的其他合同多。例如在工程承包合同范围内可能有许多分包、供应、劳务、租赁、保险合同，它们之间存在极为复杂的关系，形成一个严密的合同网络。复杂的合同条件和合同关系要求高水平的项目管理特别是合同管理与之配套，否则合同条件没有实用性，项目不能顺利实施。

(4)工程的参加单位和协作单位多，通常涉及业主、总包、分包、材料供应商、设备供应商、设计单位、监理单位、运输单位、保险公司等十几家甚至几十家。各方面责任界限的划分、合同的权利和义务的定义异常复杂，合同文件出错和矛盾的可能性加大。合同在时间上和空间上的衔接和协调极为重要，同时又极为复杂和困难。合同管理必须协调和处理各方面的关系，使相关的各合同和合同规定的各工程活动之间不相矛盾，在内容上、技术上、组织上、时间上协调一致，形成一个完整、周密、有序的体系，以保证工程有秩序、按计划地实施。

(5)合同实施过程复杂，从购买标书到合同结束必须经历许多过程。签约前要完成许多手续和工作，签约后进行工程实施，要完整地履行一个承包合同，必须完成几百个甚至几千个相关的合同事件，从局部完成到全部完成。在整个过程中，稍有疏忽就会导致前功尽弃，导致经济损失。所以必须保证合同在工程的全过程和每个环节上都顺利实施。

(6)在工程实施过程中，合同相关文件，各种工程资料汗牛充栋。在合同管理中必须取得、处理、使用、保存这些文件和资料。

三、建筑工程项目合同管理

(一)建筑工程项目合同程序和内容

1. 项目合同的内容

建筑合同管理包括合同订立、履行、变更、索赔、解除、终止、争议解决以及控制和综合评价等内容,并应遵守《中华人民共和国合同法》和《中华人民共和国建筑法》的有关规定。《中华人民共和国合同法》是民法的重要组成部分,是市场经济的基本法律制度。《中华人民共和国建筑法》是我国工程建设的专用法律,其颁布实施,对加强建筑活动的监督管理、维护建筑市场秩序和合同当事人的合法权益、保证建筑工程质量和安全,提供了明确的目标和法律保障。

建筑工程项目合同管理的具体内容包括以下几项:

(1)对合同履行情况进行监督检查。通过检查,发现问题及时协调解决,提高合同履约率。主要包括以下几点:

1)检查合同法及有关法规贯彻执行情况。

2)检查合同管理办法及有关规定的贯彻执行情况。

3)检查合同签订和履行情况,减少和避免合同纠纷的发生。

(2)经常对项目经理及有关人员进行合同法及有关法律知识教育,提高合同管理人员的素质。

(3)建立健全工程项目合同管理制度。包括项目合同归口管理制度;考核制度;合同用章管理制度;合同台账、统计及归档制度。

(4)对合同履行情况进行统计分析。包括工程合同份数、造价、履约率、纠纷次数、违约原因、变更次数及原因等。通过统计分析手段,发现问题,及时协调解决,提高利用合同进行生产经营的能力。

(5)组织和配合有关部门做好有关工程项目合同的鉴证、公证和调解、仲裁及诉讼活动。

2. 建筑工程项目合同管理的程序

(1)合同评审。

(2)合同订立。

(3)合同实施计划编制。

(4)合同实施控制。

(5)合同综合评价。

(6)有关知识产权的合法使用。

(二)建筑工程项目合同管理机构及人员的设置

1. 合同管理机构的设立

合同管理机构应当与企业总经理室、工程部等机构一样成为施工企业的重要内部机构。施工企业应设立专门的法律顾问室来管理合同的谈判、签署、修改、履约监控、存档和保管等一系列管理活动。合同管理是非常专业化且要求相当高的一种工作,所以,必须要由专门机构和专业人员来完成,而不应兼任,甚至是临时管理。

(1)对于集团型大型施工企业应当设置二级管理制度。由于集团和其属下的施工企业都是独立的法人,故两者之间虽有投资管理关系,但在法律上又相互独立。施工企业在经营上有各自的灵活性和独立性。对于这种集团型施工企业的管理,应当设置二级双重合同管理制度,即在集团和其子公司中分别设立各自的合同管理机构,工作相对独立,但又应当及时联络,形成统、分灵活的管理模式。

(2)对于中小型建筑工程施工企业也必须设立合同管理机构和合同管理员,统一管理施工队和挂靠企业的合同,制定合同评审制度,切忌将合同管理权下放到项目部,以强化规范管理。

2. 合同管理专门人员的配备

合同管理工作由合同管理机构统一操作,应当落实到具体人员。对于合同管理工作较繁重的集团型施工企业,应当配以多人,明确分工,做好各自的合同管理工作;对于中小型施工企业,可依具体的合同管理工作量决定合同管理人员的数量。合同管理员的分工可按合同性质、种类划分,也可依合同实施阶段划分,具体由施工企业根据自身实际情况和企业经营传统决定。

3. 企业内部合同管理的协作

企业内部机构和人员对于合同管理的协作,是指由企业内部各相关职能部门各司其职,分别参与合同的谈判、起草、修改等工作,并建立会审和监督机制，实施合同管理的行为和制度。

建筑工程施工企业需签订的合同种类繁多、性质各异。不同种类的合同因其所涉行业、专业的不同特点，而具有各自的特殊性。签订不同种类、不同性质的合同，应当由企业中与其相对应的职能部门参加合同谈判和拟定。例如，施工合同的谈判拟定，应由企业工程部负责，而贷款合同的谈判和拟定则应由企业财务部门负责。所有合同文本在各相关部门草拟之后应由企业的总工程师、总经济师、总会计师以及合同管理机构进行会审，从不同的角度提出修改意见，完善合同文本，以供企业的决策者参考，确定合同文本，最终签署合同。

（三）建筑工程项目合同管理制度

为了更好地落实合同管理工作，建筑工程施工企业必须建立完善的项目合同管理制度。建筑工程项目合同管理制度主要包括施工企业内部合同会签制度、合同签订审查批准制度、印章制度、管理目标制度、管理质量责任制度、统计考核制度、评估制度、检查和奖励制度等内容。

1. 施工企业内部合同会签制度

由于施工企业的合同涉及施工企业各个部门的管理工作，为了保证合同签订后得以全面履行，在合同未正式签订之前，由办理合同的业务部门会同企业施工、技术、材料、劳动、机械动力和财务等部门共同研究，提出对合同条款的具体意见，进行会签。在施工企业内部实行合同会签制度，有利于调动企业各部门的积极性，发挥各部门管理职能作用，群策群力，集思广益，以保证合同履行的可行性，并促使施工企业各部门之间相互衔接和协调，确保合同的全面及实际履行。

2. 合同签订审查批准制度

为了使施工企业的合同签订后合法、有效，必须在签订前履行审查、批准手续。审查是指将准备签订的合同在部门之间会签后，送给企业主管合同的机构或法律顾问进行审查；批准是由企业主管或法定代表人签署意见，同意对外正式签订合同。通过严格的审查批准手续，可以使合同的签订建立在可靠的基础上，尽量防止合同纠纷的发生，以维护企业的合法权益。

3. 印章制度

施工企业合同专用章是代表企业在经营活动中对外行使权力、承担义务、签订合同的凭证。因此，企业对合同专用章的登记、保管、使用等都要有严格的规定。合同专用章应由合同管理员保管、签印，并实行专章专用。合同专用章只能在规定的业务范围内使用，不能超越范围使用；不准为空白合同文本加盖合同印章；不得为未经审查批准的合同文本加盖合同印章；严禁与合同洽谈人员勾结，利用合同专用章谋取个人私利。出现上述情况，要追究合同专用章管理人员的责任。凡外出签订合同时，应由合同专用章管理人员携章陪同负责办理签约的人员一起前往签约。

4. 管理目标制度

合同管理目标制是各项合同管理活动应达到的预期结果和最终目的。合同管理的目的是施工企业通过自身在合同的订立和履行过程中进行的计划、组织、指挥、监督和协调等工作，促使企业内部各部门、各环节互相衔接、密切配合，进而使人、财、物各要素得到合理组织和充分利用，保证企业经营管理活动的顺利进行，提高工程管理水平，增强市场竞争能力，从而达到高质量、高效益，满足社会需要，更好地为发展和完善建筑业市场经济服务。

5. 管理质量责任制度

这是施工企业的一项基本管理制度。它具体规定企业内部具有合同管理任务的部门和合同管理人员的工作范围，履行合同中应负的责任，以及拥有的职权。这一制度有利于企业内部合同管理工作分工协作，责任明确，任务落实，逐级负责，人人负责，从而调动企业合同管理人员以及合同履行中涉及的有关人员的积极性，促进施工企业合同管理工作正常开展，保证合同圆满完成。

建筑工程施工企业应当建立完善的合同管理质量责任制度，确保人员、部门、制度三落实，一方面把合同管理的质量责任落实到人，让合同管理部门的主管人员和合同管理员的工作质量与奖惩挂钩，以引起具体人员的真正重视；另一方面把合同签约、履约实绩考评落实到人，按类分派不同合同管理员全过程负责不同的合同的签约和履约，以便及时发现问题、解决问题。

6. 统计考核制度

合同统计考核制度，是施工企业整个统计报表制度的重要组成部分。完善的合同统计考核制度，是运用科学的方法，利用统计数字，反馈合同订立和履行情况，通过对统计数字的分析，总结经验，找出教训，为企业经营决策提供重要依据。施工企业合同考核制度包括统计范围、计算方法、报表格式、填报规定、报送期限和部门等。施工企业一般是对中标率、合同谈判成功率、合同签约率和合同履约率进行统计考核。

7. 评估制度

合同管理制度是合同管理活动及其运行过程的行为规范，合同管理制度是否健全是合同管理能否奏效的关键所在。因此，建立一套有效的合同管理评估制度是十分必要的。

合同管理评估制度的主要特点有以下几项：

(1)合法性。指合同管理制度符合国家有关法律、法规的规定。

(2)规范性。指合同管理制度具有规范合同行为的作用，对合同管理行为进行评价、指导、预测，对合法行为进行保护奖励，对违法行为进行预防、警示或制裁等。

(3)实用性。合同管理制度能适应合同管理的需求，以便于操作和实施。

(4)系统性。指各类合同的管理制度是一个有机结合体，互相制约、互相协调，在工程建设合同管理中，能够发挥整体效应的作用。

(5)科学性。指合同管理制度能够正确反映合同管理的客观经济规律，能保证人们利用客观规律进行有效的合同管理。

8. 检查和奖励制度

发现和解决合同履行中的问题，协调企业各部门履行合同中的关系，施工企业应建立合同签订、履行监督检查制度，该制度的作用主要体现在以下几点：

(1)通过检查及时发现合同履行管理中的薄弱环节和矛盾，以利于提出改进意见，促进企业各部门不断改进合同履行管理工作，提高企业的经营管理水平。

(2)通过定期的检查和考核，对合同履行管理工作完成好的部门和人员给予表扬鼓励；对于成绩突出，并有重大贡献的人员，给予物质奖励。对于工作差、不负责任的或经常“扯皮”的部门和人员要给予批评教育；对玩忽职守、严重渎职或有违法行为的人员要给予行政处分、经济制裁，情节严重触及刑律的要追究刑事责任。实行奖惩制度有利于增强企业各部门和有关人员履行合同的责任心，是保证全面履行合同的极其有力的措施。

第二节　建筑工程项目合同评审

合同评审应在合同签订之前进行，主要是对招标文件和合同条件进行的审查、认定和评价。

合同评审的内容包括：招标内容和合同的合法性审查；招标文件和合同条款的合法性和完备性审查；合同双方责任、权益和项目范围认定；与产品或过程有关要求的评审；合同风险评估。

一、招标文件分析

招标文件是整个建筑工程项目招标过程所遵循的基础性文件，是投标和评标的基础，也是合同的重要组成部分。一般情况下，招标人与投标人之间不进行或进行有限的面对面交流，投标人只能根据招标文件的要求编写投标文件，因此，招标文件是联系、沟通招标人与投标人的桥梁。能否编制出完整、严谨的招标文件，直接影响到招标的质量，也是招标成败的关键。

1. 招标文件的内容

招标文件的内容大致分为表 4-1 中的三类。

表 4-1　　招标文件的内容

序号	项　目	内　容
1	关于编写和提交投标文件的规定	载入这些内容的目的是尽量减少承包商或供应商由于不明确如何编写投标文件而处于不利地位或其投标遭到拒绝的可能
2	关于对投标人资格审查的标准及投标文件的评审标准和方法	这是为了提高招标过程的透明度和公平性，所以非常重要，也是不可缺少的
3	关于合同的主要条款	关于合同的主要条款中，最主要是指商务性条款，有利于投标人了解中标后签订合同的主要内容，明确双方的权利和义务。其中，技术要求、投标报价要求和主要合同条款等内容是招标文件的关键内容，统称实质性要求

招标文件一般至少包括以下几项内容：

(1)投标人须知。

(2)招标项目的性质、数量。

(3)技术规格。

(4)投标价格的要求及其计算方式。

(5)评标的标准和方法。

(6)交货、竣工或提供服务的时间。

(7)投标人应当提供的有关资格和资信证明。

(8)投标保证金的数额或其他有关形式的担保。

(9)投标文件的编制要求。

(10)提供投标文件的方式、地点和截止时间。

(11)开标、评标、定标的日程安排。

(12)主要合同条款。

《房屋建筑和市政工程标准施工招标文件》(2010 年版)中推荐使用的招标文件示范文本包括以下几个方面的内容：

第一章　招标公告(未进行资格预审)

第一章　投标邀请书(适用于邀请招标)
第一章　投标邀请书(代资格预审通过通知书)
第二章　投标人须知
第三章　评标办法(经评审的最低投标价法)
第三章　评标方法(综合评价法)
第四章　合同条款及格式
第五章　工程量清单
第六章　图纸
第七章　技术标准和要求
第八章　投标文件格式

2. 招标文件分析的内容

承包商在建筑工程项目招标过程中,得到招标文件后,通常首先进行总体检查,重点是招标文件的完备性。一般要对照招标文件目录检查文件是否齐全,是否有缺页,对照图纸目录检查图纸是否齐全。然后分三部分进行全面分析:

(1)招标条件分析。分析的对象是投标人须知,通过分析不仅要掌握招标过程、评标的规则和各项要求,对投标报价工作做出具体安排,而且要了解投标风险,以确定投标策略。

(2)工程技术文件分析。主要是进行图纸会审,工程量复核,图纸和规范中的问题分析,从中了解承包商具体的工程范围、技术要求、质量标准。在此基础上进行施工组织,确定劳动力的安排,进行材料、设备的分析,制定实施方案,进行报价。

(3)合同文本分析。合同文本分析是一项综合性的、复杂的、技术性很强的工作,分析的对象主要是合同协议书和合同条件。它要求合同管理者必须熟悉与合同相关的法律、法规,精通合同条款,对工程环境有全面的了解,有合同管理的实际工作经验。

合同文本分析主要包括以下五个方面的内容:

1)承包合同的合法性分析。

2)承包合同的完备性分析。

3)承包合同双方责任和权益及其关系分析。

4)承包合同条件之间的联系分析。

5)承包合同实施的后果分析。

二、合同合法性审查

合同合法性是指合同依法成立所具有的约束力。对建筑工程项目合同合法性的审查,基本上从合同主体、客体、内容三方面加以考虑。结合实践情况,在工程项目建设市场上,合同无效的情况主要有以下几种:

1. 没有经营资格而签订的合同

建筑工程施工合同的签订双方是否有专门从事建筑业务的资格,这是合同有效、无效的重要条件之一。

2. 缺少相应资质而签订的合同

建筑工程是“百年大计”的不动产产品,而不是一般的产品,因此工程施工合同的主体除了具备可以支配的财产、固定的经营场所和组织机构外,还必须具备与建筑工程项目相适应的资质条件,而且也只能在资质证书核定的范围内承接相应的建筑工程任务,不得擅自越级或超越规定的范围。

3. 违反法定程序而订立的合同

在建筑工程施工合同尤其是总承包合同和施工总承包合同的订立中,通常通过招标投标的程序,招标为要约邀请,投标为要约,中标通知书的发出意味着承诺。对通过这一程序缔结的合同,《中华人民共和国招标投标法》有着严格的规定。首先,《中华人民共和国招标投标法》对必须进行招投标的项目作了规定;其次,招投标遵循公平、公正的原则,违反这一原则,也可能导致合同无效。

4. 违反关于分包和转包的规定所签订的合同

《中华人民共和国建筑法》允许建筑工程总承包单位将承包工程中的部分发包给具有相应资质条件的分包单位,但是,除总承包合同中约定的分包外,其他分包必须经建设单位认可。而且属于施工总承包的,建筑工程主体结构的施工必须由总承包单位自行完成。也就是说,未经建设单位认可的分包和施工总承包单位将工程主体结构分包出去所订立的分包合同，都是无效的。此外，将建筑工程分包给不具备相应资质条件的单位或分包后将工程再分包，均是法律禁止的。《中华人民共和国建筑法》及其他法律、法规对转包行为均作了严格禁止。转包包括承包单位将其承包的全部建筑工程转包、承包单位将其承包的全部建筑工程肢解以后以分包的名义分别转包给他人。属于转包性质的合同，也因其违法而无效。

5. 违反法律和行政法规所订立的合同

如合同内容违反法律和行政法规，也可能导致整个合同的无效或合同的部分无效。例如发包方指定承包单位购入的用于工程的建筑材料、构配件，或者指定生产厂、供应商等，此类条款均为无效。合同中某一条款的无效，并不必然影响整个合同的有效性。实践中，构成合同无效的情况众多，需要有一定的法律知识方能判别。所以，建议承发包双方将合同审查落实到合同管理机构和专门人员，每一项目的合同文本均须经过经办人员、部门负责人、法律顾问及总经理几道审查，批注具体意见，必要时还应听取财务人员的意见，以便尽量完善合同，确保在谈判时确定己方利益能够得到最大保护。

三、合同条款的完备性审查

合同条款的内容直接关系到合同双方的权利和义务，在签订工程项目合同之前，应当对各项合同条款内容的完备性进行严格审查，尤其应注意以下内容：

1. 工期

工期过长，不利于发包方及时收回投资；工期过短，则不利于承包方对工程质量以及施工过程中建筑半成品的养护。因此，对承包方而言，应当合理计算自己能否在发包方要求的工期内完成承包任务，否则应当按照合同约定承担逾期竣工的违约责任。

2. 工程造价或工程造价的计算方法

工程造价条款是工程施工合同的必备和关键条款，但通常会发生约定不明的情况，往往为日后争议与纠纷的发生埋下隐患。而处理这类纠纷，法院或仲裁机构一般委托有权审价单位鉴定造价，这势必使当事人陷入旷日持久的诉讼，更何况经审价得出的造价也因缺少可靠的计算依据而缺乏准确性，对维护当事人的合法权益极为不利。

3. 材料和设备的供应

由于材料、设备的采购和供应引发的纠纷非常多，故必须在合同中明确约定相关条款，包括发包方或承包商所供应或采购的材料、设备的名称、型号、规格、数量、单价、质量要求、运送到达工地的时间、验收标准、运输费用的承担、保管责任、违约责任等。

4. 双方代表的权限

在施工承包合同中通常都明确甲方代表和乙方代表的姓名和职务，但对其作为代表的权限则往往规定不明确。由于代表的行为代表了合同双方的行为，因此，有必要对其权利范围以及权利限制作一定约定。

5. 工程竣工交付标准

应当明确约定工程竣工交付的标准。如发包方需要提前竣工，而承包商表示同意的，则应约定由发包方另行支付赶工费用或奖励。因为赶工意味着承包商将投入更多的人力、物力、财力，劳动强度增大，损耗亦增加。

6. 违约责任

违约责任条款订立的目的在于促使合同双方严格履行合同义务，防止违约行为的发生。发包方拖欠工程款、承包方不能保证施工质量或不按期竣工，均会给对方以及第三方带来不可估量的损失。

四、合同双方责任、权益和项目范围认定

承包人应研究合同文件和发包人所提供的信息，确保合同要求得以实现；发现问题应与发包人及时澄清，并以书面方式确定；承包人应有能力完成合同要求。

项目范围应在项目的计划文件、设计文件、招标文件和投标文件中进行明确的说明。

五、与产品或过程有关要求的评审

建筑工程项目合同中有关产品或过程的要求要形成文件，应明确

发包人的要求，确保承包方能满足标书、合同中的各项要求规定合理、确切、按时提供满足要求的产品，确保合同双方之间的合约均能满足双方的要求，并能顺利达成。

六、合同风险评估

建筑工程项目承包合同中一般都有风险条款和一些明显的或隐含的对承包商不利的条款，它们会造成承包商的损失，因此是进行合同风险分析的重点。

建筑工程项目承包合同中有关合同风险的类型主要有以下几种：

1. 合同中明确规定的承包商应承担的风险

承包商的合同风险首先与所签订的合同的类型有关。如果签订的是固定总价合同，则承包商承担全部物价和工作量变化的风险；而对成本加酬金合同，承包商则不承担任何风险；对常见的单价合同，风险则由双方共同承担。

此外，在建筑工程承包合同中一般都应有明确规定承包商应承担的风险的条款，常见的有以下几种：

(1)工程变更的补偿范围和补偿条件。例如某合同规定，工程量变更在5%的范围内，承包商得不到任何补偿。那么，在这个范围内工程量可能的增加就是承包商的风险。

(2)合同价格的调整条件。如对通货膨胀、汇率变化、税收增加等，合同规定不予调整，则承包商必须承担全部风险；如果在一定范围内可以调整，则承担部分风险。

(3)工程范围不确定，特别是固定总价合同。例如，某固定总价合同规定："承包商的工程范围包括工程量表中所列的各个分项，以及在工程量表中没有包括的，但为工程安全、经济、高效率运行所必需的附加工程和供应。"由于工程范围不确定、做标时设计图纸不完备，承包商无法精确计算工程量。而在该工程中，这方面的风险很容易给承包商造成严重损失。

(4)业主和工程师对设计、施工、材料供应的认可权和各种检查权。在国际工程中，合同条件常赋予业主和工程师对承包商工程和工作的认可权和各种检查权。但这必须有一定的限制和条件,应防止写有“严格遵守工程师对本工程任何事项(不论本合同是否提出)所做的指示和指导”,特别当投标时设计深度不够,施工图纸和规范不完备时,如果有上述规定,业主可能使用“认可权”或“满意权”提高工程的设计、施工、材料标准,而不对承包商补偿,则承包商必须承担此变更风险。

(5)其他形式的风险型条款,如索赔有效期限制等。

2. 合同条文不全面、不完整导致承包商损失的风险

合同条文不全面、不完整,没有将合同双方的责、权、利关系全面表达清楚,没有预计到合同实施过程中可能发生的各种情况,引起合同实施过程中的激烈争执,最终导致承包商的损失。例如:

(1)缺少工期拖延违约金最高限额的条款或限额太高;缺少工期提前的奖励条款;缺少业主拖欠工程款的处罚条款。

(2)对工程量变更、通货膨胀、汇率变化等引起的合同价格的调整没有具体规定调整方法、计算公式、计算基础等;对材料价差的调整没有具体说明是否对所有的材料,是否对所有相关费用(包括基价、运输费、税收、采购保管费等)作调整,以及价差的支付时间等。

(3)合同中缺少对承包商权益的保护条款,如在工程受到外界干扰情况下的工期和费用的索赔权等。

(4)在某国际工程施工合同中遗漏工程价款的外汇额度条款,结果承包商无法获得已商定的外汇款额。

(5)由于没有具体规定,如果发生以上这些情况,业主完全可以以“合同中没有明确规定”为理由,推卸自己的合同责任,使承包商蒙受损失。

3. 合同条文不清楚、不细致、不严密导致承包商蒙受损失的风险

合同条文不清楚、不细致、不严密,承包商不能清楚地理解合同内容,造成失误。这可能是由招标文件的语言表达方式不严密、表达能力弱,承包商的外语水平差,专业理解能力不强或工作不细致,以及做标期太短等原因所致。例如:

(1)在某些工程承包合同中有如下条款:“承包商为施工方便而设置的任何设施,均由他自己付款”。这种提法对承包商很不利,在工程过程中业主对承包商在施工中需要使用的某些永久性设施会以“施工方便”为借口而拒绝支付。

(2)合同中对一些问题不作具体规定,仅用“另行协商解决”等字眼。

(3)业主要求承包商提供业主的现场管理人员(包括监理工程师)的办公和生活设施,但又没有明确列出提供的具体内容和水准,承包商无法准确报价。

(4)对业主供应的材料和生产设备,合同中未明确规定详细的送达地点,没有“必须送达施工和安装现场”的规定。这样很容易就场内运输,甚至场外运输责任引起争执。

(5)某合同中对付款条款规定:“工程款根据工程进度和合同价格,按照当月完成的工程量支付。乙方在月底提交当月工程款账单,在经过业主上级主管审批后,业主应在15d内支付”。由于没有业主上级主管的审批时间限定,所以在该工程中,业主上级利用拖延审批的办法大量拖欠工程款,而承包商无法对业主进行约束。

4. 发包商提出单方面约束性的、责权利不平衡合同条款的风险

发包商为了转嫁风险提出单方面约束性的、过于苛刻的、责权利不平衡的合同条款。这在合同中经常的表现形式为:“业主对……不负任何责任”。例如:

(1)业主对任何潜在的问题,如工期拖延、施工缺陷、付款不及时等所引起的损失不负责。

(2)业主对招标文件中所提供的地质资料、试验数据、工程环境资料的准确性不负责。

(3)业主对工程实施中发生的不可预见风险不负责。

(4)业主对由于第三方干扰造成的工期拖延不负责等。

5. 其他对承包商要求苛刻条款的风险

其他对承包商苛刻的要求,如要承包商大量垫资承包,工期要求太紧,超过常规,过于苛刻的质量要求等。

第三节 建筑工程项目合同实施计划

在建筑工程项目施工合同签订后，承包商必须就合同履行做出具体安排，制订合同实施计划。

项目合同实施计划应包括合同实施总体安排、分包策划以及合同实施保证体系的建立等内容。

一、建筑工程项目合同施工总体策划

项目合同总体策划是指在项目的开始阶段，对那些带根本性和方向性的，对整个项目、整个合同实施有重大影响的问题进行确定。它的目标是通过合同保证项目目标和项目实施战略的实现。

1. 合同总体策划的重要性

正确的合同总体策划不仅有助于签订一个完备的有利的合同，而且可以保证圆满地履行各个合同，并使它们之间能完善地协调，顺利地实现工程项目的根本目标。工程项目合同总体策划的重要性具体体现在以下几个方面：

(1)通过合同总体策划，摆正工程过程中各方面的重大关系，防止由于这些重大问题的不协调或矛盾造成工作上的障碍，造成重大的损失。

(2)合同总体策划决定着项目的组织结构及管理体制，决定合同各方面责任、权力和工作的划分。它保证业主通过合同委托项目任务，并通过合同实现对项目的目标控制。

(3)无论对于业主还是承包商，正确的合同总体策划能够保证各个合同圆满地履行，促使各个合同达到完善的协调，减少矛盾和争执，顺利地实现工程项目的整体目标。

2. 合同总体策划的过程

合同总体策划，主要确定工程合同的一些重大问题。它对工程项目的顺利实施，对项目总目标的实现有决定性作用。合同总体策划的过程如下：

(1)研究企业战略和项目战略，确定企业和项目对合同的要求。

(2)确定合同相关的总体原则和目标,并对上述各种依据进行调查。

(3)分层次、分对象对合同的一些重大问题进行研究,列出可能的各种选择,并按照上述策划的依据综合分析各种选择的利弊得失。

(4)对合同的各个重大问题做出决策和安排,提出合同措施。

3. 合同总体策划的内容

(1)工程承包方式和费用的划分。在项目合同总体策划过程中,首先需要根据项目的分包策划确定项目的承包方式和每个合同的工程范围。

(2)合同种类的选择。不同种类的合同,有不同的应用条件、不同的权力和责任的分配、不同的付款方式,对合同双方有不同的风险。所以,应按具体情况选择合同类型。

建筑工程项目合同类型见表 4-2。

表 4-2　　建筑工程项目合同类型

序号	类　型	内容与特点
1	目标合同	目标合同是固定总价合同和成本加酬金合同的结合和改进形式。在国外,它广泛使用于工业项目、研究和开发项目、军事工程项目中。承包商在项目早期(可行性研究阶段)就介入工程,并以全包的形式承包工程。一般来说,目标合同规定,承包商对工程建成后的生产能力(或使用功能)、工程总成本、工期目标承担责任
2	单价合同	单价合同是最常见的合同种类,适用范围广,我国的建设工程施工合同也主要是这一类合同。在单价合同中,承包商仅按合同规定承担报价的风险,即对报价(主要为单价)的正确性和适宜性承担责任;而工程量变化的风险由业主承担。由于风险分配比较合理,能够适应大多数工程,能调动承包商和业主双方的管理积极性。单价合同又分为固定单价和可调单价等形式。 单价合同的特点是单价优先,业主在招标文件中给出的工程量表中的工程量是参考数字,而实际合同价款按实际完成的工程量和承包商所报的单价计算。在单价合同中应明确编制工程量清单的方法和工程计量方法

续表

序号	类　型	内容与特点
3	固定总合同	固定总合同以一次包死的总价格委托，除了设计有重大变更，一般不允许调整合同价格。所以在这类合同中承包商承担了全部的工作量和价格风险。 在现代工程中，业主喜欢采用这种合同形式。在正常情况下，可以免除业主由于要追加合同价款、追加投资带来的麻烦。但由于承包商承担了全部风险，报价中不可预见风险费用较高。报价的确定必须考虑施工期间物价变化以及工程量变化
4	成本加酬金合同	工程最终合同价格按承包商的实际成本加一定比率的酬金(间接费)计算。在合同签订时不能确定一个具体的合同价格，只能确定酬金的比率。由于合同价格按承包商的实际成本结算，承包商不承担任何风险，所以他没有成本控制的积极性，相反期望提高成本以提高自己工程的经济效益。这样会损害工程的整体效益。所以这类合同的使用应受到严格限制，通常应用于以下情况： (1)投标阶段依据不准，工程的范围无法界定，无法准确估价，缺少工程的详细说明。 (2)工程特别复杂，工程技术、结构方案不能预先确定。它们可能按工程中出现的新的情况确定。 (3)时间特别紧急，要求尽快开工。如抢救、抢险工程，人们无法详细地计划和商谈

(3)招标方式的确定。项目招标方式，通常有公开招标、议标、选择性竞争招标三种，每种方式都有其特点及适用范围。

1)公开招标。在这个过程中，业主选择范围大，承包商之间平等竞争，有利于降低报价，提高工程质量，缩短工期。但招标期较长，业主有大量的管理工作，如准备许多资格预审文件和招标文件，资格预审、评标、澄清会议工作量大。

但是,不限对象的公开招标会导致许多无效投标,导致社会资源的浪费。许多承包商竞争一个标,除中标的一家外,其他各家的花费都是徒劳的。这会导致承包商经营费用的提高,最终导致整个市场上工程成本的提高。

2)议标。在这种招标方式中,业主直接与一个承包商进行合同谈判,由于没有竞争,承包商报价较高,工程合同价格自然很高。议标一般适合在以下几种特殊情况下采用:

①业主对承包商十分信任,可能是老主顾,承包商资信很好。

②由于工程的特殊性,如军事工程、保密工程、特殊专业工程和仅由一家承包商控制的专利技术工程等。

③有些采用成本加酬金合同的情况。

④在一些国际工程中,承包商帮助业主进行项目前期策划,做可行性研究,甚至作项目的初步设计。

3)选择性竞争招标(邀请招标)。业主根据工程的特点,有目标、有条件地选择几个承包商,邀请他们参加工程的投标竞争,这是国内外经常采用的招标方式。采用这种招标方式,业主的事务性管理工作较少,招标所用的时间较短,费用低,同时,业主可以获得一个比较合理的价格。

(4)合同条件的选择。合同条件是合同文件中最重要的部分。在实际工程中,业主可以按照需要自己(通常委托咨询公司)起草合同协议书(包括合同条件),也可以选择标准的合同条件,还可以通过特殊条款对标准文本作修改、限定或补充。

(5)重要合同条款的确定。在合同总体策划过程中,需要对以下几项重要的条款进行确定:

1)适用于合同关系的法律,以及合同争执仲裁的地点、程序等。

2)付款方式。

3)合同价格的调整条件、范围、方法。

4)合同双方风险的分担。

5)对承包商的激励措施。

6)设计合同条款,通过合同保证对工程的控制权力,并形成一个完整的控制体系。

7)为了保证双方诚实信用,必须有相应的合同措施。如:保函,保险等。

(6)其他问题。在项目合同总体策划过程中,除了确定上述各项问题外,还需要对以下问题进行确定:

1)确定资格预审的标准和允许参加投标的单位的数量。

2)定标的标准。

3)标后谈判的处理。

二、建筑工程项目合同施工分包策划

项目所有的工作都是由具体的组织(单位或人员)来完成的,业主必须将它们委托出去。工程项目的分包策划就是决定将整个项目任务分为多少个包(或标段),以及如何划分这些标段。项目的分标方式,对承包商来说就是承包方式。

1. 分包策划的重要性

项目分包方式的确定是项目实施的战略问题,对整个工程项目有重大影响。项目分包策划的重要性主要体现在以下几个方面:

(1)通过分包和任务的委托保证项目总目标的实现。

(2)通过分包策划摆正工程过程中各方面的重大关系,防止由于这些重大问题的不协调或矛盾造成工作上的障碍,造成重大的损失。对于业主来说,正确的分包策划能够保证各个合同圆满地履行,促使各个合同达到完美的协调,减少组织矛盾和争执,顺利地实现工程项目的整体目标。

(3)分包策划决定了与业主签约的承包商的数量,决定着项目的组织结构及管理模式,从根本上决定合同各方面责任、权力和工作的划分,所以它对项目的实施过程和项目管理产生根本性的影响。

2. 项目分包方式

(1)分阶段分专业工程平行承包。这种分包方式是指业主将设计、设备供应、土建、电器安装、机械安装、装饰等工程施工分别委托给不同的承包商。各承包商分别与业主签订合同,向业主负责。这种方式的特点有以下几项：

1)业主可以分阶段进行招标,可以通过协调和项目管理加强对工程的干预。同时,承包商之间存在着一定的制衡,如各专业设计、设备供应、专业工程施工之间存在着制约关系。

2)业主有大量的管理工作,有许多次招标,作比较精细的计划及控制,因此,项目前期需要比较充裕的时间。

3)在大型工程项目中,业主将面对很多承包商(包括设计单位、供应单位、施工单位),直接管理承包商的数量太多,管理跨度太大,容易造成项目协调的困难,造成工程中的混乱和项目失控现象。

4)在工程中,业主必须负责各承包商之间的协调,对各承包商之间互相干扰造成的问题承担责任。所以,在这类工程中组织争执较多,索赔较多,工期比较长。

5)对这样的项目业主管理和控制比较细,需要对出现的各种工程问题作中间决策,必须具备较强的项目管理能力。

6)使用这种方式,项目的计划和设计必须周全、准确、细致,否则极容易造成项目实施中的混乱状态。

如果业主不是项目管理专家,或没有聘请得力的咨询(监理)工程师进行全过程的项目管理,则不能将项目分标太多。

(2)“设计-施工-供应”总承包。这种承包方式又称全包、统包、“设计-建造-交钥匙”工程等,即由一个承包商承包建筑工程项目的全部工作,包括设计、供应、各专业工程的施工以及管理工作,甚至包括项目前期筹划、方案选择、可行性研究。承包商向业主承担全部工程责任。这种分包方式的特点有以下几项：

1)无论是设计与施工,与供应之间的互相干扰,还是不同专业之间的干扰,都由总承包商负责,业主不承担任何责任,所以争执较少,索赔较少。

2)可以减少业主面对的承包商的数量,这给业主带来很大的方便。在工程中业主责任较小,主要提出工程的总体要求(如工程的功能要求、设计标准、材料标准的说明),作宏观控制,验收结果,一般不干涉承包商的工程实施过程和项目管理工作。

3)这使得承包商能将整个项目管理形成一个统一的系统,方便协调和控制,减少大量的重复的管理工作与花费,有利于施工现场的管理,减少中间检查、交接环节和手续,避免由此引起的工程拖延,从而使工期(招标投标和建设期)大大缩短。

4)要求业主必须加强对承包商的宏观控制,选择资信好、实力强、适应全方位工作的承包商。目前,这种承包方式在国际上受到普遍欢迎。

(3)将工程委托给几个主要的承包商。这种方式是介于上述两者之间的中间形式,即将工程委托给几个主要的承包商,如设计总承包商、施工总承包商、供应总承包商等,这在工程中是极为常见的。

三、建筑工程项目合同实施保证体系的建立

建立合同实施的保证体系,是为了保证合同实施过程中的日常事务性工作有序地进行,使工程项目的全部合同事件处于受控状态,以保证合同目标的实现。

1. 建筑工程项目合同实施保证体系的要求

(1)合同实施保证体系应与其他管理体系协调一致,需建立合同文件沟通方式、编码系统和文档系统。

(2)承包人应对其同时承接的合同作总体协调安排。

(3)承包人所签订的各分包合同及自行完成工作责任的分配,应能涵盖主合同的总体责任,在价格、进度、组织等方面符合主合同的要求。

2. 建筑工程项目合同实施保证体系的内容

(1)进行合同交底,分解合同责任,实行目标管理。在总承包合同签订后,具体的执行者是项目部人员。项目部从项目经理、项目班子成员、项目中层到项目各部门管理人员,都应该认真学习合同各条款,对合同进行分析、分解。项目经理、主管经理要向项目各部门负责人进行“合同交底”,对合同的主要内容及存在的风险做出解释和说明。项目各部门负责人要向本部门管理人员进行较详细的“合同交底”,实行目标管理。

1)对项目管理人员和各工程小组负责人进行“合同交底”,组织大家学习合同和合同总体分析结果,对合同的主要内容做出解释和说明,使大家熟悉合同中的主要内容、各种规定、管理程序,了解承包商的合同责任和工程范围,各种行为的法律后果等。

2)将各种合同事件的责任分解落实到各工程小组或分包商,使他们对合同事件表(任务单、分包合同)、施工图纸、设备安装图纸、详细的施工说明等有十分详细的了解;并对工程实施的技术的和法律的问题进行解释和说明,如工程的质量、技术要求和实施中的注意点、工期要求、消耗标准、相关事件之间的搭接关系、各工程小组(分包商)责任界限的划分、完不成责任的影响和法律后果等。

3)在合同实施前与其他相关的各方面(如业主、监理工程师、承包商)沟通,召开协调会议,落实各种安排。

4)在合同实施过程中还必须进行经常性的检查、监督,对合同作解释。

5)合同责任的完成必须通过其他经济手段来保证。

(2)建立合同管理的工作程序。在建筑工程实施过程中,合同管理的日常事务性工作很多,要协调好各方面关系,使总承包合同的实施工作程序化、规范化,按质量保证体系进行工作。具体来说,应订立如下工作程序:

1)制定定期或不定期的协商会办制度。在工程过程中,业主、工程师和各承包商之间,承包商和分包商之间以及承包商的项目管理职能人员和各工程小组负责人之间都应有定期的协商会办。通过会办可以解决以下问题:

①检查合同实施进度和各种计划落实情况。

②协调各方面的工作,对后期工作进行安排。

③讨论和解决目前已经发生的和以后可能发生的各种问题,并做出相应的决议。

④讨论合同变更问题,做出合同变更决议,落实变更措施,决定合同变更的工期和费用补偿数量等。

对工程中出现的特殊问题可不定期地召开特别会议讨论解决方

法，保证合同实施一直得到很好的协调和控制。

2)建立特殊工作程序。对于一些经常性工作应订立工作程序，使大家有章可循，合同管理人员也不必进行经常性的解释和指导，如图纸批准程序，工程变更程序，分包商的索赔程序，分包商的账单审查程序，材料、设备、隐蔽工程、已完工程的检查验收程序，工程进度付款账单的审查批准程序，工程问题的请示报告程序等。

(3)建立文档系统。项目上要设专职或兼职的合同管理人员。合同管理人员负责各种合同资料和相关工程资料的收集、整理和保存。这些工作非常烦琐，需要花费大量的时间和精力。工程的原始资料都是在合同实施的过程中产生的，是由业主、分包商及项目的管理人员提供的。建立文档系统的具体工作应包括以下几个方面：

1)各种数据、资料的标准化，如各种文件、报表、单据等应有规定的格式和规定的数据结构要求。

2)将原始资料收集整理的责任落实到人，由他对资料负责。资料的收集工作必须落实到工程现场，必须对工程小组负责人和分包商提出具体要求。

3)各种资料的提供时间。

4)准确性要求。

5)建立工程资料的文档系统等。

(4)建立报告和行文制度。总承包商和业主、监理工程师、分包商之间的沟通都应该以书面形式进行，或以书面形式为最终依据。这既是合同的要求，也是经济法律的要求，更是工程管理的需要。这些内容应包括以下几项：

1)定期的工程实施情况报告，如日报、周报、旬报、月报等。应规定报告内容、格式、报告方式、时间以及负责人。

2)工程过程中发生的特殊情况及其处理的书面文件（如特殊的气候条件、工程环境的变化等）应有书面记录，并由监理工程师签署。

3)工程中所有涉及双方的工程活动，如材料、设备、各种工程的检查验收，场地、图纸的交接，各种文件（如会议纪要、索赔和反索赔报告、账单）的交接，都应有相应的手续，应有签收证据。

对在工程中合同双方的任何协商、意见、请示、指示都应落实在纸上，这样双方的各种工程活动才有根有据。

第四节　建筑工程项目合同实施控制

建筑工程项目的实施过程实质上是项目相关的各个合同的执行过程。要保证项目正常、按计划、高效率地实施，必须正确地执行各个合同。按照法律和工程惯例，业主的项目管理者负责各个相关合同的管理和协调，并承担由于协调失误而造成的损失责任。

建筑工程合同实施控制是指承包商为保证合同所约定的各项义务的全面完成及各项权利的实现，以合同分析的成果为基准，对整个合同实施过程的全面监督、检查、对比、引导及纠正的管理活动。

建筑工程项目合同实施控制主要包括合同交底、合同跟踪与诊断、合同变更管理和索赔管理等工作。

一、建筑工程项目合同交底

在实际工作中，承包人的各职能人员不可能人手一份合同，从另一方面，各职能人员所涉及的活动和问题不全是合同文件内容，而仅为合同的部分内容，或超出合同界定的职责，为此，在建筑工程项目合同实施前，合同谈判人员应进行合同交底。

合同交底指承包商合同管理人员在对合同的主要内容做出解释和说明的基础上，通过组织项目管理人员和各工程小组负责人学习合同条文和合同总体分析结果，使大家熟悉合同中的主要内容、各种规定、管理程序，了解承包商的合同责任和工程范围、各种行为的法律后果等，使大家都树立全局观念，避免在执行中的违约行为，同时使大家的工作协调一致。

在我国传统的施工项目管理系统中，人们十分注重“图纸交底”工作，但却没有“合同交底”工作，所以，项目组和各工程小组对项目的合同体系、合同基本内容不甚了解。我国建筑工程管理者和技术人员有十分牢固的按图施工的观念，这并不错，但在现代市场经济中必须转变到“按合同施工”上来，特别在工程使用非标准合同文本或本项目组不熟悉的合同文本时，这个“合同交底”工作就显得更为重要。

合同管理人员应将各种合同事件的责任分解落实到各工程小组或分包商。应分解落实如下合同和合同分析文件：合同事件表（任务单、分包合同）、图纸、设备安装图纸、详细的施工说明等。建筑工程项目合同交底主要包括以下几方面内容：

（1）工程的质量、技术要求和实施中的注意点。

（2）工期要求。

（3）消耗标准。

（4）相关事件之间的搭接关系。

（5）各工程小组（分包商）责任界限的划分。

（6）完不成责任的影响和法律后果等。

二、建筑工程项目合同跟踪与诊断

（一）合同实施跟踪

在建筑工程实施过程中，由于实际情况千变万化，导致合同实施与预定目标（计划和设计）的偏离。如果不采取措施，这种偏差常常由小到大，逐渐积累。这就需要对建筑工程项目合同实施的情况进行跟踪，以便及早发现偏离。合同跟踪主要是全面收集并分析合同实施的信息，将合同实施情况与合同实施计划进行对比分析，找出其中的偏差。

1. 合同跟踪的作用

（1）通过合同实施情况分析，找出偏离，以便及时采取措施，调整合同实施过程，达到合同总目标。所以，合同跟踪是决策的前导工作。

（2）在整个工程过程中，能使项目管理人员一直清楚地了解合同实施情况，对合同实施现状、趋向和结果有一个清醒的认识，这是非常重要的。有些管理混乱、管理水平低的工程常常到工程结束时才能发现实际损失，可这时已无法挽回。

2. 合同跟踪的依据

对建筑工程项目合同实施情况进行跟踪时，主要有以下几个方面的依据：

(1)合同和合同分析的结果，如各种计划、方案、合同变更文件等，它们是比较的基础，是合同实施的目标和方向。

(2)各种实际的工程文件，如原始记录、各种工程报表、报告、验收结果、量方结果等。

(3)工程管理人员每天对现场情况的直观了解，如通过施工现场的巡视、与各种人谈话、召集小组会议、检查工程质量，通过报表、报告等。

3. 合同跟踪的对象

建筑工程项目合同实施跟踪的对象主要包括具体合同事件、工程小组或分包商的工程和工作、业主和工程师的工作，以及工程总实施状况中存在的问题。

(1)具体的合同事件。对照合同事件表的具体内容，分析该事件的实际完成情况。现以设备安装事件为例进行分析说明：

1)安装质量，如标高、位置、安装精度、材料质量是否符合合同要求，安装过程中设备有无损坏。

2)工程数量，如是否全都安装完毕，有无合同规定以外的设备安装，有无其他附加工程。

3)工期，是否在预定期限内施工，有无延长，延长的原因是什么，该工程工期变化原因可能是：业主未及时交付施工图纸；或生产设备未及时运到工地；或基础土建施工拖延；或业主指令增加附加工程；或业主提供了错误的安装图纸，造成工程返工；或工程师指令暂停工程施工等。

4)成本的增加和减少。

将上述内容在合同事件表上加以注明，这样可以检查每个合同事件的执行情况。对一些有异常情况的特殊事件，即实际和计划存在大的偏离的事件，可以列特殊事件分析表，作进一步的处理。

(2)工程小组或分包商的工程和工作。一个工程小组或分包商可能承担许多专业相同、工艺相近的分项工程或许多合同事件，所以必须对其实施的总情况进行检查分析。在实际工程中常常因为某一工程小组或分包商的工作质量不高或进度拖延而影响整个工程施工。合同管理人员在这方面应给他们提供帮助，如协调他们之间的工作，对工程缺陷提出意见、建议或警告，责成他们在一定时间内提高质量、加快工程进度等。

作为分包合同的发包商，总承包商必须对分包合同的实施进行有效的控制，这是总承包商合同管理的重要任务之一。分包合同控制的目的如下：

1)控制分包商的工作，严格监督他们按分包合同完成工程责任。分包合同是总承包合同的一部分，如果分包商完不成他的合同责任，则总包就不能顺利完成总包合同责任。

2)为向分包商索赔和对分包商反索赔做准备。总包和分包之间利益是不一致的，双方之间通常有尖锐的利益争执。在合同实施中，双方都在进行合同管理，都在寻求向对方索赔的机会，所以，双方都有索赔和反索赔的任务。

3)对分包商的工程和工作，总承包商负有协调和管理的责任，并承担由此造成的损失。所以，分包商的工程和工作必须纳入总承包工程的计划和控制中，防止因分包商工程管理失误而影响全局。

(3)业主和工程师的工作。业主和工程师是承包商的主要工作伙伴，对他们的工作进行监督和跟踪是十分重要的。

1)业主和工程师必须正确、及时地履行合同责任，及时提供各种工程实施条件，如：及时发布图纸、提供场地，及时下达指令、做出答复，及时支付工程款等。这常常是承包商推卸工程责任的托词，所以要特别重视。在这里合同工程师应寻找合同中以及对方合同执行中的漏洞。

2)在工程中承包商应积极主动地做好工作，如提前催要图纸、材料，对工作事先通知。这样不仅可以让业主和工程师及时准备，建立良好的合作关系，保证工程顺利实施，而且可以推卸自己的责任。

3)有问题及时与工程师沟通，多向他汇报情况，及时听取他的指示(书面的)。

4)及时收集各种工程资料，对各种活动、双方的交流做好记录。

5)对有恶意的业主提前防范，并及时采取措施。

(4)工程总实施状况中存在的问题。对工程总的实施状况的跟踪可以根据以下几个方面进行：

1)工程整体施工秩序状况。如果出现现场混乱、拥挤不堪，或承包商与业主的其他承包商、供应商之间协调困难，或合同事件之间和工程小组之间协调困难，或出现事先未考虑到的情况和局面，或发生较严重的工程事故等情况，合同实施必然有问题。

2)已完工程没通过验收、出现大的工程质量问题、工程试生产不成功或达不到预定的生产能力等。

3)施工进度未达到预定计划，主要的工程活动出现拖期，在工程周报和月报上计划和实际进度出现大的偏差。

4)计划和实际的成本曲线出现大的偏离。在工程项目管理中，工程累计成本曲线对合同实施的跟踪分析起很大作用。计划成本累计曲线通常在网络分析、各工程活动成本计划确定后得到。在国外，它又被称为工程项目的成本模型。而实际成本曲线由实际施工进度安排和实际成本累计得到，两者对比即可分析出实际和计划的差异。

(二)合同实施诊断

1. 合同实施诊断的内容

合同实施诊断是在合同实施跟踪的基础上进行的，是指定期对合同履行情况进行诊断，诊断内容应包括合同执行差异的原因分析、责任分析以及实施趋向预测。应及时通报实施情况及存在问题，提出有关意见和建议，并采取相应措施。

(1)合同执行差异的原因分析。通过对不同监督和跟踪对象的计划和实际的对比分析，不仅可以得到差异，而且可以探索引起这个差异的原因。原因分析可以采用鱼刺图，因果关系分析图(表)，成本量差、价差分析等方法定性地或定量地进行。例如，通过计划成本和实际成本累计曲线的对比分析，不仅可以得到总成本的偏差值，而且可以进一步分析差异产生的原因。

通常，可能引起计划和实际成本累计曲线偏离的原因见表 4-3。

表 4-3 可能引起计划和实际成本累计曲线偏离的原因

序号	项目		内容
1	一般原因分析		(1)整个工程加速或延缓。 (2)工程施工次序被打乱。 (3)工程费用支出增加,如材料费、人工费上升。 (4)增加新的附加工程,以及工程量增加。 (5)工作效率低下,资源消耗增加等
2	具体原因分析	内部干扰	施工组织不周全,夜间加班或人员调遣频繁;机械效率低,操作人员不熟悉新技术,违反操作规程,缺少培训,经济责任不落实,工人劳动积极性不高等
		外部干扰	图纸出错,设计修改频繁,气候条件差,场地狭窄,现场混乱,施工条件(如水、电、道路等)受到影响

(2)合同差异责任分析。即这些原因由谁引起,该由谁承担责任,这常常是索赔的理由。一般只要原因分析详细,有根有据,则责任自然清楚。责任分析必须以合同为依据,按合同规定落实双方的责任。

(3)合同实施趋向预测。分别考虑不采取调控措施和采取调控措施以及采取不同的调控措施情况下,合同的最终执行结果如下:

1)最终的工程状况,包括总工期的延误,总成本的超支,质量标准,所能达到的生产能力(或功能要求)等。

2)承包商将承担什么样的后果,如被罚款,被清算,甚至被起诉,对承包商资信、企业形象、经营战略造成的影响等。

3)最终工程经济效益(利润)水平。

2. 合同实施偏差的处理措施

经过合同诊断之后,根据合同实施偏差分析的结果,承包商应采取相应的调整措施。调整措施有如下四类:

(1)组织措施,例如增加人员投入,重新计划或调整计划,派遣得力的管理人员。

(2)技术措施,例如变更技术方案,采用新的更高效率的施工方案。

(3)经济措施,例如增加投入,对工作人员进行经济激励等。

(4)合同措施,例如进行合同变更,签订新的附加协议、备忘录,通过索赔解决费用超支问题等。

合同措施是承包商的首选措施,该措施主要由承包商的合同管理机构来实施。承包商采取合同措施时通常应考虑两方面的问题:一方面,要考虑如何保护和充分行使自己的合同权利,例如通过索赔以降低自己的损失;另一方面要考虑如何利用合同使对方的要求降到最低,即如何充分限制对方的合同权利,找出业主的责任。

如果通过合同诊断,承包商已经发现业主有恶意,不支付工程款或自己已经坠入合同陷阱中,或已经发现合同亏损,而且估计亏损会越来越大,则要及早改变合同执行战略,采取措施。例如,及早撕毁合同,降低损失;争取道义索赔,取得部分补偿;采用以守为攻的办法,拖延工程进度,消极怠工等。因为在这种情况下,通常承包商投入资金越多,工程完成得越多,承包商就越被动,损失会越大,等到工程完成,交付使用,则承包商的主动权就没有了。

三、建筑工程项目合同变更管理

合同变更是指依法对原来合同进行的修改和补充,即在履行合同项目的过程中,由于实施条件或相关因素的变化,而不得不对原合同的某些条款做出修改、订正、删除或补充。合同变更一经成立,原合同中的相应条款就应解除。

合同变更管理应包括变更协商、变更处理程序、制定并落实变更措施、修改与变更相关的资料以及结果检查等工作。

1. 合同变更的起因

合同内容频繁变更是工程合同的特点之一。一个工程,合同变更的次数、范围和影响的大小与该工程招标文件(特别是合同条件)的完备性、技术设计的正确性,以及实施方案和实施计划的科学性直接相关。合同变更一般主要有以下几个方面的原因:

(1)发包人有新的意图,发包人修改项目总计划,削减预算,发包人要求变化。

(2)由于设计人员、工程师、承包商事先没能很好地理解发包人的意图,或设计的错误,导致的图纸修改。

(3)工程环境的变化,预定的工程条件不准确,必须改变原设计、实施方案或实施计划,或由于发包人指令及发包人责任的原因造成承包商施工方案的变更。

(4)由于产生新的技术和知识,有必要改变原设计、实施方案或实施计划。

(5)政府部门对工程新的要求,如国家计划变化、环境保护要求、城市规划变动等。

(6)由于合同实施出现问题,必须调整合同目标,或修改合同条款。

(7)合同双方当事人由于倒闭或其他原因转让合同,造成合同当事人的变化。这通常是比较少的。

2. 合同变更的影响

合同的变更通常不能免除或改变承包商的合同责任,但对合同实施影响很大,主要表现在以下几个方面:

(1)导致设计图纸、成本计划和支付计划、工期计划、施工方案、技术说明和适用的规范等定义工程目标和工程实施情况的各种文件作相应的修改和变更。当然,相关的其他计划也应作相应调整,如材料采购计划、劳动力安排、机械使用计划等。它不仅引起与承包合同平行的其他合同的变化,而且会引起所属的各个分合同,如供应合同、租赁合同、分包合同的变更。有些重大的变更会打乱整个施工部署。

(2)引起合同双方、承包商的工程小组之间、总承包商和分包商之间合同责任的变化。如工程量增加,则增加了承包商的工程责任,增加了费用开支和延长了工期。

(3)有些工程变更还会引起已完工程的返工,现场工程施工的停滞,施工秩序打乱,已购材料的损失等。

3. 合同变更的原则

(1)合同双方都必须遵守合同变更程序,依法进行,任何一方都不得单方面擅自更改合同条款。

(2)合同变更应以监理工程师、发包人和承包商共同签署的合同变更书面指令为准,并以此作为结算工程价款的凭据。紧急情况下,监理工程师的口头通知也可接受,但必须在 48h 内追补合同变更书。承包人对合同变更若有不同意见可在 7~10d 内书面提出,但发包人决定继续执行的指令,承包商应继续执行。

(3)合同变更要经过有关专家(监理工程师、设计工程师、现场工程师等)的科学论证和合同双方的协商。在合同变更具有合理性、可行性,而且由此而引起的进度和费用变化得到确认和落实的情况下方可实行。

(4)合同变更的次数应尽量减少,变更的时间亦应尽量提前,并在事件发生后的一定时限内提出,以避免或减少给工程项目建设带来的影响和损失。

(5)合同变更所造成的损失,除依法可以免除的责任外,如由于设计错误,设计所依据的条件与实际不符,图与说明不一致,施工图有遗漏或错误等,应由责任方负责赔偿。

4. 合同变更的范围

合同变更的范围很广,一般在合同签订后所有工程范围、进度、工程质量要求、合同条款内容、合同双方责权利关系的变化等都可以被看作为合同变更。最常见的变更有以下两种:

(1)工程变更,即工程的质量、数量、性质、功能、施工次序和实施方案的变化。

(2)涉及合同条款的变更,合同条件和合同协议书所定义的双方责权利关系或一些重大问题的变更。这是狭义的合同变更,以前人们定义合同变更即为这一类。

5. 合同变更的程序

(1)合同变更的提出。

1)工程师提出合同变更。工程师往往根据工地现场工程进展的具体情况,认为确有必要时,可提出合同变更。工程承包合同施工中,因设计考虑不周,或施工时环境发生变化,工程师本着节约工程成本和加快工程与保证工程质量的原则,提出合同变更。只要提出的合同变更在原合同规定的范围内,一般是切实可行的。若超出原合同,新增了很多工程内容和项目,则属于不合理的合同变更请求,工程师应和承包商协商后酌情处理。

2)承包商提出合同变更。承包商在提出合同变更时,一种情况是工程遇到不能预见的地质条件或地下障碍。如原设计的某大厦基础为钻孔灌注桩,承包商根据开工后钻探的地质条件和施工经验,认为改成沉井基础较好。另一种情况是承包商为了节约工程成本或加快工程施工进度,提出合同变更。

3)发包人提出变更。发包人一般可通过工程师提出合同变更。但如发包方提出的合同变更内容超出合同限定的范围,则属于新增工程,只能另签合同处理,除非承包方同意作为变更。

(2)合同变更的批准。由承包商提出的合同变更,应交与工程师审查并批准。由发包人提出的合同变更,为便于工程的统一管理,一般由工程师代为发出。

而工程师发出合同变更通知的权力,一般由工程施工合同明确约定。当然该权力也可约定为发包人所有,然后发包人通过书面授权的方式使工程师拥有该权力。如果合同对工程师提出合同变更的权力作了具体限制,而约定其余均应由发包人批准,则工程师就超出其权限范围的合同变更发出指令时,应附上发包人的书面批准文件,否则承包商可拒绝执行。但在紧急情况下,不应限制工程师向承包商发布他认为必要的变更指示。

合同变更审批的一般原则如下:

1)考虑合同变更可否节约工程成本。

2)必须保证变更项目符合本工程的技术标准。

3)考虑合同变更对工程进展是否有利。

4)考虑合同变更更是兼顾发包人、承包商或工程项目之外其他第三方的利益,不能因合同变更而损害任何一方的正当权益。

5)最后一种情况为工程受阻,如遇到特殊风险、人为阻碍、合同一方当事人违约等不得不变更合同。

(3)合同变更指令的发出及执行。为了避免耽误工作,工程师在和承包商就变更价格达成一致意见之前,有必要先行发布变更指示,即分两个阶段发布变更指示:第一阶段是在没有规定价格和费率的情况下直接指示承包商继续工作;第二阶段是在通过进一步的协商之后,发布确定变更工程费率和价格的指示。

合同变更指示的发出有以下两种形式:

1)口头形式。当工程师发出口头指令要求合同变更时,要求工程师事后一定要补签一份书面的合同变更指示。如果工程师口头指示后忘了补书面指示,承包商(须 7d 内)以书面形式证实此项指示,交与工程师签字,工程师若在 14d 之内没有提出反对意见,应视为认可。

所有合同变更必须用书面或一定规格写明。对于要取消的任何一项分部工程,合同变更应在该部分工程还未施工之前进行,以免造成人力、物力、财力的浪费,避免造成发包人多支付工程款项。

根据通常的工程惯例,除非工程师明显超越合同赋予其的权限,承包商应该无条件地执行其合同变更的指示。如果工程师根据合同约定发布了进行合同变更的书面指令,则不论承包商对此是否有异议,不论合同变更的价款是否已经确定,也不论监理方或发包人答应给予付款的金额是否令承包商满意,承包商都必须无条件地执行此种指令。即使承包商有意见,也只能是一边进行变更工作,一边根据合同规定寻求索赔或仲裁解决。在争议处理期间,承包商有义务继续进行正常的工程施工和有争议的变更工程施工,否则可能会构成承包商违约。

合同变更程序示意图如图 4-1 所示。

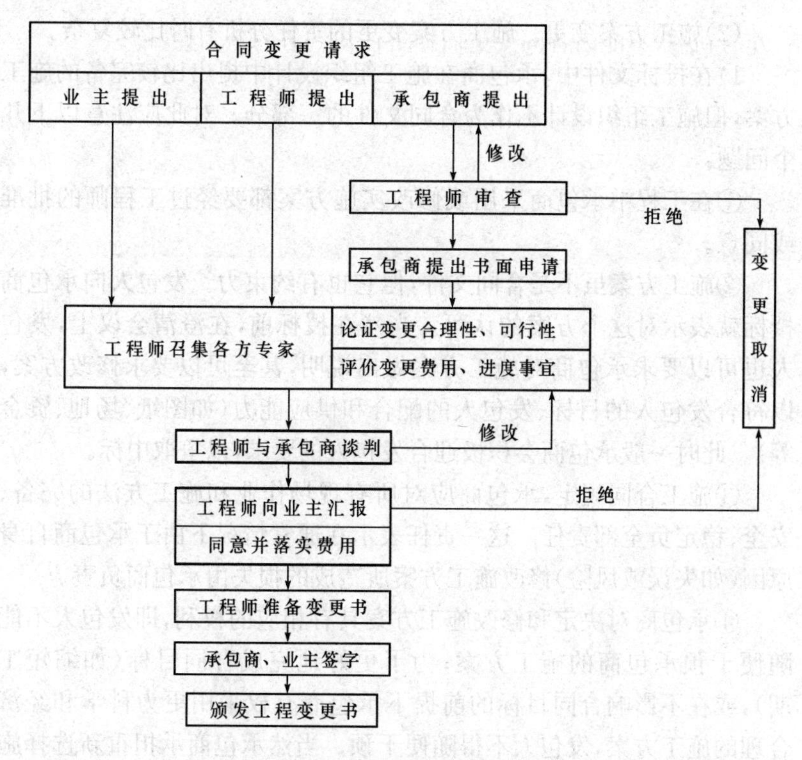

图 4-1　合同变更程序示意图

2)书面形式。一般情况要求工程师签发书面变更通知令。当工程师书面通知承包商工程变更,承包商才执行变更的工程。

6. 合同变更责任分析

在合同变更中,量最大、最频繁的是工程变更。它在工程索赔中所占的份额也最大。工程变更中有两大类变更,即设计变更和施工方案变更。

(1)设计变更。设计变更会引起工程量的增加、减少,新增或删除工程分项,工程质量和进度的变化,实施方案的变化。一般工程施工合同赋予发包人(工程师)这方面的变更权力,可以直接通过下达指令,重新发布图纸或规范实现变更。

(2)施工方案变更。施工方案变更的责任分析有时比较复杂。

1)在投标文件中,承包商在施工组织设计中提出比较完备的施工方案,但施工组织设计不作为合同文件的一部分。对此应注意以下几个问题:

①在工程中承包商采用或修改实施方案都要经过工程师的批准或同意。

②施工方案虽不是合同文件,但它也有约束力。发包人向承包商授标就表示对这个方案的认可。当然在授标前,在澄清会议上,发包人也可以要求承包商对施工方案做出说明,甚至可以要求修改方案,以符合发包人的目标、发包人的配合和供应能力(如图纸、场地、资金等)。此时一般承包商会积极迎合发包人的要求,以争取中标。

③施工合同规定,承包商应对所有现场作业和施工方法的完备、安全、稳定负全部责任。这一责任表示在通常情况下由于承包商自身原因(如失误或风险)修改施工方案所造成的损失由承包商负责。

④承包商对决定和修改施工方案具有相应的权利,即发包人不能随便干预承包商的施工方案;为了更好地完成合同目标(如缩短工期),或在不影响合同目标的前提下承包商有权采用更为科学和经济合理的施工方案,发包人不得随便干预。当然承包商承担重新选择施工方案的风险和机会收益。

2)重大的设计变更常常会导致施工方案的变更。如果设计变更由发包人承担责任,则相应的施工方案的变更也由发包人负责;反之,则由承包商负责。

3)对不利的异常的地质条件所引起的施工方案的变更,一般作为发包人的责任。一方面是一个有经验的承包商无法预料的现场气候条件除外的障碍或条件;另一方面发包人负责地质勘察和提供地质报告,应对报告的正确性和完备性承担责任。

4)施工进度的变更。施工进度的变更是十分频繁的:在招标文件中,发包人给出工程的总工期目标;承包商在投标书中有一个总进度计划(一般以横道图形式表示);中标后承包商还要提出详细的进度计划,由工程师批准(或同意);在工程开工后,每月都可能有进度的调整。通常只要工程师(或发包人)批准(或同意)承包商的进度计划(或调整后的进度计划),则新进度计划就产生约束力。如果发包人不能按照新进度计划完成按合同应由发包人完成的责任,如及时提供图纸、施工场地、水电等,则属发包人的违约,应承担责任。

7. 合同变更中应注意的事项

(1)识别工程师发出的变更指令。特别在国际工程中,工程变更不能免去承包商的合同责任。对已收到的变更指令,特别对重大的变更指令或在图纸上做出的修改意见,应予以核实。对超出工程师权限范围的变更,应要求工程师出具发包人的书面批准文件。对涉及双方责、权、利关系的重大变更,必须有发包人的书面指令、认可或双方签署的变更协议。

(2)促使工程师提前做出工程变更。在实际工作中,变更决策时间过长和变更程序太慢会造成很大的损失。通常有两种现象:一种现象是施工停止,承包商等待变更指令或变更会谈决议;另一种现象是变更指令不能迅速做出,而现场继续施工,造成更大的返工损失。这就要求变更程序尽量快捷,故即使仅从自身出发,承包商也应尽早发现可能导致工程变更的种种迹象,尽可能促使工程师提前做出工程变更。

施工中发现图纸错误或其他问题,需进行变更,首先应通知工程师,经工程师同意或通过变更程序再进行变更。否则,承包商可能不仅得不到应有的补偿,而且会带来麻烦。

(3)对工程变更条款的合同分析。对工程变更条款的合同分析应特别注意:工程变更不能超过合同规定的工程范围,如果超过这个范围,承包商有权不执行变更或坚持先商定价格后再进行变更。发包人和工程师的认可权必须限制。发包人常常通过工程师对材料的认可权提高材料的质量标准,对设计的认可权提高设计质量标准,对施工工艺的认可权提高施工质量标准。如果合同条文规定比较含糊或设计不详细,则容易产生争执。但是,如果这种认可权超过合同明确规定的范围和标准,承包商应争取发包人或工程师的书面确认,进而提出工期和费用索赔。

此外,承包商与发包人、与总(分)包之间的任何书面信件、报告、指令等都应经合同管理人员进行技术和法律方面的审查，这样才能保证任何变更都在控制中，不会出现合同问题。

(4)迅速、全面落实变更指令。变更指令做出后，承包商应迅速、全面、系统地落实变更指令。承包商应全面修改相关的各种文件，例如有关图纸、规范、施工计划、采购计划等，使它们一直反映和包容最新的变更。承包商应在相关的各工程小组和分包商的工作中落实变更指令，并提出相应的措施，对新出现的问题作解释和对策，同时又要协调好各方面工作。

(5)分析工程变更产生的影响。工程变更是索赔机会，应在合同规定的索赔有效期内完成对它的索赔处理。在合同变更过程中，应记录、收集、整理所涉及的各种文件，如图纸、各种计划、技术说明、规范和发包人或工程师的变更指令，以作为进一步分析的依据和索赔的证据。

在工程变更中，特别应注意因变更造成返工、停工、窝工、修改计划等引起的损失，注意这方面证据的收集。在变更谈判中应对此进行商谈，保留索赔权。在实际工程中，人们通常会忽视这些损失证据的收集，而最后提出索赔报告时往往因举证和验证困难而被对方否决。

四、建筑工程项目合同索赔管理

索赔是当事人在合同实施过程中，根据法律、合同规定及惯例，对不应由自己承担责任的情况造成的损失，向合同的另一方当事人提出给予赔偿或补偿要求的行为。

建设工程索赔通常是指在工程合同履行过程中，合同当事人一方因非自身因素或对方不履行或未能正确履行合同而受到经济损失或权利损害时，通过一定的合法程序向对方提出经济或时间补偿的要求。索赔是一种正当的权利要求，它是发包方、监理工程师和承包方之间一项正常的、大量发生而且普遍存在的合同管理业务，是一种以法律和合同为依据的、合情合理的行为。

(一)索赔的特征与作用

1. 索赔的特征

从索赔的基本含义可以看出，索赔具有以下基本特征：

(1)索赔是一种未经对方确认的单方行为。它与我们通常所说的工程签证不同,在施工过程中,签证是承发包双方就额外费用补偿或工期延长等达成一致的书面证明材料和补充协议,它可以直接作为工程款结算或最终增减工程造价的依据。而索赔则是单方面行为,对对方尚未形成约束力,这种索赔要求能否得到最终实现,必须要通过确认(如双方协商、谈判、调解或仲裁、诉讼)后才能得知。

(2)索赔是双向的,不仅承包人可以向发包人索赔,发包人同样也可以向承包人索赔。由于实践中发包人向承包人索赔发生的频率相对较低,而且在索赔处理中,发包人始终处于主动和有利地位,对承包人的违约行为他可以直接从应付工程款中扣抵、扣留保留金或通过履约保函向银行索赔来实现自己的索赔要求,因此在工程实践中大量发生的、处理比较困难的是承包人向发包人的索赔,这也是工程师进行合同管理的重点内容之一。

(3)只有实际发生了经济损失或权利损害,一方才能向对方索赔。经济损失是指因对方因素造成合同外的额外支出,如:人工费、材料费、机械费、管理费等额外开支;权利损害是指虽然没有经济上的损失,但造成了一方权利上的损害,如由于恶劣气候条件对工程进度的不利影响,承包人有权要求工期延长等。因此,发生了实际的经济损失或权利损害,应是一方向对方提出索赔的基本前提条件。

因此归纳起来,索赔具有以下特征:

(1)索赔是要求给予补偿(赔偿)的一种权利、主张。

(2)索赔的依据是法律法规、合同文件及工程建设惯例,但主要是合同文件。

(3)索赔是因非自身原因导致的,要求索赔一方没有过错。

(4)与合同相比较,已经发生了额外的经济损失或工期损害。

(5)索赔必须有切实有效的证据。

(6)索赔是单方行为,不需要双方达成协议。

2. 索赔的作用

索赔与项目合同同时存在,它的作用主要体现在以下几个方面:

(1)索赔是落实和调整合同双方责、权、利关系的手段,也是合同双方风险分担的又一次合理分配，离开了索赔，合同责任就不能全面体现，合同双方的责、权、利关系就难以平衡。

(2)索赔是合同和法律赋予正确履行合同者免受意外损失的权利，索赔是当事人一种保护自己、避免损失、增加利润、提高效益的重要手段。

(3)索赔对提高企业和工程项目管理水平起着重要的促进作用。承包商在许多项目上提不出或提不好索赔，与其企业管理松散混乱、计划实施不严、成本控制不力等有着直接关系。没有正确的工程进度网络计划就难以证明延误的发生及天数；没有完整翔实的记录，就缺乏索赔定量要求的基础。

承包商应正确地、辩证地对待索赔问题。在任何工程中，索赔是不可避免的，通过索赔能使损失得到补偿，增加收益。所以承包商要保护自身利益，争取盈利，不能不重视索赔问题。

(4)索赔是合同实施的保证。索赔是合同法律效力的具体体现，对合同双方形成约束条件，特别能对违约者起到警诫作用，违约方必须考虑违约后的后果，从而尽量减少其违约行为的发生。

(二)索赔的分类

索赔从不同的角度、按不同的方法和不同的标准，可以有多种分类方法。

1. 按索赔的目的分类

(1)费用索赔。费用索赔的目的是要求经济补偿。当施工的客观条件改变导致承包人增加开支，要求对超出计划成本的附加开支给予补偿，以挽回不应由其承担的经济损失。

(2)工期索赔。由于非承包人责任的原因而导致施工进程延误，要求批准顺延合同工期的索赔，称之为工期索赔。工期索赔形式上是对权利的要求，以避免在原定合同竣工日不能完工时，被发包人追究拖延工期违约责任。一旦获得批准合同工期顺延后，承包人不仅免除了承担拖延工期违约赔偿费的严重风险，而且可能工期提前得到奖励，最终仍反映在经济收益上。

2. 按索赔的当事人分类

(1)承包商与供货商间索赔。其内容多系商贸方面的争议，如货品质量不符合技术要求、数量短缺、交货拖延、运输损坏等。

(2)承包商与发包人间索赔。这类索赔大都是有关工程量计算、变更、工期、质量和价格方面的争议，也有中断或终止合同等其他违约行为的索赔。

(3)承包商与分包商间索赔。其内容与前一种大致相似，但大多数是分包商向总包商索要付款和赔偿，以及承包商向分包商罚款或扣留支付款等。

3. 按索赔的原因分类

(1)工程延误索赔。因发包人未按合同要求提供施工条件，如未及时交付设计图纸、施工现场、道路等，或因发包人指令工程暂停或不可抗力事件等原因造成工期拖延的，承包商对此提出索赔。

(2)施工加速索赔。施工加速索赔经常是延期或工作范围索赔的结果，有时也被称为“赶工索赔”。而加速施工索赔与劳动生产率的降低关系极大，因此又可称为劳动生产率损失索赔。如果发包人要求承包商比合同规定的工期提前，或者因工程前段的承包商的工程拖期，要后一阶段工程的另一位承包商弥补已经损失的工期，使整个工程按期完工，这样，承包商可以因施工加速成本超过原计划的成本而提出索赔，其索赔的费用一般应考虑加班工资，雇用额外劳动力，采用额外设备，改变施工方法，提供额外监督管理人员和由于拥挤、干扰、加班引起的疲劳造成的劳动生产率损失等所引起的费用的增加。在国外的许多索赔案例中对劳动生产率损失通常数量很大，但一般不易被发包人接受。这就要求承包商在提交施工加速索赔报告中提供施工加速对劳动生产率的消极影响的证据。

(3)工程范围变更索赔。工作范围的索赔是指发包人和承包商对合同中规定工作理解的不同而引起的索赔。其责任和损失不如延误索赔那么容易确定，如某分项工程所包含的详细工作内容和技术要求、施工要求很难在合同文件中用语言描述清楚，设计图纸也很难对每一个施工细节的要求都说得清清楚楚。另外,设计的错误和遗漏,或发包人和设计者主观意志的改变都会导致向承包商发布变更设计的命令。工作范围的索赔很少能独立于其他类型的索赔,例如:工作范围的索赔通常导致延期索赔。如:设计变更引起的工作量和技术要求的变化都可能被认为是工作范围的变化,为完成此变更可能增加时间,并影响原计划工作的执行,从而可能导致随之而来的延期索赔。

(4)不利现场条件索赔。不利的现场条件是指合同的图纸和技术规范中所描述的条件与实际情况有实质性的不同或虽合同中未作描述,但也是一个有经验的承包商无法预料的。一般是地下的水文地质条件,但也包括某些隐藏着的不可知的地面条件。不利现场条件索赔近似于工作范围索赔,然而又不大像大多数工作范围索赔。不利现场条件索赔应归咎于确实不易预知的某个事实。如现场的水文、地质条件在设计时全部弄得一清二楚几乎是不可能的,只能根据某些地质钻孔和土样试验资料来分析和判断。要对现场进行彻底、全面的调查将会耗费大量的成本和时间,一般发包人不会这样做,承包商在短短的投标报价时间内更不可能做这种现场调查工作。这种不利现场条件的风险由发包人来承担是合理的。

4. 按索赔的合同依据分类

(1)合同内索赔。合同内索赔是以合同条款为依据,在合同中有明文规定的索赔,如工期延误、工程变更、工程师提供的放线数据有误、发包人不按合同规定支付进度款等等。这种索赔由于在合同中有明文规定,往往容易成功。

(2)合同外索赔。合同外索赔在合同文件中没有明确的叙述,但可以根据合同文件的某些内容合理推断出可以进行此类索赔,而且此索赔并不违反合同文件的其他任何内容。例如,在国际工程承包中,当地货币贬值可能给承包商造成损失,对于合同工期较短的,合同条件中可能没有规定如何处理。当由于发包人原因使工期拖延,而又出现汇率大幅度下跌时,承包商可以提出这方面的补偿要求。

(3)道义索赔。道义索赔又称额外支付,是指承包商在合同内或合同外都找不到可以索赔的合同依据或法律根据,因而没有提出索赔的条件和理由，但承包商认为自己有要求补偿的道义基础，而对其遭受的损失提出具有优惠性质的补偿要求，即道义索赔。道义索赔的主动权在发包人手中，发包人在下面四种情况下，可能会同意并接受这种索赔：第一，若另找其他承包商，费用会更大；第二，为了树立自己的形象；第三，出于对承包商的同情和信任；第四，谋求与承包商更理解或更长久的合作。

5. 按索赔的处理方式分类

(1)单项索赔。单项索赔是针对某一干扰事件提出的，在影响原合同正常运行的干扰事件发生时或发生后，由合同管理人员立即处理，并在合同规定的索赔有效期内向发包人或监理工程师提交索赔要求和报告。单项索赔通常原因单一，责任单一，分析起来相对容易，由于涉及的金额一般较小，双方容易达成协议，处理起来也比较简单。因此合同双方应尽可能地用此种方式来处理索赔。

(2)综合索赔。综合索赔又称一揽子索赔，一般在工程竣工前和工程移交前，承包商将工程实施过程中因各种原因未能及时解决的单项索赔集中起来进行综合考虑，提出一份综合索赔报告，由合同双方在工程交付前后进行最终谈判，以一揽子方案解决索赔问题。在合同实施过程中，有些单项索赔问题比较复杂，不能立即解决，为不影响工程进度，经双方协商同意后留待以后解决。有的是发包人或监理工程师对索赔采用拖延办法，迟迟不作答复，使索赔谈判旷日持久。还有的是承包商因自身原因，未能及时采用单项索赔方式等，都有可能出现一揽子索赔。由于在一揽子索赔中许多干扰事件交织在一起，影响因素比较复杂而且相互交叉，责任分析和索赔值计算都很困难，索赔涉及的金额往往又很大，双方都不愿或不容易做出让步，使索赔的谈判和处理都很困难。因此，综合索赔的成功率比单项索赔要低得多。

(三)索赔的起因

在现代承包工程中，特别在国际承包工程中，索赔事件经常发生，而且索赔额很大。索赔的起因包括以下几个方面：

1. 合同变更

对于工程项目实施过程来说，变更是客观存在的，只是这种变更必须是指在原合同工程范围内的变更，若属超出工程范围的变更，承包商有权予以拒绝。特别是当工程量变化超出招标时工程量清单的20%以上时，可能会导致承包商的施工现场人员不足，需另雇工人；也可能会导致承包商的施工机械设备失调，工程量的增加，往往要求承包商增加新型号的施工机械设备，或增加机械设备数量等。人工和机械设备的需求增加，则会引起承包商额外的经济支出，扩大了工程成本；反之，若工程项目被取消或工程量大减，又势必会引起承包商原有人工和机械设备的窝工和闲置，造成资源浪费，导致承包商的亏损。因此，在合同变更时，承包商有权提出索赔。

2. 恶劣的现场自然条件

恶劣的现场自然条件是一般有经验的承包商事先无法合理预料的，例如地下水、未探明的地质断层、溶洞、沉陷等，另外还有地下的实物障碍，如经承包商现场考察无法发现的、发包人资料中未提供的地下人工建筑物，地下自来水管道、公共设施、坑井、隧道、废弃的建筑物混凝土基础等，这都需要承包商花费更多的时间和金钱去克服和除掉这些障碍与干扰。因此，承包商有权据此向发包人提出索赔要求。

3. 施工延期

施工延期是指由于非承包商的各种原因而造成工程的进度推迟，施工不能按原计划时间进行。大型的土木工程项目在施工过程中，由于工程规模大，技术复杂，受天气、水文地质条件等自然因素影响，又受到来自于社会的政治经济等人为因素影响，发生施工进度延期是比较常见的。

施工延期的原因有时是单一的，有时又是多种因素综合交错形成的。施工延期的事件发生后，会给承包商造成两个方面的损失：一方面是时间上的损失；另一方面是经济上的损失。因此，当出现施工延期的索赔事件时，往往在分清责任和损失补偿方面，合同双方易发生争端。常见的施工延期索赔多由发包人征地拆迁受阻，未能及时提交施工场地，以及气候条件恶劣，如连降暴雨，使大部分的土方工程无法开展等。

4. 合同中存在的矛盾和缺陷

合同矛盾和缺陷常表现为合同文件规定不严谨，合同中有遗漏或错误，这些矛盾常反映为设计与施工规定相矛盾，技术规范和设计图纸不符合或相矛盾，以及一些商务和法律条款规定有缺陷等。在这种情况下，承包商应及时将这些矛盾和缺陷反映给监理工程师，由监理工程师做出解释。若承包商执行监理工程师的解释指令后，造成施工工期延长或工程成本增加，则承包商可提出索赔要求，监理工程师应予以证明，发包人应给予相应的补偿。因为发包人是工程承包合同的起草者，应该对合同中的缺陷负责，除非其中有非常明显的遗漏或缺陷，依据法律或合同可以推定承包商有义务在投标时发现并及时向发包人报告。

5. 参与工程建设主体的多元性

由于工程参与单位多，一个工程项目往往会有发包人、总包商、监理工程师、分包商、指定分包商、材料设备供应商等众多参加单位，各方面的技术、经济关系错综复杂，相互联系又相互影响，只要一方失误，不仅会造成自己的损失，而且会影响其他合作者，造成他人损失，从而导致索赔和争执。

以上这些问题会随着工程的逐步开展而不断暴露出来，使工程项目必然受到影响，导致工程项目成本和工期的变化，这就是索赔形成的根源。因此，索赔的发生，不仅是一个索赔意识或合同观念的问题，从本质上讲，索赔也是一种客观存在。

(四)索赔管理的工作内容

承包人对发包人、分包人、供应单位之间的索赔管理工作应包括预测、寻找和发现索赔机会；收集索赔证据和理由、调查和分析干扰事件的影响，计算索赔值；提出索赔意向和报告。

1. 索赔机会的寻找与发现

寻找和发现索赔机会是索赔的第一步。在合同实施过程中经常会发生一些非承包商责任引起的，而且承包商不能影响的干扰事件。它们不符合“合同状态”，造成施工工期的拖延和费用的增加，是承包商的索赔机会。承包商必须对索赔机会有敏锐的感觉。

在承包合同的实施中，索赔机会通常表现为如下现象：

(1)承包商自己的行为违约，已经或可能完不成合同责任，但究其原因却在发包人、工程师或其代理人等。由于合同双方的责任是互相联系、互为条件的，如果承包商违约的原因是发包人造成的，同样是承包商的索赔机会。

(2)发包人或他的代理人、工程师等有明显地违反合同或未正确地履行合同责任的行为。

(3)发包人和工程师做出变更指令，双方召开变更会议，双方签署了会谈纪要、备忘录、修正案、附加协议。

(4)工程环境与“合同状态”的环境不一样，与原标书规定不一样，出现“异常”情况和一些特殊问题。

(5)合同双方对合同条款的理解发生争执，或发现合同缺陷、图纸出错等。

(6)在合同监督和跟踪中承包商发现工程实施偏离合同，如月形象进度与计划不符、成本大幅度增加、资金周转困难、工程停滞、质量标准提高、工程量增加、施工计划被打乱、施工现场紊乱、实际的合同实施不符合合同事件表中的内容或存在差异等。

寻找索赔机会是合同管理人员的工作重点之一。一经发现索赔机会就应进行索赔处理，不能有任何拖延。

2. 索赔证据的收集

索赔证据是关系到索赔成败的重要文件之一，在索赔过程中应注重对索赔证据的收集，否则即使抓住了合同履行中的索赔机会，但拿不出索赔证据或证据不充分，则索赔要求往往难以成功或被大打折扣。又或者拿出的证据漏洞百出，前后自相矛盾，经不起对方的推敲和质疑，不仅不能促进自方索赔要求的成功，反而会被对方作为反索赔的证据，使承包商在索赔问题上处于极为不利的地位。因此，收集有效的证据是搞好索赔管理中不可忽视的一部分。

索赔证据包括以下几项：

(1)招标文件、合同文本及附件、其他各种签约(备忘录、修正案等)、发包人认可的工程实施计划、各种工程图纸、技术规范等。

(2)来往信件，如发包人的变更指令，各种认可或答复文件。

(3)各种会谈纪要。

(4)施工进度计划和实施施工进度记录。

(5)施工现场的工程文件。

(6)工程照片。

(7)气候报告。

(8)工程中的各种检查验收报告和技术鉴定报告。

(9)工地的交接记录(应注明交接日期并有交接人签字，内容包括水、电、路、场地等的交接和图纸资料的交接)。

(10)工程材料和设备的采购、订货、运输、进场验收和保管使用方面的记录。

(11)市场行情资料，包括价格、官方的物价指数、汇率、工资指数等。

(12)各种会计核算资料。

(13)国家的法律、法规和政策性文件。

3. 索赔成立条件及应具备的理由

(1)索赔的成立条件。

1)与合同对照，事件已造成了承包人工程项目成本的额外支出或直接工期损失。

2)造成费用增加或工期损失的原因，按合同约定不属于承包人的行为责任或风险责任。

3)承包人按合同规定的程序提交索赔意向通知和索赔报告。

(2)索赔应具备的理由。

1)发包人违反合同约定，给承包人造成时间或费用的损失。

2)因工程变更(设计方、发包方、监理方提出的变更或虽由承包人提出,但经监理批准的变更)造成的时间或费用的损失。

3)由于监理方对合同文件的歧义解释、技术资料不确切或由于不可抗力导致施工条件的改变,造成了时间、费用的增加。

4)发包人提出提前完成项目或缩短工期而造成承包人费用的增加。

5)发包人延误款项的支付期限造成承包人的损失。

6)合同规定以外的项目进行检验,且检验合格,或非承包人的原因导致项目缺陷的修复所发生的损失或费用。

7)非承包人的原因导致工程暂时停工。

8)物价上涨、政策法规变化等因素。

4. 索赔的干扰事件影响分析

(1)分析基础。

1)干扰事件的实情。干扰事件的实情,也就是事实根据。承包商提出索赔的干扰事件必须符合以下两个条件:

①干扰事件确实存在,而且事情的经过有详细的具有法律证明效力的书面证据。不真实、不肯定、没有证据或证据不足的事件是不能提出索赔的。在索赔报告中必须详细地叙述事件的前因后果,并附相应的各种证据。

②干扰事件非承包商责任。干扰事件的发生不是由承包商引起的,或承包商对此没有责任。对在工程中因承包商自己或其分包商等管理不善、错误决策、施工技术和施工组织失误、能力不足等原因造成的损失,应由承包商自己承担。所以在干扰事件的影响分析中应将双方的责任区分开来。

2)合同背景。合同是索赔的依据,当然也是索赔值计算的依据。合同中对索赔有专门的规定,这首先必须落实在计算中。其主要有以下几项:

①合同价格的调整条件和方法。

②工程变更的补偿条件和补偿计算方法。

③附加工程的价格确定方法。

④发包人的合作责任和工期补偿条件等。

(2)分析方法。

1)合同状态分析。这里不考虑任何干扰事件的影响,仅对合同签订的情况作重新分析。

合同状态分析的内容。合同状态分析的内容和次序如下:

①各分项工程的工程量。

②按劳动组合确定人工费单价。

③按材料采购价格、运输、关税、损耗等确定材料单价。

④确定机械台班单价。

⑤按生产效率和工程量确定总劳动力用量和总人工费。

⑥列各事件表,进行网络计划分析,确定具体的施工进度和工期。

⑦劳动力需求曲线和最高需求量。

⑧工地管理人员安排计划和费用。

⑨材料使用计划和费用。

⑩机械使用计划和费用。

⑪各种附加费用。

⑫各分项工程单价、报价。

⑬工程总报价等。

⑭合同状态及分析基础。从总体上说,合同状态分析是重新分析合同签订时的合同条件、工程环境、实施方案和价格。其分析基础为招标文件和各种报价文件,包括合同条件、合同规定的工程范围、工程量表、施工图纸、工程说明、规范、总工期、双方认可的施工方案和施工进度计划、合同报价的价格水平等。

在工程施工中,由于干扰事件的发生,造成合同状态其他几个方面——合同条件、工程环境、实施方案的变化,原合同状态被打破。这是干扰事件影响的结果,就应按合同的规定,重新确定合同工期和价格。新的工期和价格必须在合同状态的基础上分析计算。

合同状态分析的结论。合同状态分析确定的是:如果合同条件、工程环境、实施方案等没有变化,则承包商应在合同工期内,按合同规定的要求完成工程施工,并得到相应的合同价格。

合同状态的计算方法和计算基础是极为重要的,它直接制约着后面所述的两种状态的分析计算。它的计算结果是整个索赔值计算的基础。在实际工作中,人们往往仅以自己的实际生产值、生产效率、工资水平和费用支出作为索赔值的计算基础,以为这即是索赔实际损失原则,其实这是一种误解。这样做常常会过高地计算了赔偿值,而使整个索赔报告被对方否定。

2)可能状态分析。合同状态仅为计划状态或理想状态。在任何工程中,干扰事件是不可避免的,所以合同状态很难保持。要分析干扰事件对施工过程的影响,必须在合同状态的基础上加上干扰事件的分析。为了区分各方面的责任,这里的干扰事件必须为非承包商自己责任引起,而且不在合同规定的承包商应承担的风险范围内,才符合合同规定的赔偿条件。

仍然引用上述合同状态的分析方法和分析过程,再一次进行工程量核算,网络计划分析,确定这种状态下的劳动力、管理人员、机械设备、材料、工地临时设施和各种附加费用的需要量,最终得到这种状态下的工期和费用。

这种状态实质上仍为一种计划状态,是合同状态在受外界干扰后的可能情况,所以被称为可能状态。

3)实际状态分析。按照实际的工程量、生产效率、人力安排、价格水平、施工方案和施工进度安排等确定实际的工期和费用。这种分析以承包商的实际工程资料为依据。

比较上述三种状态的分析结果可以看到:

实际状态和可能状态结果之差为承包商自身责任造成的损失和合同规定的承包商应承担的风险。它应由承包商自己承担,得不到补偿。

实际状态和合同状态结果之差即为工期的实际延长和成本的实际增加量。这里包括所有因素的影响,如发包人责任的,承包商责任的,其他外界干扰的等。

可能状态和合同状态结果之差即为按合同规定承包商真正有理由提出工期和费用赔偿的部分。它直接可以作为工期和费用的索赔值。

(3)分析注意事项。上述分析方法从总体上将双方的责任区分开来,同时又体现了合同精神,比较科学和合理。分析时应注意以下几点:

1)索赔处理方法不同,分析的对象也会有所不同。在日常的单项索赔中仅需分析与该干扰事件相关的分部分项工程或单位工程的各种状态;而在一揽子索赔(总索赔)中,必须分析整个工程项目的各种状态。

2)分析要详细,能分出各干扰事件、各费用项目、各工程活动,这样使用分项法计算索赔值更方便。

3)三种状态的分析必须采用相同的分析对象、分析方法、分析过程和分析结果表达形式,如相同格式的表格,从而便于分析结果的对比,索赔值的计算,对方对索赔报告的审查分析等。

4)如果分析资料多,对于复杂的工程或重大的索赔,采用人工处理必然花费许多时间和人力,常常达不到索赔的期限和准确度要求。在这方面引入计算机数据处理方法,将极大地提高工作效率。

5)在实际工程中,不同种类、不同责任人、不同性质的干扰事件常常搅在一起,要准确地计算索赔值,必须将它们的影响区别开来,由合同双方分别承担责任,这常常是很困难的,会带来很大的争执。如果几类干扰事件搅在一起,互相影响,则分析就很困难。这里特别要注意各干扰事件的发生和影响之间的逻辑关系,即先后顺序关系和因果关系。这样干扰事件的影响分析和索赔值的计算才是合理的。

5. 索赔值计算

(1)工期索赔计算。工期索赔就是取得发包人对于合理延长工期的合法性的确认。在工程施工中,通常会发生一些未能预见的干扰事件使施工不能顺利进行,使预定的施工计划受到干扰,结果造成工期延长。

工期索赔的计算分析方法主要有网络分析计算法和比例分析计算法两种。

1)网络分析计算法。网络分析计算方法通过分析延误发生前后的网络计划，对比两种工期计算结果，计算索赔值。

这种方法的基本分析思路为：假设工程施工一直按原网络计划确定的施工顺序和工期进行，现发生了一个或多个延误，使网络中的某个或某些活动受到影响，如：延长持续时间，或活动之间逻辑关系变化，或增加新的活动。将这些活动受影响后的持续时间代入网络中，重新进行网络分析，得到一新工期。则新工期与原工期之差即为延误对总工期的影响，即为工期索赔值。通常，如果延误在关键线路上，则该延误引起的持续时间的延长为总工期的延长值。如果该延误在非关键线路上，受影响后仍在非关键线路上，则该延误对工期无影响，故不能提出工期索赔。

这种考虑延误影响后的网络计划又作为新的实施计划，如果有新的延误发生，则在此基础上可进行新一轮分析，提出新的工期索赔。工程实施过程中的进度计划是动态的，会不断地被调整，而延误引起的工期索赔也可以随之同步进行。

网络分析方法是一种科学的、合理的分析方法，适用于各种延误的索赔。但它以采用计算机网络分析技术进行工期计划和控制作为前提条件，因为稍微复杂的工程，网络活动可能有几百个，甚至几千个，个人分析和计算几乎是不可能的。

2)比例分析计算法。网络分析计算法虽然最科学，也是最合理的，但在实际工作中，干扰事件常常仅影响某些单项工程、单位工程或分部分项工程的工期，分析它们对总工期的影响，可以采用更为简单的比例分析法，即以某个技术经济指标作为比较基础，计算出工期索赔值。

①合同价比例法。对于已知部分工程的延期的时间：

$$\text{工期索赔值}=\frac{\text{受干扰部分工程的合同价}}{\text{原整个工程合同总价}}\times\text{受干扰工程部分工期拖延时间} \tag{4-1}$$

对于已知增加工程量或额外工程的价格：

$$\text{工期索赔值}=\frac{\text{增加的工程量或额外工程的价格}}{\text{原合同总价}}\times\text{原合同总工期} \tag{4-2}$$

②按单项工程拖期的平均值计算法。如有若干单项工程 $A_1, A_2, \cdots, A_m$，分别拖期 $d_1, d_2, \cdots, d_m$ 天，求出平均每个单项工程拖期天数 $\bar{D}=\sum_{i=1}^{m} d_i/m$，则工期索赔值为 $T=\bar{D}+\Delta d$，Δd 为考虑各单项工程拖期对总工期的不均匀影响而增加的调整量（$\Delta d>0$）。

比例计算法简单方便，但有时不符合实际情况。比例计算法不适用于变更施工顺序、加速施工、删减工程量等事件的索赔。

（2）费用索赔计算。索赔费用的计算方法有：实际费用法、总费用法和修正的总费用法，见表 4-4。

表 4-4　　索赔费用计算方法

序号	计算方法	说　明	应 用 要 求
1	实际费用法	以承包商为某项索赔的工作所支付的实际开支为依据，包括直接费、间接费和利润，向业主要求的费用补偿	用实际费用法计算时，在直接费的额外费用部分的基础上，再加上应得的间接费和利润，即是承包商应得的索赔金额
2	总费用法	当发生多次索赔事件后，重新计算该工程的实际总费用，再减去投标报价时的估算总费用，即为索赔金额	这种方法只有在难以采用实际费用法时才应用
3	修正的总费用法	修正的总费用法是对总费用法的改进。在总费用中不列入与该项工作无关的费用；对投标报价费用按受影响的时段内该项工作的实际单价进行核算，乘以实际完成该项工作的工程量，得出调整后的报价费用	索赔金额＝某项工作调整后的实际总费用－该项工作的报价费用 修正的总费用法与总费用法相比，有了实质性的改进，它的准确程度已接近于实际费用法

（五）索赔的工作程序

索赔工作程序是指从索赔事件产生到最终处理全过程所包括的工作内容和工作步骤。由于索赔工作实质上是承包商和业主在分担工程风险方面的重新分配过程，涉及双方的众多经济利益，因而是一项烦琐、细致、耗费精力和时间的过程。因此，合同双方必须严格按照合同规定办事，按合同规定的索赔程序工作，才能获得成功的索赔。

施工索赔程序通常可分为如图 4-2 所示的几个步骤。

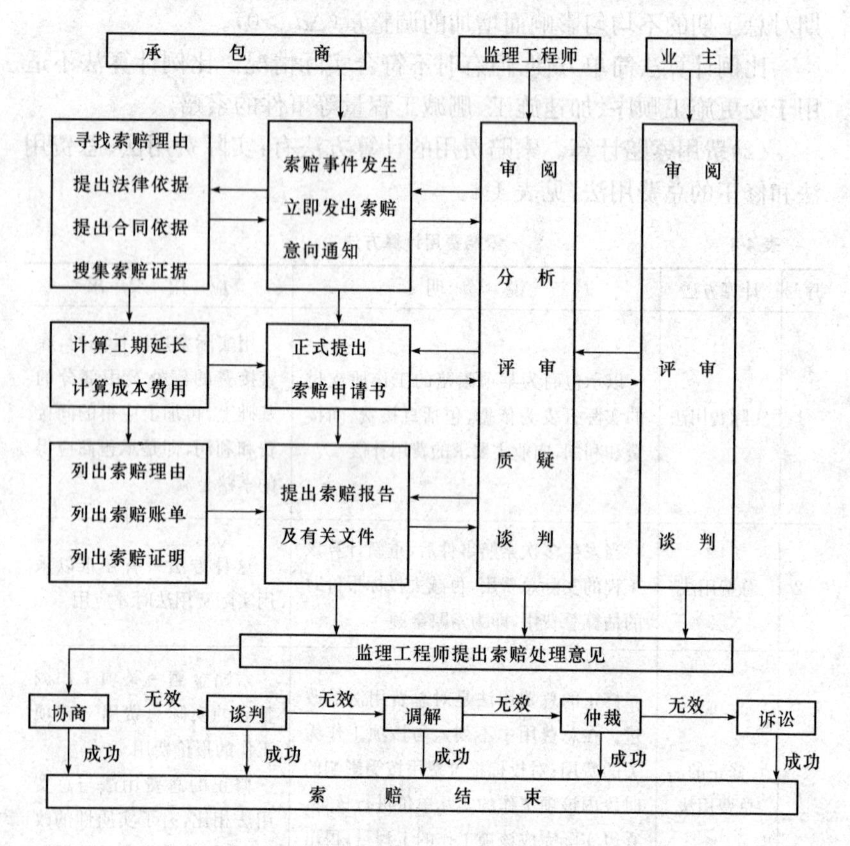

图 4-2 施工索赔程序示意图

1. 发出索赔意向通知

索赔事件发生后，承包商应在合同规定的时间内，及时向发包人或工程师书面提出索赔意向通知，亦即向发包人或工程师就某一个或若干个索赔事件表示索赔愿望、要求或声明保留索赔的权利。索赔意向的提出是索赔工作程序中的第一步,其关键是抓住索赔机会,及时提出索赔意向。

建设工程施工合同条件规定:承包商应在索赔事件发生后的28d内,将其索赔意向通知工程师。反之如果承包商没有在合同规定的期限内提出索赔意向或通知,承包商则会丧失在索赔中的主动和有利地位,发包人和工程师也有权拒绝承包商的索赔要求,这是索赔成立的有效和必备条件之一。因此在实际工作中,承包商应避免合理的索赔要求由于未能遵守索赔时限的规定而导致无效。

(1)提出索赔意向的目的。施工合同要求承包商在规定期限内首先提出索赔意向,是基于以下几点考虑:

1)提醒发包人或工程师及时关注索赔事件的发生、发展等全过程。

2)为发包人或工程师的索赔管理做准备,如可进行合同分析、搜集证据等。

3)如属发包人责任引起索赔,发包人有机会采取必要的改进措施,防止损失的进一步扩大。

4)对于承包商来讲,意向通知也可以起到保护作用,使承包商避免"因被称为'志愿者'而无权取得补偿"的风险。

在实际的工程承包合同中,对索赔意向提出的时间限制不尽相同,只要双方经过协商达成一致并写入合同条款即可。

(2)索赔意向的内容。一般索赔意向通知仅仅是表明意向,应写得简明扼要,涉及索赔内容但不涉及索赔数额。通常包括以下几个方面内容:

1)事件发生的时间和情况的简单描述。

2)合同依据的条款和理由。

3)有关后续资料的提供,包括及时记录和提供事件发展的动态。

4)对工程成本和工期产生的不利影响的严重程度,以其引起工程师(发包人)的注意。

2. 准备资料

监理工程师和发包人一般都会对承包商的索赔提出一些质疑,要求承包商做出解释或出具有力的证明材料。因此,承包商在提交正式的索赔报告之前,必须尽力准备好与索赔有关的一切详细资料,以便在索赔报告中使用,或在监理工程师和发包人要求时出示。根据工程项目的性质和内容不同,索赔时应准备的证据资料也是多种多样、复杂万变的。但从多年工程的索赔实践来看,承包商应该准备和提交的索赔账单和证据资料主要如下:

(1)施工日志。应指定有关人员现场记录施工中发生的各种情况,包括天气、出工人数、设备数量及使用情况、进度情况、质量情况、安全情况、监理工程师在现场有什么指示、进行了什么试验、有无特殊干扰施工的情况、遇到了什么不利的现场条件、多少人员参观了现场等等。这种现场记录和日志有利于及时发现和正确分析索赔,可能成为索赔的重要证明材料。

(2)来往信件。对与监理工程师、发包人和有关政府部门、银行、保险公司的来往信函,必须认真保存,并注明发送和收到的详细时间。

(3)气象资料。在分析进度安排和施工条件时,天气是应考虑的重要因素之一,因此,要保持一份真实、完整、详细的天气情况记录,包括气温、风力、湿度、降雨量、暴风雪、冰雹等。

(4)备忘录。承包商对监理工程师和发包人的口头指示和电话应随时用书面记录,并请监理工程师和发包人签字给予书面确认。事件发生和持续过程中的重要情况都应有记录。

(5)会议纪要。承包商、发包人和监理工程师举行会议时要做好详细记录,对其主要问题形成会议纪要,并由会议各方签字确认。

(6)工程照片和工程声像资料。这些资料都是反映工程客观情况的真实写照,也是法律承认的有效证据,对重要工程部位应拍摄有关资料并妥善保存。

(7)工程进度计划。承包商编制的经监理工程师或发包人批准同意的所有工程总进度、年进度、季进度、月进度计划都必须妥善保管,任何有关工期延误的索赔中,进度计划都是非常重要的证据。

(8)工程核算资料。所有人工、材料、机械设备使用台账,工程成本分析资料,会计报表,财务报表,货币汇率,现金流量,物价指数,收付款票据,都应分类装订成册,这些都是进行索赔费用计算的基础。

(9)工程报告。包括工程试验报告、检查报告、施工报告、进度报告、特别事件报告等。

(10)工程图纸。工程师和发包人签发的各种图纸,包括设计图、施工图、竣工图及其相应的修改图,承包商应注意对照检查和妥善保存。对于设计变更索赔,原设计图和修改图的差异是索赔最有力的证据。

(11)招投标阶段有关现场考察和编标的资料。各种原始单据(工资单、材料设备采购单),各种法规文件、证书证明等,都应积累保存,它们都有可能是某项索赔的有力证据。

由此可见,高水平的文档管理信息系统,对索赔的资料准备和证据提供是极为重要的。

3. 编写索赔报告

索赔报告是承包商在合同规定的时间内向监理工程师提交的要求发包人给予一定经济补偿和延长工期的正式书面报告。索赔报告的水平与质量如何,直接关系到索赔的成败与否。大型土木工程项目的重大索赔报告,承包商都是非常慎重、认真而全面地论证和阐述,充分地提供证据资料,甚至专门聘请合同及索赔管理方面的专家,帮助编写索赔报告,以尽力争取索赔成功。承包商的索赔报告必须有力地证明自己正当合理的索赔报告资格,受损失的时间和金钱,以及有关事项与损失之间的因果关系。

(1)索赔报告的基本要求。

1)必须说明索赔的合同依据,即基于何种理由有资格提出索赔要求,一种是根据合同某条某款规定,承包商有资格因合同变更或追加额外工作而取得费用补偿或延长工期;另一种是发包人或其代理人如果违反合同规定给承包商造成损失,承包商有权索取补偿。

2)索赔报告中必须有详细准确的损失金额及时间的计算。

3)要证明客观事实与损失之间的因果关系,说明索赔事件前因后果的关联性,要以合同为依据,说明发包人违约或合同变更与引起索赔的必然性联系。如果不能有理有据说明因果关系,而仅在事件的严重性和损失的巨大上花费过多的笔墨，对索赔的成功都无济于事。

4)索赔报告必须准确。编写索赔报告是一项比较复杂的工作，须有一个专门的小组和各方的大力协助才能完成。索赔小组的人员应具有合同、法律、工程技术、施工组织计划、成本核算、财务管理、写作等各方面的知识，进行深入的调查研究，对较大的、复杂的索赔需要向有关专家咨询，对索赔报告进行反复讨论和修改，写出的报告不仅要有理有据，而且必须准确可靠。应特别强调以下几点：

①责任分析应清楚、准确。在报告中所提出索赔的事件的责任是对方引起的，应把全部或主要责任推给对方，不能有责任含混不清和自我批评式的语言。要做到这一点，就必须强调索赔事件的不可预见性，承包商对它不能有所准备，事发后尽管采取能够采取的措施也无法制止；指出索赔事件使承包商工期拖延、费用增加的严重性和索赔值之间的直接因果关系。

②索赔值的计算依据要正确，计算结果要准确。计算依据要用文件规定的和公认合理的计算方法，并加以适当的分析。数字计算上不要有差错，一个小的计算错误可能影响到整个计算结果，容易使人对索赔的可信度产生不好的印象。

③用词要婉转和恰当。在索赔报告中要避免使用强硬的不友好的抗议式的语言。不能因语言而伤了和气和双方的感情。切记断章取义，牵强附会，夸大其词。

(2)索赔报告的内容。在实际承包工程中，索赔报告通常包括以下三个部分：

1)承包商或其授权人致发包人或工程师的信。信中简要介绍索赔的事项、理由和要求，说明随函所附的索赔报告正文及证明材料情况等。

2)索赔报告正文。针对不同格式的索赔报告，其形式可能不同，但实质性的内容相似，一般主要包括以下几项：

①题目。简要地说明针对什么提出索赔。

②索赔事件陈述。叙述事件的起因，事件经过，事件过程中双方的活动，事件的结果，重点叙述我方按合同所采取的行为，对方不符合

合同的行为。

③理由。总结上述事件,同时引用合同条文或合同变更和补充协议条文,证明对方行为违反合同或对方的要求超过合同规定,造成了该项事件,有责任对此造成的损失做出赔偿。

④影响。简要说明事件对承包商施工过程的影响,而这些影响与上述事件有直接的因果关系。重点围绕由于上述事件原因造成的成本增加和工期延长。

⑤结论。对上述事件的索赔问题做出最后总结,提出具体索赔要求,包括工期索赔和费用索赔。

3)附件。该报告中所列举事实、理由、影响的证明文件和各种计算基础、计算依据的证明文件。

索赔报告正文该编写至何种程度,需附上多少证明材料,计算书该详细与准确到何种程度,这都根据监理工程师评审索赔报告的需要而定。对承包商来说,可以用过去的索赔经验或直接询问工程师或发包人的意图,以便配合协调,有利于施工和索赔工作的开展。

4. 递交索赔报告

索赔意向通知提交后的28d内,或工程师可能同意的其他合理时间,承包人应递送正式的索赔报告。

如果索赔事件的影响持续存在,若28d内还不能算出索赔额和工期展延天数时,承包人应按工程师合理要求的时间间隔(一般为28d),定期陆续报出每一个时间段内的索赔证据资料和索赔要求。在该项索赔事件的影响结束后的28d内,报出最终详细报告,提出索赔论证资料和累计索赔额。

承包人发出索赔意向通知后,可以在工程师指示的其他合理时间内再报送正式索赔报告,也就是说,工程师在索赔事件发生后有权不马上处理该项索赔。如果事件发生时,现场施工非常紧张,工程师不希望立即处理索赔而分散各方抓施工管理的精力,可通知承包人将索赔的处理留待施工不太紧张时再去解决。但承包人的索赔意向通知必须在事件发生后的28d内提出,包括因对变更估价双方不能取得一致意见,而先按工程师单方面决定的单价或价格执行时,承包人提出的保留索赔权利的意向通知。如果承包人未能按时间规定提出索赔意向和索赔报告,则就失去了就该项事件请求补偿的索赔权利。此时承包人所受到损害的补偿,将不超过工程师认为应主动给予的补偿额。

5. 索赔审查

索赔的审查,是当事双方在承包合同基础上,逐步分清在某些索赔事件中的权利和责任以使其数量化的过程。作为发包人或工程师,应明确审查的目的和作用,掌握审查的内容和方法,处理好索赔审查中的特殊问题,促进工程的顺利进行。

当承包商将索赔报告呈交工程师后,工程师首先应予以审查和评价,然后与发包人和承包商一起协商处理。

在具体索赔审查操作中,应首先进行索赔资格条件的审查,然后进行索赔具体数据的审查。

(1)工程师审核承包人的索赔申请。接到承包人的索赔意向通知后,工程师应建立自己的索赔档案,密切关注事件的影响,检查承包人的同期纪录时,随时就记录内容提出不同意见或希望应予以增加的记录项目。

在接到正式索赔报告之后,认真研究承包人报送的索赔资料。首先,在不确认责任归属的情况下,客观分析事件发生的原因,重温合同的有关条款,研究承包人的索赔证据,并检查其同期纪录。其次,通过对事件的分析,工程师再依据合同条款划清责任界限,必要时还可以要求承包人进一步提供补充资料。尤其是对承包人与发包人或工程师都负有一定责任的事件影响,更应划出各方应该承担合同责任的比例。最后,再审查承包人提出的索赔补偿要求,剔除其中的不合理部分,拟定自己计算的合理索赔数额和工期顺延天数。

(2)判定索赔成立的原则。

1)与合同相对照,事件已造成了承包人施工成本的额外支出或总工期延误。

2)造成费用增加或工期延误的原因,按合同约定不属于承包人应承担的责任,包括行为责任和风险责任。

3)承包人按合同规定的程序提交了索赔意向通知和索赔报告。

上述三个条件没有先后主次之分,应当同时具备。只有工程师认定索赔成立后,才应处理给予承包人的补偿额。

(3)审查索赔报告。

1)事态调查。通过对合同实施的跟踪,分析了解事件经过、前因后果,掌握事件详细情况。

2)损害事件原因分析。即分析索赔事件是由何种原因引起,责任应由谁来承担。在实际工作中,损害事件的责任有时是多方面原因造成,故必须进行责任分解,划分责任范围,按责任大小承担损失。

3)分析索赔理由。主要依据合同文件判明索赔事件是否属于未履行合同规定义务或未正确履行合同义务导致,是否在合同规定的赔偿范围之内。只有符合合同规定的索赔要求,才有合法性,才能成立。

4)实际损失分析。即分析索赔事件的影响,主要表现为工期的延长和费用的增加。如果索赔事件不造成损失,则无索赔可言。损失调查的重点是分析、对比实际和计划的施工进度,工程成本和费用方面的资料,在此基础上核算索赔值。

5)证据资料分析。主要分析证据资料的有效性、合理性、正确性,这也是索赔要求有效的前提条件。如果在索赔报告中提不出证明其索赔理由、索赔事件的影响、索赔值的计算等方面的详细资料,索赔要求是不能成立的。如果工程师认为承包人提出的证据不能足以说明其要求的合理性时,可以要求承包人进一步提交索赔的证据资料。

(4)提出质疑。工程师可根据自己掌握的资料和处理索赔的工作经验就以下问题提出质疑:

1)索赔事件不属于发包人和监理工程师的责任,而是第三方的责任。

2)事实和合同依据不足。

3)承包商未能遵守意向通知的要求。

4)合同中的开脱责任条款已经免除了发包人补偿的责任。

5)索赔是由不可抗力引起的,承包商没有划分和证明双方责任的大小。

6)承包商没有采取适当措施避免或减少损失。

7)承包商必须提供进一步的证据。

8)损失计算夸大。

9)承包商以前已明示或暗示放弃了此次索赔的要求等。

10)在评审过程中,承包商应对工程师提出的各种质疑做出圆满的答复。

6. 索赔解决

从递交索赔文件到索赔结束是索赔的解决过程。工程师经过对索赔文件的评审,与承包商进行了较充分的讨论后,应提出对索赔处理决定的初步意见,并参加发包人和承包商之间的索赔谈判,根据谈判达成索赔最后处理的一致意见。

如果索赔在发包人和承包商之间未能通过谈判得以解决,可将有争议的问题进一步提交工程师决定。如果一方对工程师的决定不满意,双方可寻求其他友好解决方式,如中间人调解、争议评审团评议等。友好解决无效,一方可将争端提交仲裁或诉讼。

一般合同条件规定争端的解决程序如下:

(1)合同的一方就其争端的问题书面通知工程师,并将一份副本提交对方。

(2)工程师应在收到有关争端的通知后,在合同规定的时间内做出决定,并通知发包人和承包商。

(3)发包人和承包商在收到工程师决定的通知后,均未在合同规定的时间内发出要将该争端提交仲裁的通知,则该决定视为最后决定,对发包人和承包商均有约束力。若一方不执行此决定,另一方可按对方违约提出仲裁通知,并开始仲裁。

(4)如果发包人或承包商对工程师的决定不同意,或在要求工程师作决定的书面通知发出后,未在合同规定的时间内得到工程师决定的通知,任何一方可在其后按合同规定的时间内就其所争端的问题向对方提出仲裁意向通知,将一份副本送交工程师。在仲裁开始前应设法友好协商解决双方的争端。

工程项目实施中会发生各种各样、大大小小的索赔、争议等问题,应该强调，合同各方应该争取尽量在最早的时间、最低的层次，尽最大可能，以友好协商的方式解决索赔问题，不要轻易提交仲裁。因为对工程争议的仲裁往往是非常复杂的，要花费大量的人力、物力、财力和精力，对工程建设也会带来不利，有时甚至是严重的影响。

五、建筑工程项目合同反索赔

按《合同法》和《通用条款》的规定，索赔应是双方面的。在工程项目过程中，发包人与承包商之间，总承包商和分包商之间，合伙人之间，承包商与材料和设备供应商之间都可能有双向的索赔与反索赔。例如承包商向发包人提出索赔，则发包人反索赔；同时发包人又可能向承包商提出索赔，则承包商必须反索赔。而工程师一方面通过圆满的工作防止索赔事件的发生；另一方面又必须妥善地解决合同双方的各种索赔与反索赔问题。按照通常的习惯，把追回自方损失的手段称为索赔；把防止和减少向自方提出索赔的手段称为反索赔。

索赔和反索赔是进攻和防守的关系。在合同实施过程中，合同双方都在进行合同管理，都在寻找索赔机会，一经干扰事件发生，都在企图推卸自己的合同责任，都在企图进行索赔。不能进行有效的反索赔，同样要蒙受损失，所以，反索赔和索赔具有同等重要的地位。

1. 反索赔的作用

一般的从理论上讲，反索赔和索赔是对立的统一，是相辅相成的。有了承包商的索赔要求，发包人也会提出一些反索赔要求，这是很常见的情况。

反索赔对合同双方具有同等重要的作用，主要表现如下：

(1)成功的反索赔必然促进有效的索赔。能够成功有效地进行反索赔的管理者必然熟知合同条款内涵，掌握干扰事件产生的原因，占有全面的资料。具有丰富的施工经验，工作精细，能言善辩的管理者在进行索赔时，往往能抓住要害，击中对方弱点，使对方无法反驳。

同时，由于工程施工中干扰事件的复杂性，往往双方都有责任，双方都有损失。有经验的索赔管理人员在对索赔报告仔细审查后，通过反驳索赔不仅可以否定对方的索赔要求，使自己免受损失，而且可以重新发现索赔机会，找到向对方索赔的理由。

(2)成功的反索赔能防止或减少经济损失。如果不能进行有效的反索赔，不能推卸自己对干扰事件的合同责任，则必须满足对方的索赔要求，支付赔偿费用，致使自己蒙受损失。对合同双方来说，反索赔同样直接关系到工程经济效益的高低，反映着工程管理水平。

(3)成功的反索赔能增长管理人员士气，促进工作的开展。在国际工程中常常有这种情况：由于企业管理人员不熟悉工程索赔业务，不敢大胆地提出索赔，又不能进行有效的反索赔，在施工干扰事件处理中，总是处于被动地位，工作中丧失了主动权。常处于被动挨打局面的管理人员必然受到心理上的挫折，进而影响整体工作。

2. 反索赔的分类

依据工程承包的惯例和实践，常见的发包人反索赔主要有以下几种：

(1)工程质量缺陷反索赔。对于土木工程承包合同，都严格规定了工程质量标准，有严格细致的技术规范和要求。因为工程质量的好坏直接与发包人的利益和工程的效益紧密相关。发包人只承担直接负责设计所造成的质量问题，工程师虽然对承包商的设计、施工方法、施工工艺工序，以及对材料进行过批准、监督、检查，但只是间接责任，并不能因而免除或减轻承包商对工程质量应负的责任。在工程施工过程中，若承包商所使用的材料或设备不符合合同规定或工程质量不符合施工技术规范和验收规范的要求，或出现缺陷而未在缺陷责任期满之前完成修复工作，发包人均有权追究承包商的责任，并提出由承包商所造成的工程质量缺陷所带来的经济损失的反索赔。另外，发包人向承包商提出工程质量缺陷的反索赔要求时，往往不仅仅包括工程缺陷所产生的直接经济损失，也包括该缺陷带来的间接经济损失。

常见的工程质量缺陷表现如下：

1)承包商使用的工程材料和机械设备等不符合合同规定和质量要求，从而使工程质量产生缺陷。

2)承包商施工的分项分部工程，由于施工工艺或方法问题，造成严重开裂、下挠、倾斜等缺陷。

3)承包商的临时工程或模板支架设计安排不当，造成了施工后的永久工程的缺陷，如悬臂浇注混凝土施工的连续梁，由于挂篮设计强度及稳定性不够，造成梁段下挠严重，致使跨中无法合拢。

4)承包商没有完成按照合同条件规定的工作或隐含的工作，如对工程的保护和照管，安全及环境保护等。

5)由承包商负责设计的部分永久工程和细部构造，虽然经过工程师的复核和审查批准，仍出现了质量缺陷或事故。

(2)工期拖延反索赔。依据土木工程施工承包合同条件规定，承包商必须在合同规定的时间内完成工程的施工任务。如果由于承包商的原因造成不可原谅的完工日期拖延，则影响到发包人对该工程的使用和运营生产计划，从而给发包人带来经济损失。此项发包人的索赔，并不是发包人对承包商的违约罚款，而只是发包人要求承包商补偿拖期完工给发包人造成的经济损失。承包商则应按签订合同时双方约定的赔偿金额，以及拖延时间长短向发包人支付这种赔偿金，而不再需要去寻找和提供实际损失的证据去详细计算。在有些情况下，拖期损失赔偿金若按该工程项目合同价的一定比例计算，若在整个工程完工之前，工程师已经对一部分工程颁发了移交证书，则对整个工程所计算的延误赔偿金数量应给予适当地减少。

(3)经济担保反索赔。经济担保是国际工程承包活动中不可缺少的部分，担保人要承诺在其委托人不适当履约的情况下，代替委托人来承担赔偿责任或原合同所规定的权利与义务。在土木工程项目承包施工活动中，常见的经济担保有：履约担保和预付款担保等。

1)履约担保反索赔。履约担保是承包商和担保方为了发包人的利益不受损害而作的一种承诺，担保承包商按施工合同所规定的条件进行工程施工。履约担保有银行担保和担保公司担保的方法，以银行担保较常见，担保金额一般为合同价的10%～20%，担保期限为工程竣工期或缺陷责任期满。当承包商违约或不能履行施工合同时，持有履约担保文件的发包人，可以很方便地在承包商的担保人的银行中取得金钱补偿。

2)预付款担保反索赔。预付款是指在合同规定开工前或工程价款支付之前，由发包人预付给承包商的款项。预付款的实质是发包人向承包商发放的无息贷款。对预付款的偿还，一般是由发包人在应支付给承包商的工程进度款中直接扣还。为了保证承包商偿还发包人的预付款，施工合同中都规定承包商必须对预付款提供等额的经济担保。若承包商不能按期归还预付款，发包人就可以从相应的担保款额中取得补偿，这实际上是发包人向承包商的索赔。

3)保留金的反索赔。保留金的作用是对履约担保的补充形式。一般的工程合同中都规定有保留金的数额，为合同价的5%左右。保留金是从应支付给承包商的月工程进度款中扣下一笔合同价百分比的基金，由发包人保留下来，以便在承包商一旦违约时直接补偿发包人的损失。所以说保留金也是发包人向承包商索赔的手段之一。保留金一般应在整个工程或规定的单项工程完工时退还保留金款额的50%，最后在缺陷责任期满后再退还剩余的50%。

(4)其他损失反索赔。依据合同规定，除了上述发包人的反索赔外，当发包人在受到其他由于承包商原因造成的经济损失时，发包人仍可提出反索赔要求。例如：由于承包商的原因，在运输施工设备或大型预制构件时，损坏了旧有的道路或桥梁；承包商的工程保险失效，给发包人造成的损失等。

3. 反索赔工作的内容

(1)发包人的反索赔。由于工程发包人在工程建设期间的责任重大，除了要向承包商按期付款，提供施工现场用地和协调管理工程的责任外，还要承担许多社会环境、自然条件等方面的风险，且这些风险是发包人所不能主观控制的，因而发包人要扣留承包商在现场的材料设备，承包商违约时提取履约保函金额等发生的概率很少。因此，发包人反过来向承包商的索赔发生频率要低得多。

在反索赔时，发包人处于主动的有利地位，发包人在经工程师证明承包商违约后，可以直接从应付工程款中扣回款额，或从银行保函中得以补偿。

(2)承包人的反索赔。承包人对发包人、分包人、供应商之间的反索赔管理工作应包括下列内容：

1)对收到的索赔报告进行审查分析，收集反驳理由和证据，复核赔值，并提出反索赔报告。

2)通过合同管理，防止反索赔事件的发生。

4. 反索赔工作的步骤

在接到对方索赔报告后，就应着手进行分析、反驳。反索赔与索赔有相似的处理过程，但也有其特殊性。通常对方提出的索赔的反驳处理过程如图 4-3 所示。

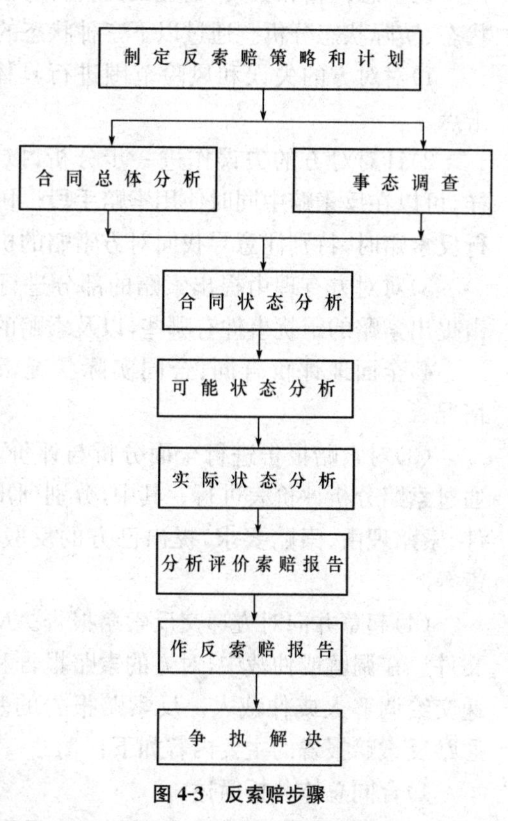

图 4-3　反索赔步骤

(1)合同总体分析。反索赔同样是以合同作为法律依据，作为反驳的理由和根据。合同分析的目的是分析、评价对方索赔要求的理由和依据，在合同中找出对对方不利，对自方有利的合同条文，以构成对对方索赔要求否定的理由。合同总体分析的重点是，与对方索赔报告中提出的问题有关的合同条款，通常有：合同的法律基础；合同的组成及合同变更情况；合同规定的工程范围和承包商责任；工程变更的补偿条件、范围和方法；合同价格，工期的调整条件、范围和方法，以及对方应承担的风险、违约责任、争执的解决方法等。

(2)事态调查与分析。反索赔仍然基于事实基础之上，以事实为根据。这个事实必须有自方对合同实施过程跟踪和监督的结果，即各种实际工程资料作为证据，用以对照索赔报告所描述的事情经过和所附证据。通过调查可以确定干扰事件的起因，事件经过，持续时间，影响范围等真实的详细情况。

在此时应收集整理所有与反索赔相关的工程资料。

在事态调查和收集、整理工程资料的基础上，进行合同状态、可能状态、实际状态分析。通过以下三种状态的分析可以达到：

1)对对方的失误和风险范围进行具体指认，这样在谈判中有攻击点。

2)针对对方的失误作进一步分析，以准备向对方提出索赔。这样，可以在反索赔中同时使用索赔手段。国外的承包商和发包人在进行反索赔时，特别注意寻找向对方索赔的机会。

3)对对方有理由提出索赔的部分进行总概括。分析出对方有理由提出索赔的干扰事件有哪些，以及索赔的大约值或最高值。

4)全面地评价合同、合同实际状况，评价双方合同责任的完成情况。

(3)对索赔报告进行全面分析与评价。分析评价索赔报告，可以通过索赔分析评价表进行。其中，分别列出对方索赔报告中的干扰事件、索赔理由、索赔要求，提出己方的反驳理由、证据、处理意见或对策等。

(4)起草并向对方递交反索赔报告。反索赔报告也是正规的法律文件。在调解或仲裁中，对方的索赔报告和己方的反索赔报告应一起递交给调解人或仲裁人。反索赔报告的基本要求与索赔报告相似。通常反索赔报告的主要内容如下：

1)合同总体分析简述。

2)合同实施情况简述和评价。这里重点针对对方索赔报告中的问题和干扰事件，叙述事实情况，应包括前述三种状态的分析结果，对双方合同责任完成情况和工程施工情况作评价。目标是，推卸自己对对方索赔报告中提出的干扰事件的合同责任。

3)反驳对方索赔要求。按具体的干扰事件，逐条反驳对方的索赔要求，详细叙述自己的反索赔理由和证据，全部或部分地否定对方的索赔要求。

4)提出索赔。对经合同分析和三种状态分析得出的对方违约责任，提出己方的索赔要求。对此，有不同的处理方法。通常，可以在反索赔报告中提出索赔，也可另外出具己方的索赔报告。

5)总结。对反索赔作全面总结，通常包括的内容有：对合同总体分析作简要概括、对合同实施情况作简要概括、对对方索赔报告作总评价、对己方提出的索赔做概括、双方要求，即索赔和反索赔最终分析结果比较、提出解决意见、附各种证据。即本反索赔报告中所述的事件经过、理由、计算基础、计算过程和计算结果等证明材料。

5. 反驳索赔报告

对于索赔报告的反驳，通常可从以下几个方面着手：

(1)索赔事件的真实性。对于对方提出的索赔事件，应从两方面核实其真实性：一是对方的证据。如果对方提出的证据不充分，可要求其补充证据，或否定这一索赔事件。二是己方的记录。如果索赔报告中的论述与己方关于工程记录不符，可向其提出质疑，或否定索赔报告。

(2)索赔事件责任分析。认真分析索赔事件的起因，澄清责任。以下五种情况可构成对索赔报告的反驳：

1)此事件应视作合同风险，且合同中未规定此风险由己方承担。

2)此事件责任在第三方，不应由己方负责赔偿。

3)索赔事件是由索赔方责任造成的，如管理不善，疏忽大意，未正确理解合同文件内容等。

4)双方都有责任，应按责任大小分摊损失。

5)索赔事件发生以后，对方未采取积极有效的措施以降低损失。

(3)索赔依据分析。对于合同内索赔，可以指出对方所引用的条款不适用于此索赔事件，或者找出可为己方开脱责任的条款，以驳倒对方的索赔依据。对于合同外索赔，可以指出对方索赔依据不足，或者错解了合同文件的原意，或者按合同条件的某些内容，不应由己方负责此类事件的赔偿。

另外，可以根据相关法律法规，利用其中对己方有利的条文，来反驳对方的索赔。

(4)索赔事件的影响分析。分析索赔事件对工期和费用是否产生影响以及影响的程度，这直接决定着索赔值的计算。对于工期的影响，可分析网络计划图，通过每一工作的时差分析来确定是否存在工期索赔。通过分析施工状态，可以得出索赔事件对费用的影响。例如，业主未按时交付图纸，造成工程拖期，而承包商并未按合同规定的时间安排人员和机械，因此，工期应予顺延，但不存在相应的各种闲置费。

(5)索赔证据分析。索赔证据不足、不当或片面，都可以导致索赔不成立。如索赔事件的证据不足，对索赔事件的成立可提出质疑。对索赔事件产生的影响证据不足，则不能计入相应部分的索赔值。仅出示对自己有利的片面证据，将构成对索赔的全部或部分的否定。

(6)索赔值审核。索赔值的审核工作量大，涉及的资料和证据多，需要花费许多时间和精力。审核的重点在于以下几点：

1)计算方法的合理性。不同的计算方法得出的结果会有很大出入。应尽可能选择最科学、最精确的计算方法。对某些重大索赔事件的计算，其方法往往需双方协商确定。

2)数据的准确性。对索赔报告中的各种计算基础数据均须进行核对，如工程量增加的实际量方，人员出勤情况，机械台班使用量，各种价格指数等。

3)是否有重复计算。索赔的重复计算可能存在于单项索赔与一揽子索赔之间，相关的索赔报告之间，以及各费用项目的计算中。索赔的重复计算包括工期和费用两方面，应认真比较核对，剔除重复索赔。

第五节　建筑工程项目合同终止与评价

一、项目合同终止

合同终止即合同履行结束，是指在工程项目建设过程中，承包商按照施工承包合同约定的责任范围完成了施工任务，圆满地通过竣工验收，并与业主办理竣工结算手续，将所施工的工程移交给业主使用和照管，业主按照合同约定完成工程款支付工作后，合同效力及作用的结束。

1. 合同终止的条件

(1)满足合同竣工验收条件。竣工交付使用的工程必须符合下列基本条件：

1)完成建设工程设计和合同约定的各项内容。

2)有工程使用的主要建筑材料，建筑构配件和设备的进场试验报告。

3)有勘察、设计、施工、工程监理等单位分别签署的质量合格文件。

4)有施工单位签署的工程保修书。

5)有完整的技术档案和施工管理资料。

(2)已完成竣工结算。

(3)工程款全部回收到位。

(4)按合同约定签订保修合同并扣留相应工程尾款。

2. 竣工结算

竣工结算是指承包商完成合同内工程的施工并通过了交工验收后，所提交的竣工结算书经过业主和监理工程师审查签证，然后由建设银行办理拨付工程价款的手续。

(1)竣工结算程序。

1)承包人递交竣工结算报告。工程竣工验收报告经发包人认可后，承发包双方应当按协议书约定的合同价款及专用条款约定的合同价款调整方式，进行工程竣工结算。

工程竣工验收报告经发包人认可后 28d，承包人向发包人递交竣工结算报告及完整的结算资料。

2)发包人的核实和支付。发包人自收到竣工结算报告及结算资料后 28d 内进行核实，给予确认或提出修改意见。发包人认可竣工结算报告后，及时办理竣工结算价款的支付手续。

3)移交工程。承包人收到竣工结算价款后 14d 内将竣工工程交付发包人，施工合同即告终止。

(2)合同价款的结算。

1)工程款结算方式。合同双方应明确工程款的结算方式是按月结算、按形象进度结算,还是竣工后一次性结算。

①按月结算。这是国内外常见的一种工程款支付方式,一般在每个月末,承包人提交已完工程量报告,经工程师审查确认,签发月度付款证书后,由发包人按合同约定的时间支付工程款。

②按形象进度结算。这是国内一种常见的工程款支付方式,实际上是按工程形象进度分段结算。当承包人完成合同约定的工程形象进度时,承包人提出已完工程量报告,经工程师审查确认,签发付款证书后,由发包人按合同约定的时间付款。如专用条款中可约定:当承包人完成基础工程施工时,发包人支付合同价款的20%;完成主体结构工程施工时,支付合同价款的50%;完成装饰工程施工时,支付合同价款的15%;工程竣工验收通过后,再支付合同价款的10%;其余5%作为工程保修金,在保修期满后返还给承包人。

③竣工后一次性结算。当工程项目工期较短、合同价格较低时,可采用工程价款每月月中预支、竣工后一次性结算的方法。

④其他结算方式。合同双方可在专用条款中约定经开户银行同意的其他结算方式。

2)工程款的动态结算。我国现行的结算基本上是按照设计预算价值,以预算定额单价和各地方定额站不定期公布的调价文件为依据进行的。在结算中,对通货膨胀等因素考虑不足。

实行动态结算,要按照协议条款约定的合同价款,在结算时考虑工程造价管理部门规定的价格指数,即要考虑资金的时间价值,使结算大体能反映实际的消耗费用。常用的动态结算方法有以下几种:

①调价文件结算法:施工承包单位按当时的预算价格承包,在合同工期内,按照造价管理部门调价文件的规定,进行抽料补差(在同一价格期内,按所完成的材料用量乘以价差)。有的地方定期(通常是半年)发布一次主要材料供应价格和管理价格,对这一时期的工程进行抽料补差。

②调值公式法:调值公式法又称动态结算公式法。根据国际惯

例，对建设项目已完成投资费用的结算，一般采用此法。在一般情况下，承发包双方在签订合同时，就规定了明确的调值公式。

③实际价格结算法：对钢材、木材、水泥三大材的价格，有些地区采取按实际价格结算的办法，施工承包单位可凭发票据实报销。此法方便而准确，但不利于施工承包单位降低成本。因此，地方基建主管部门通常要定期公布最高结算限价。

3)工程款支付的程序和责任。在计量结果确认后14d内，发包人应向承包人支付工程款。同期用于工程的发包人供应的材料设备价款，以及按约定时间发包人应扣回的预付款，与工程款同期结算。合同价款调整、设计变更调整的合同价款及追加的合同价款、发包人或工程师同意确认的工程索赔款等，也应与工程款同期调整支付。

发包人超过约定的支付时间不支付工程款，承包人可向发包人发出要求付款的通知，发包人收到承包人通知后仍不能按要求付款，可与承包人协商签订延期付款协议，经承包人同意后可延期支付。协议应明确延期支付的时间和从计量结果确认后第15d起计算应付款的贷款利息。发包人不按合同约定支付工程款，双方又未达成延期付款协议，导致施工无法进行，承包人可停止施工，由发包人承担违约责任。

二、项目合同评价

合同终止后，组织应及时进行合同评价，总结合同签订和执行过程中的经验教训，提出总结报告。

合同评价是指在合同实施结束后，将合同签订和执行过程中的利弊得失、经验教训总结出来，提出分析报告，作为以后工程合同管理的借鉴。

由于合同管理工作比较偏重于经验，只有不断总结经验，才能不断提高管理水平，才能通过工程不断培养出高水平的合同管理者。所以这项工作十分重要。

合同总结报告应包括的内容有：合同签订情况评价、合同执行情况评价、合同管理工作评价、对本项目有重大影响的合同条款评价及其他经验教训。

1. 合同签订情况评价

项目在正式签订合同前，所进行的工作都属于签约管理，签约管理质量直接制约着合同的执行过程，因此，签约管理是合同管理的重中之重。评价项目合同签订情况时，主要参照以下几个方面：

(1)招标前，对发包人和建设项目是否进行了调查和分析，是否清楚、准确，例如，施工所需的资金是否已经落实，工程的资金状况直接影响后期工程款的回收；施工条件是否已经具备、初步设计及概算是否已经批准，直接影响后期工程施工进度等。

(2)投标时，是否依据公司整体实力及实际市场状况进行报价，对项目的成本控制及利润收益有明确的目标，心中有数，不至于中标后难以控制费用支出，为避免亏本而骑虎难下。

(3)中标后，即使使用标准合同文本，也需逐条与发包人进行谈判，既要通过有效的谈判技巧争取较为宽松的合同条件，又要避免合同条款不明确，造成施工过程中的争议，使索赔工作难以实现。

(4)做好资料管理工作，签约过程中的所有资料都应经过严格的审阅、分类、归档，因为前期资料既是后期施工的依据，又是后期索赔工作的重要依据。

2. 合同执行情况评价

在合同实施过程中，应当严格按照施工合同的规定，履行自己的职责，通过一定有序的施工管理工作对合同进行控制管理，评价控制管理工作的优劣主要是评价施工过程中的工期目标、质量目标、成本目标完成的情况和特点。

(1)工期目标评价。主要评价合同工期履约情况和各单位(单项)工程进度计划执行情况；核实单项工程实际开、竣工日期，计算合同建设工期和实际建设工期的变化率；分析施工进度提前或拖后的原因。

(2)质量目标评价。主要评价单位工程的合格率、优良率和综合质量情况。

1)计算实际工程质量的合格品率、实际工程质量的优良品率等指标,将实际工程质量指标与合同文件中规定的,或设计规定的,或其他同类工程的质量状况进行比较,分析变化的原因。

2)计算和分析工程质量事故的经济损失,包括计算返工损失率,因质量事故拖延建设工期所造成的实际损失,以及分析无法补救的工程质量事故对项目投产后投资效益的影响程度。

3)评价设备质量,分析设备及其安装工程质量能否保证投产后正常生产的需要。

4)工程安全情况评价,分析有无重大安全事故发生,分析其原因和所带来的实际影响。

(3)成本目标评价。主要评价物资消耗、工时定额、设备折旧、管理费等计划与实际支出的情况,评价项目成本控制方法是否科学合理,分析实际成本高于或低于目标成本的原因。

1)主要实物工程量的变化及其范围。

2)主要材料消耗的变化情况,分析造成超耗的原因。

3)各项工时定额和管理费用标准是否符合有关规定。

3. 合同管理工作评价

合同管理工作评价是对合同管理本身,例如:工作职能、程序、工作成果的评价,主要内容如下:

(1)合同管理工作对工程项目的总体贡献或影响。

(2)合同分析的准确程度。

(3)在投标报价和工程实施中,合同管理子系统与其他职能的协调中的问题,需要改进的地方。

(4)索赔处理和纠纷处理的经验教训等。

4. 对本项目有重大影响的合同条款评价

这是对本项目有重大影响的合同条款进行评价,主要内容如下:

(1)本合同签订和执行过程中所遇到的特殊问题的分析结果。

(2)本合同的具体条款,特别对本工程有重大影响的合同条款的表达和执行利弊得失。

(3)对具体的合同条款如何表达更为有利等。

第五章 建筑工程项目采购管理

项目采购管理是对项目的勘察、设计、施工、资源供应、咨询服务等采购工作进行的计划、组织、指挥、协调和控制等活动，是面向整个组织的活动。其使命是要保证整个组织的物资供应；其权力是可以调动整个组织的资源。

建筑工程项目采购管理的程序如下：

(1)明确采购产品或服务的基本要求、采购分工及有关责任。

(2)进行采购策划，编制采购计划。

(3)进行市场调查，选择合格的产品供应或服务单位，建立名录。

(4)采用招标或协商等方式实施评审工作，确定供应或服务单位。

(5)签订采购合同。

(6)运输、验证、移交采购产品或服务。

(7)处置不合格产品或不符合要求的服务。

(8)采购资料归档。

第一节 建筑工程项目采购管理模式与制度

一、建筑工程项目采购管理模式

1. 传统项目采购管理模式

传统模式又称设计-招标-建造方式。这种模式下的项目各参与方的关系如图 5-1 所示。这种项目采购管理模式由业主与设计机构（建筑师/咨询工程师）签订专业服务合同，委托建筑师或咨询工程师进行项目前期的各项有关工作，待项目评估立项后再进行设计。在设计阶段进行施工招标文件的准备，随后通过招标选择承包商。业主和承包商订立工程项目的施工合同，有关工程的分包和设备、材料的采购一般都由承包商与分包商和供货商单独订立合同并组织实施的。业主单位一般指派业主代表与咨询工程师和承包商联系，负责有关的项目管理工作。但在国外，大部分项目实施阶段的有关管理工作均授权建筑师或咨询工程师进行。

传统项目采购管理模式的优点是：由于这种模式已长期、广泛地在世界各地采用，因而管理方法较成熟，各方都熟悉有关程序。业主可自由选择咨询和设计人员，对设计要求可以控制；可自由选择咨询工程师负责监理工程的施工；可采用各方均熟悉的标准合同文本，有利于合同管理和风险管理。其缺点是：项目周期较长，业主管理费较高，前期投入较高，变更时容易引起较多的索赔。

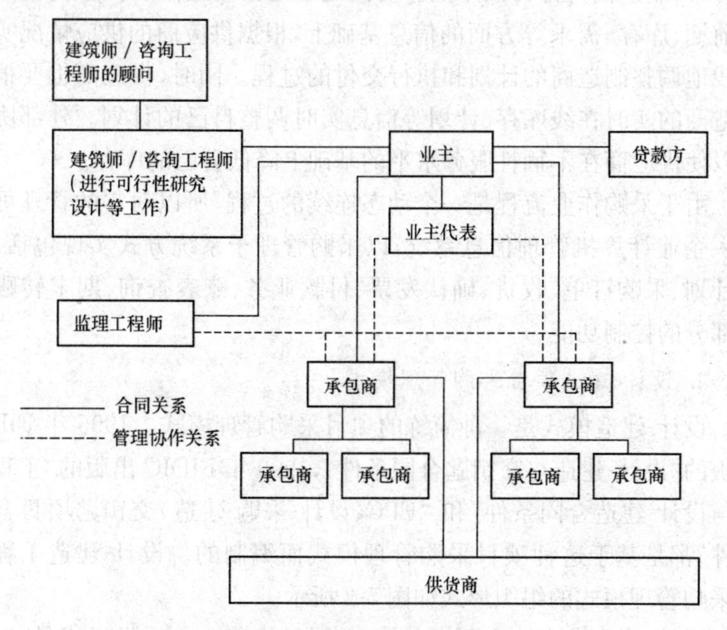

图 5-1　传统项目采购管理模式

2. 协同项目采购管理模式

协同采购是指供应商与供应链上的伙伴建立一种协同商务的伙伴关系，并以此作为采购和流程再造的策略。这种基于供应链环境下的采购作业流程，被称为协同采购，包括制造商内部协同采购和制造商外部协同采购。

(1)制造商内部协同采购。由于采购行为涉及品种、数量、渠道等信息,而这些信息的获得需要来自制造商内部的采购、销售、设计、生产部门的信息,只有当这些部门协同合作时,才能创造出高效的采购效果。尤其是随着新产品、新材料急剧增加,需要采购的品种数量也大大增加。出于物料数据、供应商数据、采购价格数据的一致性要求,各部门之间的协同将对保证该制造商采购作业流程的动态稳定性起到至关重要的作用。

(2)制造商外部协同采购。协同通常是指制造商和供应商在共享提前期、库存、需求等方面的信息基础上,根据供应商的供应情况实时在线地调整制造商的计划和执行交付的过程。同时,供应商也要根据制造商的实时在线库存、计划等信息实时调整自己的计划。外部协同可以使供应商在不牺牲服务水平的基础上降低自己的库存。

由于采购作业流程是一个动态连续的过程,所以对它的管理可以纳入企业计算机管理信息系统,以采购管理子系统方式实现包括:采购计划、采购订单、收货、确认发票、付款业务、账表查询、期末转账等几部分的控制功能。

3. 设计-建造项目采购管理模式

设计-建造模式是一种简练的项目采购管理模式。1995 年 FIDIC 出版的“设计-建造与交钥匙合同条件”,1999 年 FIDIC 出版的“工程设备与设计-建造合同条件”和“EPC(设计-采购-建造)交钥匙项目合同条件”都是基于这种项目采购管理模式而编制的。设计-建造工程项目采购管理模式的组织形式如图 5-2 所示。

设计-建造模式的主要优点是:在项目初期选定项目组成员,连续性好,项目责任单一,有早期的成本保证;可采用 CM 模式,减少管理费用,减少利息及价格上涨的影响;在项目初期预先考虑施工因素,可减少由于设计错误、疏忽引起的变更。其主要缺点是:业主对最终设计和项目实施过程中的细节控制能力降低,工程设计可能会受施工者的利益影响。

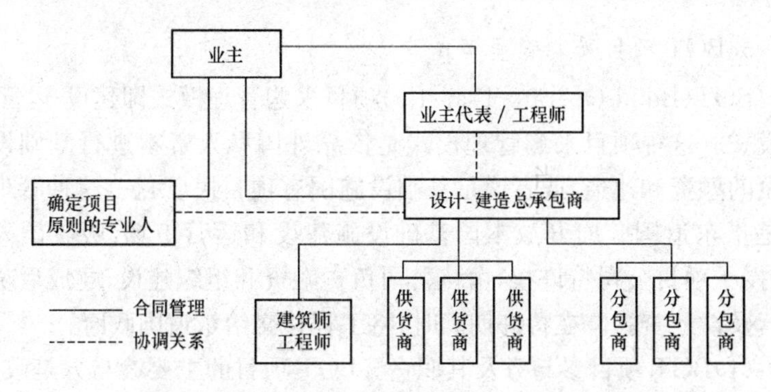

图 5-2　设计-建造工程项目采购管理模式的组织形式

4. 设计-管理项目采购管理模式

设计-管理模式是同一实体向业主提供设计和施工管理服务的工程管理方式，在通常的 CM 模式中，业主分别就设计和专业施工过程管理服务签订合同。在这种情况下，设计师与管理机构是同一实体。

设计-管理工程项目采购管理模式的实现可以有两种形式(图 5-3)：形式一是业主和设计-管理公司与施工总承包商分别签订合同，由设计-管理公司负责设计并对项目实施进行管理；形式二是业主只与设计-管理公司签订合同，由设计公司分别与各个单独的承包商和供货商签订合同，由其施工和供货。这种方式可看作是 CM 与设计-建造两种模式相结合的产物，也通常用于承包商或分包商阶段发包以加快工程进度。

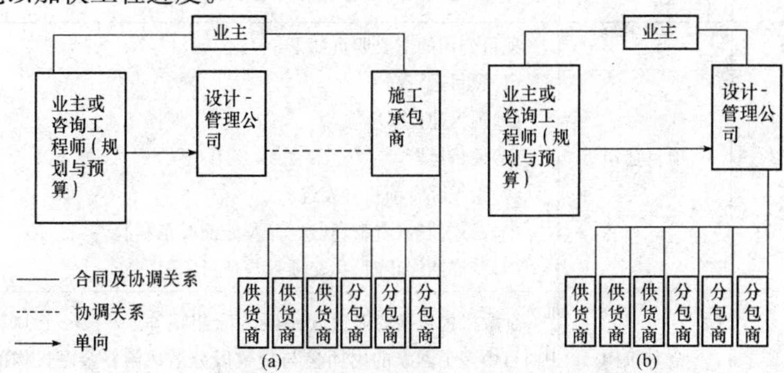

图 5-3　设计-管理工程项目采购管理模式的两种组织形式

(a)形式一；(b)形式二

5. BOT 项目采购管理模式

BOT(Build-Operate-Transfer)项目采购管理模式即建设-运营-移交模式。这种项目采购管理模式是依靠外国私人资本进行基础设施建设的融资和建造,或者说是基础设施国有项目民营化。这种管理模式是指东道国政府开放本国基础设施建设和运营市场,吸收国外资金,授予项目公司特许权,由该公司负责融资和组织建设,建成后负责运营及偿还贷款。在特许期满时,将工程移交给东道国政府。

(1)BOT 项目参与方及其职责。BOT 项目的主要参与方是政府、项目公司和金融机构,其他参与方包括有关公司、承包商、供货商及代理银行,其职责见表 5-1。

表 5-1　　BOT 项目参与方及其职责

序　号	参与方	职　责
1	政府	政府是 BOT 项目的最终所有者,其职责如下: (1)确定项目,颁布支持 BOT 项目的政策。 (2)通过招标选择项目发起人。 (3)颁布 BOT 项目特许权。 (4)批准成立项目公司。 (5)签订特许权协议。 (6)对项目宏观管理。 (7)特许期满接收项目。 (8)委托项目经营管理部门继续项目的运行
2	项目公司	项目公司的主要职责如下: (1)项目融资。 (2)项目建设。 (3)项目运营。 (4)组织综合项目开发经营。 (5)偿还债务(贷款、利息等)及分配股东利润。 (6)特许期终止时,移交项目与项目固定资产
3	金融机构	金融机构包括商业银行、国际基金组织等。一般一个 BOT 项目由多个国家的财团参与贷款以分散风险。金融机构的作用有:确定项目的贷款模式、条件及分期投入方案

续表

序　号	参与方	职　　责
4	咨询公司	咨询公司、专业咨询公司对项目的设计、融资方案等进行咨询，对施工进行监理。法律顾问公司替政府（或项目公司）谈判签订合同
5	承包商	承包商负责项目设计、施工，一般也负责设备和材料采购
6	运营公司	运营公司主要负责项目建成后的运营管理、收费、维修、保养。收费标准和制度由运营公司与项目公司确定
7	开发公司	开发公司负责特许协议中特许的其他项目开发，如沿公路房地产、商业网点等
8	代理银行	代理银行，东道国政府代理银行负责外汇事项。贷款财团的代理银行代表贷款人与项目公司办理融资、债务、清偿、抵押等事项
9	保险公司	保险公司为项目各参与方提供保险
10	供货商	供货商负责供应材料、设备等

(2)BOT 项目的结构框架和运作程序。

1)项目的提出与招标。拟采用 BOT 模式建设的基础设施项目，一般均由当地政府提出。大型项目由国家政府部门审批；一般项目均由地方政府审批。往往委托一家咨询公司对项目进行初步的可行性研究，随后颁布特许意向，准备招标文件，公开招标。BOT 模式的招标程序与一般项目招标程序相同，包括资格预审、招标、评标和通知中标。

2)项目发起人组织投标。项目发起人往往是很有实力的咨询公司、财团或大型工程公司的联合体。它们申请资格预审，并在通过资格预审后购买招标文件进行投标。

3)成立项目公司，签署各种合同与协议。中标的项目发起人往往是项目公司的组织者。项目发起人一般要提供组建项目公司的可行性报告，经过股东讨论，签订股东协议和公司章程，同时，向当地政府的工商管理和税务部门注册。

4)项目建筑和运营。这一阶段项目公司的主要任务是委托工程监理公司对总承包商的工作进行监理,保证项目的顺利实施和资金支付。

在项目部分或全部投入运营后,既应按照原定协议优先向金融机构归还贷款和利息,同时也应考虑向股东分红。

5)项目移交。在特许期满之前,应做好必要的维修以及资产评估等工作,以便按时将 BOT 项目移交政府运行。政府可以仍旧聘用原有的运营公司或另找运营公司来运行项目。

二、建筑工程项目采购管理制度

建筑工程项目采购管理制度是指为了规范项目采购行为,由采购部门根据企业自身状况,综合考虑采购活动中可能用到的各种资源要素,为了方便处理采购活动中可能遇到的各种问题而提出的书面的规章制度。

1. 分散制采购制度

分散制采购是指将采购工作分散给各需求部门自行办理。此种采购制度通常适用于规模比较大、分布比较广的企业。如果采用集中制,容易产生迟延,不易应付紧急需要,且采购部门的联系相当困难,采购作业与单据流程显得漫长而复杂。

若散布各地的工厂,在生产设备、贮藏设施、社区的经济责任等方面,具有独特的差异性时,以采用分散制较为适宜。

2. 集中制采购制度

集中制采购是指将采购工作集中于一个部门办理,一般情况下,总企业各部门、分企业及各工厂均无采购权责。

(1)集中制采购适用范围。集中制采购广泛应用于以下几个方面:

1)企业产销规模大,采购量大,迫切需要一个采购单位来办理,充分满足各部门对物料的需求。

2)企业各部门及工厂集中于一个地理区域,采购工作并无因地制宜的必要,或采购部门与需求部门虽非同处一地,但因距离亦非遥远,通信工具相对便捷,采购工作由一个单位办理也不会影响需求时效。

3)企业虽有数个生产机构,但产品种类大同小异,集中采购可达到“以量制价”的效果。

4)采购物品的共性要求。

5)专业技能的要求。有些产品如计算机软件等,采购需要具有专业知识与技能,应集中起来由专业人员统一采购。

6)价格浮动的影响。有些原材料如金属、油品等对政治、经济环境十分敏感,宜于集中采购。

(2)集中制采购步骤要求。

1)根据企业所处的社会经济状况,制定采购战略。

2)根据企业的生产经营状况确定采购计划。

3)对于大宗货物进行集中采购时,要考虑市场的反应,同时要结合生产工艺和产品质量要求。

4)在实施集中采购过程中,要进行市场信息分析、调查并询价。

5)采购部门根据资源或采购量的大小和采购实施进度安排等,采用最有利的方式实施采购。

6)对于符合适量、适时、适价、适地的货品,经检验合格后要及时办理资金转账手续。

3. 混合制采购制度

混合制采购是兼取集中制、分散制的优点而成。凡属共同性物料、采购金额比较大、进口品等,均集中由总企业采购部办理;小额、因地制宜、临时性的采购,则授权分企业或各工厂执行。

第二节　建筑工程项目采购计划编制

建筑工程项目采购管理工作的第一步是编制建筑工程项目采购计划,这也是建设工程施工企业年度计划与目标的一部分,采购计划制订得是否合理、完善,直接关系到整个工程项目采购运作的成败。建筑工程项目采购计划是根据市场需求、企业的生产能力和采购环境容量等确定采购的时间、采购的数量以及如何采购的作业。

建筑工程项目采购计划应包括项目采购工作范围、内容及管理要求；项目采购信息包括产品或服务的数量、技术标准和质量要求、检验方式和标准、供应方资质审查要求、项目采购控制目标及措施。

建筑工程项目采购计划应依据项目合同、设计文件、采购管理制度、项目管理实施规划（含进度计划）及工程材料需求或备料计划进行编制。

建筑工程项目采购计划编制主要包括两部分内容：采购认证计划的制订和采购订单计划的制订。具体又可分为准备认证计划、评估认证需求、计算认证容量、制订认证计划、准备订单计划、评估订单需求、计算订单容量、制订订单计划八个环节。

一、准备认证计划

准备认证计划是编制工程项目采购计划的第一步，也是非常重要的一步。准备认证计划，可以从接收开发批量需求、接收余量需求、准备认证环境资料和指定认证计划说明书四个方面进行详细的阐述。

1. 接收开发批量需求

开发批量需求是能够启动整个供应程序流动的牵引项，要想制订比较准确的认证计划，首先要做到熟悉开发需求计划。目前，开发批量物料需求通常有以下两种情形：

（1）在以前或目前的采购环境中能够发掘到的物料供应，例如，以前接触的供应商供应范围比较大，就可以从这些供应商的供应范围中找到企业需要的批量物料需求。

（2）企业需要采购的是新物料，在原来形成的采购环境中不能提供，需要建筑企业的工程项目采购部门寻找新物料的供应商。

2. 接收余量需求

工程项目采购人员在进行采购操作时，可能会遇到以下两种情况：

（1）随着企业规模的扩大，市场需求也会变得越来越大，现有的采购环境容量不足以支持企业的物料需求。

（2）由于采购环境呈下降趋势，使物料的采购环境容量逐渐缩小，无法满足采购的需求。

在上述两种情况下，就会产生余量需求，要求对采购环境进行扩容。采购环境容量的信息一般由认证人员和订单人员提供。

3. 准备认证环境资料

通常采购环境的内容包括认证环境和订单环境两个部分。认证容量和订单容量是两个完全不同的概念,有些供应商的认证容量比较大,但是其订单容量比较小;有些供应商的情况则恰恰相反。其原因在于认证过程本身是对供应商样件的小批量试制过程,需要强有力的技术力量支持,有时甚至需要与供应商一起开发;而订单过程是供应商的规模化生产过程。所以,订单容量的技术支持难度比起认证容量的技术支持难度要小得多。因此,企业对认证环境进行分析时一定要分清是认证环境还是订单环境。

4. 制定认证计划说明书

制定认证计划说明书也就是把认证计划所需要的材料准备好,主要内容包括认证计划说明书,如物料项目名称、需求数量、认证周期等,同时附有开发需求计划、余量需求计划、认证环境资料等。

二、评估认证需求

编制采购计划的第二步是评估认证需求,主要包括分析开发批量需求、分析余量需求和确定认证需求三个方面的内容。

1. 分析开发批量需求

要做好开发批量需求分析不仅要分析量的需求,而且要掌握物料的技术特征等信息。开发批量需求的样式是各种各样的,具体如下:

(1)按照需求的环节可以分为研发物料开发认证需求和生产批量物料认证需求。

(2)按照采购环境可以分为环境内物料需求和环境外物料需求。

(3)按照供应情况可以分为直接供应物料和需要定做物料。

(4)按照国界可以分为国内供应物料和国外供应物料等。

对于如此复杂的情况,编制工程项目采购计划人员必须对开发物料需求做详细的分析,必要时还应与开发人员、认证人员一起研究开发物料的技术特征,按照已有的采购环境及认证计划经验进行分析。

2. 分析余量需求

分析余量需求首先要求对余量需求进行分类。余量认证的产生来源主要是市场销售需求的扩大和采购环境订单容量的萎缩。这两种情况都导致了目前采购环境的订单容量难以满足建设单位需求的现象,因此需要增加采购环境容量。

对于因市场需求原因造成的,可以通过市场及生产需求计划得到建筑物料的需求量及时间;对于因供应商萎缩造成的,可以通过分析现实采购环境的总体订单容量与原订单容量之间的差别得到。两种情况的余量相加即可得到总的需求容量。

3. 确定认证需求

认证需求是指通过认证手段,获得具有一定订单容量的采购环境,它可以根据开发批量需求及余量需求的分析结果来确定。

三、计算认证容量

计算认证容量主要包括分析项目认证资料、计算总体认证容量、计算承接认证容量及确定剩余认证容量四个方面的内容。

1. 分析项目认证资料

分析项目认证资料是编制工程项目采购计划人员的一项重要事务,不同的认证项目及周期也是千差万别的。作为建筑行业的实体来说,需要认证的物料项目可能是上千种物料中的某几种,熟练分析几种物料的认证资料是可能的。但对于规模比较大的建筑企业,分析上千种甚至上万种物料其难度则要大得多。

2. 计算总体认证容量

一般在认证供应商时,工程项目采购部门会要求供应商提供一定的资源用于支持认证操作,或者一些供应商只做认证项目。在供应商认证合同中,应说明认证容量与订单容量的比例,防止供应商只做批量订单,不愿意做样件认证。计算采购环境的总体认证容量的方法是把采购环境中的所有供应商的认证容量叠加。采购人员对有些供应商的认证容量需要加以适当系数。

3. 计算承接认证容量

供应商的承接认证容量等于当前供应商正在履行认证的合同量。一般认为认证容量的计算是一个相当复杂的过程,各种各样的物料项目的认证周期也是不一样的，一般是计算要求的某一时间段的承接认证量。最恰当、最及时的处理方法是借助电子信息系统，模拟显示供应商已承接认证量，以便认证计划决策使用。

4. 确定剩余认证容量

某一物料所有供应商群体的剩余认证容量的总和，称为该物料的“认证容量”。可以用下面的公式简单地进行说明：

物料认证容量＝物料供应商群体总体认证容量－承接认证容量　　(5-1)

这种计算过程也可以被电子化，一般物料需求计划（MRP）系统不支持这种算法，可以单独创建系统。需要工程项目采购人员注意的是，认证容量是一近似值，仅做参考，认证计划人员对此不可过高估计，但它能指导认证过程的操作。

工程项目采购环境中的认证容量不仅是采购环境的指标，而且也是企业不断创新、持续发展的动力源。源源不断的新产品问世是认证容量价值的体现。

四、制订认证计划

采购计划的第四步是制订认证计划，主要包括对比需求与容量、综合平衡、确定余量认证计划、制订认证计划四个方面的内容。

1. 对比需求与容量

认证需求与供应商对应的认证容量之间一般会存在着差异。如果认证需求小于认证容量，则没有必要进行综合平衡，直接按照认证需求制订认证计划；如果认证需求量大大超出供应商容量，就要进行认证综合平衡，对于剩余认证需求要制订采购环境之外的认证计划。

2. 综合平衡

综合平衡是指从全局出发，综合考虑生产、认证容量、物料生命周期等要素，判断认证需求的可行性。工程项目采购通过调节认证计划来尽可能地满足认证需求，并计算认证容量不能满足的剩余认证需求，这部分剩余认证需求需要到企业采购环境之外的社会供应群体之中寻找容量。

3. 确定余量认证计划

确定余量认证计划是指对于采购环境不能满足的剩余认证需求，应提交工程项目采购认证人员分析并提出对策，与之一起确认采购环境之外的供应商认证计划。采购环境之外的社会供应群体如没有与企业签订合同，工程项目采购部门在制订认证计划时要特别小心，并由具有丰富经验的认证计划人员和认证人员联合操作。

4. 制订认证计划

制订认证计划是确定认证物料数量及开始认证时间，其确定方法可用如下计算公式表示：

认证物料数量＝开发样件需求数量＋检验测试需求数量＋样品数量＋机动数量　　(5-2)

开始认证时间＝要求认证结束时间－认证周期－缓冲时间(5-3)

五、准备订单计划

准备订单计划分为接收市场需求、接收生产需求、准备订单环境资料、编制订单计划说明书。

1. 接收市场需求

市场需求是启动生产供应程序的流动牵引项，建设单位要想制订比较准确的订单计划，首先必须熟知市场需求计划或市场销售计划。市场需求的进一步分解便得到生产需求计划。企业的年度销售计划一般在上一年的年末制订，并报送至各个相关部门，同时下发到工程项目采购部门，以便指导全年的供应链运转，再根据年度计划制订季度、月度的市场销售需求计划。

2. 接收生产需求

生产需求对采购来说可以称为生产物料需求。生产物料需求的时间是根据生产计划而产生的，通常生产物料需求计划是订单计划的主要来源。为了利用生产物料需求，采购计划人员需要深入熟知生产计划以及工艺常识。

3. 准备订单环境资料

准备订单环境资料是准备订单计划中的一个非常重要内容。订

单环境的资料主要包括以下几项:

(1)订单物料的供应商消息。

(2)订单比例信息。对多家供应商的物料来说,每个供应商分摊的下单比例称之为订单比例,该比例由工程项目采购认证人员提出并给予维护。

(3)最小包装信息。

(4)订单周期。订单周期是指从下单到交货的时间间隔,一般是以天为单位的。订单环境一般使用信息系统管理,订单人员根据生产需求的物料项目,从信息系统中查询了解物料的采购环境参数及描述。

4. 编制订单计划说明书

编制订单计划说明书主要内容包括订单计划说明书,如物料名称、需求数量、到货日期等,并附有市场需求计划、生产需求计划、订单环境资料等。

六、评估订单需求

评估订单需求是工程项目采购计划中非常重要的一个环节,只有准确地评估订单需求,才能为计算订单容量提供参考依据,以便制定出好的订单计划。主要包括分析市场需求、分析生产需求和确定订单需求三个方面的内容。

1. 分析市场需求

订单计划不仅仅来源于生产计划。项目采购人员为了能对市场需求有一个全面的了解,需制订出一个满足企业远期发展与近期实际需求的订单计划。工程项目采购人员应做到以下几点:

(1)订单计划要考虑的是企业的生产需求,生产需求的大小直接决定了订单需求的大小。

(2)制订订单计划得兼顾企业的市场战略以及潜在的市场需求等。

(3)制定订单计划还需要分析市场要货计划的可信度。

(4)仔细分析市场签订合同的数量、还没有签订合同的数量(包括没有及时交货的合同)的一系列数据,同时研究其变化趋势,全面考虑要货计划的规范性和严谨性,还要参照相关的历史要货数据,找出问题的所在。

2. 分析生产需求

要分析生产需求，首先要研究生产需求的产生过程，其次分析生产需求量和要货时间。

3. 确定订单需求

根据对市场需求和对生产需求的分析结果，采购部门可以确定订单需求。通常来讲，订单需求的内容是指通过订单操作手段，在未来指定的时间内，将指定数量的合格物料采购入库。

七、计算订单容量

计算订单容量是工程项目采购计划中的重要组成部分。主要包括分析项目供应资料、计算总体订单容量、计算承接订单容量和确定剩余订单容量四个方面的内容。

1. 分析项目供应资料

对于工程项目采购工作来说，在实际采购环境中，所要采购物料的供应商的信息是非常重要的一项信息资料。如果没有供应商供应物料，无论是生产需求，还是紧急的市场需求，都会出现“巧妇难为无米之炊”的现象。可见，有供应商的物料供应是满足生产需求和满足紧急市场需求的必要条件。

2. 计算总体订单容量

总体订单容量是多方面内容的组合，一般包括两个方面的内容：一方面是可供给的物料数量；另一方面是可供给物料的交货时间。

3. 计算承接订单容量

承接订单容量是指某供应商在指定的时间内已经签下的订单量。有时在各种物料容量之间进行借用，并且存在多个供应商的情况下，其计算比较稳定。

4. 确定剩余订单容量

剩余订单容量是指某物料所有供应商群体的剩余订单容量的总和。可用下面的公式表示：

物料剩余订单容量＝物料供应商群体总体订单容量－已承接订单容量 （5-4）

八、制订订单计划

制订订单计划是采购计划的最后一个环节，也是最重要的环节，主要包括对比需求与容量、综合平衡、确定余量认证计划和制订订单计划四个方面的内容。

1. 对比需求与容量

对比需求与容量是制订订单计划的首要环节，只有比较出需求与容量的关系才能有的放矢地制订订单计划。如果经过对比发现需求小于容量，即无论需求多大，容量总能满足需求，则企业要根据物料需求来制订订单计划。如果供应商的容量小于企业的物料需求，则要求企业根据容量制订合适的物料需求计划，这样就产生了剩余物料需求，需要对剩余物料需求重新制订认证计划。

2. 综合平衡

计划人员要综合考虑市场、生产、订单容量等要素，分析物料订单需求的可行性，必要时调整订单计划，计算容量不能满足的剩余订单需求。

3. 确定余量认证计划

在对比需求与容量时，如果容量小于需求就会产生剩余需求，对于剩余需求，要提交认证计划制订者处理，并确定能否按照物料需求规定的时间及数量交货。为了保证物料及时供应，此时可以简化认证程序，并由具有丰富经验的认证计划人员进行操作。

4. 制订订单计划

订单计划做好之后就可以按照计划进行采购工作了。一份订单包含的内容有下单数量和下单时间两个方面。其计算公式如下：

下单数量＝生产需求量－计划入库量－现有库存量＋安全库存量 （5-5）

下单时间＝要求到货时间－认证周期－订单周期－缓冲时间 （5-6）

第三节 建筑工程项目采购控制

为实现项目采购目标，全面满足项目需求，应对项目采购过程进行有效控制。可依据项目合同和项目设计文件，采用公开招标、邀请招标、询价、协商等方式进行产品采购，满足采购质量和进度要求，降低项目采购成本。

一、建筑工程项目采购工作方式

建筑工程项目采购工作应采用招标、询价或其他方式，具体内容见表5-2。

表 5-2 建筑工程项目采购工作方式

序号	项目	内容
1	公开招标	公开招标采购是指招标机关或其委托的代理机构（统称招标人）以招标公告的方式邀请不特定的供应商（统称投标人）参加投标的采购方式。公开招标是项目采购的主要采购方式。招标人不得将应当以公开招标方式采购的工程、货物或服务化整为零或以其他任何方式规避公开招标采购
2	邀请招标	邀请招标采购是指招标人以投标邀请书的方式邀请规定人数以上的供应商参加投标的采购方式。通常情况下，邀请招标需要具备一定的条件
3	竞争性谈判	竞争性谈判采购是指采购机关直接邀请规定人数（政府采购法规定3人）以上的供应商就采购事宜进行谈判的采购方式。例如，《中华人民共和国政府采购法》规定符合下列情形之一的货物或服务，可以采用竞争性谈判方式进行采购： (1)招标后没有供应商投标或者没有合格标的或者重新招标未能成立的。 (2)技术复杂或者性质特殊，不能确定详细规格或者具体要求的。 (3)采用招标方式所需时间不能满足用户紧急需要的。 (4)不能事先计算出价格总额的

续表

序号	项　　目	内　　　　容
4	单一来源	单一来源采购是指采购机关向供应商直接购买的采购方式。例如,《中华人民共和国政府采购法》规定符合下列情形之一的货物或服务,可以采用单一来源方式进行采购: (1)只能从唯一供应商处采购的。 (2)发生了不可预见的紧急情况,不能从其他供应商处采购的。 (3)必须保证原有采购项目一致性或者服务配套的要求,需要继续从原供应商处添购,且添购资金总额不超过原合同采购金额的10%
5	询价	询价采购也称"货比三家",是在比较几家国内外厂家(通常至少3家)报价的基础上进行的采购,这种方式只适用于采购现货或价值较小的标准规格设备,或者适用于小型、简单的土建工程。 询价采购不需正式的招标文件,只需向有关的运货厂家发出询价单,让其报价,然后在各家报价的基础上进行比较,最后确定并签订合同
6	直接	或称直接签订合同,不通过竞争而直接签订合同的方式,可以适用于下述情况: (1)对于已按照世界银行同意的程序授标并签约,而且正在实施中的工程或货物合同,在需要增加类似的工程量或货物量的情况下,可通过这种方式延续合同。 (2)考虑与现有设备配套的设备或设备的标准化方面的一致性,可采用此方式向原来的供货厂家增购货物。在这种情况下,原合同货物应是适应要求的,增加购买的数量应少于现有货物的数量,价格应当合理。 (3)所需设备具有专营性,只能从一家厂商购买。 (4)负责工艺设计的承包人要求从指定的一家厂商购买关键的部件,以此作为保证达到设计性能或质量的条件。 (5)在一些特殊情况下,如抵御自然灾害,或需要早日交货,可采用直接签订合同方式进行采购,以免由于延误而花费更多。此外,在采用了竞争性招标方式而未能找到一家承包人或供货商能够以合理价格来承担所需工程或提供货物的特殊情况下,也可以采用直接签订合同方式来洽谈合同,但是要经世界银行同意

续表

序号	项目	内容
7	自营工程	自营工程是土建工程中采用的一种采购方式。它是指项目业主不通过招标采购方式而直接使用自己国内、省(区)内的施工队伍来承建工程。自营工程适用于下列情况: (1)工程量的多少事先无法确定。 (2)工程的规模小而分散,或所处地点比较偏远,使承包商要承担过高的动员调遣费用

二、建筑工程项目采购计价

1. 建筑工程项目采购单价计价

采用单价计价的条件是:当准备发包的工程项目内容一时不能确定,或设计深度不够(如初步设计)时,工程内容或工程量可能出入较大,则采用单价计价形式为宜。其分类见表5-3。

表5-3 单价计价的分类

序号	项目	内容
1	单价与包干混合式计价类型	采用单价与包干混合式计价类型,以单价计价类型为基础,但对其中某些不易计算工程量的分项工程(如施工导流、小型设备购置与安装调试)采用包干办法,而对能用某种单位计算工程量的条目,则采用单价方式
2	纯单价计价类型	当设计单位还来不及提供设计图纸,或在虽有设计图纸但由于某些原因不能比较准确地计算工程量时,宜采用纯单价计价类型
3	估计工程量单价计价类型	采用估计工程量单价计价类型,业主在准备此类计价类型的文件时,委托咨询单位按分部分项工程列出工程量表及估算的工程量,承包商投标时在工程量表中填入各项的单价,据此计算出计价类型总价作为投标报价之用

对于采用包干报价的项目,一般在计价类型条件中规定,在开工后数周内,由承包商向工程师递交一份包干项目分析表,在分析表中将包干项目分解为若干子项,列出每个子项的合理价格。该分析表经

工程师批准后，即可作为包干项目实施时支付价款的依据。对于单价报价项目，按月支付。

2. 建筑工程项目采购总价计价

采用总价计价类型时，要求投标人按照文件的要求报一个总价，据此完成文件中所规定的全部项目。对业主而言，采用总价计价类型比较简便，评标时易于确定报价最低的承包商，业主按计价类型规定的方式分阶段付款，在施工过程中，可集中精力控制工程质量和进度。但采用这种计价类型时，一般应满足下列三个条件：

(1)必须详细而全面地准备好设计图纸（一般要求施工详图）和各项说明，以便投标人能准确地计算工程量。

(2)工程风险不大，技术不太复杂，工程量不太大，工期不太长，一般在 2 年以内。

(3)在计价类型条件允许范围内，向承包商提供各种方便。

总价计价的分类见表 5-4。

表 5-4　总价计价的分类

序号	项　目	内　容
1	固定总价计价类型	固定总价计价类型适用于工期较短（一般不超过 1 年）、对工程项目要求十分明确的项目。采用固定总价计价类型时，承包商的报价以准确的设计图纸及计算为基础，并考虑一些费用的上升因素
2	固定工程量总价计价类型	采用固定工程量总价计价类型时，业主要求投标人在投标时分别填报分项工程单价，并按照工程量清单提供的工程量计算出工程总价。原定工程项目全部完成后，根据计价类型总价付款给承包商。 如果改变设计或增加新项目，则用计价类型中已确定的费率计算新增工程量那部分价款，并调整总价。这种方式适用于工程量变化不大的项目
3	管理费总价计价类型	业主雇用某一公司的管理专家对发包计价类型的工程项目进行施工管理和协调，由业主付给一笔总的管理费用。采用这种计价类型时要明确具体工作范畴

三、建筑工程项目采购订单

1. 实施项目采购订单计划

发出采购订单是为了实施订单计划，从采购环境中购买物料项目，为生产市场输送合格的原材料和配件，同时对供应商群体绩效表现进行评价反馈。订单的主要环节包括：订单准备、选择供应商、签订合同、合同执行跟踪、物料检验、物料接收、付款操作、供应评估。

2. 项目采购订单操作规范

(1)确认项目质量需求标准。

(2)确认项目的需求量。订单计划的需求量应等于或小于采购环境订单容量。

(3)价格确认。工程项目采购人员在提出“查订单”及“估价单”时，为了决定价格，应汇总出“决定价格的资料”。同时，为了了解订购经过，采购人员也应制作单行簿。决定价格之后，应填列订购单、订购单兼收据、入货单、验收单及接收检查单、货单等。

(4)查询采购环境信息。订单人员在完成订单准备之后，要查询采购环境信息系统，以寻找适应本次工程项目采购的供应商群体。

(5)制定订单说明书。订单说明书主要内容包括说明书，即项目名称、确认的价格、确认的质量标准、确认的需求量、是否需要扩展采购环境容量等方面，另附有必要的图纸、技术规范、检验标准等。

(6)与供应商确认订单。

(7)发放订单说明书。

(8)制作合同。

另外，在订购单的背面，多会有附加条款的规定，其主要内容包括以下几项：

1)品质保证。保证期限，无偿或有偿条件等规定。

2)交货方式。新品交货，附带备用零件、交货时间与地点等规定。

3)验收方式。检验设备、检验费用、不合格品的退换等规定，超交或短交数量的处理。

4)履约保证。按合同总价百分之几退还或没收的规定。

5)罚则。迟延交货或品质不符的扣款,停权处分或取消合同的规定。

6)仲裁或诉讼。买卖双方的纷争,仲裁的地点或诉讼的法院。

7)其他。例如,卖方保证买方不受专利权侵害的控诉。

四、建筑工程项目采购合同控制

建筑工程项目采购进货过程是一个环节多、因素多、风险大的作业过程,所以,最好的控制方法是合同控制。在合同中,有双方当事人各自责任与义务的具体规定,有违反合同的具体处理办法,有各方当事人以及单位负责人的签字和公章,有的甚至还有公证人的签字和公章。因此,项目采购合同具有法律效率,受法律保护,有最大的权威性、约束性和可操作性,可以约束控制双方的行为、保护双方的利益。因此,项目采购部门要尽量做到与进货过程所有进行进货操作的单位和个人都签订合同,用合同来约束和控制供应商,使进货风险降到最小。

在整个项目采购进货过程中,可能要签订多份合同,和多个作业单位签订合同。根据进货方式不同,签订合同的方式也不同。

1. 与供应商签订合同

首先,项目采购部门应该和供应商签订合同,这个合同就是订货合同。在与供应商签订订货合同时,要明确写明进货条款,明确确定所购货物的进货方式、进货承担方和责任人。在选择进货方式时,工程项目采购部门最好是选择由供应商包送方式。这种方式对工程项目采购部门最有利,省去了很多进货环节中烦琐的事务,可以不承担任何责任和风险,把进货责任和风险推给供应商。

如果供应商不想自己送货,希望委托运输送货,由他们去委托运输商,由他们去和运输商签订运输合同,工程项目采购部门可以不管,这也是有利于工程项目采购部门。

2. 与运输商签订合同

如果供应商不想送货,只能由项目采购部门来办理进货时,工程项目采购部门最好是采用进货业务外包的方式,把进货业务外包给第三方物流公司或其他运输商承担。这样采购方也可以免除烦琐的进货业务处理，避免进货风险。

把进货业务外包给运输商有两种方式：一是供应商先将所购货物交给工程项目采购部门，然后由工程项目采购部门交给运输商运输，运输商将货物运送给购买方，再将货物交给工程项目采购部门；二是由运输商直接向供应商提货，运输商将货物运到工程项目采购部门指定的地点。对工程项目采购部门来说，在两种方式中，第二种方式较好，因其节省了与供应商的货物交接与货物检验工作。

在将进货业务外包给运输商时，要和运输商签订一份正式的运输合同。对运输过程中有关事项进行明确规定，规定双方的责任和义务，还要规定违约的处理方法。这样，工程项目采购部门可以约束和控制运输商的行为。

3. 与作业人员签订合同

如果是项目采购部门承担进货任务，可以租车进行运输或者是本单位派驾驶员带车进行运输。如果路途遥远、路况复杂、货物贵重时，为了慎重，也要和作业人员签订合同，或者签订运输责任状，规定作业人员的责任和义务。在这种情况下，最好派有经验、有能力、身体好的人跟车。跟车人的任务，一是在路途中处理一些紧急、复杂问题；二是协助和监督途中运输工作，保障货物安全运输。

合同是一种重要的约束和控制手段，可以减少风险。对方一旦违约，给购买方造成损失，则可以根据合同条款，向对方获取赔偿。

为了更加保险，项目采购部门除了合同之外，还可购买运输保险，这样，在途中一旦出现事故，可以找保险公司赔偿，也可以降低运输风险。

五、建筑工程项目采购作业控制

作业控制，是项目采购部门必须经办处理或者监督处理进货过程的每一道作业，对每一道作业进行控制。作业控制工作量很大，而且风险大、责任重，处理时，应当注意采用以下措施和办法：

(1)选用有经验、处理问题能力强、活动能力强、身体健康的人担任此项工作。这项工作要处理各种各样的问题,项目采购人员要接触各种各样的人,要熟悉运输部门的业务和各种规章制度,没有一定能力的人,难以胜任此项工作。

(2)事前要进行周密策划和计划,对各种可能出现的情况制定应对措施,要制订切实可行的物料进度控制表,对整个过程实行任务控制。

(3)做好供应商的按期交货、货物检验工作。这是工程项目采购部门与供应商的最后的物资交接,是物资所有权的完全性转移。交接完毕,供应商完全交清了货物,工程项目采购部门也已经完全接收了货物。所以这次交接验收一定要严格在数量上、质量上把好关,做到数量准确、质量合格。要有验收记录,并且准确无误,要留下原始凭证,例如磅码单、计量记录等。验收完毕,双方签字并盖章。

(4)发货。接收的货物,要妥善包装,每箱要有装箱清单,装箱单应该一式两份,箱内一份,货主留一份。在有些情况下还要在箱外贴物流条码,安全搬运上车,每个都要合理堆码,固紧,或塞填充物,防止运输途中发生碰撞、倾覆而导致货物受损。车厢装满以后,还要填写运单。办好发运手续,并且在物料进度控制表中填写记录,做好商业记录。督促运输商按时发车。

(5)运输途中控制。可能的话,最好跟车押运。如果不能跟车,也要和运输部门取得联系,跟踪货物运行情况。无论跟车或不跟车,都要随时掌握物料运输进度,并且记录物料进度控制表,做好记录。

(6)货物中转。运输途中,可能会因运输工具改变、运输路段改变而需要中转,中转有不同情况,有的是整车重新编组以后再发运;有的是要卸车、暂存仓库一段时间后再装车发运。中转点最容易发生问题,例如整车漏挂、错挂,卸车损坏、错存、错装、少装、延时装车、延时发运等。所以,最好亲自前往监督,并填写好物料控制进度表,做好商业记录。

(7)购买方与运输方的交接。货物运到家门口,购买方要从运输方手中接收货物。这个时候,要做好运输验收。这个验收主要是看有没有包装箱受损、开箱、缺少,货物散失等。如果包装箱完好无损,数量不少，就可以接收。如果包装箱受损、遗失，或货物散失，就要弄清受损或遗失的数量，并且做好商业记录，双方认证签字，凭此向运输方索赔。

(8)进货责任人与仓库保管员的交接，即入库。这是采购中最实质性的一环。它是采购物资的实际接收关。验收入库完毕，货物就完全成为企业的财产，这次采购任务也基本结束。因此，要严格做好入库验收工作。数量上要认真清点；质量上要认真检查，按实际质量标准登记入账。验收完毕，双方在验收单上签字盖章。进货管理人员要填写物料进度控制表，做好商业记录。

六、建筑工程项目采购验收

(1)待收料。物料管理收料人员于接到工程项目采购部门转来已核准的“订购单”时，按供应商、物料交货日期分别依序排列存档，并于交货前安排存放的库位以方便收料作业。

(2)收料。

1)内购收料。材料进入施工现场后，收料人员必须依“订购单”的内容，核对供应商送来的物料名称、规格、数量和送货单及发票并清查数量无误后，将到货日期及实收数量填记于“请购单”办理收料；如发现所送来的材料与“订购单”上所核准的内容不符时，应及时通知工程项目采购部门处理，原则上非“订购单”上所核准的材料不予以接收，如采购部门要收下这些材料时，收料人员应告知主管，并于单据上注明实际收料状况，会签采购部门。

2)外购收料。材料进入施工现场后，物料管理收料人员即会同检验单位依“装箱单”及“订购单”开柜(箱)核对材料名称、规格并清点数量，并将到货日期及实收数量填入“订购单”。开柜(箱)后，如发现所载的材料与“装箱单”或“订购单”所记载的内容不同时，通知办理进货人员及采购部门处理。当发现所装载的物料有异常时，经初步计算损失超过 5000 元以上者(含 5000 元)，收料人员及时通知采购人员联络公证处前来公证或通知代理商前来处理，并尽可能维持其状态以利公证作业；如未超过 5000 元者，则依实际的数量收料，并于“采购单”上注明损失数量及情况；对于由公证或代理商确认的损失，物料管理收料人员开立“索赔处理单”呈主管核实后，送会计部门及采购部门督促办理。

(3)材料待验。进入施工现场待验的材料，必须于物品的外包装上贴材料标签并详细注明料号、品名规格、数量及进入施工现场日期，且与已检验者分开储存，并规划“待验区”作为分区，收料后，收料人员应将每日所收料品汇总填入“进货日报表”作为入账清单的依据。

(4)超交处理。交货数量超过“订购量”部分应予退回，但属买卖惯例，以重量或长度计算的材料，其超交量的3%以下，由物料管理部门于收料时，在备注栏注明超交数量，经请采购部门主管同意后，始得收料，并通知采购人员。

(5)短交处理。交货数量未达订购数量时，以补足为原则，但经请购部门主管同意者，可免补交。短交如需补足时，物料管理部门应通知工程项目采购部门联络供应商处理。

(6)急用品收料。紧急材料由厂商交货时，若货仓部门尚未收到“请购单”时，收料人员应先洽询工程项目采购部门，确认无误后，依收料作业办理。

(7)材料验收规范。为利于材料检验收料的作业，品质管理部门就材料重要性及特性等，适时召集使用部门及其他有关部门，依所需的材料品质研究制定“材料验收规范”作为工程项目采购及验收的依据。

(8)材料检验结果的处理。

1)检验合格的材料，检验人员于外包装上贴合格标签，以示区别；物料管理人员再将合格品入库定位。

2)不符合验收标准的材料，检验人员在物品包装上贴不合格标签，并于“材料检验报告表”上注明不良原因，经主管核实处理对策并转工程项目采购部门处理及通知请购单位，再送回物料管理凭此办理退货，如果是特殊采购则办理收料。

(9)退货作业。对于检验不合格的材料退货时，应开具“材料交运单”并附有关的“材料检验报告表”交主管签认后，凭此异常材料出厂。

第六章　建筑工程项目施工现场管理

第一节　施工现场生产要素管理

为适应施工项目管理需要，建筑施工企业应建立和完善项目生产要素配置机制，实现生产要素的优化配置、动态控制和降低成本。

项目生产要素的管理也称项目资源管理，项目的生产要素是指生产力作用于工程项目的各有关要素，通常是指投入施工项目的人力资源、材料、机械设备、技术和资金等诸要素。项目资源管理是完成施工任务的重要手段，也是工程项目目标得以实现的重要保证。

项目生产要素管理的主体是以项目经理为首的项目经理部，管理的客体是与施工活动相关的各生产要素。要加强对施工项目的资源管理，就必须对工程项目的各生产要素进行认真的分析和研究。

一、生产要素管理过程

项目生产要素管理的全过程应包括生产要素的计划、配置、控制和处置四个环节。

（一）计划

计划是优化配置和组合的手段，目的是对资源投入量、投入时间和投入步骤做出合理安排，以满足项目实施的需要，编制项目资源计划便是施工组织设计中的一项重要内容。

在建筑工程项目施工前必须编制项目资源管理计划，由工程总承包商的项目经理部做出指导工程施工全局的施工组织计划。

为了对资源的投入量、投入时间、投入步骤有一个合理的安排，在编制项目资源管理计划时，必须按照工程施工准备计划，施工进度总计划和主要分部（项）工程进度计划以及工程的工作量，套用相关的定额，来确定所需资源的数量、进场时间、进场要求和进场安排，编制出详尽的需用计划表。

1. 计划的编制依据

项目资源管理计划应按照施工预算、现场条件和项目管理实施规划编制，其主要依据见表 6-1。

表 6-1　　建筑工程项目资源管理计划的编制依据

序号	项　目	内　容
1	项目目标分析	通过对项目目标的分析，把项目的总体目标分解为各个具体的子目标，以便于了解项目所需资源的总体情况
2	工作分解结构	工作分解结构确定了完成项目目标所必须进行的各项具体活动，根据工作分解结构的结果可以估算出完成各项活动所需的资源的数量、质量和具体要求等信息
3	项目进度计划	项目进度计划提供了项目的各项活动何时需要相应的资源以及占用这些资源的时间，据此，可以合理地配置项目所需的资源
4	制约因素	在进行资源计划时，应充分考虑各类制约因素，如项目的组织结构、资源供应条件等
5	历史资料	资源计划可以借鉴类似项目的成功经验，以便于项目资源计划的顺利完成，既可节约时间又可降低风险

2. 计划的编制过程

项目资源管理计划是施工组织设计的一项重要内容，应纳入工程项目的整体计划和组织系统中。通常，建筑工程项目资源计划的编制应包括如下过程：

(1)确定资源的种类、质量和用量。根据工程技术设计和施工方案，初步确定资源的种类、质量和需用量，然后再逐步汇总，最终得到整个项目各种资源的总用量表。

(2)调查市场上资源的供应情况。在确定资源的种类、质量和用量后，即可着手调查市场上这些资源的供应情况。其调查内容主要包括各种资源的单价，据此进而确定各种资源所需的费用；调查如何得到这些资源，从何处得到这些资源，这些资源供应商的供应能力怎样，供应的质量如何，供应的稳定性及其可能的变化；对各种资源供应状况进行对比分析等。

(3)资源的使用情况。主要是确定各种资源使用的约束条件，包括总量限制、单位时间用量限制、供应条件和过程的限制等。对于某些外国进口的材料或设备，在使用时，还应考虑资源的安全性、可用性、对周围环境的影响、国家的法规和政策以及国际关系等因素。

在安排网络时，不仅要在网络分析和优化时加以考虑，在具体安排时更需注意，这些约束性条件多是由项目的环境条件，或企业的资源总量和资源的分配政策决定的。

(4)确定资源使用计划。通常是在进度计划的基础上确定资源的使用计划，即确定资源投入量-时间关系直方图(表)，确定各资源的使用时间和地点。在做此计划时，可假设它在活动时间上平均分配，从而得到单位时间的投入量(强度)。进度计划和资源计划的制订，往往需要结合在一起共同考虑。

(5)确定具体资源供应方案。在编制的资源计划中，应明确各种资源的供应方案、供应环节及具体时间安排等，如人力资源的招聘、培训、调遣、解聘计划，材料的采购、运输、仓储、生产、加工计划等。如把这些供应活动组成供应网络，应与工期网络计划相互对应，协调一致。

(6)确定后勤保障体系。在资源计划中，应根据资源使用计划确定项目的后勤保障体系，如确定施工现场的水电管网的位置及其布置情况，确定材料仓储位置、项目办公室、职工宿舍、工棚、运输汽车的数量及平面布置等。这些虽不能直接作用于生产，但对项目的施工具有不可忽视的作用，在资源计划中必须予以考虑。

(二)配置

配置是指按照编制的计划，从资源的供应到投入到项目实施，保证项目需要。优化是资源管理目标的计划预控，通过项目管理实施规划和施工组织设计予以实现。包括资源的合理选择、供应和使用，既包括市场资源，又包括内部资源。配置要遵循资源配置自身经济规律和价值规律，更好地发挥资源的效能，降低成本。

(三)控制

控制是指根据每种资源的特性,设计合理的措施,进行动态配置和组合,协调投入,合理使用,不断纠正偏差,以尽可能少的资源满足项目要求,达到节约资源的目的。动态控制是资源管理目标的过程控制,包括对资源利用率和使用效率的监督、闲置资源的清退、资源随项目实施任务的增减变化及时调度等,通过管理活动予以实现。

(四)处置

处置是在各种资源投入、使用与产出核算的基础上,进行使用效果分析,一方面对管理效果进行 总结,找出经验和问题,评价管理活动;另一方面为管理提供储备和反馈信息,以指导下一阶段的管理工作,并持续改进。

二、人力资源管理

人力资源管理在项目整个资源管理中占有重要的地位,从经济的角度看,人是生产力要素中的决定因素,在社会生产过程中处于主导地位。这里所指的人力资源应是广义的人力资源,它包括管理层和操作层。只有加强了这两方面的管理,把它们的积极性充分调动起来,才能很好地去掌握手中的材料、设备、资金,把建设工程做好。

人力资源管理的主要内容包括人力资源的招收、培训、录用和调配(对于劳务单位);劳务单位和专业单位的选择和招标(对于总承包单位);科学合理地组织劳动力,节约使用劳动力;制定、实施、完善、稳定劳动定额和定员;改善劳动条件,保证职工在生产中的安全与健康;加强劳动纪律,开展劳动竞赛,提高劳动生产效率;对劳动者进行考核,以便对其进行奖惩。

(一)建筑工程项目人力资源管理计划

项目经理部应根据项目进度计划和作业特点优化配置人力资源,制订人力需求计划,报企业人力资源管理部门批准,企业人力资源管理部门与劳务分包公司签订劳务分包合同。远离企业本部的项目经理部,可在企业法定代表人授权下与劳务分包公司签订劳务分包合同。

项目人力资源高效率的使用，关键在于制订合理的人力资源使用计划。管理部门应审核项目经理部的进度计划和人力资源需求计划，并做好以下工作：

(1)在人力资源需求计划的基础上编制工种需求计划，防止漏配。必要时根据实际情况对人力资源计划进行调整。

(2)人力资源配置应贯彻节约原则，尽量使用自有资源。

(3)人力资源配置应有弹性，让班组有超额完成指标的可能，激发工人的劳动积极性。

(4)尽量使项目使用的人力资源在组织上保持稳定，防止频繁变动。

(5)为保证作业需要，工种组合、能力搭配应适当。

(6)应使人力资源均衡配置以便于管理，达到节约的目的。

项目所使用的人力资源无论是来自企业内部，还是企业外部，均应通过劳务分包合同进行管理。

1. 人力资源需求计划

(1)确定劳动效率。确定劳动力的劳动效率，是劳动力需求计划编制的重要前提，只有确定了劳动力的劳动效率，才能制订出科学合理的计划。工程施工中，劳动效率通常用“产量/单位时间”，或“工时消耗量/单位工作量”来表示。

在一个工程中，分项工程量一般是确定的，它可以通过图纸和规范的计算得到，而劳动效率的确定却十分复杂。在建筑工程中，劳动效率可以在《劳动定额》中直接查到，它代表社会平均先进的劳动效率。但在实际应用时，必须考虑到具体情况，例如环境、气候、地形、地质、工程特点、实施方案的特点、现场平面布置、劳动组合等，进行合理调整。

根据劳动力的劳动效率，即可得出劳动力投入的总工时，其计算公式如下：

劳动力投入总工时＝工程量/(产量/单位时间)

＝工程量×工时消耗/单位工程量(6-1)

(2)确定劳动力投入量。劳动力投入量也称劳动组合或投入强度。在工程劳动力投入总工时一定的情况下，假设在持续的时间内，劳动力投入强度相等，而且劳动效率也相等，在确定每日班次及每班次的劳动时间时，可按下式计算：

$$某活动劳动力投入量=\frac{劳动力投入总工时}{班次/日\times 工时/班次\times 活动持续时间}$$
$$=\frac{工程量\times 工时消耗量/单位工程量}{班次/日\times 工时/班次\times 活动持续时间} \tag{6-2}$$

(3)人力资源需求计划的编制。

1)在编制劳动力需要量计划时，由于工程量、劳动力投入量、持续时间、班次、劳动效率、每班工作时间之间存在一定的变量关系，因此，在计划中要注意它们之间的相互调节。

2)在工程项目施工中，经常安排混合班组承担一些工作包任务，此时，不仅要考虑整体劳动效率，还要考虑到设备能力和材料供应能力的制约，以及与其他班组工作的协调。

但是，混合班组在承担工作包(或分部工程)时，劳动力的投入并非是均值的。例如，基础混凝土浇捣时，如采用顺序施工，则劳动力投入如图 6-1(a)所示；而如果采用两个阶段流水施工，则劳动力投入如图 6-1(b)所示。而专业投入的不均衡性更大。由于劳动效率没有变化，所以两图上面积(即代表劳动力总投入量)应是相等的。

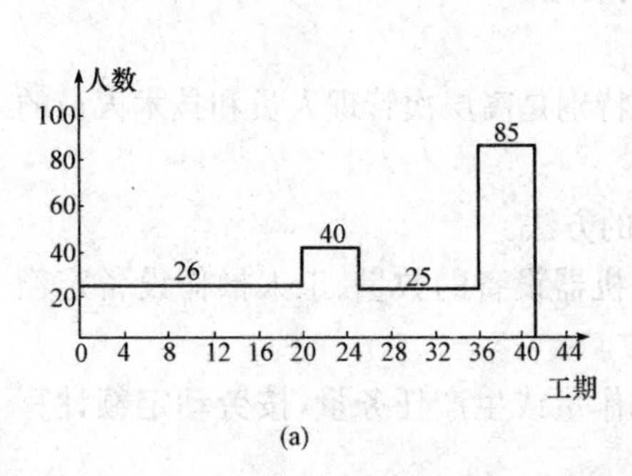

(a)

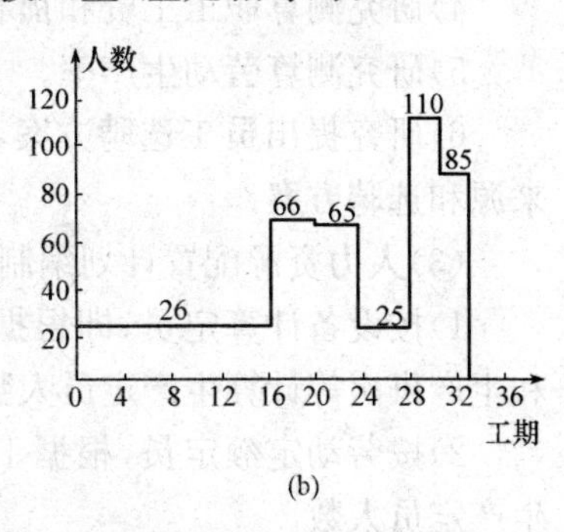

(b)

图 6-1　施工劳动力曲线

(a)顺序施工劳动力曲线；(b)分两个阶段流水施工劳动力曲线

3)劳动力需要量计划中还应包括对现场其他人员的使用计划,如为劳动力服务的人员(如医生、厨师、司机等)、工地警卫、勤杂人员、工地管理人员等,可根据劳动力投入量计划按比例计算,或根据现场的实际需要安排。

2. 人力资源配置计划

(1)人力资源配置计划编制的依据。建筑工程项目人力资源配置计划编制的依据是:

1)人力资源配备计划。人力资源配备计划阐述人力资源在何时、以何种方式加入和离开项目小组。人员计划可能是正式的,也可能是非正式的,可能是十分详细的,也可能是框架概括型的。

2)资源库说明。可供项目使用的人力资源情况。

3)制约因素。外部获取时的招聘惯例、招聘原则和程序。

(2)人力资源配置计划编制的内容。建筑工程项目人力资源配置计划编制的内容如下:

1)研究制定合理的工作制度与运营班次,根据类型和生产过程特点,提出工作时间、工作制度和工作班次方案。

2)研究员工配置数量,根据精简、高效的原则和劳动定额,提出配备各岗位所需人员的数量,技术改造项目,优化人员配置。

3)研究确定各类人员应具备的劳动技能和文化素质。

4)研究测算职工工资和福利费用。

5)研究测算劳动生产率。

6)研究提出员工选聘方案,特别是高层次管理人员和技术人员的来源和选聘方案。

(3)人力资源配置计划编制的方法。

1)按设备计算定员,即根据机器设备的数量、工人操作设备定额和生产班次等计算生产定员人数。

2)按劳动定额定员,根据工作量或生产任务量,按劳动定额计算生产定员人数。

3)按岗位计算定员,根据设备操作岗位和每个岗位需要的工人数计算生产定员人数。

4)按比例计算定员,按服务人数占职工总数或者生产人员数量的比例计算所需服务人员的数量。

5)按劳动效率计算定员,根据生产任务和生产人员的劳动效率计算生产定员人数。

6)按组织机构职责范围、业务分工计算管理人员的人数。

3. 劳动生产率计划

劳动生产率是指劳动者在生产中的产出与创造这一产出的投入时间之比。一般用单位时间内生产某种合格产品的数量或产值来表示,亦可用生产单位合格产品所消耗的劳动时间表示。

劳动生产率是现代企业管理的核心问题,在市场经济条件下,高生产率是企业参与竞争,克敌制胜的法宝。人力资源管理的首要任务是采用科学方法,提高员工素质,不断调动员工的积极性,保持高水平的劳动生产率。

(1)影响劳动生产率的因素。影响劳动生产率的因素有内部因素和外部因素两种。一般来说,外部因素是一个企业所无法控制的,如立法、税收、各种相关政策等,这些外部因素对不同的建筑施工企业来说,其影响程度基本相同,不在我们的研究范围之内。而对于那些可以控制的内部因素,应加以充分考虑,包括:劳动者水平(经营者的管理水平,操作者的技术水平,劳动者的觉悟水平等);企业的技术装备程度(机械化施工水平,设备效率和利用程度等);劳动组织科学化、标准化、规范化程度;劳动的自然条件;企业的生产经营状况。

(2)劳动生产率的计算。

1)按实物量计算劳动生产率。该计算方法是以每人每日可完成的实物量来表示的,如每人每日砌筑砖墙若干立方米(m^3/人·日)。这种方法比较直观,可以直接比较某工种的劳动生产率。但由于各个分部工程不能综合,难以进行全面比较。其计算公式如下:

$$\text{实物劳动生产率}=\frac{\text{实际完成某工种实物工程量}(m^2\text{ 或 }m^3)}{\text{完成该实物量的工日数(包括辅助工人)}} \tag{6-3}$$

2)以产值计算劳动生产率。该计算方法是以每人每年完成的产值来进行计算的,通过工程项目施工所完成的各种实物量转换成以价值形态表示的金额进行计算，最后都折算成以“人·年”为计算单位的形式来表示其总产值。

为了便于比较，常折算成以人年为计算单位的形式，然后加以比较。其计算公式如下：

$$\text{建筑（安装）工人劳动生产率}=\frac{\text{自行完成的施工产值（元）}}{\text{建筑（安装）工人及学徒平均人数（人）}} \quad (6\text{-}4)$$

$$\text{全员劳动生产率}=\frac{\text{自行完成的建筑总产值（元）}}{\text{全部人员平均数（人）}} \quad (6\text{-}5)$$

$$\text{全员中扣除其他人员的劳动生产率}=\frac{\text{自行完成的建筑总产值（元）}}{\text{全部人员（扣除其他人员）平均人员（人）}} \quad (6\text{-}6)$$

式中，其他人员包括社会性服务机构人员，如医务、商店、学校等人员。

该方法由于克服了实物量汇总的困难，计算方便，易于比较和控制，但是以此而制订的劳动生产率计划不易准确。根据上面三个公式可知，建筑（安装）工人劳动生产率反映了作业层的生产技术水平和施工工人的技术熟练程度，而全员劳动生产率则反映了经营管理水平。

3）以定额工日计算的劳动生产率。该方法是以所完成的实物工程量，用它的时间定额（定额工日）来表示的，其计算公式如下：

$$\text{建筑（安装）工人劳动生产率}=\frac{\text{定额工日总额（工日）}}{\text{建筑（安装）工人及学徒平均人数（人）}}=\frac{\text{实际完成实物量}\times\text{时间定额（工日）}}{\text{建筑（安装）工人及学徒平均人数（人）}} \quad (6\text{-}7)$$

$$\text{全员劳动生产率}=\frac{\text{定额工日总数（工日）}}{\text{全部人员平均数（人）}} \quad (6\text{-}8)$$

$$\text{全员中扣除其他人员的劳动生产率}=\frac{\text{定额工日总数（工日）}}{\text{全部人员（不包括其他人员）平均人数（人）}} \quad (6\text{-}9)$$

该种计算方法可比性较高，因为即使工程对象性质不同，但都可计算出消耗的劳动时间，即定额工日总数，这就具有共同比较的基础。

（3）提高劳动生产率的途径。劳动生产率的提高，就是要劳动者更合理更有效率地工作，尽可能少地消耗资源，尽可能多地提供产品和服务。

提高劳动生产率最根本的是使劳动者具有高智慧、高技术、高技能。真正的劳动生产率提高，不是靠拼体力，增加劳动强度，这是由于人类自身条件的限制，这样做只能导致生产率的有限增长。而提高劳动生产率，主要途径有以下几条：

1)提高全体员工的业务技术水平和文化知识水平，充分开发职工的能力。

2)加强思想政治工作，提高职工的道德水准，搞好企业文化建设，增加企业凝聚力。

3)提高生产技术和装备水平，采用先进施工工艺和操作方法，提高施工机械化水平。

4)不断改进生产劳动组织，实行先进合理的定员和劳动定额。

5)改善劳动条件，加强劳动纪律。

6)有效地使用激励机制。

(4)劳动生产率计划的编制。在编制劳动生产率计划时，应详细考虑近期劳动生产率实际达到的水平，并分析劳动定额完成情况，总结经验教训，提出改革措施，充分挖掘潜力，科学地预计每年劳动生产率增长的速度，实事求是地编制劳动生产率计划。劳动生产率计划见表 6-2。

表 6-2　　劳动生产率计划

项　　目	计算单位	××年（上年度）完成	××年（本年度）计划完成	本年度计划预计完成/(%)
一、××单位工程劳动生产率				
单位工程工作量				
全员劳动生产率				
生产工人劳动生产率				
二、××单位工程劳动生产率				
三、建设项目劳动生产率				

续表

项　　目	计算单位	××年（上年度）完成	××年（本年度）计划完成	本年度计划预计完成/(%)
建筑安装工作总量				
全部职工平均人数				
建筑工人平均人数				
全员劳动生产率				
建筑工人劳动生产率				

4. 人力资源培训计划

为保证人力资源的使用，在使用前还必须进行人力资源的招聘、调遣和培训工作，工程完工或暂时停工时，必须解聘或调到其他工地工作。为此，必须按照实际需要和环境等因素确定培训和调遣时间的长短，及早安排招聘，并签订劳务合同或工程的劳务分包合同。

人力资源培训计划是人力资源管理计划的重要组成部分。按培训对象的不同可分为工人培训计划、管理人员培训计划、技术人员培训计划等；按计划时间长短的不同又可分为中长期计划（规划）、短期计划；还可按培训的内容进行分类。

人力资源培训计划的内容应包括培训目标、培训方式、培训时间、各种形式的培训人数、培训经费、师资保证等。编制劳动力培训计划的具体步骤如下：

(1)调查研究阶段。

1)研究我国关于劳动力培训的目标、方针和任务，以及工程项目对劳动力的要求等。

2)预测工程项目在计划内的生产发展情况以及对各类人员的需要量。

3)摸清劳动力的技术、业务、文化水平以及其他各方面的素质。

4)摸清项目的人、财、物、教等培训条件和实际培训能力，如培训经费、师资力量、培训场所、图书资料、培训计划、培训大纲和教材的配置等。

(2)计划起草阶段。

1)根据需要和可能,经过综合平衡,确定职工教育发展的总目标和分目标。

2)制定实施细则,包括计划实施的过程、阶段、步骤、方法、措施和要求等。

3)经充分讨论,将计划用文字和图表形式表示出来,形成文件形式的草件。

(3)批准实施阶段。

上报项目经理批准形成正式文件、下达基层、付诸实施。

项目材料管理计划是对建设工程项目所需要材料的预测、部署和安排,是指导与组织施工项目材料的订货、采购、加工、储备和供应的依据,是降低成本、加速资金周转、节约资金的一个重要因素,对促进生产具有十分重要的作用。

5. 人力资源经济激励计划

项目管理的目的是经济地实现施工目标,为此,常采用激励手段来提高产量和生产率。常用的激励方法有行为激励方法和经济激励计划两种。在建筑项目中,行为激励法虽可创造出健康的工作环境,但经济激励计划却可以使参与者直接受益。

(1)经济激励计划的作用。

1)通过减少监督时间,获得工作过程中可靠的反馈,施行对工人工作的有效控制。在不增加任何预算成本的前提下,就可以帮助项目管理增加产量并提高生产率。反馈也能为计划未来工作和估算未来工作成本以及改进激励计划提供信息。

2)能帮助工人不用影响工作成本估算即增加收入,获得对工作的满意度;也能激励工人发现更好的工作方法。

(2)经济激励计划的类型。目前,在工程施工过程中,已经形成了多种经济激励计划,但这些计划常随着工程项目类型、任务和工人工作小组的性质而改变。经济激励计划的大致类型见表 6-3。

表 6-3 经济激励计划的类型

序号	类型	内容
1	时间相关激励计划	即按基本小时工资成比例地付给工人超时工资
2	工作相关激励计划	即按照可以测量的完成工作量付给工人工资
3	一次付清工作报酬	该计划有以下两种方式： (1)按从完成工作的标准时间中省出的时间付给工人工资。 (2)按完成特定工作的固定量，一次付清
4	按利润分享奖金	在预先确定的时间，例如一季度、半年或一年支付奖金

确定给定工作的最终经济激励计划是很困难的过程，但是，一项计划一旦达成，若没有相关各方的同意是不能更改的。

6. 其他人力资源计划

作为一个完整的工程建设项目，人力资源计划通常包括项目运行阶段的人力资源计划，包括项目运行操作人员、管理人员的招聘、调遣、培训的安排，如对设备和工艺由外国引进的项目，通常还要将操作人员和管理人员送到国外培训。通常按照项目顺利、正常投入运行的要求，编排子网络计划，并由项目交付使用期向前安排。

有的业主还希望通过项目的建设，有计划地培养一批项目管理和运营管理的人员。

(二)建筑工程项目人力资源管理控制

1. 人力资源的优化配置

人力资源的优化配置是根据项目需求确定人力资源的性质数量标准，根据组织中工作岗位的需求，提出人员补充计划；对有资格的求职人员提供均等的就业机会；根据岗位要求和条件允许来确定合适人选。

(1)人力资源优化配置的目的。人力资源优化配置的目的是保证生产计划或施工项目进度计划的实现，在考虑相关因素变化的基础上，合理配置劳动力资源，使劳动者之间、劳动者与生产资料和生产环境之间，达到最佳的组合，使人尽其才、物尽其用、时尽其效，不断地提高劳动生产率，降低工程成本。与此相关的问题是：人力资源配置的依据与数量，人力资源的配置方法和来源。

(2)人力资源优化配置的依据。就企业来讲，人力资源优化配置的依据是人力资源需求计划。企业的人力资源需求计划是根据企业的生产任务与劳动生产率水平计算的；就施工项目而言，人力资源的配置依据是施工进度计划。此外，人力资源的优化配置还要考虑相关因素的变化，即要考虑生产力的发展、市场需求、技术进步、市场竞争、职工年龄结构、知识结构、技能结构等因素的变化。

(3)人力资源优化配置的要求。对人力资源进行优化配置时，应以精干高效、双向选择、治懒汰劣、竞争择优为原则，同时，还需满足表6-4的要求。

表 6-4　　人力资源优化配置的要求

序号	项目	具体要求
1	数量合适	根据工程量的大小和合理的劳动定额并结合施工工艺和工作面的大小确定劳动者的数量。要做到在工作时间内能满负荷工作，防止“三个人的活、五个人干”的现象
2	结构合理	所谓结构合理是指在劳动力组织中的知识结构、技能结构、年龄结构、体能结构、工种结构等方面，与所承担生产经营任务的需要相适应，能满足施工和管理的需求
3	素质匹配	主要是指劳动者的素质结构与物质形态的技术结构相匹配；劳动者的技能素质与所操作的设备、工艺技术的要求相适应；劳动者的文化程度、业务知识、劳动技能、熟练程度和身体素质等，能胜任所担负的生产和管理工作
4	协调一致	协调一致是指管理者与被管理者、劳动者之间，相互支持、相互协作、相互尊重、相互学习，成为具有很强的凝聚力的劳动群体
5	效益提高	这是衡量劳动力组织优化的最终目标，一个优化的劳动力组织不仅在工作上实现满负荷、高效率，更重要的是要提高经济效益

(4)人力资源优化配置的方法。一个施工企业，当已知人力资源

需要数量以后，应根据承包到的施工项目，按其施工进度计划和工种需要数量进行配置。因此，劳动管理部门必须审核施工项目的施工进度计划和其劳动力需要计划，每个施工项目劳动力分配的总量，应按企业的建筑安装工人劳动生产率进行控制。

1)应在人力资源需求计划的基础上再具体化，防止漏配，必要时根据实际情况对人力资源计划进行调整。

2)如果现有的人力资源能满足要求，配置时应贯彻节约原则。如果现有劳动力不能满足要求，项目经理部应向企业申请加配，或在企业经理授权范围内进行招募，也可以把任务转包出去。如果在专业技术或其他素质上现有人员或新招收人员不能满足要求，应提前进行培训，再上岗作业。培训任务主要由企业劳务部门承担，项目经理部只能进行辅助培训，即临时性的操作训练或试验性操作练兵，进行劳动纪律、工艺纪律及安全作业教育等。

3)配置劳动力时应积极可靠，让工人有超额完成的可能，以获得奖励，进而激发工人的劳动热情。

4)尽量使作业层正在使用的劳动力和劳动组织保持稳定，防止频繁调动。当在用劳动组织不适应任务要求时，应进行劳动组织调整，并应敢于打乱原建制进行优化组合。

5)为保证作业需要，工种组合、技术工人与壮工比例必须适当、配套。

6)尽量使劳动力均衡配置，以便于管理，使劳动资源强度适当，达到节约的目的。

2. 人力资源控制的内容

(1)根据项目需求确定人力资源性质、数量、标准。

(2)与人力资源供应单位(或部门)订立不同层次的劳务分包合同。

(3)对拟使用的人力资源进行岗前教育和业务培训。

(4)根据项目实际进度及时对人力资源的使用情况进行考核评价。

3. 建筑工程项目的劳务分包合同

(1)劳务分包合同的形式。劳务分包合同的形式一般可分为两种：一种是按施工预算或招标价承包；另一种是按施工预算中的清工承包。

(2)劳务分包合同的内容。劳务分包合同的内容应包括工程名称，工作内容及范围，提供劳务人员的数量，合同工期，合同价款及确定原则，合同价款的结算和支付，安全施工，重大伤亡及其他安全事故处理，工程质量、验收与保修，工期延误，文明施工，材料机具供应，文物保护，发包人、承包人的权利和义务，违约责任等。

4. 建筑工程项目人力资源培训

人力资源培训主要是指对拟使用的人力资源进行岗前教育和业务培训。人力资源培训的内容包括管理人员的培训和工人的培训。

(1)管理人员的培训。

1)岗位培训。是对一切从业人员，根据岗位或者职务对其具备的全面素质的不同需要，按照不同的劳动规范，本着干什么学什么，缺什么补什么的原则进行的培训活动。它旨在提高职工的本职工作能力，使其成为合格的劳动者，并根据生产发展和技术进步的需要，不断提高其适应能力。包括对项目经理的培训，对基层管理人员和土建、装饰、水暖、电气工程的培训以及其他岗位的业务、技术干部的培训。

2)继续教育。包括建立以“三总师”为主的技术、业务人员继续教育体系，采取按系统、分层次、多形式的方法，对具有中专以上学历的初级以上职务的管理人员进行继续教育。

3)学历教育。主要是有计划选派部分管理人员到高等院校深造，培养企业高层次专门管理人才和技术人才，毕业后回本企业继续工作。

(2)工人的培训。

1)班组长培训。按照国家建设行政主管部门制定的班组长岗位规范，对班组长进行培训，通过培训最终达到班组长100%持证上岗。

2)技术工人等级培训。按照住房和城乡建设部颁发的《工人技术等级标准》和劳动部颁发的有关技师评聘条例，开展中、高级工人应知应会考评和工人技师的评聘。

3)特种作业人员的培训。根据国家有关特种作业人员必须单独培训、持证上岗的规定，对从事电工、塔式起重机驾驶员等工种的特种作业人员进行培训，保证 100％持证上岗。

4)对外埠施工队伍的培训。按照省、市有关外地务工人员必须进行岗前培训的规定，对所使用的外地务工人员进行培训，颁发省、市统一制发的外地务工经商人员就业专业训练证书。

对拟用人力资源的培训应该达到以下要求：

①所有人员都应意识到符合管理方针与各项要求的重要性。

②他们应该知道自己工作中的重要管理因素及其潜在影响，以及个人工作的改进所能带来的工作效益。

③他们应该意识到在实现各项管理要求方面的作用与职责。

④所有人员应该了解如果偏离规定的要求可能产生的不利后果。

(三)建筑工程项目人力资源管理考核

人力资源管理考核应以有关管理目标或约定为依据，对人力资源管理方法、组织规划、制度建设、团队建设、使用效率和成本管理等进行分析和评价。

对人力资源管理的考核应定期举行，一般可分为月度、季度、半年、年度考核，月度考核以考勤为主。对于特别事件，可以举行不定期专项考核。

1. 对管理人员的考核

对管理人员的考核主要包括对其工作成绩、工作态度和工作能力的考核。考核工作成绩时，重点考核工作的实际成果，以员工工作岗位的责任范围和工作要求为标准，相同职位的职工以同一个标准考核；考核工作态度时，重点考核员工在工作中的表现，如责任心、职业道德，积极性。

对管理人员进行考核的方法主要有主观评价法、客观评价法和工作成果评价法。

(1)主观评价法。依据一定的标准对被考核者进行主观评价。在评价过程中，可以通过对比比较法，将被考核者的工作成绩与其他被考核者比较，评出最终的顺序或等级；也可以通过绝对标准法，直接根据考核标准和被考核者的行为表现进行比较。主观评价法比较简易，但也容易受考核者的主观影响，需要在使用过程中精心设计考核方案，减少考核的不确定性。

(2)客观评价法。依据工作指标的完成情况进行客观评价。主要包括生产指标，如产量、销售量、废次品率、原材料消耗量、能源率等；个人工作指标，如出勤率、事故率、违规违纪次数等指标。客观评价法注重工作结果，忽略被考核者的工作行为，一般只适用于生产一线从事体力劳动的员工。

(3)工作成果评价法。其是为员工设定一个最低的工作成绩标准，然后将员工的工作结果与这一最低的工作成绩标准进行比较。重点考核被考核者的产出和贡献。

为保持员工的正常状况，通过奖惩、解聘、晋升、调动等方法，使员工技能水平和工作效率达到岗位要求。

2. 对作业人员的考核

对作业人员的考核应以劳务分包合同等为依据，由项目经理部对进场的劳务队伍进行队伍评价。在施工过程中，项目经理部的管理人员应加强对劳务分包队伍的管理，重点考核其是否按照组织有关规定进行施工，是否严格执行合同条款，是否符合质量标准和技术规范操作要求。工程结束后，由项目经理对分包队伍进行评价，并将评价结果报组织有关管理部门。

三、材料管理

材料管理是对施工生产过程中所需要的各种材料的计划、订购、运输、储备、发放和使用所进行的一系列组织与管理工作。做好这些物资管理工作，有利于企业合理使用和节约材料，加速资金周转，降低工程成本，增加企业的盈利，保证并提高建设工程产品质量。

对工程项目材料的管理，主要是指在材料计划的基础上，对材料的采购、供应、保管和使用进行组织和管理，其具体内容包括材料定额的制定管理、材料计划的编制、材料的库存管理、材料的订货采购、材料的组织运输、材料的仓库管理、材料的现场管理、材料的成本管理等方面。

(一)建筑工程项目材料管理计划

1. 材料需求计划

材料需求计划是根据工程项目设计文件及施工组织设计编制的，反映完成施工项目所需的各种材料的品种、规格、数量和时间要求，是编制其他各项计划的基础。

材料需求计划一般包括整个工程项目的需求计划和各计划期的需求计划，准确确定材料需用量是编制材料计划的关键。它反映整个施工项目及各分部、分项工程材料的需用量，亦称施工项目材料分析。

材料需求计划是编制其他各类材料计划的基础，是控制供应量和供应时间的依据。但是，材料往往不是一次性采购齐的，需分期分次进行，因此，材料需用计划也相应划分为材料总需求量计划和材料计划期(季、月)需求计划。

(1)材料需求量计算。根据不同的情况，可分别采用直接计算法或间接计算法确定材料需用量。

1)直接计算法。对于工程任务明确，施工图纸齐全的，可直接按施工图纸计算出分部分项工程实物工程量，套用相应的材料消耗定额，逐条逐项计算各种材料的需用量，再汇总编制材料需用计划。然后按施工进度计划分期编制各期材料需用计划。直接计算法的公式如下：

某种材料计划需用量＝建筑安装工程实物工程量×某种材料消耗定额 (6-10)

式中，材料消耗定额的选用要视计划的用途而定，如计划需用量用于向建设单位结算或编制订货、采购计划，则应采用概算定额计算材料需用量；如计划需用量用于向单位工程承包人和班组实行定额供料，作为承包核算基础，则要采用施工定额计算材料需用量。

2)间接计算法。对于工程任务已经落实，但设计尚未完成，技术资料不全，不具备直接计算需用量条件的情况，为了事前做好备料工作，便可采用间接计算法。当设计图纸等技术资料具备后，应按直接计算法进行计算调整。间接计算法主要有以下几种：

①概算指标法。即利用概算指标计算材料需用量的方法。

当已知某工程的结构类型和建筑面积时，可采用下式概算工程主要材料的需用量：

某种材料计划需用量＝建筑面积×同类型工程每平方米建筑面积某种材料消耗定额×调整系数　(6-11)

当某项工程的类型不具体，只知道计划总投资额的情况时，可采用下式计算工程材料的需用量。但是，由于该方法只考虑了工程的投资报价，而未考虑不同结构类型工程之间材料消耗的区别，故其准确度差。

某种材料计划需用量＝工程项目计划总投资×每万元产值某种材料消耗定额×调整系数　(6-12)

②比例计算法。多用来确定无消耗定额，但有历史消耗数据的材料需用量，以有关比例关系为基础来确定材料需用量。其计算公式如下：

$$材料需用量=对比期材料实际耗用量\times\frac{计划期工程量}{对比期实际完成工程量}\times调整系数 \quad (6\text{-}13)$$

式中，调整系数，一般可根据计划期与对比期生产技术组织条件的对比分析、降低材料消耗的要求。采取节约措施后的效果等来确定。

③类比计算法。多用于计算新产品对某些材料的需用量。它是以参考类似产品的材料消耗定额，来确定该产品或该工艺的材料需用量的一种方法。其计算公式如下：

材料需用量＝工程量×类似产品的材料消耗定额×调整系数　(6-14)

式中，调整系数可根据该种产品与类似产品在质量、结构、工艺等方面的对比分析来确定。

④经验估计法。根据计划人员以往的经验来估算材料需用量的一种方法。此种方法科学性差，只限于不能或不值得用其他方法的情况。

(2)材料总需求计划编制。工程项目中标后，项目物资管理部门应根据企业投标部门的报价资料和经企业总工签署的《施工组织设计》结合本工程的施工要求、特点、市场供应状况和业主的特殊要求，编制《单位工程物资总量供应计划》。《单位工程物资总量供应计划》是今后工程组织物资供应的前期方案和总量控制依据；是企业编制工程制造成本中材料成本的主要依据。

材料总需求计划应包括主要材料的供应模式（采购或租赁）、主要材料大概用量、供方名称、所选定物资供方的理由和材质证明、生产企业资质文件等。

进行材料总需求计划编制时，主要依据项目设计文件、项目投标书中的《材料汇总表》、项目施工组织计划、当期物资市场采购价格及有关材料消耗定额等。

材料总需求计划的编制可按以下几个步骤进行：

第一步，计划编制人员与投标部门进行联系，了解工程投标书中该项目的《材料汇总表》；

第二步，计划编制人员查看经主管领导审批的项目施工组织设计，了解工程工期安排和机械使用计划；

第三步，根据企业资源和库存情况，对工程所需物资的供应进行策划，确定采购或租赁的范围；根据企业和地方主管部门的有关规定确定供应方式（招标或非招标，采购或租赁）；了解当期市场价格情况；

第四步，进行具体编制，可按表6-5进行。

表6-5　单位工程物资总量供应计划表

项目名称：　　计划编号：　　编制依据：　　第　页共　页

序　号	材料名称	规　格	单　位	数　量	单　价	金　额	供应单位	供应方式

制表人：　　审核人：　　审批人：　　制表时间：

(3)材料计划期(季、月)需求计划的编制。按计划期的长短，材料需用计划可分为年度、季度和月度计划，相应的计划期计划也应有三种，但以季度、月度计划应用较为频繁，因此计划期需用计划一般多指季度或月度材料需用计划。

计划期计划主要是用来组织本计划期(季、月)内材料的采购、订货和供应等，主要依据施工项目的材料计划、企业年度方针目标、项目施工组织设计和年度施工计划、企业现行材料消耗定额、计划期内的施工进度计划等进行编制。

1)编制方法。计划期(季、月)内材料的需用量的确定常采用定额计算法和卡段法。

①定额计算法。根据施工进度计划中各分部、分项工程量获取相应的材料消耗定额，求得各分部、分项的材料需用量，然后再汇总，求得计划期各种材料的总需用量。

②卡段法。根据计划期施工进度的形象部位，从施工项目材料计划中，摘出与施工进度相应部分的材料需用量，然后汇总，求得计划期各种材料的总需用量。

2)编制步骤。季度计划是年度计划的滚动计划和分解计划，因此，欲了解季度计划，首先必须了解年度计划。年度计划是物资部门根据企业年初制定的方针目标和项目年度施工计划，通过套用现行的消耗定额编制的年度物资供应计划，是企业控制成本，编制资金计划和考核物资部门全年工作的主要依据。

月度需求计划也称备料计划，是由项目技术部门依据施工方案和项目月度计划编制的下月备料计划，也可以说是年、季度计划的滚动计划，多由项目技术部门编制，经项目总工审核后报项目物资管理部门。

其编制步骤大致如下：

第一步，了解企业年度方针目标和本项目全年计划目标；

第二步，了解工程年度的施工计划；

第三步，根据市场行情，套用企业现行定额，编制年度计划；

第四步，根据表 6-6 编制材料备料计划，如某些特殊物资需要加工定做的，可参照表 6-7 进行编制。

表 6-6　　物资备料计划

年　月

项目名称：　　计划编号：　　编制依据：　　第　页共　页

序　号	材料名称	型　号	规　格	单　位	数　量	质量标准	备　注

制表人：　　审核人：　　审批人：　　制表时间：

表 6-7　　部分特殊物资加工订货周期参考表

序　号	物资名称	加工周期/d	备　注
1	木制门窗	30	
2	铝合金、塑钢门窗	45～60	
3	铝木门窗	30	
4	防火门	30	
5	进口石材	60	
6	国产石材	30～45	
7	瓷　砖	20～45	
8	电　梯	120	
9	其他设备	60	
10	机电安装材料	20～45	

2. 材料使用计划

材料使用计划是材料供应部门根据材料需用计划、材料库存情况及合理储备等要求，经综合平衡后制订的，是指导材料订货、采购等活动的计划。它是组织、指导材料供应与管理业务活动的具体行动计划，主要反映施工项目所需材料的来源，如需向国家申请调拨，还是需向市场购买等。图 6-2 所示为物资供应工作总体计划示意图；图 6-3 所示为建筑工程项目物资采购工作程序示意图。

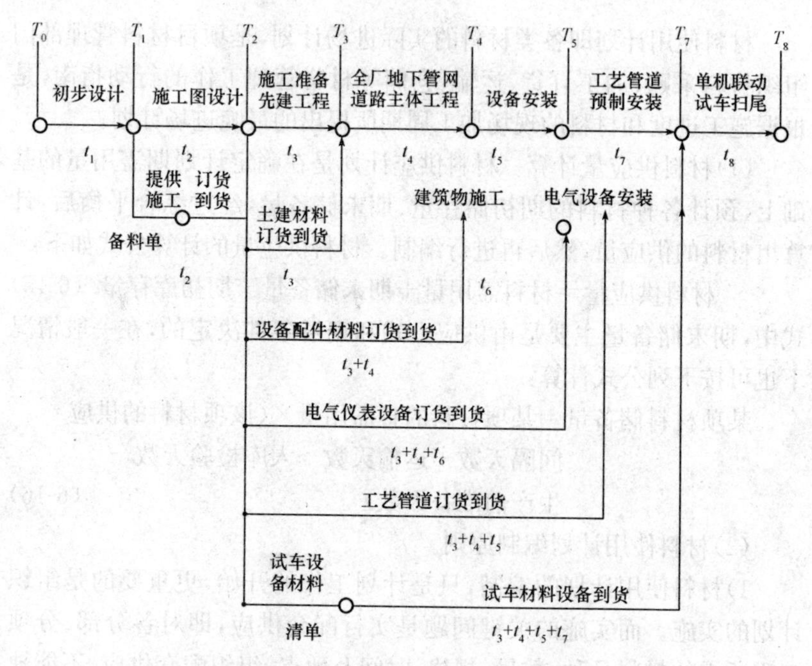

图 6-2 物资供应工作总体计划示意图

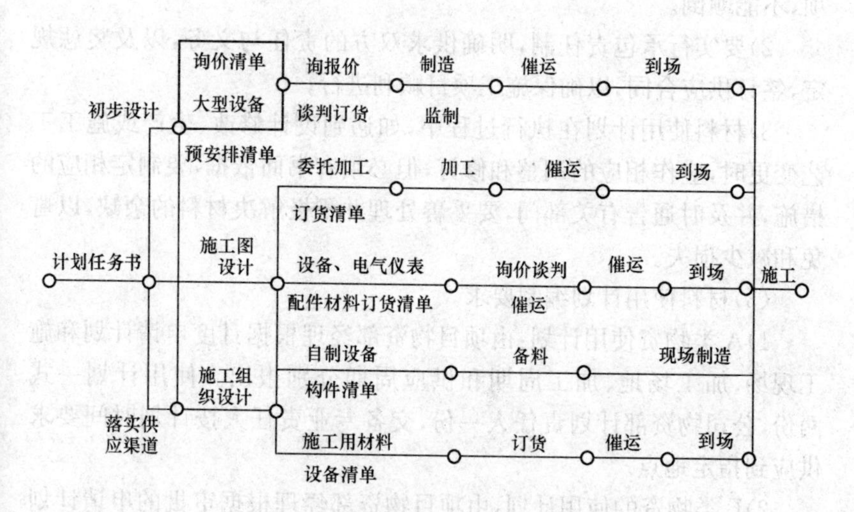

图 6-3 建筑工程项目物资采购工作程序示意图

材料使用计划即各类材料的实际进场计划，是项目材料管理部门组织材料采购、加工订货、运输、仓储等材料管理工作的行动指南，是根据施工进度和材料的现场加工周期所提出的最晚进场计划。

(1)材料供应量计算。材料供应计划是在确定计划期需用量的基础上，预计各种材料的期初储存量、期末储备量，经过综合平衡后，计算出材料的供应量，然后再进行编制。材料供应量的计算公式如下：

材料供应量＝材料需用量＋期末储备量－期初库存量 (6-15)

式中，期末储备量主要是由供应方式和现场条件决定的，在一般情况下也可按下列公式计算：

某项材料储备量＝某项材料的日需用量×(该项材料的供应间隔天数＋运输天数＋入库检验天数＋生产前准备天数) (6-16)

(2)材料使用计划编制原则。

1)材料使用计划的编制，只是计划工作的开始，更重要的是组织计划的实施。而实施的关键问题是实行配套供应，即对各分部、分项工程所需的材料品种、数量、规格、时间及地点，组织配套供应，不能缺项，不能颠倒。

2)要实行承包责任制，明确供求双方的责任与义务，以及奖惩规定，签订供应合同，以确保施工项目顺利进行。

3)材料使用计划在执行过程中，如遇到设计修改、生产或施工工艺变更时，应作相应的调整和修订，但必须有书面依据，要制定相应的措施，并及时通告有关部门，要妥善处理并积极解决材料的余缺，以避免和减少损失。

(3)材料使用计划编制要求。

1)A类物资使用计划：由项目物资部经理根据月度申请计划和施工现场、加工场地、加工周期和供应周期分别报出。使用计划一式两份，公司物资部计划责任人一份，交各专业责任人按计划时间要求供应到指定地点。

2)B类物资的使用计划：由项目物资部经理根据审批的申请计划和工程部门提供的现场实际使用时间、供应周期直接编制。

3)C类物资在进场前按物资供应周期直接编制采购计划进场。

(4)材料使用计划编制内容。材料使用计划的编制,要注意从数量、品种、时间等方面进行平衡,以达到配套供应、均衡施工。计划中要明确物资的类别、名称、品种(型号)规格、数量、进场时间、交货地点、验收人和编制日期、编制依据、送达日期、编制人、审核人、审批人。

在材料使用计划执行过程中,应定期或不定期地进行检查。主要内容是:供应计划落实的情况、材料采购情况、订货合同执行情况、主要材料的消耗情况、主要材料的储备及周转情况等,以便及时发现问题,及时处理解决。

材料使用计划的表格形式见表6-8。

表6-8　　**材料使用计划**

编制单位________

工程名称________　　编制日期________

材料名称	规格型号	计量单位	期初预计库存	计划需用量				期末库存量	计划供应量					供应时间			
				合计	其中				合计	市场采购	挖潜代用	加工自制	其他	第一次	第二次	…	…
					工程用料	周转材料	其他										

3. 分阶段材料计划

大型、复杂、工期长的项目要实行分段编制的方法,对不同阶段,不同时期提出相应的分阶段材料需求、使用计划,以保持建筑工程项目的顺利实施。

(1)年度材料计划。其是各项材料工作的全面计划,是全面指导供应工作的主要依据。在实际工作中,由于材料计划编制在前,施工计划安排在后,因此,在计划执行过程中,要根据施工情况的变化,注意对材料年度计划的调整。

(2)季度材料计划。其是年度材料计划的具体化,也是为适应情况变化而编制的一种平衡调整计划。

(3)月度材料计划。其是基层单位根据当月施工生产进度安排编制的需用材料计划。它比年度、季度计划更细致,内容更全面。

(二)建筑工程项目材料管理控制

1. 材料管理控制的内容

(1)按计划保质、保量、及时供应材料的效果评价。

(2)应加强材料需要量计划的管理,包括材料需要量总计划、年计划、季计划、月计划、日计划等的制订和实施。

(3)材料仓库的选址应有利于材料的进出和存放,符合防火、防雨、防盗、防风、防变质的要求。

(4)进场的材料应进行数量验收和质量认证,做好相应的验收记录和标识。不合格的材料应根据实际情况更换、退货或让步接收(降级使用),严禁使用不合格的材料。

(5)材料计量设备必须经具有资格的机构定期检验;确保计量所需要的精确度。检验不合格的设备,不允许使用。

(6)进入现场的材料应有生产厂家的材质证明(包括厂名、品种、出厂日期、出厂编号、试验数据)和出厂合格证。要求复检的材料要有取样送检证明报告。新材料未经试验鉴定,不得用于项目中。现场配制的材料应经试配,使用前应经认证。

(7)材料储存应满足下列要求:

1)入库的材料应按型号、品种分区堆放,并分别编号、标识。

2)易燃易爆的材料应专门存放、专人负责保管,并有严格的防火、防爆措施。

3)有防湿、防潮要求的材料,应采取防湿、防潮措施,并做好标识。

4)有保质期的库存材料应定期检查,防止过期,并做好标识。

5)易损坏的材料应保护好外包装,防止损坏。

(8)应建立材料使用限额领料制度。超限额的用料,用料前应办理手续，填写领料单，注明超耗原因，经项目经理部材料管理人员审批。

(9)建立材料使用台账，记录使用和节超状况。

(10)材料管理人员应对材料使用情况进行监督，做到工完、料净、场清；建立监督记录，对存在的问题应及时分析和处理。

(11)应加强剩余材料的回收管理。设施用料、包装物及容器应回收，并建立回收台账。

(12)制定周转材料保管、使用制度。

2. 材料供应单位的选择

为保证供应材料的合格性，确保工程质量，要对生产厂家及供货单位进行资格审查，内容如下：

(1)要有营业执照，生产许可证，生产产品允许等级标准，产品鉴定证书，产品获奖情况。

(2)应有完善的检测手段、手续和试验机构，可提供产品合格证材质证明。

(3)应对其产品质量和生产历史情况进行调查和评估，了解其他用户使用情况与意见，生产厂方(或供货单位)的经济实力、赔偿能力、有无担保及包装储运能力。

3. 订立采购供应合同

(1)材料采购合同的内容。材料采购合同的内容包括：材料名称(牌号、商标)、品种、规格、型号、等级；材料质量标准和技术标准；材料数量和计量单位；包装标准和包装物品的供应和使用办法；材料的交货单位、交货方法、运输方式、到货地点(包括专用线、码头)；接(提)货单位和接(提)货人；交(提)货期限；验收方法；材料单价、总价及其他费用；结算方式、开户银行、账户名称、账号、结算单；违约责任；供需双方协商同意的其他事项。

(2)材料供应合同的内容。材料供应合同是实行材料供应承包责任制的主要形式，是完善企业内部经营机制，加强和提高企业管理水平的主要手段。材料供应合同应具有法律效力，并受到企业内部法规的保护。合同内容包括：详细说明所供(需)材料名称、规格、质量、数量、供货起止日、供货方式、供货地点；明确材料供应的价格，料款的支付方式及结算办法；明确双方应提供的条件，承包的义务和经济责任；明确终止合同及违约的处理方法；明确执行合同的奖罚规定；对未尽事宜注明商定办法。

材料供应合同正本一式两份，双方各执一份，以便相互监督和查询，并由双方负责人签字和加盖公章。为确保合同的顺利执行，应建立仲裁机构，及时处理合同执行中的纠纷，维护供需双方利益。

(3)合同签订后的管理。合同签订后，物资主管部门应建立《合同登记台账》，随时了解合同的执行情况。合同正本应交由企业合同管理部门及时粘贴印花税，交财务部门作为支付资金的依据。合同执行过程中如发生变化，应及时与供应商沟通，进行合同变更或签订补充协议。

4. 材料出厂或进场验收

在材料进场前，应根据平面布置图进行存料场地及设施的准备。应平整、夯实，并按需要建棚、建库。对进行露天存放的材料，需苫垫、围挡的，应准备好充足的苫垫、围挡物品。

办理验收材料前，必须根据用料计划、送料凭证、质量保证书或产品合格证等，对所进材料进行质量和数量验收，严把质量和数量关。

(1)质量验收。材料出厂或进场的质量验收应符合下列要求：

1)一般材料外观检验，主要检验料具的规格、型号、尺寸、色彩、方正及完整。

2)专用、特殊加工制品外观检验，应根据加工合同、图纸及翻样资料，由合同技术部门进行质量验收。

3)内在质量验收，由专业技术人员负责，按规定比例抽样后，送专业检验部门检测力学性能、工艺性能、化学成分等技术指标。

4)对不符合计划要求或质量不合格的材料应该拒绝接收，不能满足设计要求和无质量证明的材料、构件、器材，一律不得进场。

以上各种形式的检验，均应做好进场材料质量验收记录。材料验收工作应遵循有关规定进行，并做好记录、办理验收手续。

(2)数量验收。材料出厂或进场的数量验收应符合下列要求：

1)大堆材料，砂石按计量换算验收，抽查率不得低于10%。

2)水泥等袋装的按袋点数,袋重抽查率不得低于10%。散装的除采取措施卸净外,按磅单抽查。

3)三大构件实行点件、点根、点数和验尺的验收方法。

4)对有包装的材料,除按包装件数实行全数验收外,属于重要的、专用的易燃易爆、有毒物品应逐件点数、验尺和过磅。属于一般通用的,可进行抽查,抽查率不得低于10%。

5)应配备必要的计量器具,对进场、入库、出库材料严格计量把关,并做好相应的验收记录和发放记录。

5. 材料储存管理

项目所需材料是分批采购还是一次采购;若分批采购,分成几批,每批采购量是多少。存储理论就是用于确定材料的经济存储量、经济采购批量、安全存储量、订购点等参数。材料仓库的选址应有利于材料的进出和存放,符合防火、防雨、防盗、防风、防变质的要求。

材料储存除应满足上述"1.(7)"中的要求外,还应满足下列要求:

(1)全面规划。根据材料性能、搬运与装卸保管条件、吞吐量和流转情况,合理安排材料货位。同类材料应安排在一处;性能上互相有影响或灭火方法不同的材料,严禁安排在同一处储存。实行"四号定位",即:库内保管划定库号、架号、层号、位号,库外保管划定区号、点号、排号、位号,对号入座,合理布局。

(2)科学管理。必须按类分库,新旧分堆,规格排列,上轻下重,危险专放,上盖下垫,定量保管,五五堆放,标记鲜明,质量分清,过目知数,定期盘点,便于收发管理。

(3)制度严密、防火防盗。要建立健全保管、领发等管理制度,并严格执行,使各项工作井然有序;要做好防火防盗工作,根据保管材料的不同,配置不同类型的灭火器具。

(4)勤于盘点,及时记账。要做到日清月结季盘点,平时收发料时,随时盘点,发现问题及时解决。要健全料卡、料账制度,收发盘点及时记账,做到卡、账、物三相符。健全原始记录制度,为材料统计与成本核算提供资料。

6. 使用管理

(1)材料领发及其步骤。施工现场材料领发包括两个方面:即材料领发和材料耗用。控制材料的领发,监督材料的耗用,是实现工程节约,防止超耗的重要保证。

材料领发要本着先进先出的原则,准确、及时地为生产服务,保证生产顺利进行。其步骤如下:

1)发放准备。材料出库前,应搞好计量工具、装卸运输设备、人力以及随货发出的有关证件的准备,提高材料出库效率。

2)核对凭证。材料调拨单、限额领料单是材料出库的凭证,发料时要认真审核材料发放的规格、品种、数量,并核对签发人的签章及单据的有效印章,非正式的凭证或有涂改的凭证一律不得发放材料。

3)备料。凭证经审核无误后,按凭证所列品种、规格、数量准备材料。

4)复核。为防止差错,备料后要检查所备材料是否与出库单所列相吻合。

5)点交。发料人与领取人应当面点交清楚,分清责任。

(2)限额领料及其程序。限额领料,是指在施工阶段对施工人员所使用物资的消耗量控制在一定的消耗范围内。它是企业内开展定额供应,提高材料的使用效果和企业经济效益,降低材料成本的基础和手段。限额领料的程序如下:

1)签发限额领料单。工程施工前,应根据工程的分包形式与使用单位确定限额领料的形式,然后根据有关部门编制的施工预算和施工组织设计,将所需材料数量汇总后编制材料限额数量,经双方确认后下发。通常,限额领料单为一式三份。一份交保管员作为控制发料的依据,一份交使用单位,作为领料的依据,一份由签发单位留存作为考核的依据。

2)下达。将限额领料单下达到用料者手中,并进行用料交底,应讲清用料措施、要求及注意事项。

3)应用。用料者凭限额领料单到指定部门领料,材料部门在限额内发料。每次领发数量、时间要做好记录,并互相签认。

4)检查。在用料过程中,对影响用料因素进行检查,帮助用料者正确执行定额，合理使用材料。检查的内容包括施工项目与定额项目的一致性；验收工程量与定额工程量的一致性；操作是否符合规程；技术措施是否落实；工作完成是否料净。

5)验收。完成任务后，由有关人员对实际完成工程量和用料情况进行测定和验收，作为结算用工、用料的依据。

6)结算与分析。限额领料是在多年的实践中不断总结出的控制现场使用材料的行之有效的方法。工程完工后，双方应及时办理结算手续，检查限额领料的执行情况，并根据实际完成的工程量核对和调整应用材料量，与实耗量进行对比，结算出用料的节约或超耗，然后进行分析，查找用料节超原因，总结经验，吸取教训。

7. 不合格品处理

验收质量不合格，不能点收时，可以拒收，并及时通知上级供应部门(或供货单位)。如与供货单位协商作代保管处理时，则应有书面协议，并应单独存放，在来料凭证上写明质量情况和暂行处理意见。已进场的材料，发现质量问题或技术资料不齐时，材料管理人员应及时填报《材料质量验收报告单》报上一级主管部门，以便及时处理，暂不发料，不使用，原封妥善保管。

(三)建筑工程项目材料管理考核

材料管理考核工作应对材料计划、使用、回收，以及相关制度进行效果评价。材料管理考核应坚持计划管理、跟踪检查、总量控制、节奖超罚的原则。材料管理常用的考核指标如下：

1. 材料管理指标考核

材料管理指标，俗称软指标，是指在材料供应管理过程中，将定性的管理工作以量化的方式对物资部门进行的考核。具体考核内容应包括以下几个方面：

(1)材料供应兑现率：

$$材料供应兑现率=\frac{材料实际供应量}{材料计划量}\times 100\% \quad (6\text{-}17)$$

(2)材料验收合格率：

$$材料验收合格率=\frac{材料验收合格入库量}{材料进场验收数量}\times 100\% \tag{6-18}$$

(3)限额领料执行率：

$$限额领料执行率=\frac{实行限额领料材料品种数}{项目使用材料全部品种数}\times 100\% \tag{6-19}$$

(4)重大环境因素控制率：

$$重大环境因素控制率=\frac{实际控制的重大环境因素项}{全部所识别的重大因素项}\times 100\% \tag{6-20}$$

2. 材料经济指标考核

材料经济指标，俗称硬指标，它反映了材料在实际供应过程中为企业所带来的经济效益，也是管理人最关心的一种考核指标。其考核内容主要包括以下两个方面：

(1)采购成本降低率：

$$某材料采购成本降低率=\frac{该种材料采购成本降低额}{该种材料工程预算收入额}\times 100\% \tag{6-21}$$

采购成本降低额＝工程材料预算收入(与业主结算)单价×采购数量－实际采购单价×采购数量 (6-22)

工程预算收入额＝与业主结算单价＋采购量 (6-23)

(2)工程材料成本降低率：

$$工程材料成本降低率=\frac{工程实际材料成本降低额}{工程实际材料收入成本}\times 100\% \tag{6-24}$$

工程实际材料成本降低额＝工程实际材料收入成本－工程实际材料发生成本 (6-25)

工程实际材料收入成本＝与业主结算材料单价×与业主结算量 (6-26)

工程实际材料发生成本＝实际采购价×实际使用量 (6-27)

四、机械设备管理

随着建设工业化、机械化的水平不断地提高，以机械设备施工代替繁重的体力劳动已经日益显著，而且机械和设备的数量、型号、种类还在不断增多，在施工中所起的作用也越来越大，因此，加强对施工机械设备的管理也日益重要。

机械设备管理的内容主要包括机械设备的合理装备、选择、使用、维护和修理等。对机械设备的合理装备应以“技术上先进、经济上合理、生产上适用”为原则，既要保证施工的需要，又要使每台机械设备能发挥最大效率，以获得更高的经济效益，选择机械设备时，应进行技术和经济条件的对比和分析。

项目施工过程中，应当正确、合理地使用机械设备，保持其良好的工作性能，减轻机械磨损，延长机械使用寿命，如机械设备出现磨损或损坏应及时修理。此外，还应注意机械设备的保养和更新。

（一）建筑工程项目机械设备管理计划

1. 机械设备需求计划

施工机械设备需求计划主要用于确定施工机具设备的类型、数量、进场时间，可据此落实施工机具设备来源，组织进场。其编制方法为：将工程施工进度计划表中的每一个施工过程每天所需的机具设备类型、数量和施工日期进行汇总，即得出施工机具设备需要量计划。其表格形式见表 6-9。

表 6-9　　施工机具设备需要量计划表

序号	施工机具名称	型号	规格	电功率/(kV·A)	需要量/(台)	使用时间	备　注

2. 机械设备使用计划

项目经理部应根据工程需要编制机械设备使用计划，报组织领导或组织有关部门审批，其编制依据是工程施工组织设计。施工组织设计包括工程的施工方案、方法、措施等。同样的工程采用不同的施工方法、生产工艺及技术安全措施，选配的机械设备也不同。因此，编制施工组织设计，应在考虑合理的施工方法、工艺、技术安全措施时，同时考虑用什么设备去组织生产，才能最合理、最有效地保证工期和质量，降低生产成本。

机械设备使用计划一般由项目经理部机械管理员或施工准备员负责编制。中、小型设备机械一般由项目经理部主管经理审批；大型设备经主管项目经理审批后，报组织有关职能部门审批，方可实施运作。租赁大型起重机械设备，主要考虑机械设备配置的合理性（是否符合使用、安全要求）以及是否符合资质要求（包括租赁企业、安装设备组织的资质要求，设备本身在本地区的注册情况及年检情况、设备操作人员的资格情况等）。

3. 机械设备保养计划

机械设备保养的目的是保持机械设备的良好技术状态，提高设备运转的可靠性和安全性，减少零件的磨损，延长使用寿命，降低消耗，提高经济效益。

（1）例行保养。例行保养属于正常使用管理工作，不占用设备的运转时间，由操作人员在机械运转间隙进行。其主要内容包括：保持机械的清洁、检查运转情况、补充燃油与润滑油、补充冷却水、防止机械腐蚀，按技术要求润滑、转向与制动系统是否灵活可靠等。

（2）强制保养。强制保养是隔一定的周期，需要占用机械设备正常运转时间而停工进行的保养。强制保养按照一定周期和内容分级进行，保养周期根据各类机械设备的磨损规律、作业条件、维护水平及经济性四个主要因素确定。强制保养根据工作和复杂程度分为一级保养、二级保养、三级保养和四级保养，级数越高，保养工作量越大。

机械设备的修理,是对机械设备的自然损耗进行修复,排除机械运行的故障,对损坏的零部件进行更换、修复,可以保证机械的使用效率,延长使用寿命。可以分为大修、中修和零星小修。大修和中修要列入修理计划,并由组织负责安排机械设备预检修计划对机械设备进行检修。

(二)建筑工程项目机械设备管理控制

机械设备管理控制应包括机械设备购置与租赁管理、使用管理、操作人员管理、报废和出场管理等。组织应采取技术、经济、组织、合同措施保证机械设备的合理使用,加强管理,提高机械设备的使用效率,做到用养结合,降低项目的机械使用成本。

1. 机械设备购置管理

当实施项目需要新购机械设备时,大型机械以及特殊设备应在调研的基础上,写出经济技术可行性分析报告,经有关领导和专业管理部门审批后,方可购买。中、小型机械应在调研的基础上,选择性价比高的产品。

由于工程的施工要求、施工环境及机械设备的性能并不相同,机械设备的使用效率和产出能力也各有高低,因此,在选择施工机械设备时,应本着切合实际需要、经济合理的原则进行。

2. 机械设备租赁管理

机械设备租赁是企业利用广阔社会机械设备资源装备自己,迅速提高自身形象,增强施工能力,减小投资包袱,尽快武装的有力手段。机械设备租赁的主要形式见表 6-10。

表 6-10 机械设备租赁主要形式

序号	项目	内容
1	内部租赁	指由施工企业所属的机械经营单位与施工单位之间的机械租赁。作为出租方的机械经营单位,承担着提供机械、保证施工生产需要的职责,并按企业规定的租赁办法签订租赁合同,收取租赁费用

续表

序　号	项　目		内　容
2	社会租赁（指社会化的租赁企业对施工企业的机械租赁）	融资性租赁	指租赁公司为解决施工企业在发展生产中需要增添机械设备而又资金不足的困难，而融通资金、购置企业所选定的机械设备并租赁给施工企业，施工企业按租赁合同的规定分期交纳租金，合同期满后，施工企业留购并办理产权移交手续
		服务性租赁	指施工企业为解决企业在生产过程中对某些大、中型机械设备的短期需要而向租赁公司租赁机械设备。在租赁期间，施工企业不负责机械设备的维修、操作，施工企业只是使用机械设备，并按台班、小时或施工实物量支付租赁费，机械设备用完后退还给租赁公司，不存在产权移交的问题

3. 机械设备使用管理

机械设备的使用管理是机械设备管理的基本环节，只有正确、合理地使用机械，才能减轻机械磨损，保持机械的良好工作性能，充分发挥机械的效率，延长机械使用寿命，提高机械使用的经济效益。

(1)对进入施工现场机械设备的要求。在施工现场使用的机械设备，主要有施工单位自有或其租赁的设备等。对进入施工现场的机械设备应当检查其相关的技术文件，如设备安装、调试、使用、拆除及试验图标程序和详细文字说明书，各种安全保险装置及行程限位器装置调试和使用说明书，维护保养及运输说明书，安全操作规程，产品鉴定证书、合格证书，配件及配套工具目录，其他重要的注意事项等。

(2)机械设备验收。

1)企业的设备验收：企业要建立健全设备购置验收制度，对于企业新购置的设备，尤其是大型施工机械设备和进口的机械设备，相关部门和人员要认真进行检查验收，及时安装、调试、移交使用，以便在索赔期内发现问题，及时办理索赔手续。同时要按照国家档案管理要求，及时建立设备技术档案。

2)工程项目的设备验收:工程项目要严格设备进场验收工作,一般中小型机械设备由施工员(工长)会同专业技术管理人员和使用人员共同验收;大型设备、成套设备需在项目经理部自检自查基础上报请公司有关部门组织技术负责人及有关部门和人员验收;对于重点设备要组织第三方具有人证或相关验收资质单位进行验收,如:塔式起重机、电动吊篮、外用施工电梯、垂直卷扬提升架等。

(3)施工现场设备管理机构。施工现场机械设备的使用管理,包括施工现场、生产加工车间和一切有机械设备作业场所的设备管理,重点是施工现场的设备管理。由于施工项目总承包企业对进入施工现场的机械设备安装、调试、验收、使用、管理、拆除退场等负有全面管理的责任,所以对无论是施工项目总承包企业自身的设备单位或租用、外借的设备单位,还是分承包单位自带的设备单位,都要负责对其执行国家有关设备管理标准、管理规定情况进行监督检查。

1)对于大型施工现场,项目经理部应设置相应的设备管理机构和配备专职的设备管理人员,设备出租单位也应派驻设备管理人员和设备维修人员。

2)对于中小型施工现场,项目经理部也应配备兼职的设备管理人员,设备出租单位要定期检查和不定期巡回检修。

3)对于分承包单位自带的设备单位,也应配备相应的设备管理人员,配合施工项目总承包企业加强对施工现场机械设备的管理,确保机械设备的正常运行。

(4)项目经理部机械设备部门业务管理。

1)坚持实行操作制度,无证不准上岗。设备操作和维护人员,都必须经过相关专业技术培训,考试合格取得相应的操作证后,持证上岗。专机的专门操作人员必须经过培训和统一考试,确认合格,发给驾驶证。这是保证机械设备得到合理使用的必要条件。

2)遵守走合期使用规定,这样可以防止机件早期磨损,延长机械使用寿命和修理周期。操作人员必须坚持搞好机械设备的例行保养。

3)建立设备档案制度,这样就能了解设备的情况,便于使用与维修。施工项目要在设备验收的基础上,建立健全设备技术原始资料、使用、运行、维修台账，其验收资料要分专业归档。

4)要努力组织好机械设备的流水施工。当施工的推进主要靠机械而不是人力时，划分施工段的大小必须考虑机械的服务能力，把机械作为分段的决定因素。要使机械连续作业、不停歇，必要时“歇人不歇马”，使机械三班作业。一个施工项目有多个单位工程时，应使机械在单位工程之间流水，减少进出场时间和装卸费用。

5)机械设备安全作业。项目经理部在机械作业前应向操作人员进行安全操作交底，使操作人员对施工要求、场地环境、气候等安全生产要素有清楚的了解。项目经理部按机械设备的安全操作要求安排工作和进行指挥，不得要求操作人员违章作业，也不得强令机械带病操作，更不得指挥和允许操作人员野蛮施工。

6)为机械设备的施工创造良好条件。现场环境、施工平面布置图应适合机械作业要求，交通道路畅通无障碍，夜间施工安排好照明。协助机械部门落实现场机械标准化。

(5)机械设备使用中的“三定”制度。“三定”制度是指定机、定人、定岗位责任。实行“三定”制度，有利于操作人员熟悉机械设备特性，熟练掌握操作技术，合理和正确地使用、维护机械设备，提高机械效率；有利于大型设备的单机经济核算和考评操作人员使用机械设备的经济效果；也有利于定员管理，工资管理。具体做法如下：

1)多班作业或多人操作的机械设备，实行机长负责制，从操作人员中任命一名骨干能手为机长。

2)一人管理一台或多台机械设备，该人即为机长或机械设备的保管人员。

3)中小型机械设备，在没有绝对固定操作者情况下，可任命机组长。

(6)施工管理规划与设备合理使用之间的关系。施工过程中，设备使用时的经济效果表现为设备的利用率和完好率，这两者特别是利用率，取决于施工管理规划中施工方案的施工方法与对机械设备的选择。

1)施工运输不同方案的经济性比较。大项目中，大规模混凝土工程所需的砂子、集料，必须自选料场、自采自运；大型填海工程需开挖某小山，自开自运。此时，选择方案对降低成本十分重要，可以根据不同的机械设备运输方案进行选择。如既可以采用自卸汽车装运，也可以采用胶带输送机装运，还可以采用窄轨小型内燃机车运送方案。对诸多方案进行比较，可以计算出各自的单位实物工程量的成本费，然后再综合比较进行方案选择。

2)同类机械设备方案之间的经济比较。如在某大型土方工程的开挖运输时，配备有挖掘机和自卸汽车。在同类型设备中，按不同规格的两机相互配套，可提供 12 个方案进行计算比较，而各方案的单方成本费是有差别的。

3)配套方案与效率间的关系。当项目主要设备作为配套基准时，其他配套设备应以确保主要设备充分发挥效率为选配标准。在综合机械化组列中，其组合数越小越好。同时，对前列中的薄弱环节，在可能条件下适当注意局部的并列化。

4. 机械设备操作人员管理

(1)项目应建立健全设备安全使用岗位责任制，从选型、购置、租赁、安装、调试、验收到使用、操作、检查、维护、保养和修理直至拆除退场等各个环节，都要严格，并且有操作性能的岗位责任制。

(2)项目要建立健全设备安全检查、监督制度，要定期和不定期地进行设备安全检查，及时消除隐患，确保设备和人身安全。

(3)设备操作和维护人员，要严格遵守建筑机械使用安全技术规程，对于违章指挥，设备操作者有权拒绝执行；对违章操作，现场施工管理人员和设备管理人员应坚决制止。

(4)对于起重设备的安全管理，要认真执行当地政府的有关规定。要经过培训考核，具有相应资质的专业施工单位承担设备的拆装、施工现场移位、顶升、锚固、基础处理、轨道铺设、移场运输等工作任务。

(5)各种机械必须按照国家标准安装安全保险装置。机械设备转移施工现场，重新安装后必须对设备安全保险装置重新调试，并经试运转，以确认各种安全保险装置符合标准要求，方可交付使用。任何单位和个人都不得私自拆除设备出厂时所配置的安全保险装置而操作设备。

5. 机械设备报废和出厂管理

企业设备的报废应与企业设备的更新改造相结合，当设备达到报废条件，尤其对提前报废的设备，企业应组织有关人员对其进行技术鉴定，按照企业设备管理制度或程序办理手续。对于已经报废的汽车、起重机械、压力容器等，不得再继续使用，同时，也不得整机出售转让。企业报废设备应有残值，其净残值率不应低于原值的3%，不高于原值的5%。

当企业设备具有下列条件之一时，应予以报废：

(1)磨损严重，基础件已经损坏，再进行大修已经不能达到使用和安全要求的。

(2)设备老化，技术性能落后，消耗能源高，效率低下，又不能改造价值的。

(3)修理费用高，在经济上不如更新合算的。

(4)噪声大，废气、废物多，严重污染环境，危害人身安全和健康，进行改造又不经济的。

(5)属于国家限制使用，明令淘汰机型，又无配件来源的。

此外，企业设备管理部门也要加强闲置设备的管理，认真做好闲置设备的保护维修管理，防止拆卸、丢失、锈蚀和损坏，确保其技术状态良好。积极采取措施调剂利用闲置设备，充分发挥闲置设备的作用。在调剂闲置设备时，企业应组织有关人员对其进行技术鉴定和经济评估，严格执行相关审批程序和权限，按质论价，一般成交价不应低于设备净值。

(三)建筑工程项目机械设备管理考核

建筑工程项目机械设备管理考核应对机械设备的配置、使用、维护及技术安全措施，设备使用率和使用成本等进行分析和评价。

五、技术管理

技术管理是项目经理对所承包工程的各项技术活动和施工技术的各项内容进行计划、组织、指挥、协调和控制的总称，是对建设工程项目进行的科学管理。建设工程的施工是一个复杂的多工种操作的综合过程，其技术管理所包括的内容也较多，其主要内容包括以下几项：

(1)技术准备阶段：包括“三结合”设计、图纸的熟悉审查及会审、设计交底、编制施工组织设计及技术交底。

(2)技术开发活动：包括科学研究、技术改造、技术革新、新技术试验以及技术培训等。

此外，技术装备、技术情报、技术文件、技术资料、技术档案、技术标准和技术责任制等，也属于建设工程项目技术管理的范畴。

(一)建筑工程项目技术管理计划

技术管理计划应包括技术开发计划、设计技术计划和工艺技术计划。

1. 技术开发计划

技术开发的依据主要如下：

(1)国家的技术政策，包括科学技术的专利政策、技术成果有偿转让。

(2)产品生产发展的需要，是指未来对建筑产品的种类、规模、质量以及功能等需要。

(3)组织的实际情况，是指企业的人力、物力、财力以及外部协作条件等。

2. 设计技术计划

设计计划主要是涉及技术方案的确立、设计文件的形成，以及有关指导意见和措施的计划。

3. 工艺技术计划

施工工艺上存在客观规律和相互制约关系，一般是不能违背的。如基坑未挖完土方，后序工作垫层就不能施工，浇注混凝土必须在模板安装和钢筋绑扎完成后，才能施工。因此，要对工艺技术进行科学、周密的计划和安排。

(二)建筑工程项目技术管理控制

技术管理控制应包括技术开发管理,新产品、新材料、新工艺的应用管理,施工组织设计管理,技术档案管理,测试仪器管理等。

组织的各项技术工作应严格按照组织技术管理制度执行。技术管理基础工作包括:实行技术责任制、执行技术标准与规程、制定技术管理制度、开展科学研究、强化技术文件管理、加强技术计划的制定和过程验证管理;施工过程的技术管理工作包括:施工工艺管理、材料试验与检验、计量工具与设备的技术核定、质量检查与验收、技术处理等;技术开发管理工作包括:新技术、新工艺、新材料、新设备的采用,提出合理化建议,技术攻关等。

1. 技术开发管理

(1)确立技术开发方向和方式。根据我国国情,根据企业自身特点和建筑技术发展趋势确定技术开发方向,走与科研机构、大专院校联合开发道路。但从长远来看,企业应有自己的研发机构,强化自己的技术优势,在技术上形成一定的垄断,走技术密集型道路。

(2)加大技术开发的投入。应制定短、中、长期的研究投入费用及其占营业额的比例,逐步提高科技投入量,监督实施,并建立规范化的评价、审查和激励机制;加强研发力量,重视科研人才,增添先进的设备和设施,保证技术开发具有先进手段。

(3)加大科技推广和转化力度。

(4)增大技术装备投入。增大技术装备投入才能提高劳动生产率。考虑投入规模至少应当是承包商当年收益的2%～3%,并逐年增长。

(5)强化应用计算机和网络技术。利用软件进行招标投标、工程设计和概预算工作;利用网络收集施工技术等情报信息,通过电子商务采购降低采购成本。

(6)加强科技开发信息的管理。建立强有力的情报信息中心,利于快速决策。

2. 新产品、新材料、新工艺的应用管理

应有权威的技术检验部门关于其技术性能的鉴定书,制定出质量标准以及操作规程后，才能在工程上使用，加大推广力度。

3. 施工组织设计管理

施工组织设计是企业实现科学管理、提高施工水平和保证工程质量的主要手段，也是贯穿设计、规范、规程等技术标准组织施工，纠正施工盲目性的有力措施。要进行充分调查研究，广泛发动技术人员、管理人员制定措施，使施工组织设计符合实际，切实可行。

4. 技术档案管理

技术档案是按照一定的原则、要求，经过移交、归档后整理，保管起来的技术文件材料。技术档案既记录了各建筑物、构筑物的真实历史，又是技术人员、管理人员和操作人员智慧的结晶。技术档案实行统一领导、分专业管理。资料收集做到及时、准确、完整，分类正确，传递及时，符合地方法规要求，无遗留问题。

5. 测试仪器管理

组织建立计量、测量工作管理制度。由项目技术负责人明确责任人，制定管理制度，经批准后实施。管理制度要明确职责范围，仪表、器具使用、运输、保管有明确要求，建立台账定期检测，确保所有仪表、器具的精度、检测周期和使用状态符合要求。记录和成果符合规定，确保成果、记录、台账、设备的安全、有效、完整。

(三)建筑工程项目技术管理考核

建筑工程项目技术管理考核应包括对技术管理工作计划的执行，技术方案的实施，技术措施的实施，技术问题的处置，技术资料的收集、整理和归档以及技术开发，新技术和新工艺应用等情况进行分析和评价。

六、资金管理

建设施工企业在运作过程中离不开资金。抓好资金管理，把有限的资金运用到关键的地方，加快资金的流动，促进施工，降低成本，资金管理具有十分重要的意义。

资金运动存在着客观的资金运动规律，且不以人们的意志为转移，只有掌握和认识资金运动规律，合理组织资金运动，才能提高经济效益，达到更好的管理效果。

(一)建筑工程项目资金管理计划

1. 项目资金流动计划

项目资金流动包括项目资金的收入与支出。项目资金流动计划，即项目收入与支出计划是项目资金管理的重要内容。要做到收入有规定、支出有计划，追加按程序；做到在计划范围内一切开支有审批，主要工料大宗支出有合同，从而使项目资金运营在受控状态。

(1)资金支出计划。无论是业主还是承包商，都越来越重视项目的现金流量，并将它纳入计划的范围。对业主来说，项目的建设期主要是资金支出，所以现金流量计划主要表现为资金支付计划。该计划不仅与工程进度有关，而且与合同所确定的付款方式有关。对承包商来说，项目的费用支出和收入常常在时间上不平衡，对于付款条件苛刻的项目，承包商通常必须垫资承包。

工程计划是各工程活动的时间安排，由此确定的成本计划是在工程上按照计划进度确定的成本消耗。但实际上，承包商对工程的资金支出与这个成本计划并不同步，例如：合同签订好后即可进行施工准备，如调遣队伍、培训人员、调运设备和周转材料、搭设施工设施、布置现场等，并为此支付一定费用。而这些费用作为工地管理费、人工费、材料费、机械费等分摊在工程报价中，在以后工程进度款中收回，有时也可作为工程开办费预先收取。

承包商工程项目的支付计划包括：人工费支付计划、材料费支付计划、设备费支付计划、分包工程款支付计划、现场管理费支付计划、其他费用计划，如上级管理费、保险费、利息等各种其他开支。

成本计划中的材料费是工程上实际消耗的材料价值。在材料使用前有一个采购、订货、运输、入库、贮存的过程，材料货款的支付通常按采购合同规定支付，其支付方式有订货时交定金，到货后付清，提货时一笔付清，供应方负责送到工地、货到后付款及在供应后一段时间内付款。

(2)工程款收入计划。承包商工程款收入计划，即业主工程款支付计划，它与工程进度(即按照成本计划确定的工程完成状况)和合同确定的付款方式有关。

1)在合同签订后，工程正式施工前，业主可以根据合同中工程预付款(备料款、准备金)的规定，事先支付一笔款项，让承包商做施工准备，而这笔款项，可在以后工程进度款中按一定比例扣除。

2)按月进度收款，根据合同规定，工程款可以按月进度进行收取，即在每月月末将该月实际完成的分项工程量按合同规定进行结算，即可得出当月的工程款。但实际上，这笔工程款一般要在第二个月，甚至是第三个月才能收取。

根据 FIDIC 条件规定，月末承包商提交该月工程进度账单，由工程师在 28d 内审核并递交业主；业主在收到账单后 28d 内支付，所以工程款的收取比成本计划要滞后 1～2 个月，并且许多未完工程还不能结算。

3)按工程形象进度分阶段收取。工程项目一般可分为开工、基础完工、层完、封顶、竣工等，工程款的收取可以按阶段进行收取。这样编制的工程款收入计划呈阶梯状，如图 6-4 所示。

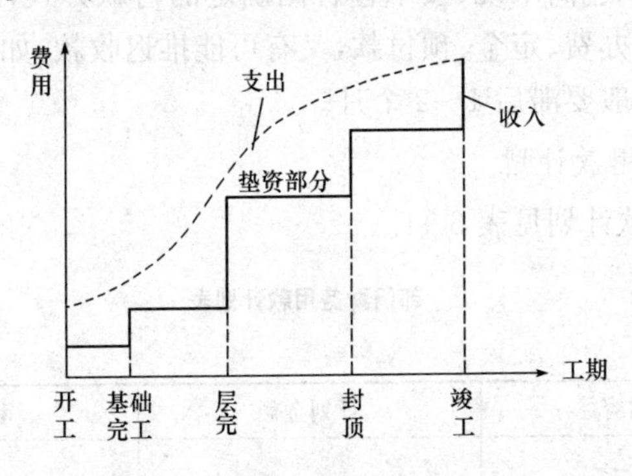

图 6-4　工程款收入和资金支付曲线

4)工程完工后收取。由于业主没有资金，事先由承包商垫资，工程款可在工程完工后收取。通常情况下，工程款是由工程本身的直接收益构成的。

(3)现金流量计划。在工程款支付计划和工程款收入计划的基础上可以得到工程的现金流量,也可以通过表或图的形式反映出来。

通常,按时间将工程支付和工程收入的主要费用项目罗列在一张表中,按时间计算出当期收支相抵的余额,再按时间计算到该期末的累计余额,并在此基础上绘制出现金流量图。

对于建设工程承包商来说,工程项目现金流量计划的作用如下:

1)项目资金的安排,应以保证工程项目的正常施工为目标,如需借贷,可根据工程现金流量计划,制订工程款借贷计划。

2)计算项目资金的成本,即计算由于工程负现金流量(收入＞收益时)带来的利息支出。

由于利息支出对工程经济效益具有很大的影响,自有资金如果投入得太多,将会大大降低承包工程的利润,所以利息支出也应当计入工程的报价之中。在承包新工程项目时,应在取得一定利润的前提下,尽可能减少自有资金的投入量,同时使投入资金的利率最低。

3)与财务风险问题的考虑,资金垫付得越多,资金缺口越大,财务风险也越大,由于工程成本计划与工程收支有密切的联系,但又不是一回事。对承包商来说,按承包合同确定的付款方式,既可能提前取得资金,如开办费、定金、预付款,又有可能推迟收款,如按照合同工程进度收款,一般要滞后1～2个月。

2. 财务用款计划

财务用款计划见表6-11。

表6-11　　部门财务用款计划表

用款部门:　　　　　　　　　　　　　　　　金额单位:元

支出内容	计划金额	审批金额
合　计		

项目经理签字:　　　　　　　　　　　　　　用款部门负责人签字:

3. 年、季、月度资金管理计划

项目经理部应编制年、季、月度资金管理(收支)计划,有条件的可以考虑编制旬、周、日的资金管理(收支)计划,上报组织主管部门审批实施。

年度资金管理(收支)计划的编制,要根据施工合同工程款支付的条款和年度生产计划安排,预测年内可能达到的资金收入,要参照施工方案,安排工料机费用等资金分阶段投入,做好收入与支出在时间上的平衡。编制年度资金计划,主要是摸清工程款到位情况,测算筹集资金的额度,安排资金分期支付,平衡资金,确立年度资金管理工作总体安排。这对保证工程项目顺利施工,保证充分的经济支付能力,稳定队伍提高生活,完成各项税费基金的上缴是十分重要的。

季、月度资金管理(收支)计划的编制,是年度资金收支计划的落实和调整,要结合生产计划的变化,安排好季、月度资金收支。特别是月度资金收支计划,要以收定支,量入为出,要根据施工月度作业计划,计算出主要工、料、机费用及分项收入,结合材料月末库存,由项目经理部各用款部门分别编制材料、人工、机械、管理费用及分包单位支出等分项用款计划,报项目财务部门汇总平衡。汇总平衡后,由项目经理主持召开计划平衡会,确定整个部门用款数,经平衡确定的资金收支计划报公司审批后,项目经理部作为执行依据,组织实施。

(二)建筑工程项目资金管理控制

建筑工程项目资金管理控制应以保证收入、节约支出、防范风险和提高经济效益为目的,应在财务部门设立项目专用账号进行资金收支预测,统一对外收支与结算。项目资金管理控制应包括资金收入与支出管理、资金使用成本管理、资金风险管理等。

1. 资金收入与支出管理

(1)资金收入与支出管理原则。项目资金的收入与支出管理原则主要涉及资金的回收和分配两个方面。资金的回收直接关系到工程项目能否顺利进展;而资金的分配则关系到能否合理使用资金,能否调动各种关系和相关单位的积极性。

因此，为了保证项目资金的合理使用，应遵循以收定支原则和制定资金使用计划原则。以收定支原则，即指收入确定支出。这样做虽然可能使项目的进度和质量受到影响，但可以不加大项目资金成本，对某些工期紧迫或施工质量要求较高的部位，应视具体情况而采取区别对待的措施。制订资金使用计划原则，即指根据工程项目的施工进度、业主支付能力、企业垫付能力、分包或供应商承受能力等制订相应的资金计划，按计划进行资金的回收和支付。

(2)资金收入与支出管理要求。

1)在项目资金收入与支出管理过程中，应以项目经理为理财中心，并划定资金的管理办法，以哪个项目的资金主要由哪个项目支配为原则。

2)项目经理按月编制资金收支计划，由公司财务及总会计师批准，内部银行监督执行，并每月都要做出分析总结；企业内部银行可实行"有偿使用"、"存款计息"、"定额考核"等办法。当项目资金不足时，可由内部银行协调解决。

3)项目经理部可在企业内部银行开独立账户，由内部银行办理项目资金的收、支、划、转，并由项目经理签字确认。

4)项目经理部可按用款计划控制项目资金使用，以收定支，节约开支，并应按规定设立财务台账记录资金支付情况，加强财务核算，及时盘点盈亏。

5)项目经理部要及时向发包方收取工程款，做好分期结算，增(减)账结算，竣工结算等工作，加快资金入账的步伐，不断提高资金管理水平和效益。

6)建设单位所提供的"三材"和设备也是项目资金的重要组成，经理部要设置台账，根据收料凭证及时入账，按月分析使用情况，反映"三材"收入及耗用动态，定期与交料单位核对，保证资料完整、准确，为及时做好各项结算创造先决条件。

7)项目经理部应每月定期召开请业主代表参加的分包商、供应商、生产商等单位的协调会，以便更好地处理配合关系，解决甲方提供资金、材料以及项目向分包、供应商支付工程款等事宜。

8)项目经理部应坚持做好项目资金分析,进行计划收支与实际收支对比,找出差异,分析原因,改进资金管理。项目竣工后,结合成本核算与分析,进行资金收支情况和经济效益总分析,上报企业财务主管部门备案。

(3)项目资金的收取。项目经理部除应负责编制年、季、月度资金收支计划,上报给业主管理部门审批实施,及对资金的收入与支出情况进行管理外,还应按企业的授权,配合企业财务部门进行资金收取。资金收取主要有以下几种情况:

1)对于新开工项目,应按工程施工合同收取工程预付款或开办费。

2)当工程发生变更或材料违约时,应根据工程变更记录和证明发包人违约的材料,及时计算索赔金额,列入工程进度款结算单。

3)对于发包人委托代购的工程设备或材料,必须签订代购合同,并收取设备订货预付款或代购款。如工程材料出现价差时,应按规定计算,并及时请发包人确认,以便与工程进度款一起收取。

4)根据月度统计报表编制“工程进度款结算单”,于规定日期报送监理工程师审批结算。如发包人不能按期支付工程进度款且超过合同支付的最后限期,项目经理部应向发包人出具付款违约通知书,并按银行的同期贷款利率计息。

5)工程尾款应根据发包人认可的工程结算全额及时收取。对于工程的工期奖、质量奖、不可预见费及索赔款,应根据施工合同规定,与工程进度款同时收取。

2. 资金使用成本管理

企业应建立健全项目资金管理责任制,明确项目资金的使用管理由项目经理负责,项目经理部财务人员负责协调组织日常工作,做到统一管理、归口负责、业务交圈对口,建立责任制,明确项目预算员、计划员、统计员、材料员、劳动定额员等有关职能人员的资金管理职责和权限。

(1)按用款计划控制资金使用。项目经理部各部门每次领用支票或现金,都要填写用款申请表,申请表由项目经理部部门负责人具体控制该部门支出。但额度不大的零星采购和费用支出,也可在月度用款计划范围内由经办人申请,部门负责人审批。各项支出的有关发票和结算验收单据,由各用款部门领导签字,并经审批人签证后,方可向财务报账。

(2)设立财务台账,记录资金支出。鉴于市场经济条件下多数商品及劳务交易,事项发生期和资金支付期不在同一报告期,债务问题在所难免,而会计账又不便于对各工程繁多的债权债务逐一开设账户,做好记录,因此,为控制资金,项目经理部需要设立财务台账,做会计核算的补充记录,进行债权债务的明细核算。

(3)加强财务核算,及时盘点盈亏。项目部要随着工程进展定期进行资产和债务的清查,以考查以前的报告期结转利润的正确性和目前项目经理部利润的后劲。由于单位工程只有到竣工决算时,才能确定最终该工程的盈利准确数字,在施工过程中的报告期的财务结算只是相对准确。所以,在施工过程中要根据工程完成部位,适时地进行财产清查。对项目经理部所有资产方和所有负债方及时盘点,通过资产和负债加上级拨付资金平衡关系比较看出盈亏趋向。

3. 资金风险管理

项目经理部应注意发包方资金到位情况,签好施工合同,明确工程款支付办法和发包方供料范围。在发包方资金不足的情况下,尽量要求发包方供应部分材料,要防止发包方把属于甲方供料、甲方分包范围的转给组织支付。同时,要关注发包方资金动态,在已经发生垫资施工的情况下,要适当掌握施工进度,以利回收资金,如果出现工程垫资超出原计划控制幅度,要考虑调整施工方案,压缩规模,甚至暂缓施工,并积极与发包方协调,保证开发项目以利回收资金。

(三)建筑工程项目资金管理考核

建筑工程项目资金可分为两种,即固定资金和流动资金。对项目资金管理的考核,也就是对固定资金和流动资金的考核。

固定资金是指以货币形式表现的可以长期在生产过程中发挥作用的劳动资料的价值。固定资金的实物形态是固定资产。在建设项目实施过程中,固定资产不改变自己的实物形态,只是根据其在使用过程中的损耗程度,将它们的价值以折旧费用的形式逐次转入产品中去,然后从产品的销售收入中收回。

流动资金是以货币形式表现的流动基金与流通基金的总和。生产储备资金、生产资金之和称为流动基金,成品资金、货币资金之和称为流通基金。

1. 固定资产利用效果的考核

要提高固定资产的利用效果,就必须制定科学的考核指标。目前,常用的考核固定资产利用效果的指标,主要有以下三个方面:

(1)固定资产占用率。固定资产占用率愈小,即完成每单位建设项目工作量占用的固定资产愈少,说明固定资产的利用效果愈好。其计算公式如下:

$$\text{固定资产占用率}=\frac{\text{固定资产全年平均原始价值}}{\text{年度完成建设项目工作量}} \tag{6-28}$$

(2)固定资产产值率。固定资产产值率是固定资产占用的倒数,每个单位固定资产完成的建设项目工作量愈多,说明固定资产的利用效果愈好。其计算公式如下:

$$\text{固定资产产值率}=\frac{\text{年度完成建设项目工作量}}{\text{固定资产全年平均原始价值}} \tag{6-29}$$

(3)固定资产利润率。固定资产利润率愈高,表明固定资产的利用效果愈好。其计算公式如下:

$$\text{固定资产利润率}=\frac{\text{利润总额}}{\text{固定资产全年平均原始价值}} \tag{6-30}$$

固定资产全年平均原始价值=年初固定资产的原始价值+本年增加固定资产平均原始价值-本年减少固定资产平均原始价值

(6-31)

$$\text{本年增加固定资产平均原始价值}=\frac{\sum(\text{某月份增加固定资产总值}\times\text{该固定资产使用月数})}{12} \tag{6-32}$$

2. 流动资金定额的核定方法

(1)分析调整法。分析调整法是以上年度流动资金实有额为基础，剔除其中待滞积压和不合理部分，然后根据计划年度生产任务的发展变化情况，考虑施工技术水平和管理水平提高等因素，进行分析调整，计算本年度的各项流动资金定额。其计算公式如下：

$$\text{流动资金定额}=\frac{(\text{上年流动资金实有额}-\text{不合理占用额})\times\text{本年计划工作量}}{\text{上年实际工作量}\times(1-\text{计划期资金节约率})}\tag{6-33}$$

(2)定额天数法。采用定额天数法时，首先计算出平均每日垫支的流动资金额和该项流动资金的定额储备天数，然后将每日平均垫支的流动资金乘上定额储备天数就可求出该项流动资金的定额。

1)建筑项目主要材料资金定额的计算公式如下：

$$\text{主要材料流动资金}=\frac{\text{年度合同工程量}\times\text{材料比重}\times\text{材料定额储备天数}}{\text{施工天数}}\tag{6-34}$$

式中，年度合同工程量是指建筑项目当年完成的工程量总值；材料比重是指主要材料价款占当年完成工程量总值的百分率。

2)机械配件资金定额的计算公式如下：

$$\text{机械配件资金定额}=\frac{\text{上年度机械配件耗用量}\times\text{计划年度机械设备台数}\times\text{定额天数}}{360\times\text{上年度机械配件设备台数}}\tag{6-35}$$

3. 流动资金利用率效果的考核

(1)流动资金的周转次数。流动资金在一定时期内周转的次数称为“周转次数”。在一定的时期内，周转的次数愈多，流动资金的利用效果愈好。其计算公式如下：

$$\text{流动资金周转次数}=\frac{\text{本期完成的建设项目工程量}}{\text{流动资金平均占用额}}\tag{6-36}$$

(2)流动资金的周转天数。流动资金的周转天数是指流动资金周转一次需要多少天，周转一次所需的天数愈少，说明流动资金周转的速度愈快，效果愈好。其计算公式如下：

$$\text{流动资金周转天数}=\frac{360}{\text{流动资金周转天数}}\tag{6-37}$$

(3)流动资金占用率。流动资金占用率是流动资金周转次数指标的倒数，它是反映完成每单位建设项目工作占用多少流动资金。其计算公式如下：

$$流动资金占用率=\frac{流动资金平均占用率}{本期完成建设项目工程量} \quad (6\text{-}38)$$

由于加速资金周转而节约的流动资金，通常称为周转中腾出资金，其计算公式如下：

由于加速资金周转而节约的流动资金＝本期完成的建设项目工作量×(计划周转天数－实际周转天数)/360　　(6-39)

第二节　施工现场临时设施管理

一、施工现场临时建筑物管理

施工现场临建布置按施工现场划分为办公区、生产区和生活区三部分设置。现场临建设置包括临建办公室、宿舍、食堂、厕所、警卫宿舍、警卫室、临时用水池、工地围墙、现场道路、加工场及堆料场、搅拌站、塔吊、临时仓库、配电室、木工棚等。

1. 施工现场临建质量要求及措施

施工现场临建必须达到一定的质量标准，在施工中，严格按照正规工程的做法来要求配属队伍，把正规工程的各个分项质量标准用于临建，现场的责任工程师要对质量严格把关。

由于临建示意图比较粗略，只是总体布置及施工方向，现场工作人员在施工时，发现不明确的地方要及时与有关部门联系，以进一步明确细部作法。

2. 安全消防措施

(1)在临建开工时，同样要按照正规工程的有关安全规范进行多级、分层分级交底，对工人进行安全教育，定期召开安全会。

(2)在临建组装时，要特别注意对工人进行高空作业、防火等安全交底(按有关安全规范)。

(3)环保、消防、防噪。

1)在场地上容易起灰的地方植草或硬化。

2)对地下障碍物、管线等地方，在挖基础时要与有关部门配合，弄清楚后，方可按有关要求进行施工。

3)在夜间禁止施工。

二、施工现场临时用电管理

施工现场临时用电管理应根据施工用电设备、设施的配置，明确数量和各种设备单台功率及总功率。金属箱架、箱门、安装板、不带电的金属外壳及靠近带电部分的金属护栏等，均需采用绿黄双色多股软绝缘导线与PE保护零线做可靠连接。

施工现场临时用电的配置，以“三级配电、二级漏保”，“一机、一闸、一漏、一箱、一锁”为原则，推荐“三级配电、三级漏保”配电保护方式。

施工现场临时用电的配置应符合下列要求：

(1)配电箱(柜)必须使用定型产品，不允许使用开放式配电屏与明露带电导体和接线端子的配电箱(柜)。

(2)配电箱内的漏电保护开关须每周定期检查。保证其灵敏可靠，并有记录。配电箱出线有三个及以上回路时，电源端须设隔离开关。配电箱的漏电保护开关有停用3个月以上、转换现场、大电流短路掉闸情况之一，漏电保护开关应采用漏电保护开关专用检测仪重新检测，其技术参数须符合相关标准要求方可投入使用。

(3)配电箱(柜)内须分别设置N线连接端子板和PE线连接端子板，并按规定安装在箱体内下方两侧，N线、PE线板凳形端子统一采用不小于30mm×4mm搪锡铜板制作，并配置M10以上内六角螺栓。

(4)配电箱电器元件采用绝缘安装板固定时，一级配电箱(A级配电箱)、二级分配箱(B级分配箱)绝缘安装板厚度≥10mm；三级配电箱(C级分配箱)绝缘安装板厚度≥5mm。

(5)交、直流焊机须配置弧焊机防触电保护器，设专用箱。

(6)塔吊配电系统、供电电缆应逐步进行改造、更新，与TN—S供电系统相匹配。新置塔吊配电系统须符合TN—S供电系统要求。

(7)消防供用电系统、消防泵保护，须设专用箱，配电箱内设置漏电声光报警器，空气开关采用无过载保护型。消防漏电声光报警配电箱由专门指定厂生产。

(8)空气开关、漏电保护器、电焊机二次降压保护器等临电工程电器产品，必须采用有电工产品安全认证、试验报告、工业产品生产许可证厂家的产品。

(9)订购配电箱时应对电气开关、导体进行选择计算，并明确标示电气系统图、开关电器的主要型号、技术参数和技术要求。

(10)经过负荷开关选择计算，总开关的额定值、动作整定值，与分开关的额定值、动作整定值相适应。分开关的额定值、动作整定值与用电设备容量相适应。

(11)行灯变压器箱，应保证通风良好。行灯变压器与控制开关采用金属隔板隔离。

(12)箱门内侧，贴印标示明晰、符号准确、不易擦涂的电气系统图。电气系统图内容有开关型号、额定动作值、出线截面、用电设备和次级箱号。N 线连接端子板和 PE 线连接端子板应有明显的区别标识。

(13)箱体外标识应有：二级公司标识；用电危险专用标识；箱体级别及箱号标识；颜色标识为通体的橘黄色；箱体文字字体采用楷体、英文字母大写。

(14)开关箱、配电箱(柜)，箱体钢板厚度必须≥1.5mm，柜体钢板厚度必须≥2mm。配电箱体钣金规矩、缝隙严密一致。箱(柜)内外先刷一层防腐漆，后罩一遍橘黄色面漆。漆面要求光洁美观。

三、施工现场临时用水管理

施工现场临时用水设计应根据现场给排水平面布置图进行。

1. 消防系统用水管理

(1)室内外消火栓系统。室外消火栓设计采用消防泵环管加压给水系统，平时管网内水压较低，仅满足施工生产用水即可，当火场灭火时，水枪所需压力，由消防泵加压产生。给水干管各处按用水点需要预留甩口及引入建筑物内，并按不小于50m的间距布置室外地下式消火栓，消火栓规格为*DN*65；室内消火栓系统设计采用统一给水系统。在现场机井旁设消防泵房及临时水箱，泵房内可设两台消防水泵，一用一备；但根据项目及当地施工现场消防管理要求的实际情况，考虑降低施工初期投资时，也可以不设备用，但必须保证该消防泵随时运行良好。

(2)现场临时消防管网敷设。施工现场的临时消防管沿建筑环状敷设，并逐渐接高主楼的临时消防竖管。

2. 生活或生产给水系统

根据需要按生活用水水源预留甩口，分别供给厨房、厕所。施工现场各预留用水点的支管不单设阀门井，只在入户后的立管上设阀门控制。

3. 排水系统

排水干管接至现场附近的市政排水管网。为满足市政、环卫部门的规定，现场搅拌站应设置沉淀池，同时，可将池内经沉淀后的清水二次利用做现场洒水等用，起到节约用水的作用。

4. 管材设计

室外给水环管采用焊接钢管，生活区及办公室等的生活给水管道采用镀锌钢管，室内消防及生产用水管道采用焊接钢管。排水系统采用排水铸铁管。

5. 临时用水系统的维护与管理

(1)应注意保证消防管路畅通，消火栓箱内设施完备且箱前道路畅通，无阻塞或堆放杂物。

(2)现场消防及生产用水干管管顶的埋深应在本地区冻土层以下。

(3)现场平面应及时清扫，保证干净、无积水。

(4)临水管道系统和水泵房应设专人维护与运行，并设值班制度及运行操作规程。

第三节　施工现场环境管理

一、建筑工程项目环境管理体系建立

环境管理体系建立在一个由“策划、实施、检查评审和改进”几个环节构成的动态循环过程的基础上，其具体的运行模式如图 6-5 所示。

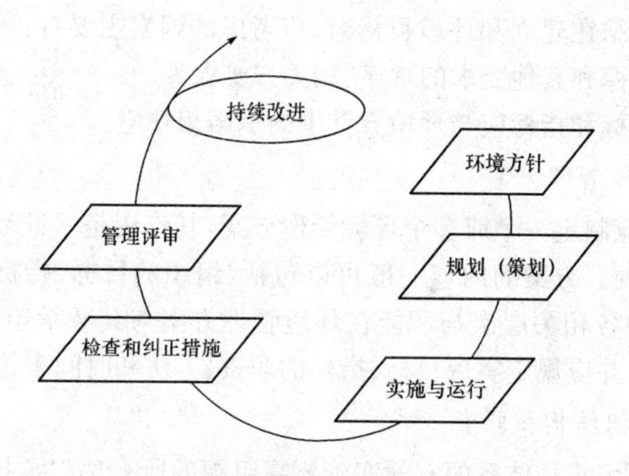

图 6-5　环境管理体系运行模式

建筑工程项目环境管理体系的内容包括以下几项：

1. 环境方针

环境方针的内容必须包括对遵守法律及其他要求、持续改进和污染预防的承诺，并作为制定与评审环境目标和指标的框架。

2. 环境因素

识别环境因素时，要考虑到“三种状态”（正常、异常、紧急）、“三种时态”（过去、现在、将来）、向大气排放、向水体排放、废弃物处理、土地污染、原材料和自然资源的利用、其他当地环境问题及时更新环境方面的信息，以确保环境因素识别的充分性和重要环境因素评价的科学性。

3. 法律和其他要求

组织应建立并保持程序以保证活动、产品或服务中环境因素遵守法律和其他要求,还应建立获得相关法律和其他要求的渠道,包括对变动信息的跟踪。

4. 目标和指标

(1)组织内部各管理层次、各有关部门和岗位在一定时期内均有相应的目标和指标,并用文本表示。

(2)组织在建立和评审目标时,应考虑的因素主要有:环境影响因素、遵守法律和其他要求的承诺、相关方要求等。

(3)目标和指标应与环境方针中的承诺相呼应。

5. 环境管理方案

组织应制定一个或多个环境管理方案,其作用是保证环境目标和指标的实现。方案的内容一般可以包括:组织的目标、指标的分解落实情况,使各相关层次与职能在环境管理方案与其所承担的目标、指标相对应,并应规定实现目标、指标的职责、方法和时间表等。

6. 组织结构和职责

(1)环境管理体系的有效实施要靠组织的所有部门承担相关的环境职责,必须对每一层次的任务、职责、权限做出明确规定,形成文件并给予传达。

(2)最高管理者应指定管理者代表并明确其任务、职责、权限,应为环境管理体系的实施提供各种必要的资源。

(3)管理者代表应对环境管理体系建立、实施、保持负责,并向最高管理者报告环境管理体系运行情况。

7. 培训、意识和能力

组织应明确培训要求和需要特殊培训的工作岗位和人员,建立培训程序,明确培训应达到的效果,并对可能产生重大影响的工作,要有必要的教育、培训、工作经验、能力方面的要求,以保证他们能胜任所担负的工作。

8. 信息交流

组织应建立对内对外双向信息交流的程序，其功能是：能在组织的各层次和职能间交流有关环境因素和管理体系的信息，以及外部相关方信息的接收、成文、答复，特别注意涉及重要环境因素的外部信息的处理并记录其决定。

9. 环境管理体系文件

环境管理体系文件应充分描述环境管理体系的核心要素及其相互作用，应给出查询相关文件的途径，明确查找的方法，使相关人员易于获取有效版本。

10. 文件控制

(1)组织应建立并保持有效的控制程序，保证所有文件的实施，注明日期(包括发布和修订日期)、字迹清楚、标志明确，妥善保管并在规定期间内予以保留等要求；还应及时从发放和使用场所收回失效文件，防止误用，建立并保持有关制定和修改各类文件的程序。

(2)环境管理体系重在运行和对环境因素的有效控制，应避免文件过于烦琐，以利于建立良好的控制系统。

11. 运行控制

(1)组织的方针、目标和指标及重要环境因素有关的运行和活动，应确保它们在程序的控制下运行；当某些活动有关标准在第三层文件中已有具体规定的，程序可予以引用。

(2)对缺乏程序指导可能偏离方针、目标、指标的运行应建立运行控制程序，但并不要求所有的活动和过程都建立相应的运行控制程序。

(3)应识别组织使用的产品或服务中的重要环境因素，并建立和保持相应的文件程序，将有关程序与要求通报提供方和承包方，以促使他们提供的产品或服务符合组织的要求。

12. 应急准备和响应

(1)组织应建立并保持一套程序，使之能有效确定潜在的事故或紧急情况，并在其发生前予以预防，减少可能伴随的环境影响；一旦紧急情况发生时做出响应,尽可能地减少由此造成的环境影响。

(2)组织应考虑可能会有的潜在事故和紧急情况,采取预防和纠正的措施应针对潜在的和发生的原因,必要时,在事故或紧急情况发生后,应对程序予以评审和修订,确保其切实可行。

(3)可行时,定期按程序有关规定定期进行试验或演练。

13. 监测和测量

对环境管理体系进行例行监测和测量,既是对体系运行状况的监督手段,又是发现问题及时采取纠正措施,实施有效运行控制的首要环节。

(1)监测的内容,通常包括:组织的环境绩效(如组织采取污染预防措施收到的效果,节省资源和能源的效果,对重大环境因素控制的结果等),有关的运行控制(对运行加以控制,监测其执行程序及其运行结果是否偏离目标和指标),目标、指标和环境管理方案的实现程度,为组织评价环境管理体系的有效性提供充分的客观依据。

(2)对监测活动,在程序中应明确规定:如何进行例行监测,如何使用、维护、保管监测设备,如何记录和如何保管记录,如何参照标准进行评价,何时向谁报告监测结果和发现的问题等。

(3)组织应建立评价程序,定期检查有关法律法规的持续遵循情况,以判断环境方针有关承诺的符合性。

14. 不符合、纠正与预防措施

(1)组织应建立并保持文件程序,用来规定有关的职责和权限,对不符合进行处理与调查,采取措施减少由此产生的影响,采取纠正与预防措施并予以完成。

(2)对于旨在消除已存在和潜在不符合所采取的纠正或预防措施,应分析原因并与该问题的严重性和伴随的环境影响相适应。

(3)对于纠正与预防措施所引起对程序文件的任何更改,组织均应遵守实施并予以记录。

15. 记录

(1)组织应建立对记录进行管理的程序,明确对环境管理的标识、保存、处置的要求。

(2)程序应规定记录的内容。

(3)对记录本身的质量要求是字迹清楚、标识清楚、可追溯。

16. 环境管理体系审核

(1)组织应制定、保持定期开展环境管理体系内部审核的程序、方案。

(2)审核程序和方案的目的,是判定其是否满足符合性(即环境管理体系是否符合对环境管理工作的预定安排和规范要求)和有效性(即环境管理体系是否得到正确实施和保持),向管理者报告管理的结果。

(3)对审核方案的编制依据和内容要求,应立足于所涉及活动的环境的重要性和以前审核的结果。

(4)审核的具体内容,应规定审核的范围、频次、方法,对审核组的要求、审核报告的要求等。

17. 管理评审

(1)组织应按规定的时间间隔进行,评审过程要记录,结果要形成文件。

(2)评审的对象是环境管理体系,目的是保证环境管理体系的持续适用性、充分性、有效性。

(3)评审前要收集充分必要信息,作为评审依据。

二、建筑工程项目环境管理程序与内容

1. 建筑工程项目环境管理程序

组织应根据批准的建设项目环境影响报告,通过对环境因素的识别和评估,确定管理目标及主要指标,并在各个阶段贯彻实施。项目的环境管理应遵循下列程序:

(1)确定项目环境管理目标。

(2)进行项目环境管理策划。

(3)实施项目环境管理策划。

(4)验证并持续改进。

确定环境管理目标应进行环境因素识别，确定重要环境因素。根据法律法规和组织自行确定的要求设立目标和指标以实现环境方针的承诺，并达到组织的其他目的。目标和指标应当进行分解，落实到现场的各个参与单位，一般采用分区划块负责的方法。项目经理部应定期组织检查，及时解决发现的问题，做到环境绩效的持续改进。

2. 建筑工程项目环境管理内容

项目的环境管理要与组织的环境管理体系一致，应制定适当的方案。该方案要与环境的影响程度相适应。当现场环境管理体系中的过程、活动、产品发生变化时，应当对目标、指标和相关的方案进行必要的调整。

项目经理负责现场环境管理工作的总体策划和部署，建立项目环境管理组织机构，制定相应制度和措施，组织培训，使各级人员明确环境保护的意义和责任。

(1)按照分区划块原则，搞好项目的环境管理，进行定期检查，加强协调，及时解决发现的问题，实施纠正和预防措施，保持现场良好的作业环境、卫生条件和工作秩序，做到污染预防。

(2)对环境因素进行控制，制定应急准备和相应措施，并保证信息通畅，预防可能出现的非预期损害。在出现环境事故时，应消除污染，并应制定相应措施防止环境二次污染。应识别紧急情况，制定环境事故的应急准备和响应预案，并预防可能的二次和多次污染。

(3)保存有关环境管理的工作记录。

(4)进行现场节能管理，有条件时应规定能源使用指标，对现场使用节能设施，对使用能源的单位规定指标，对水、电或其他能源以及原材料消耗进行定量的监测。

三、建筑工程项目施工区环境卫生管理

1. 环境卫生管理责任区划分

为创造舒适的工作环境，养成良好的文明施工作风，保证职工身体健康，施工区域和生活区域应有明确划分，把施工区和生活区分成若干片，分片包干，建立责任区，从道路交通、消防器材、材料堆放到垃

圾、厕所、厨房、宿舍、火炉、吸烟等都有专人负责，做到责任落实到人（名单上墙），使文明施工、环境卫生工作保持经常化、制度化。

2. 环境卫生管理措施

(1)施工现场要天天打扫，保持整洁卫生，场地平整，各类物品堆放整齐，道路平坦畅通，无堆放物、无散落物，做到无积水、无黑臭、无垃圾，有排水措施。生活垃圾与建筑垃圾要分别定点堆放，严禁混放，并应及时清运。

(2)施工现场严禁大小便，发现有随地大小便现象要对责任区负责人进行处罚。施工区、生活区有明确划分，设置标志牌，标志牌上注明责任人姓名和管理范围。

(3)卫生区的平面图应按比例绘制，并注明责任区编号和负责人姓名。

(4)施工现场零散材料和垃圾，要及时清理，垃圾临时堆放不得超过 3d，如违反本条规定要处罚工地负责人。

(5)办公室内做到天天打扫，保持整洁卫生，做到窗明地净，文具摆放整齐，达不到要求，对当天卫生值班员罚款。

(6)职工宿舍铺上、铺下做到整洁有序，室内和宿舍四周保持干净，污水和污物、生活垃圾集中堆放，及时外运，发现不符合此条要求，处罚当天卫生值班人员。

(7)冬季办公室和职工宿舍取暖炉，必须有验收手续，合格后方可使用。

(8)楼内清理出的垃圾，要用容器或小推车，用塔式起重机或提升设备运下，严禁高空抛撒。

(9)施工现场的厕所，做到有顶、门窗齐全并有纱窗，坚持天天打扫，每周撒白灰或打药一两次，消灭蝇蛆，便坑须加盖。

(10)为了广大职工身体健康，施工现场必须设置保温桶（冬季）和开水（水杯自备），公用杯子必须采取消毒措施，茶水桶必须有盖并加锁。

(11)施工现场的卫生要定期进行检查，发现问题，及时处理。

四、建筑工程项目生活区环境卫生管理

1. 宿舍卫生管理规定

(1)职工宿舍要有卫生管理制度,实行室长负责制,规定一周内每天卫生值日名单并张贴上墙,做到天天有人打扫,保持室内窗明地净,通风良好。

(2)宿舍内各类物品应堆放整齐,不到处乱放,做到整齐美观。

(3)宿舍内保持清洁卫生,清扫出的垃圾倒在指定的垃圾站堆放,并及时清理。

(4)生活废水应有污水池,二楼以上也要有水源及水池,做到卫生区内无污水、无污物,废水不得乱倒乱流。

(5)夏季宿舍应有消暑和防蚊虫叮咬措施。冬季取暖炉的防煤气中毒设施必须齐全、有效,建立验收合格证制度,经验收合格发证后,方准使用。

(6)未经许可一律禁止使用电炉及其他用电加热器具。

2. 办公室卫生管理规定

(1)办公室的卫生由办公室全体人员轮流值班,负责打扫,排出值班表。

(2)值班人员负责打扫卫生、打水,做好来访记录,整理文具。文具应摆放整齐,做到窗明地净,无蝇、无鼠。

(3)冬季负责取暖炉的看火,落地炉灰及时清扫,炉灰按指定地点堆放,定期清理外运,防止发生火灾。

(4)未经许可一律禁止使用电炉及其他电加热器具。

3. 食堂卫生管理

为加强建筑工地食堂管理,严防肠道传染病的发生,杜绝食物中毒,把住病从口入关,各单位要加强对食堂的治理整顿。

根据《中华人民共和国食品卫生法》规定,依照食堂规模的大小,入伙人数的多少,应当有相应的食品原料处理、加工、贮存等场所及必要的上、下水等卫生设施。要做到防尘、防蝇,与污染源(污水沟、厕所、垃圾箱等)应保持30m以上的距离。食堂内外每天做到清洗打扫,并保持内外环境的整洁。

(1)食品卫生。建筑工程项目施工过程中，涉及的食品卫生管理主要指表6-12中的各个环节的控制。

表6-12　　建筑工程项目施工过程中的食品卫生管理

序号	关键环节	控制内容
1	采购运输	(1)采购外地食品应向供货单位索取县以上食品卫生监督机构开具的检验合格证或检验单。必要时可请当地食品卫生监督机构进行复验。 (2)采购食品使用的车辆、容器要清洁卫生，做到生熟分开，防尘、防蝇、防雨、防晒。 (3)不得采购制售腐败变质、霉变、生虫、有异味或《中华人民共和国食品卫生法》规定禁止生产经营的食品
2	贮存、保管	(1)根据《中华人民共和国食品卫生法》的规定，食品不得接触有毒物、不洁物。建筑工程使用的防冻盐(亚硝酸钠)等有毒有害物质，各施工单位要设专人专库存放，严禁亚硝酸盐和食盐同仓共贮，要建立健全管理制度。 (2)贮存食品要隔墙、离地，注意做到通风、防潮、防虫、防鼠。食堂内必须设置合格的密封熟食间，有条件的单位应设冷藏设备。主副食品、原料、半成品、成品要分开存放。 (3)盛放酱油、盐等副食调料要做到容器物见本色，加盖存放，清洁卫生。 (4)禁止用铝制品、非食用性塑料制品盛放熟菜
3	制售过程	(1)制作食品的原料要新鲜卫生，做到不用、不卖腐败变质的食品，各种食品要烧熟煮透，以免食物中毒的发生。 (2)制售过程，刀、墩、案板、盆、碗及其他盛器、筐、水池子、抹布和冰箱等工具要严格做到生熟分开，售饭时要用工具销售直接入口食品。 (3)非经过卫生监督管理部门批准，工地食堂禁止供应生吃凉拌菜，以防止肠道传染疾病。剩饭、剩菜要回锅彻底加热后再食用，一旦发现变质，不得食用。 (4)公用食具要洗净消毒，应有上下水洗手和餐具洗涤设备。 (5)使用的代价券必须每天消毒，防止交叉污染。 (6)盛放丢弃食物的桶(缸)必须有盖，并及时清运

(2)炊管人员卫生。

1)凡在岗位上的炊管人员,必须持有所在地区卫生防疫部门办理的健康证和岗位培训合格证,并且每年进行一次体检。

2)凡患有痢疾、肝炎、伤寒、活动性肺结核、渗出性皮肤病以及其他有碍食品卫生的疾病,不得参加接触直接入口食品的制售及食品洗涤工作。

3)民工炊管人员无健康证的不准上岗,否则予以经济处罚,责令关闭食堂,并追究有关领导的责任。

4)炊管人员操作时,必须穿好工作服、戴好发帽,做到"三白(白衣、白帽、白口罩)",并保持清洁整齐,做到文明操作,不赤背、不光脚,禁止随地吐痰。

5)炊管人员必须做好个人卫生,要坚持做到四勤(勤理发、勤洗澡、勤换衣、勤剪指甲)。

(3)集体食堂发放卫生许可证验收标准。

1)新建、改建、扩建的集体食堂,在选址和设计时应符合卫生要求,远离有毒有害场所,30m 内不得有露天坑式厕所、暴露垃圾堆(站)和粪堆畜圈等污染源。

2)需有与进餐人数相适应的餐厅、制作间和原料库等辅助用房。餐厅和制作间(含库房)建筑面积比例一般应为 1∶1.5。其地面和墙裙的建筑材料,要用具有防鼠、防潮和便于洗刷的水泥等。有条件的食堂,制作间灶台及其周围要镶嵌白瓷砖,炉灶应有通风排烟设备。

3)制作间应分为主食间、副食间、烧火间,有条件的可开设生间、摘菜间、炒菜间、冷荤间、面点间。做到生与熟,原料与成品、半成品、食品与杂物、毒物(亚硝酸盐、农药、化肥等)严格分开。冷荤间应具备"五专"(专人、专室、专容器用具、专消毒、专冷藏)。

4)主、副食应分开存放。易腐食品应有冷藏设备(冷藏库或冰箱)。

5)食品加工机械、用具、炊具、容器应有防蝇、防尘设备。用具、容器和食用苫布(棉被)要有生熟及反正面标记,防止食品污染。

6)采购运输要有专用食品容器及专用车。

7)食堂应有相应的更衣、消毒、盥洗、采光、照明、通风和防蝇、防尘设备,以及通畅的上下水管道。

8)餐厅设有洗碗池、残渣桶和洗手设备。

9)公用餐具应有专用洗刷、消毒和存放设备。

10)食堂炊管人员(包括合同工、临时工)必须按有关规定进行健康检查和卫生知识培训并取得健康合格证和培训证。

11)具有健全的卫生管理制度。单位领导要负责食堂管理工作,并将提高食品卫生质量、预防食物中毒,列入岗位责任制的考核评奖条件中。

12)集体食堂的经常性食品卫生检查工作。各单位要根据《中华人民共和国食品卫生法》有关规定和本地颁发的《饮食行业(集体食堂)食品卫生管理标准和要求》及《建筑工地食堂卫生管理标准和要求》,进行管理检查。

(4)职工饮水卫生规定。施工现场应供应开水,饮水器具要卫生。夏季要确保施工现场的凉开水或清凉饮料供应,暑伏天可增加绿豆汤,防止中暑、脱水现象发生。

4. 厕所卫生管理

(1)施工现场要按规定设置厕所,厕所的合理设置方案:厕所的设置要离食堂30m以外,屋顶墙壁要严密,门窗齐全有效,便槽内必须铺设瓷砖。

(2)厕所要有专人管理,应有化粪池,严禁将粪便直接排入下水道或河流沟渠中,露天粪池必须加盖。

(3)厕所定期清扫制度。厕所设专人天天冲洗打扫,做到无积垢、垃圾及明显臭味,并应有洗手水源,市区工地厕所要有水冲设施保持厕所清洁卫生。

(4)厕所灭蝇蛆措施。厕所按规定采取冲水或加盖措施,定期打药或撒白灰粉,消灭蝇蛆。

五、建筑工程项目现场安全色标管理

1. 安全色

安全色是表达信息含义的颜色,用来表示禁止、警告、指令、指示等,其作用在于使人们能迅速发现或分辨职业健康安全标志,提醒人们注意,预防事故发生。

(1)红色:表示禁止、停止、消防和危险的意思。

(2)蓝色:表示指令,必须遵守的规定。

(3)黄色:表示通行、安全和提供信息的意思。

2. 职业健康安全标志

职业健康安全标志是指在操作人员容易产生错误,有造成事故危险的场所,为了确保职业健康安全,所采取的一种标示。此标示由安全色、几何图形符号构成,是用以表达特定职业健康安全信息的特殊标示。设置职业健康安全标志的目的是引起人们对不安全因素的注意,预防事故发生。

(1)禁止标志。是不准或制止人们的某种行为(图形为黑色,禁止符号与文字底色为红色)。

(2)警告标志。是使人们注意可能发生的危险(图形警告符号及字体为黑色,图形底色为黄色)。

(3)指令标志。是告诉人们必须遵守的意思(图形为白色,指令标志底色均为蓝色)。

(4)提示标志。是向人们提示目标的方向,用于消防提示(消防提示标志的底色为红色,文字、图形为白色)。

3. 安全色标数量及位置

建筑工程项目现场安全色标数量及位置见表 6-13。

表 6-13　建筑工程项目现场安全色标分布表

类别		数量/(个)	位置
禁止类(红色)	禁止吸烟	8	材料库房、成品库、油料堆放处、易燃易爆场所、材料场地、木工棚、施工现场、打字复印室
	禁止通行	7	外架拆除、坑、沟、洞、槽、吊钩下方、危险部位
	禁止攀登	6	外用电梯出口、通道口、马道出入口
	禁止跨越	6	首层外架四面、栏杆、未验收的外架

续表

类别		数量/(个)	位置
指令类（蓝色）	必须戴安全帽	7	外用电梯出入口、现场大门口、吊钩下方、危险部位、马道出入口、通道口、上下交叉作业
指令类（蓝色）	必须系安全带	5	现场大门口、马道出入口、外用电梯出入口、高处作业场所、特种作业场所
	必须穿防护服	5	通道口、马道出入口、外用电梯出入口、电焊作业场所、油漆防水施工场所
	必须戴防护眼镜	12	通道口、马道出入口、外用电梯出入、通道出入口、马道出入口、车工操作间、焊工操作场所、抹灰操作场所、机械喷漆场所、修理间、电镀车间、钢筋加工场所
警告类（黄色）	当心弧光	1	焊工操作场所
	当心塌方	2	坑下作业场所、土方开挖
	机械伤人	6	机械操作场所、电锯、电钻、电刨、钢筋加工现场、机械修理场所
提示（绿色）	安全状态通行	5	安全通道、行人车辆通道、外架施工层防护、人行通道、防护棚

第四节　施工现场沟通与协调管理

沟通是组织协调的手段，是解决组织成员间障碍的基本方法。组织协调的程度和效果通常依赖于各项目参与者之间沟通的程度。通过沟通，不但可以解决各种协调的问题，如在技术、过程、逻辑、管理方法和程序中的矛盾、困难和不一致，而且还可以解决各参加者心理和行为的障碍和争执。

一、建筑工程项目沟通与协调的对象

项目沟通与协调的对象应是与项目有关的内、外部的组织和

个人。

(1)项目内部组织是指项目内部各部门、项目经理部、企业和班组。项目内部个人是指项目组织成员、企业管理人员、职能部门成员和班组人员。

(2)项目外部组织和个人是指建设单位及有关人员、勘察设计单位及有关人员、监理单位及有关人员、咨询服务单位及有关人员、政府监督管理部门及有关人员等。

项目组织应通过与各相关方的有效沟通与协调,取得各方的认同、配合和支持,达到解决问题、排除障碍、形成合力、确保建设工程项目管理目标实现的目的。

二、建筑工程项目沟通与协调的依据

项目内部沟通应包括项目经理部与组织管理层、项目经理部内部的各部门和相关成员之间的沟通与协调。内部沟通应依据项目沟通计划、规章制度、项目管理目标责任书和控制目标等进行。

(1)项目经理部与组织管理层之间的沟通与协调,主要依据《项目管理目标责任书》,由组织管理层下达责任目标、指标,并实施考核、奖惩。

(2)项目经理部与内部作业层之间的沟通与协调,主要依据《劳务承包合同》和项目管理实施规划。

(3)项目外部沟通应由组织与项目相关方进行沟通。外部沟通应依据项目沟通计划、有关合同和合同变更资料、相关法律法规、伦理道德、社会责任和项目具体情况等分别采取不同方式。

(4)各种内外部沟通形式和内容的变更,应按照项目沟通计划的要求进行管理,并协调相关事宜。

三、建筑工程项目沟通与协调的程序

组织应根据项目具体情况,建立沟通管理系统,制定管理制度,并及时明确沟通与协调的内容、方式、渠道和所要达到的目标。

(一)建筑工程项目沟通与协调管理体系的建立

项目沟通与协调管理体系分为沟通计划编制、信息分发与沟通计划的实施、检查评价与调整和沟通管理计划结果四大部分。项目沟通管理计划应与项目管理的组织计划相协调。如应与施工进度、质量、安全、成本、资金、环保、设计变更、索赔、材料供应、设备使用、人力资源、文明工地建设和思想政治工作等组织计划相协调。

1. 建筑工程项目沟通计划的编制

项目沟通计划是项目管理工作中各组织和人员之间关系能否顺利协调、管理目标能否顺利实现的关键，组织应重视计划的编制工作。编制项目沟通管理计划应由项目经理组织编制。

(1)建筑工程项目沟通计划的编制依据。编制项目沟通管理计划包括确定项目关系人的信息和沟通需求。应主要依据下列资料进行：

1)根据建设、设计、监理单位等的沟通要求和规定编制。

2)根据已签订的合同文件编制。

3)根据项目管理企业的相关制度编制。

4)根据国家法律法规和当地政府的有关规定编制。

5)根据工程的具体情况编制。

6)根据项目采用的组织结构编制。

7)根据与沟通方案相适用的沟通技术约束条件和假设前提编制。

①制约因素。制约因素是限制项目管理小组做出选择的因素。例如，如果需要大量采购项目资源，那么就需要更多考虑处理合同的信息。当项目按照合同执行时，特定的合同条款也会影响沟通计划。

②假设因素。对计划的目的来说，假设因素是被认为真实的确定因素。假设通常包含一定程度的风险。

(2)建筑工程项目沟通计划的内容。项目沟通计划主要指项目的沟通管理计划，应包括以下内容：

1)信息沟通方式和途径。主要说明在项目的不同实施阶段，针对不同的项目相关组织及不同的沟通要求，拟采用的信息沟通方式和沟通途径。即说明信息(包括状态报告、数据、进度计划、技术文件等)流向何人、将采用什么方式(包括书面报告、文件、会议等)分发不同类别的信息。

2)信息收集归档格式。用于详细说明收集和储存不同类别信息的方法。应包括对先前收集和分发材料、信息的更新和纠正。

3)信息的发布和使用权限。

4)发布信息说明。包括格式、内容、详细程度以及应采用的准则或定义。

5)信息发布时间。即用于说明每一类沟通将发生的时间,确定提供信息更新依据或修改程序,以及确定在每一类沟通之前应提供的及时信息。

6)更新的修改沟通管理计划的方法。

7)约束条件和假设。

项目组织应根据项目沟通管理计划规定沟通的具体内容、对象、方式、目标、责任人、完成时间和奖罚措施等,并采用定期或不定期的形式对沟通管理计划的执行情况进行检查、考核和评价,结合实施结果进行调整,确保沟通管理计划的落实和实施。

2. 信息发布与沟通

在项目实施过程中,信息沟通包括人际沟通和组织沟通与协调。信息发布使需要的信息及时发送给项目干系人。

项目组织应根据建立的项目沟通管理体系,建立、健全各项管理制度,应从整体利益出发,运用系统分析的思想和方法,全过程、全方位地进行有效管理。项目沟通与协调管理应贯穿于建设工程项目实施的全过程。

3. 沟通管理计划结果

项目或项目阶段在达到目标或因故终止后,需要进行收尾,形成包含项目结果的文档,包括项目记录收集、对符合最终规范的保证、对项目的效果(成功或教训)进行的分析以及这些信息的存档(以备将来利用)。

(二)建筑工程项目沟通与协调的内容

项目沟通与协调的内容涉及与项目实施有关的所有信息,包括项目各相关方共享的核心信息,以及项目内部和相关组织产生的有关信息。

(1)核心信息应包括单位工程施工图纸、设备的技术文件、施工规范、与项目有关的生产计划及统计资料、工程事故报告、法规和部门规章、材料价格和材料供应商、机械设备供应商和价格信息、新技术及自然条件等。

(2)取得政府主管部门对该项建设任务的批准文件,取得地质勘探资料及施工许可证,取得施工用地范围及施工用地许可证,取得施工现场附近区域内的其他许可证等。

(3)项目内部信息主要有工程概况信息、施工记录信息、施工技术资料信息、工程协调信息、工程进度及资源计划信息、成本信息、资源需要计划信息、商务信息、安全文明施工及行政管理信息、竣工验收信息等。

(4)监理方信息主要有项目的监理规划、监理大纲、监理实施细则等。

(5)相关方,包括社区居民、分承包方、媒体等提出的重要意见或观点等。

(三)建筑工程项目沟通与协调的方式

(1)项目内部沟通与协调可采用委派、授权、会议、文件、培训、检查、项目进展报告、思想工作、考核与激励及电子媒体等方式进行。

(2)项目经理部各职能部门之间的沟通与协调,重点解决业务环节之间的矛盾,应按照各自的职责和分工,顾全大局、统筹考虑、相互支持、协调工作。特别是对人力资源、技术、材料、设备和资金等重大问题,可通过工程例会的方式研究解决。

(3)项目经理部人员之间的沟通与协调,通过做好思想政治工作,召开党小组会和职工大会,加强教育培训,提高整体素质来实现。

(4)外部沟通可采用电话、传真、交底会、协商会、协调会、例会、联合检查和项目进展报告等方式进行。

1)施工准备阶段:项目经理部应要求建设单位按规定时间履行合同约定的责任,并配合做好征地拆迁等工作,为工程顺利开工创造条件;要求设计单位提供设计图纸,进行设计交底,并搞好图纸会审;引入竞争机制,采取招标的方式,选择施工分包和材料设备供应商,签订合同。

2)施工阶段:项目经理部应按时向建设、设计、监理等单位报送施工计划、统计报表和工程事故报告等资料,接受其检查、监督和管理;对拨付工程款、设计变更、隐蔽工程签证等关键问题应取得相关方的认同,并完善相应手续和资料。对施工单位应按月下达施工计划,定期进行检查、评比。对材料供应单位严格按合同办事,根据施工进度协商调整材料供应数量。

3)竣工验收阶段:按照建设工程竣工验收的有关规范和要求,积极配合相关单位做好工程验收工作,及时提交有关资料,确保工程顺利移交。

(5)项目进展报告。项目经理部应编写项目进展报告。项目进展报告应包括项目的进展情况,项目实施过程中存在的主要问题、重要风险以及解决情况,计划采取的措施,项目的变更以及项目进展预期目标等内容。

项目进展报告应包括以下几项内容:

1)项目的进展情况。应包括项目目前所处的位置、进度完成情况和投资完成情况等。

2)项目实施过程中存在的主要问题以及解决情况,计划采取的措施。

3)项目的变更。应包括项目变更申请、变更原因、变更范围及变更前后的情况、变更的批复等。

4)项目进展预期目标。预期项目未来的状况和进度。

(四)建筑工程项目沟通与协调的渠道

沟通渠道是指项目成员为解决某个问题和协调某一方面的矛盾而在明确规定的系统内部进行沟通与协调工作时,所选择和组建的信息沟通网络。沟通渠道分为正式沟通渠道和非正式沟通渠道两种。每一种沟通渠道都包含多种沟通模式。

(1)正式沟通渠道及其比较见表6-14。

表 6-14 正式沟通渠道及其比较

指标 \ 沟通模式	链式	Y型	轮式	环式	全通道式
解决问题的速度	适中	适中	快	慢	快
正确性	高	高	高	低	适中
领导者的突出性	相当显著	非常显著	非常显著	不发生	不发生
士气	适中	适中	低	高	高

(2)非正式沟通渠道。包括单线式、偶然式、流言式和集束式四种模式。

四、建筑工程项目沟通障碍与冲突管理

1. 建筑工程项目沟通障碍

信息沟通过程中主要存在语义理解、知识经验水平的限制、知觉的选择性、心理因素的影响、组织结构的影响、沟通渠道的选择和信息量过大等障碍。造成项目组织内部之间、项目组织与外部组织、人与人之间沟通障碍的因素很多,在项目的沟通与协调管理中,应采取一切可能的方法消除这些障碍,使项目组织能够准确、迅速、及时地交流信息,同时保证信息的真实性。

消除沟通障碍可采用以下方法:

(1)选择适宜的沟通与协调途径。应重视双向沟通与协调方法,尽量保持多种沟通渠道的利用,正确运用文字语言等。

(2)充分利用反馈。信息沟通后,必须同时设法取得反馈,以弄清沟通方是否已经了解,是否愿意遵循并采取了相应的行动等。

(3)组织沟通检查。项目经理部应自觉以法律、法规和社会公德约束自身行为,在出现矛盾和问题时,首先应取得政府部门的支持、社会各界的理解,按程序沟通解决;必要时借助社会中介组织的力量,调节矛盾、解决问题。

(4)灵活运用各种沟通与协调方式。为了消除沟通障碍,应熟悉各种沟通方式的特点,确定统一的沟通语言或文字,以便在进行沟通

时能够采用恰当的交流方式。常用的沟通方式有口头沟通、书面沟通和媒体沟通等。

2. 建筑工程项目冲突管理

冲突是双方感知到矛盾与对立，是一方感觉到另一方对自己关心的事情产生或将要产生消极影响，因而与另一方产生互动的过程。

建筑工程项目冲突是组织冲突的一种特定表现形态，是项目内部或外部某些关系难以协调而导致的矛盾激化和行为对抗。

在项目管理中，冲突无时不在，按项目发生的层次和特征不同，项目冲突可以分为表 6-15 中所列的类型。

表 6-15　按项目发生的层次和特征不同划分的项目冲突类型

序号	类　型	内　容
1	人际冲突	人际冲突是指群体内的个人之间的冲突，主要指群体内两个或两个以上个体由于意见、情感不一致而相互作用时导致的冲突
2	群体或部门冲突	群体或部门冲突是指项目中的部门与部门、团体与团体之间，由于各种原因发生的冲突
3	个人与群体或部门之间的冲突	个人与群体或部门之间的冲突不仅包括个人与正式组织部门的规则、制度、要求及目标取向等方面的不一致，也包括个人与非正式组织团体之间的利害冲突
4	项目与外部环境之间的冲突	项目与外部环境之间的冲突主要表现在项目与社会公众、政府部门、消费者之间的冲突。如社会公众希望项目承担更多的社会责任和义务，项目的组织行为与政府部门约束性的政策法规之间的不一致和抵触，项目与消费者之间发生的纠纷等

3. 建筑工程项目冲突解决

对建筑工程项目实施各阶段出现的冲突，项目经理部应根据沟通的进展情况和结果，按程序要求通过各种方式及时将信息反馈给相关各方，实现共享，提高沟通与协调效果，以便及早解决冲突。项目冲突的解决可采用以下方法：

(1)灵活地采用协商、让步、缓和、强制和退出等方式。

(2)使项目的相关方了解项目计划,明确项目目标。

(3)及时做好变更管理。

第五节　施工现场信息管理

信息管理是指对信息的收集、整理、处理、储存、传递与应用等一系列工作的总称。建筑工程项目的信息管理,应根据其信息的特点,有计划地组织信息沟通,以保证能够及时、准确获得各级管理者所需要的信息,达到正确做出决策的目的。

建筑工程项目信息管理的根本作用在于为各级管理人员及决策者提供所需要的各种信息。通过系统管理工程建筑过程中的各类信息,使得信息的可靠性、广泛性更高,并使得业主能对项目的管理目标进行较好的控制,较好地协调各方的关系。

一、建筑工程项目信息的分类

建筑工程项目信息的分类见表 6-16。

表 6-16　建筑工程项目信息的分类

序号	划分标准	类别	内容
1	按项目信息的来源分类	项目内部信息	内部信息取自建筑工程项目本身,如工程概况、设计文件、施工方案、合同结构、合同管理制度、信息资料的编码系统、信息目录表、会议制度、监理班子的组织、项目的投资目标、项目的质量目标、项目的进度目标等
		项目外部信息	外部信息是指来自项目外部环境的信息,如国家有关的政策及法规、国内及国际市场上原材料及设备价格、物价指数、类似工程造价、类似工程进度、投标单位的实力、投标单位的信誉、毗邻单位情况等

续表

序号	划分标准	类别	内容
2	按项目的稳定程度划分	固定信息	固定信息是指在一定时间内相对稳定不变的信息，包括标准信息、计划信息和查询信息。标准信息主要指各种定额和标准，如施工定额、原材料消耗定额、生产作业计划标准、设备和工具的耗损程度等。计划信息反映在计划期内已定任务的各项指标情况。查询信息主要是指国家和行业颁发的技术标准、不变价格、监理工作制度、监理工程师的人事卡片等
		流动信息	流动信息是指在不断变化着的信息。如项目实施阶段的质量、投资及进度的统计信息，就是反映在某一时刻项目建设的实际进度及计划完成情况。又如：项目实施阶段的原材料消耗量、机械台班数、人工工日数等，也都属于流动信息
3	按项目的性质划分	技术信息	技术信息是最基本的组成部分，如：工程的设计、技术要求、规范、施工要求、操作和使用说明等，这一部分信息也往往是建筑工程信息的主要组成部分
		经济信息	经济信息是建筑工程项目信息的一个重要组成部分，也是经常受到各方面关注的一部分，如：材料价格、人工成本、项目的财务资料、现金流情况等
		管理信息	管理信息有时在建筑工程信息中并不引人注目，如：项目的组织结构、具体的职能分工、人员的岗位责任、有关的工作流程等，但它设定了一个项目运转的基本机制，是保证一个项目顺利实施的关键因素
		法律信息	法律信息指项目实施过程中的一些法规、强制性规范、合同条款等，这些信息与建筑工程模型并不一定有直接的对应关系，但它们设定了一个比较硬性的框架，项目的实施必须满足这个框架的要求

续表

序号	划分标准	类别	内容
4	按信息层次划分	战略性信息	战略性信息是指有关项目建筑过程的战略决策所需的信息，如：项目规模、项目投资总额、建筑总工期、承包商的选定、合同价的确定等信息
		策略性信息	策略性信息是指提供给建筑单位中层领导及部门负责人作中短期决策用的信息，如：项目年度计划、财务计划等
		业务性信息	业务性信息指的是各业务部门的日常信息，如日进度、月支付额等。这类信息较具体，精度要求较高
5	按信息工作流程划分		按信息工作流程划分，可分为计划信息、执行信息、检查信息、反馈信息

二、建筑工程项目信息管理体系

项目信息管理体系是指项目管理组织（项目部）的信息管理系统，即项目管理组织为实施所承担项目的信息管理和目标控制，以现有的项目组织构架为基础，通过信息管理目标的确定和分解、信息管理计划的制订和实施、信息管理的任务分工和管理职能分工、所需人员和资源的配置及信息处理平台的建立和维护，以及信息管理制度和信息管理工作流程的建立和运行，形成具有为各项管理工作提供信息支持和保证能力的工作系统。

建立信息管理体系的目的是及时、准确、安全地获得项目所需要的信息。进行项目管理体系设计时，应同时考虑项目组织和项目启动的需要，包括信息的准备、收集、标识、分类、分发、编目、更新、归档和检索等。未经验证的口头信息不能作为项目管理中的有效信息。

项目信息管理体系的建立应与组织的信息管理体系协调一致。项目信息管理体系并非独立于项目管理组织以外的专门的组织系统，它是一种为各项管理工作提供信息支持和保证的制度性和程序性的文件体系。组织应全面规划项目信息管理体系，使信息能够共享，又能减少重复的工作量。

建筑工程项目信息管理系统的建立，应使每个信息系统都有其明确的目标，并为此目标服务。管理信息系统建立过程如图 6-6 所示。开发信息管理系统的必要条件是使管理对象具有合理的组织机构、工作流程及管理手段。

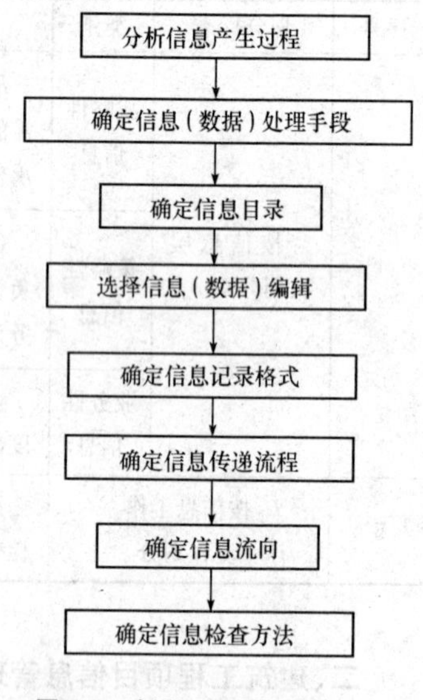

图 6-6　建设工程项目信息管理系统建立过程

1. 建立项目信息管理制度

在我国建筑工程信息管理系统的实施中，必须采取相应的组织措施，建立相应的信息管理制度，保证工程信息管理系统软硬件正常、高效的运行，这是工程信息管理体系的基本要求。工程项目信息管理制度是整个建筑工程信息管理系统得以正常运行的基础，建立健全的信息管理制度，应进行以下几个方面的工作：

(1)建立统一的项目信息编码体系，包括项目编码、项目各参与单位组织编码、投资控制编码、进度控制编码、质量控制编码、合同管理编码等。

(2)对信息系统的输入或输出报表进行规范和统一，并以信息目录表的形式固定下来。

(3)建立完善的项目信息流程，使项目各参加单位之间的信息关系明确化，同时结合项目的实施情况，对信息流程进行不断的优化和调整，剔除一些不合理的、冗余的流程，以适应信息系统运行的需要。

(4)注重基础数据的收集和传递，建立基础数据管理的制度，保证基础数据全面、及时、准确地按统一格式输入信息系统，这是建筑工程信息管理系统的基础。

(5)对信息系统中管理人员的任务进行分工；划分各相关部门的

职能;明确有关人员在数据收集和处理过程中的职责。

(6)建立项目的数据保护制度,保证数据的安全性、完整性和一致性。

2. 建立项目信息管理系统的教育培训

项目信息管理系统的教育培训是围绕工程信息管理系统的应用,对项目管理组织中的各级人员进行广泛的培训,主要工作应包括以下几点:

(1)项目领导者的培训。按照信息系统应用中"一把手"原则,项目管理者对待工程信息管理系统的态度是工程信息管理系统实施成败的关键因素,对项目领导者的培训主要侧重于建筑工程信息管理系统的认识和现代建筑管理思想和方法的学习。

(2)开发人员的教育培训。开发团队中由于人员知识结构的差异,进行跨学科的学习和培训是十分重要的,包括建筑管理人员对信息处理技术和信息系统开发方法的学习和软件开发人员对工程项目管理知识的学习等。

(3)使用人员的教育培训。对系统使用人员的培训直接关系系统实际运行的效率,培训的内容包括信息管理制度的学习、计算机软硬件基础知识的学习和系统操作的学习。结合我国实际情况,对于建筑工程信息管理系统使用人员的培训应投入较大的时间和精力。人员教育培训包括内部培训和外部培训。其中,利用外部资源往往可以收到意想不到的效果,如请有关专家对决策者和领导干部进行培训,软件公司对二次开发人员和操作人员进行培训等,不论采用哪种方式,只要目标明确、组织得当,都会收到良好的效果。

从我国建筑工程信息管理系统发展的实践情况看,在人员培训上应该力求实现"三个一"的目标,即培养一批对建筑工程信息管理系统和建筑管理现代化理论有较深理解的领导者队伍,在建筑业内形成一支既精通建设管理理论又掌握信息系统开发规律的高素质系统分析员队伍,培训一大批熟悉计算机应用和数据处理的信息系统使用者队伍。这三个目标的实现,对于我国未来建筑管理现代化水平的提高具有十分重要的战略意义。

三、建筑工程项目信息编码系统

项目信息编码系统可以作为组织信息编码系统的子系统,其编码结构应与组织信息编码一致,从而保证组织管理层和项目经理部信息共享。

1. 项目信息编码原则

信息编码是信息管理的基础,进行项目信息编码时应遵循以下原则:

(1)唯一性。每一个代码仅代表唯一的实体属性或状态。

(2)合理性。编码的方法必须是合理的,能够适合使用者和信息处理的需要,项目信息编码结构应与项目信息分类体系相适应。

(3)可扩充性和稳定性。代码设计应留出适当的扩充位置,以便当增加新的内容时,可直接利用原代码扩充,而无须更改代码系统。

(4)逻辑性与直观性。代码不但要具有一定的逻辑含义,以便于数据的统计汇总,而且要简明直观,以便于识别和记忆。

(5)规范性。国家有关编码标准是代码设计的重要依据,要严格遵照国家标准及行业标准进行代码设计,以便于系统的拓展。

(6)精炼性。代码的长度不仅会影响所占据的储存空间和信息处理的速度,而且也会影响代码输入时出错的概率及输入输出的速度,因而要适当压缩代码的长度。

2. 项目信息编码方法

(1)顺序编码法。顺序编码法是一种按对象出现的顺序进行编码的方法,就是从 001(或 0001,00001 等)开始依次排下去,直至最后。如目前各定额站编制的定额大多采用这种方法。该法简单,代码较短。但这种代码缺乏逻辑基础,本身不说明任何特征。此外,新数据只能追加到最后,删除数据又会产生空码。所以,此法一般只用来作为其他分类编码后进行细分类的一种手段。

(2)分组编码法。分组编码法也是从头开始,依次为数据编号。但在每批同类型数据之后留有一定余量,以备添加新的数据。该法是在顺序编码基础上的改动,也存在逻辑意义不清的问题。

(3)多面编码法。一个事物可能具有多个属性,如果在编码的结构中能为这些属性各规定一个位置,就形成了多面码。该法的优点是逻辑性能好,便于扩充。但这种代码位数较长,会有较多的空码。

(4)十进制编码法。十进制编码法是先把编码对象分成若干大类,编以若干位十进制代码,然后将每一大类再分成若干小类,编以若干位十进制代码,依次下去,直至不再分类为止。例如,图 6-7 所示的建筑材料编码体系所采用的就是这种方法。采用十进制编码法,编码、分类比较简单,直观性强,可以无限扩充下去。但代码位数较多,空码也较多。

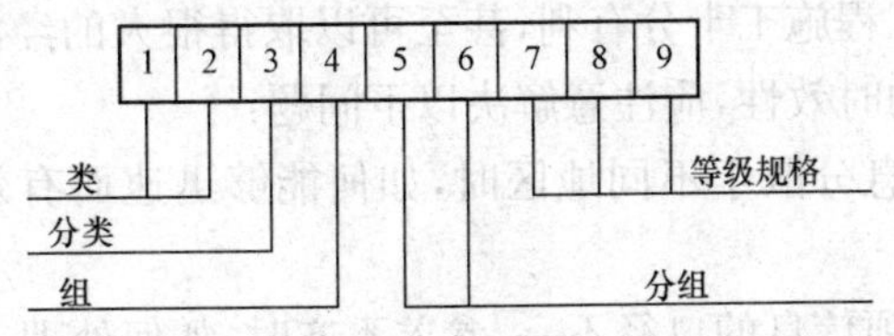

图 6-7　建筑材料编码体系

(5)文字编码法。文字编码是用文字表明对象的属性,而文字一般用英文编写或用汉语拼音的字头。这种方法编码的直观性较好,记忆使用也都方便。但当数据过多时,单靠字头很容易造成含义模糊,导致错误的理解。

上述几种编码方法,各有其优缺点,在实际工作中,可以针对具体情况而选用适当的方法。有时甚至可以将它们组合起来使用。

四、建筑工程项目信息管理任务

(1)组织项目基本情况的信息并使其系统化,编制项目手册。项目管理的任务之一,是按照项目的任务、项目的实施要求和项目管理中的信息和信息流,确定它们的基本要求和特征,并保证在实施过程中信息流通畅。

(2)项目报告及各种资料的规定,例如资料的格式、内容、数据结构要求。

(3)按照项目实施、项目组织、项目管理工作过程建立项目管理信息系统流程，在实际工作中保证此系统正常运行，并控制信息流。

(4)文件档案管理工作。

五、建筑工程项目信息管理要求

为了能够全面、及时、准确地向项目管理人员提供有关信息，建筑工程项目信息管理应满足相应的要求。

1. 时效性要求

一项信息如果不严格注意时间，那么信息的价值就会随之消失。因此，建筑工程项目信息应满足严格的实效性要求，能适时提供信息，往往对指导工程施工十分有利，甚至可以取得很大的经济效益。要严格保证信息的时效性，应注意解决以下问题：

(1)当信息分散于不同地区时，如何能够迅速而有效地进行收集和传递工作。

(2)当各项信息的口径不一、参差不齐时，如何处理。

(3)采取何种方法、何种手段能在很短的时间内将各项信息加工整理成符合目的和要求的信息。

(4)使用计算机进行自动化处理信息的可能性和处理方式。

2. 针对性和实用性要求

信息管理的重要任务之一，是如何根据需要提供针对性强、十分适用的信息。如果仅仅能提供成沓的细部资料，而且只能反映一些普通的、并不重要的变化，这样会使决策者不仅要花费许多时间去阅览这些作用不大的烦琐资料，而且仍得不到决策所需要的信息，使得信息管理起不到应有的作用。为避免此类情况的发生，建筑工程项目信息应具有一定的针对性和实用性，信息管理中应采取以下措施：

(1)可通过运用数理统计等方法，对收集的大量庞杂的数据进行分析，找出影响重大的方面和因素，并力求给予定性和定量的描述。

(2)要将过去和现在、内部和外部、计划与实施等加以对比分析，使之明确看出当前的情况和发展的趋势。

(3)要有适当的预测和决策支持信息，使之更好地为管理决策服务，以取得应有的效益。

3. 精确度要求

要使建筑工程项目信息具有必要的精确度，需要对原始数据进行认真的审查和必要的校核，避免分类和计算错误。即使是加工整理后的资料，也需要做细致的复核。这样，才能使信息有效可靠。但信息的精度应以满足使用要求为限，并不一定是越精确越好，因为不必要的精度，需耗用更多的精力、费用和时间，容易造成浪费。

4. 考虑信息成本要求

各项资料的收集和处理所需要的费用直接与信息收集的多少有关，如果要求越细、越完整，则费用将越高。例如：如果每天都将施工项目上的进度信息收集完整，则势必会耗费大量的人力、时间和费用，这将使信息的成本显著提高。因此，在进行施工项目信息管理时，必须要综合考虑信息成本及信息所产生的收益，寻求最佳的切入点。

六、建筑工程项目信息流程与过程管理

(一)建筑工程项目信息流程

信息流程反映项目内部信息流和有关的外部信息流及各有关单位、部门和人员之间的关系，并有利于保持信息的畅通。

1. 项目信息流程的过程

在项目的实施过程中，产生的流动过程主要有工作流、物流、资金流和信息流。

(1)工作流。在项目实施过程中，由项目的结构分解得到项目的所有工作，任务书(委托书或合同)则确定了这些工作的实施者，再通过项目计划具体安排它们的实施方法、实施顺序、实施时间以及实施过程中的协调。这些工作在一定时间和空间上实施，便形成项目的工作流。工作流即构成项目的实施过程和管理过程，其主体是劳动力和管理者。

(2)物流。工作的实施需要各种材料、设备、能源，它们由外界输入，经过处理转换成工程实体，最终得到项目产品，则由工作流引出物流。物流表现出项目的物资生产过程。

(3)资金流。资金流是工程过程中价值的运动形态。例如从资金变为库存的材料和设备,支付工资和工程款,再转变为已完工程,投入运营后作为固定资产,通过项目的运营取得收益。

(4)信息流。工程项目的实施过程需要大量的信息,同时在这些过程中又不断产生大量的信息。这些信息随着上述几种流动过程按一定的规律产生、转换、变化和被使用,并被传送到相关部门(单位),形成项目实施过程中的信息流。项目管理者设置目标、作决策、作各种计划、组织资源供应,领导、激励、协调各项目参加者的工作,控制项目的实施过程都靠信息来实施的;管理者靠信息了解项目实施情况,发布各种指令,计划并协调各方面的工作。

以上四种流动过程之间相互联系、相互依赖又相互影响,共同构成了项目实施和管理的总过程。在这四种流动过程中,信息流对项目管理有特别重要的意义。信息流将项目的工作流、物流、资金流,将各个管理职能、项目组织,将项目与环境结合在一起。它不仅反映而且控制和指挥着工作流、物流和资金流。所以,信息流是项目的神经系统。

2. 项目信息流程的结构

项目信息流程反映工程项目建设各参与单位之间的关系,其结构如图 6-8 所示。

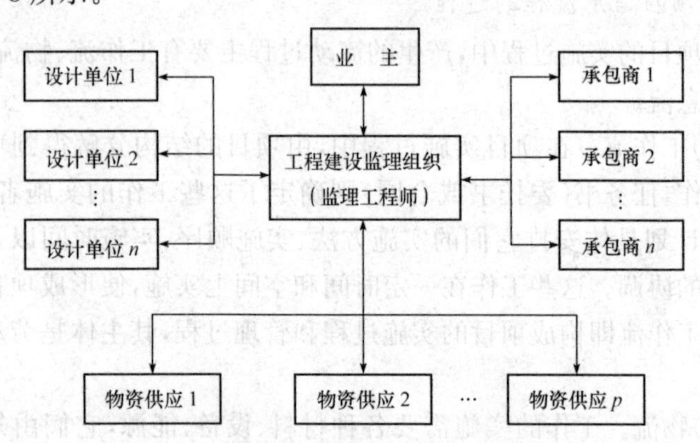

图 6-8　建筑工程项目信息流程结构图

3. 项目信息流程的组成

项目信息流程应反映项目内部信息流和有关的外部信息流及各有关单位、部门和人员之间的关系，并有利于保持信息畅通。

(1)项目内部信息流。工程项目管理组织内部存在着三种信息流，见表 6-17。

表 6-17　　项目内部信息流

序号	项目	内容
1	自上而下的信息流	自上而下的信息流是指自主管单位、主管部门、业主以及项目经理开始，流向项目工程师、检查员，乃至工人班组的信息，或在分级管理中，每一个中间层次的机构向其下级逐级流动的信息。即信息源在上，接受信息者是其下属。这些信息主要指监理目标、工作条例、命令、办法及规定、业务指导意见等
2	自下而上的信息流	自下而上的信息流通常是指各种实际工程的情况信息，由下逐渐向上传递，这个传递不是一般的叠合（装订），而是经过归纳整理形成的逐渐浓缩的报告。项目管理者就是从事"浓缩"工作，以保证信息"浓缩"而不失真。通常信息太详细会造成处理量大、没有重点，且容易遗漏重要说明；而太浓缩又会存在对信息的曲解，或解释出错的问题
3	横向间的信息流	横向间的信息流指项目管理工作中同一层次的工作部门或工作人员之间相互提供和接受的信息。这种信息一般是由于分工不同而各自产生的，但为了共同的目标又需要相互协作、互通有无或相互补充，同时在特殊、紧急情况下，为了节省信息流动时间也需要横向提供的信息

(2)项目与外界的信息流。项目作为一个开放系统，它与外界有大量的信息交换，主要包括表 6-18 中的两种信息流。

表 6-18　　项目与外界的信息流

序号	项目	内容
1	由外界输入的信息	例如环境信息、物价变动的信息、市场状况信息，以及外部系统（如企业、政府机关）对项目的指令、对项目的干预等
2	项目向外输出的信息	例如项目状况的报告、请示、要求等

（二）建筑工程项目信息过程管理

项目信息过程管理包括信息的收集、加工、传输、储存、检索、输出和反馈等内容，宜使用计算机进行信息过程管理。

1. 项目信息过程管理的原则

建筑工程产生的信息数量巨大，种类繁多，所以，为了便于信息的收集、处理、储存、传递和利用，在进行工程项目信息管理具体工作时，应遵循以下基本原则：

（1）标准化原则。在工程项目的实施过程中要求对有关信息的分类进行统一，对信息流程进行规范，产生控制报表则力求做到格式化和标准化，通过建立健全的信息管理制度，从组织上保证信息生产过程的效率。

（2）定量化原则。建筑工程产生的信息不应是项目实施过程中产生数据的简单记录，应该是经过信息处理人员的比较与分析。所以采用定量工具对有关数据进行分析和比较是十分必要的。

（3）有效性原则。项目信息管理者所提供的信息应针对不同层次管理者的要求进行适当加工，针对不同管理层提供不同要求和浓缩程度的信息。例如对于项目的高层管理者而言，提供的决策信息应力求精练、直观，尽量采用形象的图表来表达，以满足其战略决策的信息需要。

（4）时效性原则。建设工程的信息都有一定的生产周期，如月报表、季度报表、年度报表等，这都是为了保证信息产品能够及时服务于决策。所以,建设工程的成果也应具有相应的时效性。

(5)可预见原则。建设工程产生的信息作为项目实施的历史数据,可以用于预测未来的情况,管理者应通过采用先进的方法和工具为决策者制定未来目标和行动规划提供必要的信息。如通过对以往投资执行情况的分析,对未来可能发生的投资进行预测,作为采取事先控制措施的依据。

(6)高效处理原则。通过采用高性能的信息处理工具(建设工程信息管理系统),尽量缩短信息在处理过程中的延迟,项目信息管理者的主要精力应放在对处理结果的分析和控制措施的制定上。

2. 项目信息的收集

在建筑工程项目信息管理的过程中,应重点抓好对信息的收集,信息收集是收集原始数据。这是很重要的基础工作,信息处理的质量好坏,在很大程度上取决于原始数据的全面性和可靠性。

信息的采集与筛选必须在施工现场建立一套完善的信息采集制度,通过现场代表或监理的施工记录、工程质量记录及各方参加的工地会议纪要等方式,广泛收集初始信息,并对初始信息加以筛选、整理、分类、编辑、计算等,变换为可以利用的形式。

3. 项目信息的处理与加工

建筑工程项目信息处理的要求应符合及时、准确、适用、经济,处理的方法包括信息的收集、加工、传输、储存、检索与输出。信息的加工,既可以通过管理人员利用图表数据来进行手工处理,又可以利用电子计算机进行数据处理。

经过对优化选择的信息进行加工整理,确定信息在社会信息流这一时空隧道中的“坐标”,以便使人们在需要时能够通过各种方便的形式查寻、识别并获得该信息。在信息加工时,往往要求按照不同的需求,分层进行加工。使用角度不同,加工方法也是不同的。监理人员对数据的加工要从鉴别开始,一种数据是自己收集的,可靠度较高;而对由施工单位提供的数据就要从数据采样系统是否规范,采样手段是否可靠,提供数据的人员素质如何,数据的精度是否达到要求的精度入手，对施工单位提供的数据要加以选择、核对，加以必要的汇总，对动态的数据要及时更新，对于施工中产生的数据要按照单位工程、分部工程、分项工程组织在一起，每一个单位、分部、分项工程又把数据分为进度、质量、造价三个方面分别组织。

(1)信息加工整理操作步骤。原始数据收集后，需要将其进行加工整理以使它成为有用的信息。一般的加工整理操作步骤如下：

1)依据一定的标准将数据进行排序或分组。

2)将两个或多个简单有序数据集按一定顺序连接、合并。

3)按照不同的目的计算求和或求平均值等。

4)为快速查找建立索引或目录文件等。

(2)信息加工整理分级。根据不同管理层次对信息的不同要求，工程信息的加工整理从浅到深分为三个级别。

1)初级加工：如滤波、整理等，如图 6-9 所示。

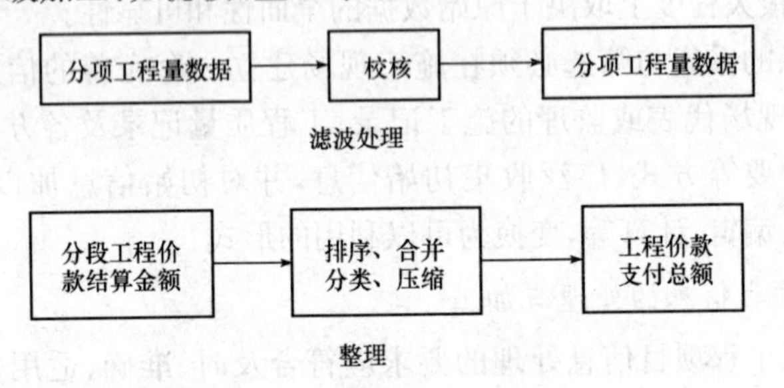

图 6-9 工程信息的初级加工

2)综合分析：将基础数据综合成决策信息，供有关监理人员或高层决策人员使用，如图 6-10 所示。

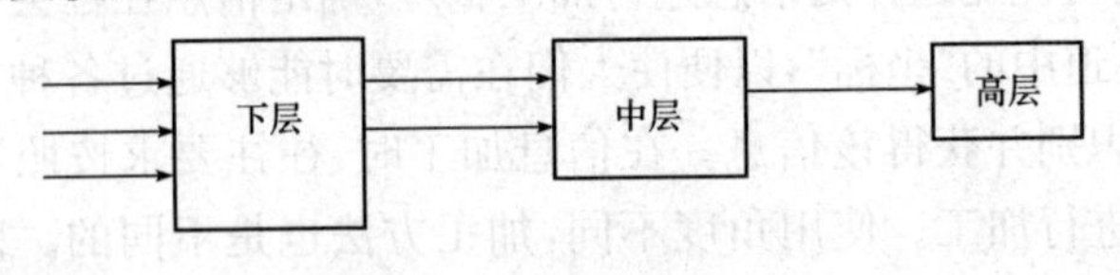

图 6-10 工程信息的综合分析

3)数学模型统计、推断：采用特定的数学模型进行统计计算和模拟推断,为监理提供辅助决策服务,如图 6-11 所示。

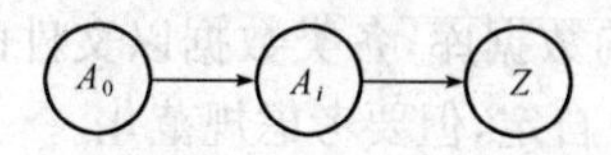

图 6-11　数学模型统计、推断

4. 项目信息的传输与检索

信息在通过对收集的数据进行分类加工处理产生信息后,要及时提供给需要使用数据和信息的部门,信息和数据的传输要根据需要来分发,信息和数据的检索则要建立必要的分级管理制度,一般由使用软件来保证实现数据和信息的传输、检索,关键是要决定传输和检索的原则。

对信息进行传输与检索时,对于需要的部门和使用人,有权在需要的第一时间,方便地得到所需要的、以规定形式提供的一切信息和数据,还应保证不向不该知道的部门(人)提供任何信息和数据。

(1)信息传输设计内容。信息传输设计的内容主要包括以下几项:

1)了解使用部门(人)的使用目的、使用周期、使用频率、得到时间、数据的安全要求。

2)决定分发的项目、内容、分发量、范围、数据来源。

3)决定分发信息和数据的结构、类型、精度和如何组合成规定的格式。

4)决定提供的信息和数据介质(纸张、显示器显示、磁盘或其他形式)。

(2)信息检索设计内容。进行信息检索设计时应考虑以下内容:

1)允许检索的范围、检索的密级划分、密码的管理。

2)检索的信息和数据能否及时、快速地提供,采用何种手段实现(网络、通信、计算机系统)。

3)提供检索需要的数据和信息输出形式能否根据关键字实现智能检索。

5. 项目信息的储存

信息的储存是将信息保留起来以备将来应用。对有价值的原始资料、数据及经过加工整理的信息要长期积累以备查阅。信息的储存一般需要建立统一的数据库，各类数据以文件的形式组织在一起，组织的方法一般由单位自定，但要考虑规范化。

(1)数据库的设计。基于数据规范化的要求，数据库在设计时，需满足结构化、共享性、独立性、完整性、一致性、安全性等特点。同时，还要注意以下事项：

1)应按照规范化数据库设计原理进行设计，设置备选项目、建筑类型、成本费用、可行方案(财务指标)、盈亏平衡分析、敏感性分析、最优方案等数据库。

2)数据库相互调用结合系统的流程，分析数据库相互调用及数据库中数据传递情况，可绘出数据库相互调用及数据传递关系。

(2)文件的组织方式。根据建设工程实际情况，可以按照下列方式对文件进行组织：

1)按照工程进行组织，同一工程按照投资、进度、质量、合同的角度组织，各类进一步按照具体情况细化。

2)文件名规范化，以定长的字符作为文件名，例如按照：

类别(3)工程代号(拼音或数字)(2)开工年月(4)

组成文件名，例如合同以 HT 开头，该合同为监理合同 J，工程为 2002 年 6 月开工，工程代号为 08，则该监理合同文件名可以用 HTJ080206 表示。

3)各建设方协调统一储存方式，在国家技术标准有统一的代码时，应尽量采用统一代码。

4)有条件时，可以通过网络数据库形式储存数据，达到建设各方数据共享，减少数据冗余，保证数据的唯一性。

6. 项目信息的输出

根据数据的性质和来源，信息输出内容可分为原始数据类、过程数据类和文档报告类。

(1)原始数据类，如市场环境信息等，这类数据主要用于辅助企业决策，其输出方式主要采用屏幕输出，即根据用户查询、浏览和比较的结果来输出，必要时也可打印。

(2)过程数据类，主要指由原始数据推断、计算、统计、分析而得，如市场需求量的变化趋势、方案的收支预测数、方案的财务指标、方案的敏感性分析等，这类数据采用以屏幕输出为主、打印输出为辅的输出方式。

(3)文档报告类，主要包括市场调查报告、经济评价报告、投资方案决策报告等，这类数据主要是存档、备案、送上级主管部门审查之用，因而采取打印输出的方式，而且打印的格式必须规范。

打印输出主要是由 OLE 技术实现完成的。首先，在 Word 软件中设计好打印模板，然后，把数据传输到 Word 模板中，利用 Word 软件的打印功能从后台输出。这样，方便了日后用户对打印格式的修改和维护，也方便了程序的设计。

7. 项目信息的反馈

信息反馈在工程项目管理过程中起着十分重要的作用。信息反馈是将输出信息的作用结果再返送回来的一种过程，也就是施控系统将信息输出，输出的信息对受控系统作用的结果又返回施控系统，并对施控系统的信息再输出发生影响的过程。

项目信息反馈必须遵守的基本原则见表 6-19。

表 6-19　　项目信息反馈原则

序号	项目	原则
1	真实、准确的原则	科学正确的决策只能建立在真实、准确的信息反馈基础之上。反馈客观实际情况要尽量做到真实、准确，不能任意夸大事实，脱离实际
2	全面、完整的原则	只有全面、完整、系统地反馈各种信息，才能有利于建立科学、正确的决策。因此，反馈的信息一定要有深度和广度，尽可能使系统完整
3	及时原则	反馈各种相关信息要以最快的速度进行，以纠正决策过程中出现的偏差
4	集中和分流相结合的原则	决策者在运用反馈方法时需要掌握信息资源的流向，一方面要把某类事物的各个方面集中反馈给决策系统，使管理者能够掌握全局的情况；另一方面要把反馈信息根据内容的不同分别流向不同的方向

续表

序号	项目	原则
5	适量原则	在决策实施过程中要合理控制信息正负两方面的反馈量，过量的负反馈会助长消极情绪，怀疑决策的正确性，影响决策的顺利实施，而过量的正反馈会助长盲目乐观，忽视存在的问题和困难，阻碍决策的完善和发展
6	反复原则	反馈过程中，经过一次反馈后，制定出纠偏措施；纠偏措施实施之后的效果需要再次反馈给决策系统，使实施效果与决策预期目标基本吻合

在建筑工程项目信息过程管理中，经常用到的反馈方法主要有跟踪反馈法、典型反馈法、组合反馈法和综合反馈法。

(1)跟踪反馈法。它主要是指在决策实施过程中，对特定主题内容进行全面跟踪，有计划、分步骤地组织连续反馈，形成反馈系列。跟踪反馈法具有较强的针对性和计划性，能够围绕决策实施主线，比较系统地反映决策实施的全过程，便于决策机构随时掌握相关情况，控制工作进度，及时发现问题，实行分类领导。

(2)典型反馈法。它主要是指通过某些典型组织机构的情况、某些典型事例、某些代表性人物的观点言行，将其实施决策的情况以及对决策的反映反馈给决策者。

(3)组合反馈法。它主要是指在某一时期将不同阶层、不同行业和单位对决策的反映，通过一组信息分别进行反馈。由于每一反馈信息着重突出一个方面、一类问题，因此，将所有反馈信息组合在一起，便可以构成一个完整的面貌。

(4)综合反馈法。它主要是指将不同地区、阶层和单位对某项决策的反映汇集在一起，通过分析归纳，找出其内在联系，形成一套比较完整、系统的观点与材料，并加以集中反馈。

8. 项目信息的利用与扩大

在管理中必须更好地利用信息、扩大信息，要求被利用的信息应具有如下特性：

(1)适用性。

1)必须能为使用者所理解。

2)必须为决策服务。

3)必须与工程项目组织机构中的各级管理相联系。

4)必须具有预测性。

(2)及时性。信息必须能适时做出决策和控制。

(3)可靠性。信息必须完整、准确,不能导致决策控制的失误。

七、建筑工程项目信息安全管理

信息可以分类、分级进行管理。保密要求高的信息应按高级别保密要求进行防泄密管理。一般性信息可以采用相应的适宜方式进行管理。

(一)建筑工程项目信息安全管理体系

信息安全是技术、服务和管理的统一,三者构成信息安全管理,信息安全管理体系的建立必须同时关注这三方面。

安全技术是整个信息系统安全保障体系的基础,由专业安全服务厂商提供的安全服务是信息系统安全的保障手段,信息系统内部的安全管理是安全技术有效发挥作用的关键。安全技术偏重于静态的部署,安全服务和安全管理则分别偏重于信息系统外部和内部两个方面动态的支持与维护。

1. 安全技术

安全技术是指为了保障信息的完整性、保密性、可用性和可控性而采用的技术手段、安全措施和安全产品。完整性、保密性、可用性和可控性是信息安全的重要特征,也是基本要求。安全技术方面依据信息系统的分层次模型,考虑每个层次上的安全风险分析和安全需求分析,在每个层次上部署和实施相应的安全产品和安全措施。

信息系统安全问题的解决需要专业的安全技能和丰富的安全经验,否则不但不能真正解决问题,稍有不慎或误操作都可能影响系统的正常运行,造成更大的损失。安全技术的部署和实施由专业安全服务厂商提供的安全服务来实现,确保安全技术发挥应有的效果。通过专业、可靠、持续的安全服务来解决应用系统日常运行维护中的安全问题,是降低安全风险、提高信息系统安全水平的一个重要手段。

2. 安全服务

安全服务是由专业的安全服务机构对信息系统用户进行安全咨询、安全评估、安全方案设计、安全审计、事件响应、定期维护、安全培训等服务。安全服务根据用户的情况分级分类进行,不是所有的用户都需要所有的安全服务。安全服务机构根据用户信息的价值、可接受的成本和风险等综合情况为用户定制适当的安全服务。

3. 安全管理

信息系统内部的安全管理也是必不可少的。安全管理不完善,可能会遇到很多安全问题,如:内部人员误操作、故意泄密和破坏,以及社会工程学攻击等。整个信息安全管理体系的建设过程都离不开信息系统内部的安全管理,安全管理贯穿安全技术和安全服务的整个过程,并为维持信息系统安全生命周期起到关键的作用。安全管理是制定安全管理方针、政策,建立安全管理制度,成立安全管理机构,进行日常安全维护和检查,监督安全措施的执行。安全管理的内容非常广泛,它包括安全技术各个层次的管理,也包括对安全服务的管理,还包括安全策略、安全机构、人员安全管理、应用系统安全管理、操作安全管理、技术文档安全管理、灾难恢复计划等。

所以,安全技术、安全服务和安全管理三者之间有密切的关联,它们从整体上共同作用,保证信息系统长期处于一个较高的安全水平和稳定的安全状态。

总之,建筑工程项目信息安全需要从各个方面综合考虑,全面防护,形成一个安全体系。只有三个方面都做到足够的高度,才能保障企业信息系统能够全面的、长期的处于较高的安全水平。

(二)建筑工程项目信息安全管理的内容

建筑工程项目信息安全管理是信息安全的核心。它包括风险管理、安全策略和安全教育。

1. 风险管理

信息风险管理识别企业的资产,评估威胁这些资产的风险,评估假定这些风险成为现实时企业所承受的灾难和损失。通过降低风险(如安装防护措施)、避免风险、转嫁风险(如买保险)、接受风险(基于投入产出比考虑)等多种风险管理方式,协助管理部门根据企业的业务目标和业务发展特点制定企业安全策略。

2. 安全策略

安全策略从宏观的角度反映企业整体的安全思想和观念,作为制定具体策略规划的基础,为其他所有安全策略标明应该遵循的指导方针。具体的策略可以通过安全标准、安全方针和安全措施来实现。安全策略是基础,安全标准、安全方针和安全措施是安全框架,在安全框架中,使用必要的安全组件、安全机制等提供全面的安全规划和安全架构。

项目信息安全需求的各个方面是由一系列安全策略文件所涵盖的。策略文件的繁简程度与企业的规模有关。通常而言,企业应制定并执行以下策略性文件:

(1)物理安全策略。包括环境安全、设备安全、媒体安全、信息资产的物理分布、人员的访问控制、审计记录、异常情况的追查等。

(2)网络安全策略。包括网络拓扑结构、网络设备的管理、网络安全访问措施(防火墙、入侵检测系统、VPN 等)、安全扫描、远程访问、不同级别网络的访问控制方式、识别、认证机制等。

(3)数据加密策略。包括加密算法、适用范围、密钥交换和管理等。

(4)数据备份策略。包括适用范围、备份方式、备份数据的安全存储、备份周期、负责人等。

(5)病毒防护策略。包括防病毒软件的安装、配置、对软盘使用、网络下载等做出的规定等。

(6)系统安全策略。包括网络访问策略、数据库系统安全策略、邮件系统安全策略、应用服务器系统安全策略、个人桌面系统安全策略、其他业务相关系统安全策略等。

(7)身份认证及授权策略。包括认证及授权机制、方式、审计记录等。

(8)灾难恢复策略。包括负责人员、恢复机制、方式、归档管理、硬件、软件等。

(9)事故处理、紧急响应策略。包括响应小组、联系方式、事故处理计划、控制过程等。

(10)安全教育策略。包括安全策略的发布宣传、执行效果的监督、安全技能的培训、安全意识教育等。

(11)口令管理策略。包括口令管理方式、口令设置规则、口令适应规则等。

(12)补丁管理策略。包括系统补丁的更新、测试、安装等。

(13)系统变更控制策略。包括设备、软件配置、控制措施、数据变更管理、一致性管理等。

(14)商业伙伴、客户关系策略。包括合同条款安全策略、客户服务安全建议等。

(15)复查审计策略。包括对安全策略的定期复查、对安全控制及过程的重新评估、对系统日志记录的审计、对安全技术发展的跟踪等。

值得注意的是，企业制定的安全策略应当遵守相关的法律条令。有时安全策略的内容和员工的个人隐私相关联，在考虑对信息资产保护的同时，也应该对这方面的内容进行明确说明。

3. 安全教育

信息安全意识和相关技能的教育是建筑工程信息安全管理中重要的内容，其实施力度将直接关系到项目信息安全策略被理解的程度和被执行的效果。为了保证安全的成功和有效，项目管理部门应当对项目各级管理人员、用户、技术人员进行信息安全培训。所有的项目人员必须了解并严格执行企业信息安全策略。

在建筑工程项目信息安全教育具体实施过程中，应该有一定的层次性，具体如下：

(1)主管信息安全工作的高级负责人或各级管理人员，重点是了解、掌握企业信息安全的整体策略及目标、信息安全体系的构成、安全管理部门的建立和管理制度的制定等。

(2)负责信息安全运行管理及维护的技术人员，重点是充分理解信息安全管理策略，掌握安全评估的基本方法，对安全操作和维护技术的合理运用等。

(3)用户重点是学习各种安全操作流程，了解和掌握与其相关的安全策略，包括自身应该承担的安全职责等。

信息安全教育应当定期的、持续地进行。在企业中建立信息安全文化并容纳到整个企业文化体系中，才是最根本的解决方法。

第七章　建筑工程项目进度管理

建筑工程项目进度管理是根据工程项目的进度目标，编制经济合理的进度计划，并据以检查工程项目进度计划的执行情况，若发现实际执行情况与计划进度不一致，应及时分析原因，并采取必要的措施对原工程进度计划进行调整或修正的过程。工程项目进度管理的目的就是为了实现最优工期，多快好省地完成任务。

项目进度管理是一个动态、循环、复杂的过程，也是一项效益显著的工作，建筑工程项目进度管理的内容包括项目进度计划、项目进度实施、项目进度监测和项目进度调整。

第一节　建筑工程项目进度管理概述

一、建筑工程项目进度管理原理

1. 动态控制原理

工程进度控制是一个不断变化的动态过程。在项目开始阶段，实际进度按照计划进度的规划进行运动，但由于外界因素的影响，实际进度的执行往往会与计划进度出现偏差，产生超前或滞后的现象。这时通过分析偏差产生的原因，采取相应的改进措施，调整原来的计划，使二者在新的起点上重合，并通过发挥组织管理作用，使实际进度继续按照计划进行。在一段时间后，实际进度和计划进度又会出现新的偏差。因此，工程进度控制出现了一个动态的调整过程。

2. 系统原理

工程项目是一个大系统，其进度控制也是一个大系统。进度控制中计划进度的编制受到许多因素的影响，不能只考虑某一个因素或某几个因素。进度控制组织和进度实施组织也具有系统性，因此，工程进度控制具有系统性，应该综合考虑各种因素的影响。

3. 信息反馈原理

信息反馈是工程进度控制的重要环节，施工的实际进度通过信息反馈给基层进度控制工作人员，在分工的职责范围内，信息经过加工逐级反馈给上级主管部门，最后到达主控制室。主控制室整理统计各方面的信息，经过比较分析做出决策，调整进度计划。进度控制不断调整的过程实际上就是信息不断反馈的过程。

4. 弹性原理

工程进度计划工期长，影响因素多，因此，进度计划的编制就会留出余地，使计划进度具有弹性。进行进度控制时就应利用这些弹性，缩短有关工作的时间，或改变工作之间的搭接关系，使计划进度和实际进度达到吻合。

5. 封闭循环原理

项目进度控制的全过程是一个计划、实施、检查、比较分析、确定调整措施、再计划封闭的循环过程。

6. 网络计划技术原理

网络计划技术原理是工程进度控制的计划管理和分析计算的理论基础。在进度控制中要利用网络计划技术原理编制进度计划，根据实际进度信息，比较和分析进度计划，又要利用网络计划的工期优化、工期与成本优化和资源优化的理论调整计划。

二、建筑工程项目进度管理目的与任务

建筑工程项目进度管理的目的是通过控制以实现工程的进度目标。通过进度计划控制，可以有效地保证进度计划的落实与执行，减少各单位和部门之间的相互干扰，确保施工项目工期目标以及质量、成本目标的实现；同时也为可能出现的施工索赔提供依据。

施工项目进度管理是项目施工中的重点控制之一，它是保证施工项目按期完成、合理安排资源供应、节约工程成本的重要措施。建筑工程项目不同的参与方都有各自的进度控制任务，但都应该围绕着投资者早日发挥投资效益的总目标去展开。工程项目不同参与方的进度管理任务见表 7-1。

表 7-1　　工程项目参与方的进度管理任务

参与方名称	任　务	进度涉及时段
业主方	控制整个项目实施阶段的进度	设计准备阶段、设计阶段、施工阶段、物资采购阶段、动用前准备阶段
设计方	根据设计任务委托合同控制设计进度,并能满足施工、招投标、物资采购进度协调	设计阶段
施工方	根据施工任务委托合同控制施工进度	施工阶段
供货方	根据供货合同控制供货进度	物资采购阶段

三、建筑工程项目进度管理方法和措施

建筑工程项目进度管理方法主要是规划、控制和协调。规划是指确定施工项目总进度控制目标和分进度控制目标,并编制其进度计划;控制是指在施工项目实施的全过程中,比较施工实际进度与施工计划进度,出现偏差及时采取措施调整;协调是指协调与施工进度有关的单位、部门和工作队组之间的进度关系。

建筑工程项目进度管理采取的主要措施有组织措施、技术措施、合同措施和经济措施,见表 7-2。

表 7-2　　建筑工程项目进度管理措施

措施种类	措施内容
组织措施	(1)建立施工项目进度实施和控制的组织系统。 (2)订立进度控制工作制度:检查时间、方法,召开协调会议时间、人员等。 (3)落实各层次进度控制人员、具体任务和工作职责。 (4)确定施工项目进度目标,建立施工项目进度控制目标体系
技术措施	(1)尽可能采用先进施工技术、方法和新材料、新工艺、新技术,保证进度目标实现。 (2)落实施工方案,在发生问题时,能适时调整工作之间的逻辑关系,加快施工进度

续表

措施种类	措施内容
合同措施	以合同形式保证工期进度的实现，即： (1)保持总进度控制目标与合同总工期相一致。 (2)分包合同的工期与总包合同的工期相一致。 (3)供货、供电、运输、构件加工等合同规定的提供服务时间与有关的进度控制目标一致
经济措施	(1)落实实现进度目标的保证资金。 (2)签订并实施关于工期和进度的经济承包责任制。 (3)建立并实施关于工期和进度的奖惩制度

第二节　建筑工程项目进度管理体系

一、建筑工程项目进度管理目标体系

项目进度管理总目标是依据施工项目总进度计划确定的。对项目进度管理总目标进行层层分解，便形成实施进度管理、相互制约的目标体系。

项目进度目标是从总的方面对项目建设提出的工期要求，但在施工活动中，是通过对最基础的分部分项工程的施工进度管理来保证各单项(位)工程或阶段工程进度管理目标的完成，进而实现工程项目进度管理总目标的。因而，需要将总进度目标进行一系列的从总体到细部、从高层次到基础层次的层层分解，一直分解到在施工现场可以直接调度控制的分部分项工程或作业过程的施工为止。在分解中，每一层次的进度管理目标都限定了下一级层次的进度管理目标，而较低层次的进度管理目标又是较高一级层次进度管理目标得以实现的保证，于是就形成了一个自上而下层层约束，由下而上级级保证，上下一致的多层次进度管理目标体系，如可以按单位工程或分包单位分解为交工分目标，按承包的专业或按施工阶段分解为完工分目标，按年、季、月度计划期分解为时间目标等，其结构框架如图 7-1 所示。

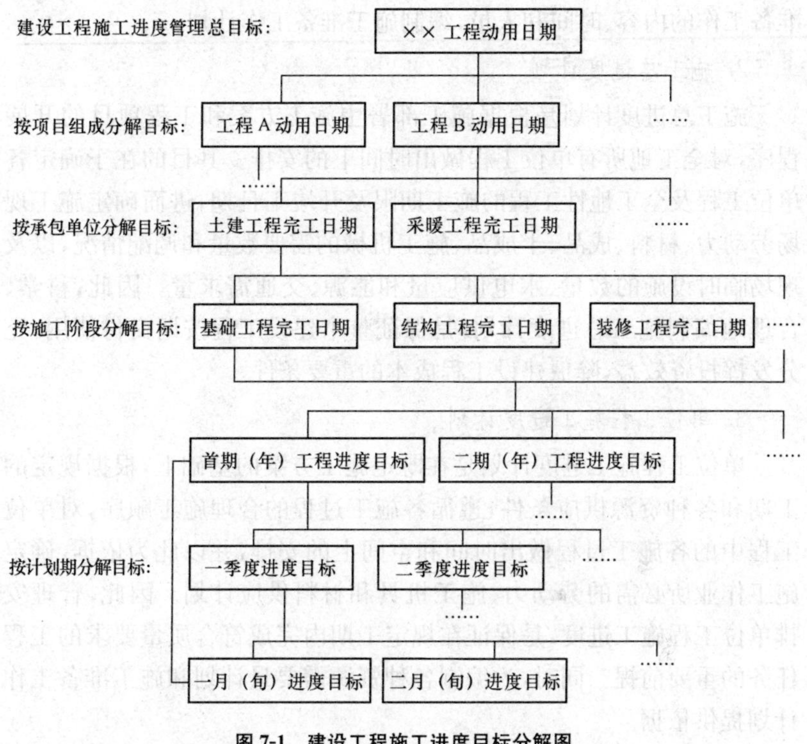

图 7-1　建设工程施工进度目标分解图

二、建筑工程项目进度计划系统

项目进度计划系统的内容包括:施工准备工作计划、施工总进度计划、单位工程施工进度计划、分部分项工程进度计划。此外,为了有效地控制建设工程施工进度,施工单位还应编制年度施工计划、季度施工计划和月(旬)度作业计划,将施工进度计划逐层细化,形成一个旬保月、月保季、季保年的计划体系。

1. 施工准备工作计划

施工准备工作的主要任务是为建设工程的施工创造必要的技术和物资条件,统筹安排施工力量和施工现场。施工准备工作的内容通常包括技术准备、物资准备、劳动组织准备、施工现场准备和施工场外准备。为落实各项施工准备工作,加强检查和监督,应根据各项施工准备工作的内容、时间和人员,编制施工准备工作计划。

2. 施工总进度计划

施工总进度计划是根据施工部署中施工方案和工程项目的开展程序,对全工地所有单位工程做出时间上的安排。其目的在于确定各单位工程及全工地性工程的施工期限及开竣工日期,进而确定施工现场劳动力、材料、成品、半成品、施工机械的需要数量和调配情况,以及现场临时设施的数量、水电供应量和能源、交通需求量。因此,科学、合理地编制施工总进度计划,是保证整个建设工程按期交付使用,充分发挥投资效益,降低建设工程成本的重要条件。

3. 单位工程施工进度计划

单位工程施工进度计划是在既定施工方案的基础上,根据规定的工期和各种资源供应条件,遵循各施工过程的合理施工顺序,对单位工程中的各施工过程做出时间和空间上的安排,并以此为依据,确定施工作业所必需的劳动力、施工机具和材料供应计划。因此,合理安排单位工程施工进度,是保证在规定工期内完成符合质量要求的工程任务的重要前提。同时,为编制各种资源需要量计划和施工准备工作计划提供依据。

4. 分部分项工程进度计划

分部分项工程进度计划是针对工程量较大或施工技术比较复杂的分部分项工程,在依据工程具体情况所制定的施工方案基础上,对其各施工过程所做出的时间安排。如大型基础土方工程、复杂的基础加固工程、大体积混凝土工程、大型桩基工程、大面积预制构件吊装工程等,均应编制详细的进度计划,以保证单位工程施工进度计划的顺利实施。

第三节 建筑工程项目目标计划管理

工程项目进度计划包括项目的前期、设计、施工和使用前的准备等几个阶段的内容。项目进度计划的主要内容是要制订各级项目进度计划,包括进行总控制的项目总进度计划、进行中间控制的项目分阶段进度计划和进行详细控制的各子项进度计划，并对这些进度计划进行优化，以达到对这些项目进度计划的有效控制。

一、建筑工程项目进度管理目标的确定

进度管理目标的制定应在项目分解的基础上确定。其包括项目进度总目标和分阶段目标，也可根据需要确定年、季、月、旬(周)目标，里程碑事件目标等。里程碑事件目标是指关键工作的开始时刻或完成时刻。

在确定施工进度管理目标时，必须全面细致地分析与建设工程进度有关的各种有利因素和不利因素，只有这样才能制订出一个科学、合理的进度管理目标。确定施工进度管理目标的主要依据有：建设工程总进度目标对施工工期的要求；工期定额、类似工程项目的实际进度；工程难易程度和工程条件的落实情况等。

在确定施工进度分解目标时，还要考虑以下几个方面：

(1)对于大型建筑工程项目，应根据尽早提供可动用单元的原则，集中力量分期分批建设，以便尽早投入使用，尽快发挥投资效益。此时，为保证每一动用单元能形成完整的生产能力，就要考虑这些动用单元交付使用时所必需的全部配套项目。因此，要处理好前期动用和后期建设的关系、每期工程中主体工程与辅助及附属工程之间的关系等。

(2)结合本工程的特点，参考同类建设工程的经验来确定施工进度目标，避免只按主观愿望盲目确定进度目标，从而在实施过程中造成进度失控。

(3)合理安排土建与设备的综合施工。按照它们各自的特点，合理安排土建施工与设备基础、设备安装的先后顺序及搭接、交叉或平行作业，明确设备工程对土建工程的要求和土建工程为设备工程提供施工条件的内容及时间。

(4)做好资金供应能力、施工力量配备、物资(材料、构配件、设备)供应能力与施工进度的平衡工作，确保工程进度目标的要求，从而避免其落空。

(5)考虑外部协作条件的配合情况。包括施工过程中及项目竣工动用所需的水、电、气、通信、道路及其他社会服务项目的满足程度和满足时间。它们必须与有关项目的进度目标相协调。

(6)考虑工程项目所在地区地形、地质、水文、气象等方面的限制条件。

二、建筑工程项目施工总进度计划的编制

建筑工程项目施工总进度计划是对整个群体工程编制的施工进度计划。由于施工的内容较多,施工工期较长,故其计划项目综合性大,较多控制性,较少作业性。

1. 建筑工程项目施工总进度计划编制依据

(1)施工合同。施工合同中的施工组织设计,合同工期,开竣工日期,关于工期的延误、调整等约定,均是编制施工总进度计划的依据。

(2)施工进度目标。除了合同约定的施工进度目标外,企业本身有自己的施工目标(一般要比合同目标短些,以求保险的进度目标),用以指导施工进度计划的编制。

(3)工期定额。工期定额中规定的工期,是施工项目的最大工期限额。在编制施工总进度计划时,以此为最大工期标准,力争缩短而绝对不能超限。

(4)有关技术经济资料。指可供参考的施工档案资料、地质资料、环境资料、统计资料等。

(5)施工部署与主要施工方案。施工部署与主要施工方案是施工组织总设计中的内容。编制总进度计划应在施工部署和主要施工方案确定后进行。

2. 建筑工程项目施工总进度计划编制步骤

(1)计算工程量。工程量的计算可按初步设计(或扩大初步设计)图纸和有关定额手册或资料进行。常用的定额、资料如下:

1)概算指标和扩大结构定额。

2)每万元、每十万元投资工程量、劳动量及材料消耗扩大指标。

3)已建成的类似建筑物、构筑物的资料。

(2)确定各单位工程的施工期限。各单位工程的施工期限应根据合同工期确定,同时,还要考虑建筑类型、结构特征、施工方法、施工管理水平、施工机械化程度及施工现场条件等因素。

(3)确定各单位工程开竣工时间和相互搭接关系。主要考虑以下几点要求:

1)尽量做到均衡施工,使劳动力、施工机械和主要材料供应在整个工期范围内达到均衡。

2)施工顺序必须与主要生产系统投入生产的先后次序相吻合,同时,还要安排好配套工程的施工时间。

3)应注意季节对施工顺序的影响,使施工季节不导致工期拖延、不影响工程质量。

4)注意主要工种和主要施工机械连续施工。

(4)编制正式施工总进度计划。

1)初步施工总进度计划编制完成后,要对其进行检查。主要检查总工期是否符合要求,资源供应是否能够保证,资源使用是否均衡等。

2)如果出现问题,可进行调整。调整方法可以改变某些工程的起止时间或调整主导工程的工期。

3)如果是网络计划,可利用计算机分别进行工期优化、费用优化和资源优化。

4)初步施工总进度计划经过调整符合要求后,即可编制正式的施工总进度计划。

(5)编写施工进度计划说明书。其内容包括以下几项:

1)本施工总进度计划安排的总工期。

2)该总工期与合同工期和指令工期的比较,得出施工提前率。

3)各单位工程的工期、开竣工日期与合同约定的比较和分析。

4)施工高峰人数、平均人数及劳动力不均衡系数。

5)本施工总进度计划的优点和存在的问题。

6)执行本计划的重点和措施,有关责任的分配等。

3. 建筑工程项目施工总进度计划编制内容

(1)施工总计划的内容包括:编制说明;施工进度计划表;分期分

批施工工程的开工日期、完工日期及工资一览表；资源需要量及供应平衡表等。

(2)施工总进度计划表是最主要内容，用来安排各单位工程计划开竣工日期、工期、搭接关系及其实施步骤。

(3)资源需要量及供应平衡表是根据施工总进度计划表编制的保证计划。包括劳动力、材料、构件、商品混凝土、预制构件和施工机械等资源计划。

三、建筑单位工程施工进度计划的编制

建筑单位工程施工进度计划是对单位工程或单体工程编制的施工进度计划的总称。由于其所包含的施工内容具体明确，施工期较短，故其作业性较强，是进度控制的直接依据。

1. 建筑单位工程施工进度计划编制依据

(1)项目管理目标责任书。项目管理目标责任书中有六项内容，其中一项为“应达到的项目进度目标”。这个目标既不是合同目标，又不是定额工期，而是项目管理的责任目标，不但有工期，而且还有开工时间和竣工时间及主要搭接关系等。

(2)施工总进度计划。单位工程进度计划应执行施工总进度计划中的开竣工时间、工期安排、搭接关系以及其说明书。如需要调整，应征得施工总进度计划审批者的同意。

(3)施工方案。施工方案中所包含的内容都对施工进度计划有约束作用。

(4)主要材料和设备的供应能力。在编制单位工程施工进度计划时，必须考虑主要材料和机械设备供应能力是否满足需求量的要求。

(5)施工人员的技术素质和劳动效率。施工人员的技术素质高低，影响着施工的进度和质量。因此，施工人员的技术素质必须满足施工规定要求。

(6)施工现场条件、气候条件、环境条件。这三种条件靠调查研究，如果在施工组织总设计中已经编制完成，可继续使用其作为依据，否则要重新调整。

(7)工程进度及经济指标。已建成的同类工程实际进度及经济指标。

2. 建筑单位工程施工进度计划编制内容

建筑单位工程施工进度计划编制的内容包括编制说明、进度计划图(表)、资源需要量计划、单位工程施工进度计划的风险分析及控制措施。

(1)施工项目进度控制常见的风险。

1)工程变更,工程量增减。

2)材料等物资供应、劳动力供应、机械供应不及时。

3)自然条件的干扰。

4)拖欠工程款。

5)分包影响。

(2)风险分析及控制措施。

1)风险分析及控制措施是根据“项目管理实施规则”中的“项目风险管理规则”和“保证进度目标的措施”调整并细化编制的,应具有可操作性。

2)控制措施可以从技术措施、组织措施、经济措施和合同措施四个方面实施控制。

第四节　建筑工程项目施工组织计划与进度控制

一、流水施工方法特点与形式

(一)流水施工组织方式与特点

流水施工是建筑工程中最常见的施工组织形式,能有效地控制工程进度。

1. 流水施工组织方式

(1)将拟建施工项目中的施工对象分解为若干个施工过程,即划分成若干个工作性质相同的分部、分项工程或工序。

(2)将施工项目在平面上划分成若干个劳动量大致相等的施

工段。

(3)在竖向上划分成若干个施工层,并按照施工过程成立相应的专业工作队。

(4)各专业队按照一定的施工顺序依次完成各个施工对象的施工过程,同时,保证施工在时间和空间上连续、均衡和有节奏地进行,使相邻两专业队能最大限度地搭接作业。

2. 流水施工特点

(1)尽可能地利用工作面进行施工,工期比较短。

(2)各工作队实现了专业化施工,有利于提高技术水平和劳动生产率,也有利于提高工程质量。

(3)专业工作队能够连续施工,同时,使相邻专业队的开工时间能够最大限度地搭接。

(4)单位时间内投入的劳动力、施工机具、材料等资源量较为均衡,有利于资源供应的组织。

(5)为施工现场的文明施工和科学管理创造了有利条件。

(二)流水施工表达方式与特点

流水施工的表达方式有两种:横道图和网络图。

1. 横道图

(1)形式。横道图有水平指示图表和垂直指示图表两种。

1)用水平指示图表的表达方式。

①横坐标表示流水施工的持续时间。

②纵坐标表示开展流水施工的施工过程、专业工作队的名称、编号和数目。

③呈梯形分布的水平线段表示流水施工的开展情况。

2)用垂直指示图表的表达方式。

①横坐标表示流水施工的持续时间。

②纵坐标表示开展流水施工所划分的施工段编号。

③n 条斜线段表示各专业工作队或施工过程开展流水施工的情况。

(2)特点。

1)横道图表达方式的优点。

①表达方式较直观。施工过程及其先后顺序表达清楚,时间和空间状况形象直观,可以清楚看出工作的起止时间、持续时间和前后工作的搭接关系。

②使用方便,很容易看懂。

③绘图简单、方便,计算工作量小。

2)横道图表达方式的缺点。

①工序之间的逻辑关系不易表达清楚。

②适用于手工编制,不便于用计算机编制。

③由于不能进行严谨的时间参数计算,故不能确定计划的关键工作、关键线路与时差。

④计划调整只能采用手工方式,工作量较大。

⑤此种计划难以适应大进度计划系统的需要。

2. 网络图

(1)形式。网络图的表达方式有单代号网络图和双代号网络图两种。

1)单代号网络图是指组织网络图的各项工作由节点表示,以箭线表示各项工作的相互制约关系,采用这种符号从左向右绘制而成的网络图。

2)双代号网络图是指组成网络图的各项工作由节点表示工作的开始和结束,由箭线表示工作的名称,把工作的名称写在箭线上方,工作的持续时间(小时、天、周)写在箭线下方,箭尾表示工作的开始,箭头表示工作的结束,采用这种符号从左向右绘制而成的网络图。

(2)特点。

1)网络图的优点(与横道图相比)。

①网络图能够明确表达各项工作之间的逻辑关系。

②通过网络时间参数的计算,可以找出关键线路和关键工作。

③通过网络时间参数的计算,可以明确各项工作的机动时间。

④网络计划可以利用电子计算机进行计算、优化和调整。

2)网络图的缺点。

①计算劳动力、资源消耗量时,与横道图相比较困难。

②没有横道图直观明了，但可以通过绘制时标网络计划得以弥补。

(三)流水施工基本组织形式

流水施工按照流水节拍的特征可分为有节奏流水施工和无节奏流水施工。其中，有节奏流水施工又可分为等节奏流水施工与异节奏流水施工，见表7-3。

表7-3　流水施工基本组织形式

序号	类别		特点
1	有节奏流水施工	等节奏流水施工	等节奏流水施工是指在有节奏流水施工中，各施工过程的流水节拍都相等的流水施工。在流水组中，每一个施工过程本身在各施工段中的作业时间(流水节拍)都相等，各个施工过程之间的流水节拍也相等，故等节奏流水施工的流水节拍是一个常数
		异节奏流水施工	异节奏流水施工是指在有节奏流水施工中，各施工过程的流水节拍各自相等而不同施工过程之间的流水节拍不尽相等的流水施工。 (1)在流水组织中，每一个施工过程本身在各施工段上的流水节拍都相等，但是不同施工过程之间的流水节拍不完全相等。 (2)在组织异节奏流水施工时，按每个施工过程流水节拍之间是某一个常数的倍数，可组织成倍节拍流水施工
2	无节奏流水施工		无节奏流水施工是指在组织流水施工时，全部或部分施工过程在各个施工段上的流水节拍不相等的流水施工。这种施工是流水施工中最常见的一种。 (1)各施工过程在各施工段上的作业时间(流水节拍)不全相等，且无规律。 (2)相邻施工过程的流水步距不尽相等。 (3)专业工作队数等于施工过程数。 (4)各专业工作队能够在施工段上连续作业，但有的施工段之间可能有空闲时间

（四）流水施工基本参数

在组织施工项目流水施工时，用以表达流水施工在工艺流程、空间布置和时间安排等方面的状态参数，称为流水施工参数，包括工艺参数、空间参数和时间参数，见表7-4。

表7-4　　　　流水施工基本参数

<table>
<tr><th>序号</th><th colspan="2">类别</th><th>内容及说明</th></tr>
<tr><td rowspan="2">1</td><td rowspan="2">工艺参数（主要是指在组织流水施工时，用以表达流水施工在施工工艺方面进展状态的参数）</td><td>施工过程</td><td>在组织工程流水施工时，根据施工组织及计划安排需要，将计划任务划分成的子项，称为施工过程。
(1)施工过程划分的粗细程度由实际需要而定，可以是单位工程，也可以是分部工程、分项工程或施工工序。
(2)根据其性质和特点不同，施工过程一般分为三类，即建造类施工过程、运输类施工过程和制备类施工过程。
(3)由于建造类施工过程占有施工对象的空间，直接影响工期的长短，因此，必须列入施工进度计划，并在其中大多作为主导施工过程或关键工作。
(4)施工过程的数目一般用 n 表示，它是流水施工的主要参数之一</td></tr>
<tr><td>流水强度</td><td>流水强度是指某施工过程（专业工作队）在单位时间内所完成的工程量，也称为流水能力或生产能力。流水强度可用下式计算：
$V_i = \sum R_i S_i$
式中 V_i——某施工过程（队）的流水强度；
R_i——投入该施工过程中的第 i 种资源量（施工机械台数或工人数）；
S_i——投入该施工过程中第 i 种资源的产量定额；
$\sum$——投入该施工过程中各资源种类数和</td></tr>
</table>

续表

序号	类别		内容及说明
2	空间参数(在组织施工项目流水施工时,用以表达流水施工在空间布置上开展状态的参数)	工作面	某专业工种的工人或某种施工机械进行施工的活动空间,称为工作面。 (1)工作面的大小,表明能够安排施工人数或机械台数的多少。 (2)每个作业的工人或每台施工机械所需工作面的大小,取决于单位时间内其完成的工程量和安全施工的要求。 (3)工作面确定的合理与否,直接影响专业工作队的生产效率
		施工段	将施工对象在平面或空间上划分成若干个劳动量大致相等的施工段落,称为施工段或流水段。施工段的数目一般用 m 表示,它是流水施工的主要参数之一
3	时间参数(在组织施工项目流水施工时,用以表达流水施工在时间安排上所处状态的参数)	流水节拍	在组织施工项目流水施工时,某个专业工作队在一个施工段上的施工时间,称为流水节拍。影响流水节拍数值大小的因素主要有以下几项: (1)施工项目所采取的施工方案。 (2)各施工段投入的劳动力人数或机械台班、工作班次。 (3)各施工段工程量的多少
		流水步距	在组织施工项目流水施工时,相邻两个施工过程(或专业工作队)相继开始施工的最小时间间隔,称为流水步距。确定流水步距时,一般应满足以下几个基本要求: (1)各施工过程按各自流水速度施工,始终保持工艺先后顺序。 (2)各施工过程的专业工作队投入施工后尽可能保持连续作业。 (3)相邻两个施工过程(或专业工作队)在满足连续施工的条件下,能最大限度地实现合理搭接

续表

序号	类别		内容及说明
3	时间参数(在组织施工项目流水施工时,用以表达流水施工在时间安排上所处状态的参数)	流水施工工期	(1)从第一个专业工作队投入流水施工开始,到最后一个专业工作队完成流水施工为止的整个持续时间。 (2)由于一项建设工程往往包含有许多流水组,故流水施工工期一般均不是整个工程的总工期

二、网络计划技术在项目管理中的应用阶段和步骤

《工程网络计划技术规程》(JGJ/T 121—1999)推荐的常用网络计划有四种,见表7-5。

表7-5 工程网络计划的类型

序号	类别	说明
1	双代号网络计划	以双代号网络图表示的网络计划
2	单代号网络计划	以单代号网络图表示的网络计划
3	双代号时标网络计划	以时间坐标为尺度编制的双代号网络计划
4	单代号搭接网络计划	以单代号表示的前后工作之间有多种逻辑关系的肯定型网络计划

1. 准备

(1)确定网络计划目标。网络计划目标主要包括时间目标、时间-资源目标和时间-费用目标,确定网络计划目标的依据主要包括以下几项。

1)项目范围说明书:详细说明项目的可交付成果,为提交这些可交付成果而必须开展的工作,项目的主要目标。

2)环境因素:组织文化、组织结构、资源、相关标准、规范、制度等。

(2)调查研究。

1)调查研究的主要内容。调查研究的主要内容包括以下几项：

①项目有关的工作任务、实施条件、设计数据等资料。

②有关标准、定额、规程、制度等。

③资源需求和供应情况。

④资金需求和供应情况。

⑤有关经验、统计资料及历史资料。

⑥其他有关的技术经济资料等。

2)调查研究的方法。调查研究可使用下列方法：

①实际观察、测量与询问。

②会议调查。

③查阅资料。

④计算机检索。

⑤预测与分析等。

(3)项目分解。项目分解的目的是根据项目管理和网络计划的要求，将项目分解为较小的、易于管理的基本单元，项目分解的结果主要是项目分解说明或项目的工作分解结构(WBS)图或表。项目分解主要依据项目范围、项目目标、调查信息和实施条件分析。

项目分解的原则包括以下几项：

1)项目分解可面向对象、结构、团队、流程和交付成果等。

2)项目分解宜根据具体情况决定分解的层次和任务范围。

(4)工作方案设计。工作方案设计应根据项目分解结果进行，方案设计的内容包括：确定工作(生产)顺序、确定工作(生产)方法、选择需要的资源、确定重要的工作管理组织、确定重要的工作保证措施、确定采用的网络图类型。工作方案设计的基本要求包括以下几项：

1)寻求最佳工作程序。

2)确保工作质量、安全、节约与环保。

3)采用先进理念、技术和经验。

4)分工合理、职责明确。

5)有利于提高效率、缩短工期、增加效益。

2. 绘制网络图

(1)逻辑关系分析。根据已设计的工作方案、项目已分解的工作、收集到的有关信息和编制计划人员的专业工作经验和管理工作经验等进行逻辑关系分析，逻辑关系的类型包括工艺关系、组织关系等。

逻辑关系分析的程序如下：

1)确定每项工作的紧前工作(或紧后工作)与搭接关系。

2)完成工作分析表(表 7-6)中逻辑关系分析部分(3～5 列)。

表 7-6　　　　　　　　　　工作分析表

编码	工作名称	逻辑关系			工作持续时间				
		紧前工作（或紧后工作）	连接		确定时间 D	三时估计法			
			相关工作	时距		最短估计时间 a	最长估计时间 b	最可能估计时间 m	期望持续时间 D_s
1	2	3	4	5	6	7	8	9	10

(2)网络图构图。网络图的绘制除依据表 7-6 中第 3～5 列所示的工作逻辑关系外，还要依据已选定的网络图类型及《网络计划技术　第 2 部分：网络图画法的一般规定》(GB/T 13400.2—2009)中的各项规定。

1)绘制网络图的要求。绘制网络图应满足下列要求：

①按《网络计划技术　第 2 部分：网络图画法的一般规定》(GB/T 13400.2—2009)中的相关规定绘图。

②方便使用。

③方便工作的组合、分图与并图。

2)绘制网络图的步骤。

①确定网络图的布局。

②从起始工作开始，自左至右依次绘制。

③检查工作和逻辑关系。

④进行修正。

⑤节点编号。

3. 计算参数与确定关键线路

(1)计算参数。网络计划技术的参数包括工作持续时间、搭接时间(开始到开始 STS、开始到完成 STF、完成到开始 FTS、完成到完成 FTF)、工作时间参数(最早开始时间 ES、最早完成时间 EF、最迟开始时间 LS、最迟完成时间 LF、总时差 TF、自由时差 FF)、节点时间参数(节点最早时间 ET、节点最迟时间 LT)、节点时间间隔($LAG_{i,j}$)和工期(计算工期 T_c、要求工期 T_s、计划工期 T_p)，计算参数的依据包括网络图、工作的任务量、资源供应能力、工作组织方式、工作能力与效率及选择的计算方法等。

时间参数的计算宜采用计算机软件进行，计算结果可按表格形式录入(表 7-7)，也可直接标注在网络计划图上。

表 7-7　计算时间参数结果

编码	工作名称	工作持续时间	时间参数						是否关键工作
			ES	EF	LS	LF	TF	FF	
1	2	3	4	5	6	7	8	9	10

计算时间参数可采用下列方法：

1)参照以往实践经验估算。

2)经过试验推算。

3)按定额计算，计算公式如下：

$$D=\frac{Q}{R\cdot S} \tag{7-1}$$

式中　D——工作持续时间、旬、月、周、日、时等；

Q——工作任务量；

R——资源数量；

S——功效定额。

4）对于一般非定型网络，工作持续时间可采用“三时估计法”，计算公式如下：

$$D_c = \frac{a+4m+b}{6} \tag{7-2}$$

式中　D_c——期望持续时间计算值；

a——最短估计时间；

b——最长估计时间；

m——最可能估计时间。

（2）确定关键线路。确定关键线路应依据网络图、时间参数的计算结果和确定关键线路的规则、方法进行。确定关键线路的方法如下：

1）从网络计划图起点节点开始到终点节点为止，持续时间最长的线路即为关键线路。

2）在双代号网络计划中，从网络图起点节点开始到终点节点工作总时差为最小值的关键工作中联系起来，即为关键线路。

3）在单代号网络计划中，总时差为最小值且时间间隔为零的节点串联起来，即为关键线路。

4. 编制可行性网络计划

（1）检查与修正。

检查的主要内容应包括：工期是否符合要求；资源需用量是否满足条件，资源配置是否符合资源供应条件；费用是否符合要求。

修正方法如下：

1）工期修正：当“计算工期”不能满足预定的时间目标要求时，应进行修正。修正的方法是：适当压缩关键工作的持续时间、改变工作方案或逻辑关系。

2）资源修正：当资源需用量超过供应条件时，应进行修正。修正的方法是：延长非关键工作持续时间，使资源需用量降低；在总时差允许范围内和其他条件允许的前提下，灵活安排非关键工作的起止时间，使资源需用量降低。

(2)可行网络计划编制。可行网络计划应依据资源修正后的结果编制，执行网络计划的修正结果，当计划网络计划复杂或工期长时，可采用分级或分层等方法进行细化。

5. 确定正式网络计划

(1)网络计划优化。可行网络计划一般需进行优化，方可编制成正式网络计划。当没有优化要求时，可行网络计划即可作为正式网络计划。

1)优化目标的确定。网络计划优化目标一般有以下几种选择：

①工期优化。

②“时间固定、资源均衡”的优化。

③“资源有限，工期最短”的优化。

④时间费用优化。

2)网络计划优化的程序。网络计划应按下列程序进行优化：

①确定优化目标。

②选择优化方法并进行优化。

③对优化结果进行评审、决策。

(2)网络计划确定。依据网络计划的优化结果制定拟付诸实施的正式网络计划，并应报请审批。编制网络计划说明一般包括下列内容：

1)编制说明。

2)主要计划指标一览表。

3)执行计划的关键说明。

4)需要解决的问题及主要措施。

5)其他需要说明的问题。

6)说明工作时差分配范围。

6. 网络计划的实施与控制

(1)网络计划的贯彻。网络计划的贯彻应进行下列工作：

1)根据批准的网络计划组织实施。

2)建立相应的组织保证体系。

3)组织宣贯,进行必要的培训。

4)将网络计划中的每一项工作落实到责任单位,作业型网络计划必须落实到责任人,并制定相应的保证计划实施的具体措施。

(2)检查和数据采集。

1)要求。网络计划执行中的检查和数据采集应满足下列要求:

①建立健全相应的检查制度和执行数据采集报告制度。

②建立有关数据库。

③定期、不定期或应急地对网络计划的执行情况进行检查并收集有关数据。

④对检查结果和收集反馈的有关数据进行分析,抓住关键,确定对策,采取相应的措施。

2)主要内容。网络计划的检查和数据采集主要包括以下内容:

①关键工作进度。

②非关键工作的进度及时差利用。

③工作逻辑关系的变化情况。

④资源状况。

⑤费用状况。

⑥存在的其他问题。

3)方法。检查时可采用下列方法:

①当采用时标网络计划时,可用“实际进度前锋线法”或“切割线法”。

②当不采用时标网络计划时,可直接在图上用文字或适当的符号表示,也可列表记录。

③挣值法等。

(3)控制与调整。控制与调整的内容包括时间、资源、费用、工作、其他内容的控制与调整。控制与调整的依据包括:批准的正式网络计划;绩效报告提供的有关信息;变更请求。

网络计划在执行中发生偏差时,需及时进行纠偏。网络计划的纠偏应按下列程序实施：

1)确定纠偏的对象和目标。

2)选择纠正措施。

3)对纠正措施进行评价和决策。

4)确定更新的网络计划，并付诸实施。

7. 收尾

网络计划任务完成后应进行分析和总结。分析的内容如下：

(1)各项目标的完成情况。

(2)计划与控制工作中的问题及其原因。

(3)计划与控制工作中的经验。

(4)提高计划与控制工作水平的措施。

计划与控制工作总结应形成制度，完成总结报告并归档，必要时纳入组织规范。

三、建筑工程项目进度计划的实施

项目进度计划的实施是用项目进度计划指导施工活动、落实和完成计划。项目进度计划逐步实施的进程是项目逐步完成的过程。

1. 项目进度计划执行准备

要保证项目进度计划的落实，首先必须做好准备工作，估计和预测执行中可能出现的问题。做好进度计划执行的准备工作是项目进度计划顺利执行的保证。

2. 签发施工任务书

编制好月(旬)作业计划以后，签发施工任务书使其进一步落实。施工任务书是向班组下达任务、实行责任承包、全面管理的综合性文件，它是计划和实施的纽带。施工任务书包括施工任务单(表 7-8)、限额领料单(表 7-9 和表 7-10)、考勤表等。其中施工任务单包括分项工程施工任务、工程量、劳动量、开工及完工日期、工艺、质量和安全要求等内容。限额领料单根据施工任务单编制，它是控制班组领用料的依据，主要列明材料名称、规格、型号、单位和数量、退领料记录等。

表 7-8 施工任务单

项目名称________ 编　　号________ 开工日期________ 部位名称________ 签 发 人________

交 底 人________ 施工班组________ 签发日期________ 回收日期________

定额编号	分项工程名称	单位	定额工数			实际完成情况			
			工程量	时间定额/定额系数	定额工数	工程量	实需工数	实耗工数	工效/(%)
小计									

材料名称	单位	单位定额	定额数量	实需数量	实耗数量

施工要求及注意事项	
验收内容	签证人
质量分	
安全分	
文明施工分	

考勤记录														
姓名	日期													
合计														

计划施工日期：　月　日～　月　日　实际施工日期：　月　日～　月　日　工期超　天　拖　天

表 7-9 限额领料单

年 月 日

单位工程		施工预算工程量		任务单编号	
分项工程		实际工程量		执行班组	

材料名称	规格	单位	施工定额	计划用量	实际用量	计划单价	金额	级配	节约	超用

表 7-10 限额领料发放记录

月/日	名称、规格	单位	数量	领用人	月/日	名称、规格	单位	数量	领用人	月/日	名称、规格	单位	数量	领用人

3. 做好施工进度记录,填好施工进度统计表

在计划任务完成的过程中,各级施工进度计划的执行者都要跟踪做好施工记录,实事求是记载计划中的每项工作开始日期、工作进度和完成日期,并填好有关图表为施工项目进度检查分析提供信息。

4. 做好施工中的调度工作

施工调度是指在施工过程中不断组织新的平衡,建立和维护正常的施工条件及施工程序所做的工作。其主要任务是督促、检查工程项目计划和工程合同执行情况,调度物资、设备、劳力,解决施工现场出

现的矛盾,协调内、外部的配合关系,促进和确保各项计划指标的落实。

四、建筑工程项目进度计划的检查

为了能够经常掌握项目的进度情况,在进度计划执行一段时间后,就要检查实际进度是否按照计划进度顺利进行。进度控制人员应经常地、定期地跟踪检查施工实际进度情况,收集施工项目进度材料,统计整理和对比分析,研究实际进度与计划进度之间的偏差。

1. 跟踪检查施工实际进度

跟踪检查的主要工作是通过报表和现场实地检查的方式定期收集反映实际工程进度的有关数据,并应确保收集到的数据完整、正确,避免导致不全面或不正确的决策。

进度控制的效果与收集信息资料的时间间隔有关,不经常、定期地收集进度报表资料,就很难达到进度控制的效果。此外,进度检查的时间间隔还与工程项目的类型、规模、现场条件等多方面因素有关,可视工程进度的实际情况,每月、每半月或每周进行一次。在某些特殊情况下,甚至可能进行每日进度检查。

2. 整理统计检查数据

收集到的施工项目实际进度数据,要进行必要的整理,按计划控制的工作项目进行统计,形成与计划进度具有可比性的数据、相同的量纲和形象进度。一般可以按实物工程量、工作量和劳动消耗量以及累计百分率整理和统计实际检查的数据,以便与相应的计划完成量相对比。

3. 对比实际进度与计划进度

对比实际进度与计划进度主要是将实际的数据与计划的数据进行比较,如将实际的完成量、实际完成的百分率与计划的完成量、计划完成的百分率进行比较。通常可利用表格形成各种进度比较报表或直接绘制比较图形直观地反映实际与计划的差距。通过比较,了解实际进度比计划进度拖后、超前还是与计划进度一致。

4. 施工项目进度检查结果的处理

施工项目进度检查的结果，按照检查报告制度的规定，形成进度控制报告向有关主管人员和部门汇报。进度控制报告是把检查比较的结果，有关施工进度现状和发展趋势，提供给项目经理及各级业务职能负责人的最简单的书面形式报告。

施工项目进度控制报告的基本内容如下：

(1)对施工进度执行情况的综合描述。检查期的起止时间、当地气象及晴雨天数统计、计划目标及实际进度、检查期内施工现场主要大事记。

(2)项目实施、管理、进度概况的总说明。施工进度、形象进度及简要说明；施工图纸提供进度；材料、物资、构配件供应进度；劳务记录及预测；日计划；对建设单位和施工者的工程变更指令、价格调整、索赔及工程款收支情况；停水、停电、事故发生及处理情况；实际进度与计划目标相比较的偏差状况及其原因分析；解决问题措施；计划调整意见等。

五、建筑工程项目进度计划的调整

施工进度计划的调整应依据施工进度计划检查结果，在进度计划执行发生偏离的时候，调整施工内容、工程量、起止时间、资源供应，或局部改变施工顺序，重新确认作业过程相互协作方式等工作关系，充分利用施工的时间和空间进行合理交叉衔接，并编制调整后的施工进度计划，以保证施工总目标的实现。

1. 进度偏差影响分析

在建筑工程项目实施过程中，当通过实际进度与计划进度的比较，发现存在进度偏差时，需要分析该偏差对后续工作及总工期的影响，从而采取相应的调整措施对原进度计划进行调整，以确保工期目标的顺利实现。进度偏差的大小及其所处的位置不同，对后续工作和总工期的影响程度是不同的，分析时需要利用网络计划中工作总时差和自由时差的概念进行判断(图 7-2)。分析步骤如下：

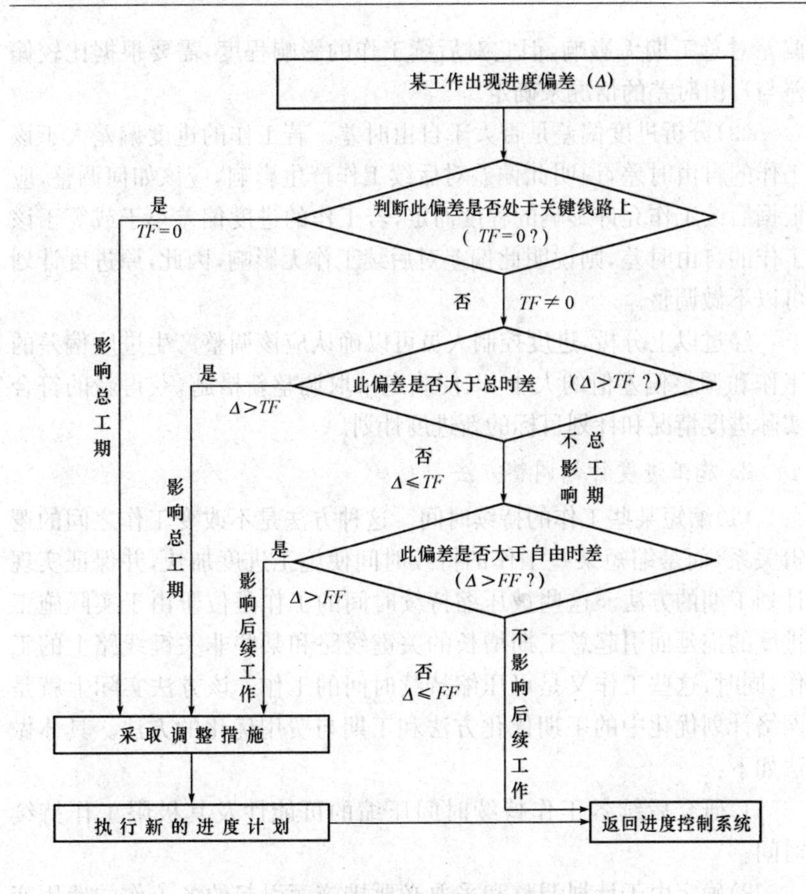

图 7-2 对后续工作和总工期影响分析过程图

(1)分析进度偏差的工作是否为关键工作。若出现偏差的工作为关键工作，则无论偏差大小，都会对后续工作及总工期产生影响，必须采取相应的调整措施，若出现偏差的工作不是关键工作，需要根据偏差值与总时差和自由时差的大小关系，确定对后续工作和总工期的影响程度。

(2)分析进度偏差是否大于总时差。若工作的进度偏差大于该工作的总时差，说明此偏差必将影响后续工作和总工期，必须采取相应的调整措施；若工作的进度偏差小于或等于该工作的总时差，说明此偏差对总工期无影响，但它对后续工作的影响程度，需要根据比较偏差与自由时差的情况来确定。

(3)分析进度偏差是否大于自由时差。若工作的进度偏差大于该工作的自由时差，说明此偏差对后续工作产生影响，应该如何调整，应根据后续工作允许影响的程度而定，若工作的进度偏差小于或等于该工作的自由时差，则说明此偏差对后续工作无影响，因此，原进度计划可以不做调整。

经过以上分析，进度控制人员可以确认应该调整产生进度偏差的工作和调整偏差值的大小，以便确定采取调整新措施，获得新的符合实际进度情况和计划目标的新进度计划。

2. 施工进度计划调整方法

(1)缩短某些工作的持续时间。这种方法是不改变工作之间的逻辑关系，而是缩短某些工作的持续时间使施工进度加快，并保证实现计划工期的方法。这些被压缩持续时间的工作是位于由于实际施工进度的拖延而引起总工期增长的关键线路和某些非关键线路上的工作，同时，这些工作又是可压缩持续时间的工作。该方法实际上就是网络计划优化中的工期优化方法和工期与费用优化的方法。具体做法如下：

1)研究后续各工作持续时间压缩的可能性及其极限工作持续时间。

2)确定由于计划调整和采取必要措施而引起的各工作的费用变化率。

3)选择直接引起拖期的工作及紧后工作优先压缩，以免拖期影响扩大。

4)选择费用变化率最小的工作优先压缩，以求花费最小代价，满足既定工期要求。

5)综合考虑 3)、4)，确定新的调整计划。

(2)改变某些工作间的逻辑关系。当工程项目实施中产生的进度偏差影响到总工期，且有关工作的逻辑关系允许改变时，可以改变关键线路和超过计划工期的非关键线路上的有关工作之间的逻辑关系，达到缩短工期的目的。例如:将顺序进行的工作改为平行作业、搭接作业以及分段组织流水作业等,都可以有效地缩短工期;对于大型群体工程项目,单位工程间的相互制约相对较小,可调幅度较大;对于单位工程内部,由于施工顺序和逻辑关系约束较大,可调幅度较小。

(3)资源供应的调整。对于因资源供应发生异常而引起进度计划执行问题,应采用资源优化方法对计划进行调整,或采取应急措施,使其对工期影响最小。

(4)增减施工内容。增减施工内容应做到不打乱原计划的逻辑关系,只对局部逻辑关系进行调整。在增减施工内容以后,应重新计算时间参数,分析对原网络计划的影响。当对工期有影响时,应采取调整措施,保证计划工期不变。

(5)增减工程量。增减工程量主要是指改变施工方案、施工方法,使工程量增加或减少。

(6)起止时间的改变。起止时间的改变应在相应的工作时差范围内进行。如延长或缩短工作的持续时间,或将工作在最早开始时间和最迟完成时间范围内移动。每次调整必须重新计算时间参数,观察该项调整对整个施工计划的影响。

第八章　建筑工程项目质量管理

质量管理是下述管理职能中的所有活动：

(1)确定质量方针和目标。

(2)确定岗位职责和权限。

(3)建立质量体系并使之有效运行。

第一节　质量管理概述

一、质量管理特点

质量管理是指确定质量方针、目标和职责，并在质量体系中通过诸如质量策划、质量控制、质量保证和质量改进使其实施的全部管理职能的所有活动。

由于项目施工涉及面广，是一个极其复杂的综合过程，再加上项目位置固定，生产流动，结构类型不一、质量要求不一、施工方法不一、体型大、整体性强、建设周期长、受自然条件影响大等特点，因此，建设工程项目的质量管理比一般工业产品的质量管理更难以实施，其特征主要表现在以下几个方面：

1. 影响质量的因素多

建筑工程项目的质量受到诸多因素的影响，主要包括设计、材料、机械、地形、地质、水文、气象、施工工艺、操作方法、技术措施、管理制度等。

2. 容易产生质量变异

因项目施工不像工业产品生产有固定的流水线，有规范化的生产工艺和完善的检测技术，有成套的生产设备和稳定的生产环境，有相同系列规格和相同功能的产品；相反，建筑工程项目由于影响施工项目质量的偶然性因素和系统性因素都较多，因此，很容易产生质量变异。如材料性能微小的差异、机械设备正常的磨损、操作微小的变化、环境微小的波动等，均会引起偶然性因素的质量变异；当使用材料的规格、品种有误，施工方法不妥，操作不按规程，机械故障，仪表失灵，设计计算错误等，则均会引起系统性因素的质量变异，造成工程质量事故。因此，在施工中，要严防出现系统性因素的质量变异，并要把质量变异控制在偶然性因素范围内。

3. 容易产生第一、二判断错误

施工项目由于工序交接多，中间产品多、隐蔽工程多，若不及时检查，事后再看表面就容易产生第二判断错误，也就是说，容易将不合格的产品，认为是合格的产品；反之，若检查不认真，测量仪表不准，读数有误，就会产生第一判断错误，也就是说容易将合格产品，认为是不合格的产品。这一点在进行质量检查验收时应特别注意。

4. 质量检查不能解体、拆卸

工程项目建成后，不可能像某些工业产品那样，再拆卸或解体检查内在的质量，或重新更换零件；即使发现质量有问题，也不可能像工业产品那样实行"包换"或"退款"。

5. 质量要受投资、进度的制约

施工项目的质量受投资、进度的制约较大，如一般情况下，投资大、进度慢，质量就好；反之，质量则差。因此，项目在施工中，还必须正确处理质量、投资、进度三者之间的关系，使其达到对立统一。

二、质量管理原则

1. 坚持"质量第一，用户至上"

社会主义商品经营的原则是"质量第一，用户至上"。建筑产品作为一种特殊的商品，使用年限较长，是"百年大计"，直接关系到人民生命财产的安全。所以，工程项目在施工中应自始至终地把"质量第一，用户至上"作为质量控制的基本原则。

2. 以人为核心

人是质量的创造者，质量控制必须"以人为核心"，把人作为控制的动力，调动人的积极性、创造性；增强人的责任感，树立“质量第一”的观念；提高人的素质，避免失误；以人的工作质量保证工序质量，促进工程质量。

3. 以预防为主

“以预防为主”，是要从对质量的事后检查把关，转向对质量的事前控制、事中控制；从对产品质量的检查，转向对工作质量的检查、对工序质量的检查、对中间产品的质量检查，这是确保施工项目质量的有效措施。

4. 坚持质量标准、严格检查，一切用数据说话

质量标准是评价产品质量的尺度，数据是质量控制的基础和依据。产品质量是否符合质量标准，必须通过严格检查，用数据说话。

5. 贯彻科学、公正、守法的职业规范

建筑施工企业的项目经理，在处理质量问题过程中，应尊重客观事实，尊重科学，正直、公正，不持偏见；遵纪、守法，杜绝不正之风；既要坚持原则、严格要求、秉公办事，又要谦虚谨慎、实事求是、以理服人、热情帮助。

三、质量管理方法

质量管理方法包括新、老方法各七种。老方法是用来预防和控制生产现场的工序质量问题；新方法是来解决全面质量管理各阶段的有关质量问题。它们是相辅相成、互相补充的关系，而不是代替关系。

（一）质量管理老方法

质量管理的七种老方法包括排列图法、因果分析图法、频数分布直方图法、控制图法、相关图法、统计调查表法及分层法。利用这些方法可以分析工程项目存在的质量问题，了解影响工程项目质量的各种因素。

1. 排列图法

排列图又称主次因素排列图。它是根据意大利经济学家帕累托提出的“关键的少数和次要的多数”原理，由美国质量管理专家朱兰运

用于质量管理中而发明的一种质量管理图形。其作用是寻找主要质量问题或影响质量的主要原因,以便抓住提高质量的关键,取得良好效果。

2,因果分析图法

因果分析图又称树枝图,也称特性要因图,如图 8-1 所示。所谓特性,就是施工中出现的质量问题;所谓要因,也就是对质量问题有影响的因素或原因。

因果分析图是一种用来逐步深入地研究和讨论质量问题,寻找其影响因素,以便从重要的因素着手解决问题的一种工具。

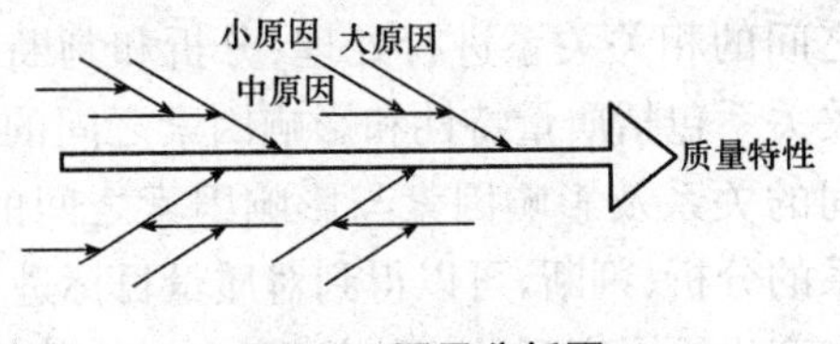

图 8-1 因果分析图

3. 频数分布直方图法

所谓频数,是在重复试验中,随机事件重复出现的次数,或一批数据中某个数据(或某组数据)重复出现的次数。

产品在生产过程中,质量状况总是会有波动的。其波动的原因包括人的因素、材料的因素、工艺的因素、设备的因素和环境的因素。为了解这些因素对产品质量的影响情况,在现场随机实测一批产品的有关数据,将实测得来的这批数据进行分组整理,统计每组数据出现的频数。然后,在直角坐标的横坐标轴上自小而大标出各分组点,在纵坐标轴上标出对应的频数,画出其高度值为其频数值的一系列直方形,即称为频数分布直方图。其作用是,通过对数据的加工、整理、绘图,掌握数据的分布状况,从而判断加工能力、加工质量,以及估算产品的不合格品率。

4. 控制图法

控制图又称管理图,是能够表达施工过程中质量波动状态的一种图形。使用控制图，能够及时地提供施工中质量状态偏离控制目标的信息，提醒人们不失时机地采取措施，使质量始终处于控制状态，使人们有可能控制异常状态的产生和蔓延。

控制图是通过分析不同状态下统计数据的变化，来及时判断人、材料、工艺、设备和环境五个系统因素是否有异常而影响质量，并及时加以控制，保证工序处于正常状态。它通过子样数据来判断总体状态，以预防不良产品的产生。

5. 相关图法

相关图又称散布图。它不是对一种数据进行处理和分析，而是对两种测定数据之间的相关关系进行处理、分析和判断。工程施工中，工程质量的相关关系包括质量特性和影响因素之间的关系、质量特性与质量特性之间的关系及影响因素与影响因素之间的关系。相关图通过对相关关系的分析、判断，可以得到对质量目标进行控制的信息。

质量结果与产生原因之间的相关关系，有时从数据上比较容易看清，但有时很难看清，这就有必要借助于相关图进行相关分析。

使用相关图，就是通过绘图、计算与观察，判断两种数据之间究竟是什么关系，建立相关方程，从而通过控制一种数据达到控制另一种数据的目的。

6. 统计调查表法

统计调查表又称检查表、核对表、统计分析表。它是用来记录、收集和累积数据并对数据进行整理和粗略分析的方法。

7. 分层法

分层是指将收集来的数据按一定的标准分类、分组、整理。每组叫作一层，故又称分类法或分组法。

数据分层是调查分析的关键，在使用时，同一层内的数据波动幅度尽可能小，层之间差别尽可能大。

(二)质量管理新方法

新方法是区别于老方法质量管理的一种叫法，是 20 世纪 70 年代日本总结出来的，它是运用运筹学原理，通过广泛调查研究进行分类和整理的方法，包括系统图法、KJ 图法、关联图法、矩阵图法、矩阵数据解析法、PDPC 法、箭头图法。

1. 系统图法

系统图也称树形图。它是寻求实现目的最佳手段的方法，这是一种近似过去家谱图、组织图的模式。

系统图的绘制步骤为：制定目的或目标→找出手段和方法→确立评价手段、措施→绘制手段、措施卡片→将手段、方法系统化→审查系统图→制订实施计划。

以质量活动为中心的系统图应用于以下几个方面：

(1)用于方针目标的展开。

(2)用于制订和解决企业内的产品质量等措施方案。

(3)用于企业人员的组织机构和管理体制。

(4)用于寻找影响质量问题的主要因素。

2. KJ 图法

KJ 图法是将处于混乱状态中的语言文字资料，利用其间的内在相互关系加以归类整理，然后找出解决问题的方法。

KJ 图法的使用步骤为：大量收集资料→确定内在关系和亲和性的规律→做出逻辑性的图解。

KJ 图法的主要用途包括以下几项：

(1)认识事实。

(2)确立思想观念。

(3)打破现状。

(4)用于参谋筹划组织。

3. 关联图法

关联图也称关系图。它是用图示法将主要因素间的因果关系用箭头连接起来，确定终端因素，提出解决措施的有效方法。关联图广泛地应用于企业的一切活动中，如从工序管理上分析某项活动的原因，如厕所、厨房的渗漏等。

关联图的绘制步骤如下：

(1)提出解决某一问题的各种因素。

(2)用简单而确切的文字来表达。

(3)确定存在问题和各种因素间的因果关系,并用箭头连接起来,箭头的方向总是从原因到结果,目的到手段。这种关系是相互制约的。

(4)根据图形,不厌其烦地重复校核,看有无遗漏。

(5)确定终端因素,马上采取措施。

4. 矩阵图法

矩阵图法是从作为问题的事项中,找出对应的因素,采用排列成行和列的形式,找出与问题有密切关系的关键因素,再寻找解决问题的手段和方法。

矩阵图法的作图方法如下:

(1)把各种因素列表表述,找出成对的因素。

(2)确定着眼点。

5. 矩阵数据解析法

矩阵数据解析法是在两个方向上把行和列分开,并且用符号或数据在该栏内记入其关联程度的图法。矩阵数据分析法主要用于分析由各种复杂因素组织的工序,分析由大量数据组成的不良因素,根据市场调查资料掌握用户质量要求,对复杂质量进行评价,把功能特征分类体系化等。矩阵数据分析法的计算用手工进行较复杂,因此,在建筑业尚未广泛应用。

6. PDPC 法

PDPC 法是过程决策程序图法的简称。它对事态进展过程可以设想各种可能的结果进行预测,是依据运筹学理论中系统整体性原理、动态管理、时空有序性原理和控制反馈性原理来确定出达到最佳结果的途径。

PDPC 法的主要用途包括以下几项:

(1)预测计划阶段,邀请各方面的人员讨论所要解决的问题。

(2)制订措施。

(3)方案评估。

(4)优化路径。

(5)明确分工。

7. 箭头图法

箭头图法又称网络图。它反映和表达计划的安排,通过分析和计算以求得最优化方案,正确表达工序之间的相互依存和相互制约的逻辑关系。

四、建筑工程项目质量管理关键环节

建筑工程项目质量控制是指为达到项目质量要求采取的作业技术和活动,工程项目质量要求则主要表现为工程合同、设计文件、技术规范规定的质量标准,因此,工程项目质量控制是为了保证达到工程合同设计文件和标准规范规定的质量标准而采取的一系列措施、手段和方法。

建筑工程项目质量控制按其实施者不同,可分为业主方面的质量控制;政府方面的质量控制和承建商方面的质量控制。本章所讲的质量控制主要指承建商方面的内部的、自身的控制。

建筑工程项目质量控制的关键环节包括以下几项:

1. 增强质量意识

要提高所有参加工程项目施工的全体职工(包括分包单位和协作单位)质量意识,特别是工程项目领导班子成员的质量意识,认识到"质量第一是个重大政策",树"百年大计,质量第一"的思想;要有对国家、对人民负责的高度责任感和事业心,把工程项目质量的优劣作为考核工程项目的重要内容,以优良的工程质量来提高企业的社会信誉和竞争力。

2. 落实企业质量体系的各项要求,明确质量责任制

工程项目要认真贯彻落实本企业建立的文化质量体系的各项要求,贯彻工程项目质量计划。工程项目领导班子成员、各有关职能部门或工作人员都要明确自己在保证工程质量工作中的责任,各尽其职,各负其责,以工作质量来保证工程质量。

3. 提高职工素质

提高职工素质是搞好工程项目质量的基本条件。参加工程项目的职能人员是管理者,工人是操作者,都直接决定着工程项目的质量。必须努力提高参加工程项目职工的素质,加强职业道德教育和业务技术培训,提高施工管理水平和操作水平,努力创出第一流的工程质量。

4. 搞好工程项目质量管理的基础工作

搞好工程项目质量管理的基础工作主要包括质量教育、标准化、计量和质量信息工作。

(1)质量教育工作。要对全体职工进行质量意识的教育,使全体职工明白质量对国家四化建设的重大意义,质量与人民生活密切相关,质量是企业的生命。进行质量教育工作要持之以恒,要有计划、有步骤地实施。

(2)标准化工作。对工程项目来说,从原材料进场到工程竣工验收,都要有技术标准和管理标准,要建立一套完整的标准化体系。技术标准是根据科学技术水平和实践经验,针对具有普遍性和重复出现的技术问题提出的技术准则。在工程项目施工中,除了要认真贯彻国家和上级颁发的技术标准、规范外,还应结合本工程的情况制定工艺标准,作为指导施工操作和工程质量要求的依据。管理标准是对各项管理工作的规定,如各项工作的办事守则、职责条例、规章制度等。

(3)计量工作。计量工作是保证工程质量的重要手段和方法。要采用法定计量单位,做好量值传递,保证量值统一。对本工程项目中采用的各项计量器具,要建立台账,按国家和上级规定的周期,定期进行检定。

(4)质量信息工作。质量信息反映工程质量和各项管理工作的基本数据和情况。在工程项目施工中,要及时了解建设单位、设计单位、质量监督部门的信息,及时掌握各施工班组的质量信息,认真做好原始记录,如分项工程的自检记录等,便于项目经理和有关人员及时采取对策。

第二节 建筑工程项目质量管理体系

一、质量体系与质量管理体系

1. 质量体系

质量体系是指“为实施质量管理所需的组织结构、程序、过程和资源”，质量管理需通过质量体系来运作，建立质量体系并使之有效运行，是质量管理的主要任务。

(1)组织结构是一个组织为行使其职能按某种方式建立的职责、权限及其相互关系，通常以组织结构图予以规定。一个组织的结构图应能显示其机构设置、岗位设置以及它们之间的相互关系。

(2)资源包括人员、设备、设施、资金、技术和方法，质量体系应提供适宜的各项资源以确保过程和产品的质量。

(3)一个组织所建立的质量体系应既能满足本组织管理的需要，又能满足顾客对本组织的质量体系要求，但主要目的应是满足本组织管理的需要。顾客仅仅评价组织质量体系中与顾客订购产品有关的部分，而不是组织质量体系的全部。

2. 质量管理体系

质量管理体系是指“在质量方面指挥和控制组织的管理体系”。它致力于建立质量方针和质量目标，并为实现质量方针和质量目标确定相关的过程、活动和资源。质量管理体系主要在质量方面能帮助组织提供持续满足要求的产品，以满足顾客和其他相关方的需求。组织的质量目标与其他管理体系的目标，如：财务、环境、职业、卫生与安全等目标应是相辅相成的。因此，质量管理体系的建立要注意与其他管理体系的整合，以方便组织的整体管理，其最终目的应使顾客和相关方都满意。

组织可通过质量管理体系来实施质量管理，质量管理的中心任务是建立、实施和保持一个有效的质量管理体系并持续改进其有效性。质量管理体系要求不包括其他管理体系，例如环境管理，职业、卫生、安全管理，财务管理或风险管理有关的特定要求。

质量管理体系致力于实现组织的质量目标，达到顾客满意。而组织的质量目标与其他管理目标，如环境、职业、卫生、安全、资金、利润等目标是相辅相成、互为补充的。因此，将一个组织的各个管理体系连同质量管理体系结合或整合成一个整体，形成一体化管理体系，将有利于策划、资源合理配置、确定互补的目标并整体地评价组织有效性，对提高组织的有效性和效率以及资源的综合利用等都是十分有利的。

质量管理体系和其他管理体系要求的相容性可体现在以下四个主要方面：

(1)管理体系的运行模式都以过程为基础，用“PDCA”循环的方法进行持续改进。

(2)都是从设定目标，系统地识别、评价、控制、监视和测量并管理一个由相互关联的过程组成的体系，并使之能够协调地运行，这一系统的管理思想也是一致的。

(3)管理体系标准要求建立形成文件的程序，如文件控制、记录控制、内审、不合格(不符合)控制、纠正措施和预防措施等，在管理要求和方法上都是相似的，因此，质量管理体系标准要求制定并保持形成文件的程序，其他管理体系可以共享。

(4)质量管理体系要求标准中强调了法律法规的重要性，在环境管理和职业、卫生与安全管理体系等标准中同样强调了适用的法律法规要求。

二、建筑工程项目质量管理体系的要素

建筑工程项目质量管理体系的要素是构成质量管理体系的基本单元。它是产生和形成工程产品的主要因素。

质量管理体系是由若干个相互关联、相互作用的基本要素组成的。企业要根据自身的特点，参照质量管理和质量保证国际标准和国家标准中所列的质量管理体系要素的内容，选用和增删要素，建立和完善施工企业的质量体系。

质量管理体系的要素中，根据建筑企业的特点可列出 17 个要素。

这 17 个要素可分为以下 5 个层次：

第一层次阐述了企业的领导职责，指出厂长、经理的职责是制定实施本企业的质量方针和目标，对建立有效的质量管理体系负责，是质量的第一责任人。质量管理的职能是负责质量方针的制定与实施。这是企业质量管理的第一步，也是最关键的一步。

第二层次阐述了展开质量体系的原理和原则，指出建立质量管理体系必须以质量形成规律质量环为依据，要建立与质量体系相适应的组织机构，并明确有关人员和部门的质量责任和权限。

第三层次阐述了质量成本，从经济角度来衡量体系的有效性，这是企业的主要目的。

第四层次阐述了质量形成的各阶段如何进行质量控制和内部质量保证。

第五层次阐述了质量形成过程中的间接影响因素，如图 8-2 所示。

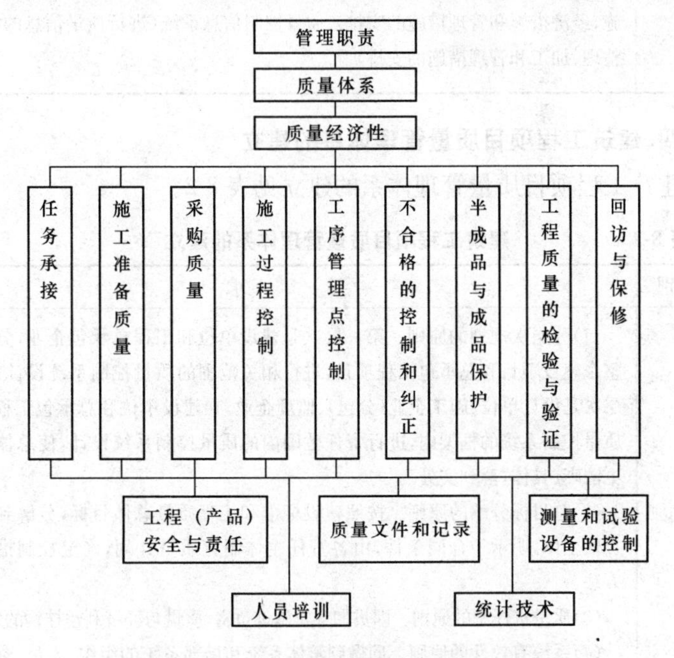

图 8-2　施工企业质量管理体系要素构成

三、建筑工程项目质量管理体系的构成

建筑工程项目质量管理体系的构成见表8-1。

表8-1 建筑工程项目质量管理体系的构成

分类方法	类别
控制内容	工程项目勘察设计质量控制子系统、工程项目材料设备质量控制子系统、工程项目施工安装质量控制子系统、工程项目竣工验收质量控制子系统
实施主体	建设单位建设项目质量控制系统、工程项目总承包企业项目质量控制系统、勘察设计单位勘察设计质量控制子系统(设计-施工分离式)、施工企业(分包商)施工安装质量控制子系统、工程监理企业工程项目质量控制子系统
控制原理	质量控制计划系统(确定建设项目的建设标准、质量方针、总目标及其分解)、质量控制网络系统(明确工程项目质量责任主体构成、合同关系和管理关系,控制的层次和界面)、质量控制措施系统(描述主要技术措施、组织措施、经济措施和管理措施的安排)、质量控制信息系统(进行质量信息的收集、整理、加工和管理措施的安排)

四、建筑工程项目质量管理体系的建立

建筑工程项目质量管理体系的建立见表8-2。

表8-2 建筑工程项目质量管理体系的建立

类别	要求
建立原则	(1)分层次规划的原则。第一层次是建设单位和工程总承包企业,分别对整个建设项目和总承包工程项目,进行相关范围的质量控制系统设计;第二层次是设计单位、施工企业(分包)、监理企业,在建设单位和总承包工程项目质量控制系统的框架内,进行责任范围内的质量控制系统设计,使总体框架更清晰、具体,落到实处。 (2)总目标分解的原则。按照建设标准和工程质量总体目标,分解到各个责任主体,明示于合同条件,由各责任主体制订质量计划,确定控制措施和方法。 (3)质量责任制的原则。即贯彻谁实施谁负责,质量与经济利益挂钩的原则。 (4)系统有效性的原则。即做到整体系统和局部系统的组织、人员、资源和措施落实到位

续表

类　别	要　　求
建立程序	(1)确定控制系统各层面组织的工程质量负责人及其管理职责,形成控制系统网络架构。 (2)确定控制系统组织的领导关系、报告审批及信息流转程序。 (3)制定质量控制工作制度,包括质量控制例会制度、协调制度、验收制度和质量责任制度等。 (4)部署各质量主体编制相关质量计划,并按规定程序完成质量计划的审批,形成质量控制依据。 (5)研究并确定控制系统内部质量职能交叉衔接的界面划分和管理方式

五、建筑工程项目质量控制系统的运行

建筑工程项目质量控制系统的运行见表 8-3。

表 8-3　　建筑工程项目质量管理体系的运行

质量控制系统运行		要　　点
机制	动力机制	保持合理的供方及分供方关系,确立多主体参与的价值增值链
	约束机制	充分发挥质量责任主体和质量活动主体(组织和个人)的经营理念、质量意识、职业道德和技术能力;实施主体外部的推动和监督检查
	反馈机制	运行状态和结果的信息反馈,是进行系统控制能力评价,并为及时做出处置提供决策的依据
运行方式		在建设工程项目实施的各个不同阶段、不同层面、不同范围和不同主体间推行 PDCA 循环法,抓好控制点的设置,加强重点控制和例外控制

第三节　建筑工程项目质量策划

项目质量策划,是指确定项目质量及采用的质量体系要求的目标和要求的活动,致力于设定质量目标并规定必要的作业过程和相关资源,以实现质量目标。质量策划是质量管理的前期活动,是对整个质

量管理活动的策划和准备。质量策划得好坏对质量管理活动的影响是非常关键的。

质量策划首先是对产品质量的策划，这项工作涉及大量有关产品专业，以及有关市场调研和信息收集方面的专门知识，因此在产品策划工作中，必须有设计部门和营销部门人员的积极参与和支持。应根据产品策划的结果确定适用的质量体系要素和采用的程度，质量体系的设计和实施应与产品的质量特性、目标、质量要求和约束条件相适应。对有特殊要求的产品、合同和措施应制订质量计划，并对质量改进做出规定。

一、建筑工程项目质量控制的目标

项目质量控制是指采取有效措施，确保实现合同(设计承包合同、施工承包合同与订货合同等)商定的质量要求和质量标准，避免常见的质量问题，达到预期目标。一般来说，工程项目质量控制的目标要求如下：

(1)工程设计必须符合设计承包合同约定的质量要求，投资额、建设规模应控制在批准的设计任务书范围内。

(2)设计文件、图纸要清晰完整，各相关图纸之间无矛盾。

(3)工程项目的设备选型、系统布置要经济合理、安全可靠、管线紧凑、节约能源。

(4)环境保护措施、“三废”处理、能源利用等要符合国家和地方政府规定的指标。

(5)施工过程与技术要求相一致，与计划规范相一致，与设计质量要求相一致，符合合同要求和验收标准。

工程项目的质量控制在项目管理中占有特别重要的地位，确保工程项目的质量，是工程技术人员和项目管理人员的重要使命。国家明确规定把建筑工程优良品率作为考核建筑施工企业的一项重要指标，要求施工企业在施工过程中推行全面质量管理、价值工程等现代管理方法，使工程质量明显提高。但是，目前我国建筑业的质量管理仍不尽人意，还存在不少施工质量问题，这些问题的出现，大大影响了用户的使用效果，严重的甚至还造成人身伤亡事故，给建设事业造成了极大的损失。为了确保项目的质量，应加大力度抓好质量控制。

二、建筑工程项目质量策划的依据

1. 质量方针

指由最高管理者正式发布与质量有关的组织总的意图和方向。它是一个工程项目组织内部的行为准则，是该组织成员的质量意识和质量追求，也体现了顾客的期望和对顾客做出的承诺。它是根据工程项目的具体需要而确定的，一般采用实施组织（即承包商）的质量方针；若实施组织无正式的质量方针，或该项目有多个实施组织，则需要提出一个统一的项目质量方针。

2. 范围说明

即以文件的形式规定了主要项目成果和工程项目的目标（即业主对项目的需求）。它是工程项目质量策划所需的一个关键依据。

3. 产品描述

一般包括技术问题及可能影响工程项目质量策划的其他问题的细节。无论其形式和内容如何，其详细程度应能保证以后工程项目计划的进行，而且一般初步的产品描述由业主提供。

4. 标准和规则

指可能对该工程项目产生影响的任何应用领域的专用标准和规则。许多工程项目在项目策划中常考虑通用标准和规则的影响。当这些标准和规则的影响不确定时，有必要在工程项目风险管理中加以考虑。

5. 其他过程的结果

指其他领域所产生的可视为质量策划组成部分的结果，例如采购计划可能对承包商的质量要求做出规定。

三、建筑工程项目质量策划的方法与步骤

1. 建筑工程项目质量策划的方法

建筑工程项目质量策划的方法见表 8-4。

表 8-4 建筑工程项目质量策划的方法

序号	项目	具体做法
1	成本与效益分析	工程项目满足质量要求的基本效益就是减少返工，提高生产率，降低成本，使业主满意。工程项目满足质量要求的基本成本则是开展项目质量管理活动的开支。成本效益分析就是在成本和效益之间进行权衡，使效益大于成本
2	基准比较	基准比较就是将该工程项目的做法同其他工程项目的实际做法进行比较，希望在比较中获得改进
3	流程图	流程图能表明系统各组成部分间的相互关系，有助于项目班子事先估计会发生哪些质量问题，并提出解决问题的措施

2. 建筑工程项目质量策划的步骤

开展项目质量策划，一般可以分总体策划和细部策划两个步骤进行。

(1)总体策划。总体策划由分公司经理主持进行。对大型、特殊工程，可邀请公司质量经理、总工程师和相关职能负责人等参与策划。

总体策划的内容包括以下几项：

1)确定选聘项目经理、项目工程师。应挑选有相应资格、有工程施工管理经验的人员，任命为项目经理、项目工程师，并应持证上岗。同时，根据工程特点、施工规模、技术难度等情况确定项目部人数，不宜超编，也不宜无限度压缩，确保项目部能够高效地运转。

2)确定项目总体质量目标。依据合同条款的要求，确定项目的总体质量目标。总体目标可以摘抄合同要求，后面也可以附加“力争创……”等。如果项目分为几个单位工程，还应该明确质量目标各是什么。

3)确定项目进度目标。施工工期应依据公司生产任务量和资源供应量综合考虑。在保证满足本工程项目的合同要求，又不影响其他工程施工的前提下，下达工期承包指标。

4)确定项目目标成本。所有工程项目均应进行承包，执行“按劳分配”的原则。分公司核算员应根据分项、分部的工程量、人工费，加上一定比例的管理费和不可预见费，核算出本项目的成本目标，并以此作为项目承包的依据。

5)物资供应。应依据工程量的大小、施工地点的远近、材料的种类等，确定好各种材料的供应方式，如物资处协助供应哪些物资，自行采购哪些物资，业主提供哪些物资，采用哪种检验方法等，都应策划周全。只有控制好材料，质量、效益才有保证。

6)项目部的临建设置。对项目部的生活、生产区的建设也应做出明确指导，这样才有利于消除施工安全隐患，降低材料浪费，工程质量才有保证，生产效率才能提高。

(2)细部策划。被任命的项目经理、项目工程师应立即进入角色，熟悉施工现场和图纸，沟通各种联系渠道，同时组织临建施工。待项目部人员到位后，项目经理组织项目工程师、技术质量、成本核算、材料设备等方面的负责人根据总体策划的意图进行细部策划。

1)分部、分项工程的策划。项目部应按国家标准的规定，统一划分分部分项工程，为质量目标分解、分项承包、成本核算等管理提供方便。

2)质量目标的分解。项目的总体质量目标虽已经明确，但还必须依靠分部、分项工程来实现。项目部应该对工程分部、分项逐一确定质量等级，是合格还是优良。以便当实际完成效果有偏差时尽快调整和部署，确保项目总体目标的实现。

3)项目质量、进度目标的控制方法。项目质量控制虽已有质量体系文件规定，但其中有许多是概述性的内容。这在策划时需要做出具体的规定，但要明确关键过程或特殊过程，列出检验和试验计划，规定哪些过程的测量分析要应用统计技术等。工程进度控制应该在施工进度图中，确定关键路线和关键工序，从而安排施工顺序，通过人力、物力合理调动，保证进度符合规定的要求；当安全、成本与之发生冲突时，应该怎样协调，也是质量策划的一项重要内容。

4)文件、资料的配备。与工程有关的标准规范、质量体系文件等都是施工必备的文件。怎样获得这些有效的适用文件，还缺哪些文件，项目部还应补充编制哪些内部的技术性文件和管理办法等，都应明确规定。

5)施工人员、材料和机械的配备。根据工期、成本目标及工程特点,策划出本项目各施工阶段的机械、劳力和主要物资的详细需要量计划,提交给相关部门,以便为项目部提前配备各种资源。

项目质量策划完成后,应将项目质量总体策划和细部策划的结果形成文件,诸如项目质量计划、施工组织设计、工程承包责任状、质量责任书、任命书等,并加以控制。其中,工程质量计划是一种针对性很强的控制和保证工程质量的文件,在项目质量策划中占有相当重要的位置。

四、建筑工程项目质量计划的编制

建筑工程项目质量计划是指确定工程项目的质量目标和如何达到这些质量目标所规定的必要的作业过程、专门的质量措施和资源等工作。它是质量策划的一项内容,在《ISO 8402 质量管理和质量保证术语》中,质量计划的定义是“针对特定的产品、项目或合同,规定专门的质量措施、资源和活动顺序的文件”。对工程行业而言,质量计划主要是针对特定的工程项目编制专门的质量措施、资源和活动顺序的文件,其作用是,对外可作为针对特定工程项目的质量保证,对内作为针对特定工程项目质量管理的依据。

(一)建筑工程项目质量计划的编制依据

建筑工程项目质量计划的编制应依据的资料包括以下几项:

(1)合同中有关产品(或过程)的质量要求。

(2)与产品(或过程)有关的其他要求。

(3)质量管理体系文件。

(二)建筑工程项目质量计划的编制要求

建筑工程项目质量计划应由项目经理主持编制。质量计划作为对外质量保证和对内质量控制的依据文件,应体现工程项目从分项工程、分部工程到单位工程的过程控制,同时,也要体现从资源投入到完成工程质量最终检验和试验的全过程控制。工程项目质量计划编制的要求主要包括以下几个方面:

1. 质量目标

合同范围内的全部工程的所有使用功能符合设计(或更改)图纸要求。分项、分部、单位工程质量达到既定的施工质量验收统一标准，合格率为100%，其中专项达到以下几点：

(1)所有隐蔽工程为业主质检部门验收合格。

(2)卫生间不渗漏，地下室、地面不出现渗漏，所有门窗不渗漏雨水。

(3)所有保温层、隔热层不出现冷热桥。

(4)所有高级装饰达到有关设计规定。

(5)所有的设备安装、调试符合有关验收规范。

(6)特殊工程的目标。

(7)工程交工后维修期为一年，其中屋面防水维修期为三年。

2. 管理职责

建筑工程项目经理、项目副经理及其他管理人员的管理职责，见表8-5。

表8-5 建筑工程项目管理人员的管理职责

序号	管理人员	管理职责
1	项目经理	项目经理是建筑工程实施的最高负责人，对工程设计、验收、标准负责；对各阶段、各工号按期交工负责。项目经理委托项目质量副经理(或技术负责人)负责本工程质量计划和质量文件的实施及日常质量管理工作；当有更改时，负责更改后质量文件活动的控制和管理。 (1)对本工程的准备、施工、安装、交付和维修整个过程质量活动的控制、管理、监督、改进负责。 (2)对进场材料、机械设备的合格性负责。 (3)对分包工程质量的管理、监督、检查负责。 (4)对设计和合同有特殊要求的工程和部位负责组织有关人员、分包商和用户按规定实施，指定专人进行相互联络，解决相互间接口发生的问题。 (5)对施工图纸、技术资料、项目质量文件、记录的控制和管理负责

续表

序号	管理人员	管理职责
2	项目生产副经理	项目生产副经理对工程进度负责，调配人力、物力保证按图纸和规范施工，协调同业主、分包商的关系，负责审核结果、整改措施和质量纠正措施和实施
3	其他管理人员	队长、工长、测量员、试验员、计量员在项目质量副经理的直接指导下，负责所管部位和分项施工全过程的质量，使其符合图纸和规范要求，有更改者符合更改要求，有特殊规定者符合特殊要求。 材料员、机械员对进场的材料、构件、机械设备进行质量验收或退货、索赔，有特殊要求的物资、构件、机械设备执行质量副经理的指令。对业主提供的物资和机械设备负责按合同规定进行验收；对分包商提供的物资和机械设备按合同规定进行验收

3. 资源提供

规定项目经理部管理人员及操作工人的岗位任职标准及考核认定方法。规定项目人员流动时，进出人员的管理程序。规定人员进场培训（包括供方队伍、临时工、新进场人员）的内容、考核、记录等。规定对新技术、新结构、新材料、新设备修订的操作方法和操作人员进行培训并记录等。规定施工所需的临时设施（含临建、办公设备、住宿房屋等）、支持性服务手段、施工设备及通信设备等。

4. 工程项目实现过程策划

规定施工组织设计或专项项目质量的编制要点及接口关系。规定重要施工过程的技术交底和质量策划要求。规定新技术、新材料、新结构、新设备的策划要求。规定重要过程验收的准则或技艺评定方法。

5. 材料、机械、设备、劳务及试验等采购控制

由企业自行采购的工程材料、工程机械设备、施工机械设备和工具等，质量计划作如下规定：

(1)对供方产品标准及质量管理体系的要求。

(2)选择、评估、评价和控制供方的方法。

(3)必要时对供方质量计划的要求及引用的质量计划。

(4)采购的法规要求。

(5)有可追溯性(追溯所考虑对象的历史、应用情况或所处场所的能力)要求时,要明确追溯内容的形成、记录、标志的主要方法。

(6)需要的特殊质量保证证据。

6. 施工工艺过程的控制

对工程从合同签订到交付全过程的控制方法做出规定。对工程的总进度计划、分段进度计划、分包工程的进度计划、特殊部位进度计划、中间交付的进度计划等做出过程识别和管理规定。内容包括以下几项:

(1)规定工程实施全过程各阶段的控制方案、措施、方法及特别要求等。主要包括下列过程:施工准备,土石方工程施工,基础和地下室施工,主体工程施工,设备安装,装饰装修,附属建筑施工,分包工程施工,冬、雨期施工,特殊工程施工及交付等过程。

(2)规定工程实施过程需用的程序文件、作业指导书(如工艺标准、操作规程、工法等),作为方案和措施必须遵循的办法。

(3)规定对隐蔽工程、特殊工程进行控制、检查、鉴定验收、中间交付的方法。

(4)规定工程实施过程中需要使用的主要施工机械、设备、工具的技术和工作条件,运行方案,操作人员上岗条件和资格等内容,作为对施工机械设备的控制方式。

(5)规定对各分包单位项目上的工作表现及其工作质量进行评估的方法、评估结果送交有关部门,对分包单位的管理办法等,以此控制分包单位。

7. 搬运、贮存、包装、成品保护和交付过程的控制

规定工程实施过程形成的分项、分部、单位工程的半成品、成品保护方案、措施、交接方式等内容,作为保护半成品、成品的准则。规定

工程期间交付、竣工交付、工程的收尾、维护、验评、后续工作处理的方案、措施，作为管理的控制方式。规定重要材料及工程设备包装防护的方案及方法。

8. 安装和调试的过程控制

对于工程水、电、暖、通信、通风和机械设备等的安装、检测、调试、验评、交付和不合格的处置等内容规定方案、措施、方式。由于这些工作同土建施工交叉配合较多，因此，对于交叉接口程序、验证特性、交接验收、检测、试验设备要求、特殊要求等内容要做明确规定，以便各方面实施时遵循。

9. 检验、试验和测量的过程控制

规定材料、构件、施工条件、结构形式在什么条件、什么时间必须进行检验、试验、复验，以验证是否符合质量和设计要求，如钢材进场必须进行型号、钢种、炉号、批量等内容的检验，不清楚时要进行取样试验或复验。

(1)规定施工现场必须设立试验室(室、员)配置相应的试验设备，完善试验条件，规定试验人员资格和试验内容；对于特定要求，要规定试验程序及对程序过程进行控制的措施。

(2)当企业和现场条件不能满足所需各项试验要求时，要规定委托上级试验或外单位试验的方案和措施。当有合同要求的专业试验时，应规定有关的试验方案和措施。

(3)对于需要进行状态检验和试验的内容，必须规定每个检验试验点所需检验、试验的特性，所采用程序，验收准则，必需的专用工具，技术人员资格，标识方式和记录等要求。

(4)当有业主亲自参加见证或试验的过程或部位时，要规定该过程或部位所在地，见证或试验时间，如何按规定进行检验试验，前后接口部位的要求等内容。例如，屋面、卫生间的渗漏试验。

(5)当有政府部门要求亲临的试验、检验过程或部位时，要规定该过程或部位在何处、何时、如何按规定由第三方进行检验和试验。例如，搅拌站空气粉尘含量测定、防火设施验收、压力容器使用验收、污水排放标准测定等。

(6)对于施工安全设施、用电设施、施工机械设备安装、使用、拆卸等，要规定专门安全技术方案、措施、使用的检查验收标准等内容。

(7)要编制现场计量网络图，明确工艺计量、检测计量、经营计量的网络，计量器具的配备方案，检测数据的控制管理和计量人员的资格。

(8)编制控制测量、施工测量的方案，制定测量仪器配置，人员资格、测量记录控制、标识确认、纠正、管理等措施。

(9)要编制分项、分部、单位工程和项目检查验收、交付验评的方案，作为交验时进行控制的依据。

10. 检验、试验、测量设备的过程控制

规定要在本工程项目上使用所有检验、试验、测量和计量设备的控制和管理制度，包括以下几个方面：

(1)设备的标识方法。

(2)设备的校准方法。

(3)标明、记录设备准状态的方法。

(4)明确哪些记录需要保存，以便一旦发现设备失准时，确定以前的测试结果是否有效。

11. 不合格品的控制

要编制工种、分项、分部工程不合格产品出现的方案、措施，以及防止与合格之间发生混淆的标识和隔离措施。规定哪些范围不允许出现不合格；明确一旦出现不合格哪些允许修补返工，哪些必须推倒重来，哪些必须局部更改设计或降级处理。编制控制质量事故发生的措施及一旦发生后的处置措施。

规定当分项分部和单位工程不符合设计图纸(更改)和规范要求时，项目和企业各方面对这种情况的处理有以下职权：

(1)质量监督检查部门有权提出返工修补处理、降级处理或做不合格产品处理。

(2)质量监督检查部门以图纸(更改)、技术资料、检测记录为依据用书面形式向以下各方发出通知：

1)当分项分部项目工程不合格时，通知项目质量副经理和生产副经理。

2)当分项工程不合格时通知项目经理。

3)当单位工程不合格时通知项目经理和公司生产经理。

对于上述返工修补处理、降级处理或不合格的处理，接收通知方有权接受和拒绝这些要求：当通知方和接收通知方意见不能调解时，则由上级质量监督检查部门、公司质量主管负责人，乃至经理裁决；若仍不能解决时申请当地政府质量监督部门裁决。

(三)建筑工程项目质量计划的编制内容

建筑工程项目质量计划编制时应确定下列内容：

(1)质量目标和要求。

(2)质量管理组织和职责。

(3)所需的过程、文件和资源。

(4)产品(或过程)所要求的评审、验证、确认、监视、检验和试验活动，以及接收准则。

(5)记录的要求。

(6)所采取的措施。

五、建筑工程项目质量策划的实施

1. 落实责任，明确质量目标

项目质量策划的目的是要确保项目质量目标的实现，项目经理部是质量策划贯彻落实的基础。首先，要组织精干、高效的项目领导班子，特别是选派训练有素质的项目经理，是保证质量体系持续有效运行的关键。其次，对质量策划的工程总体质量目标，实施分解，确定工序质量目标，并落实到班组和个人。有了这两条，贯标工作就有了基本的保障。这里还应强调，项目部贯彻工作能够保持经常性和系统性，领导层的重视和各职能部门的协调也是必不可少的因素。

2. 做好采购工作，保证原材料的质量

施工材料的好坏直接影响到建筑工程质量。如果没有精良的原材料，就不可能建造出优质工程。公司应从材料计划的提出、采购及验收检验每个环节都进行严格规定和控制。项目部必须严格按采购程序的要求执行，特别是要从指定的物资合格供方名册中选择厂家进行采购，并做好检验记录。坚决不用“三无产品”，以保证施工进度的施工质量。

3. 加强过程控制，保证工程质量

过程控制是贯标工作和施工管理工作的一项重要内容。只有保证施工过程的质量，才能确保最终建筑产品的质量。为此，必须搞好以下几个方面的控制：

(1)认真实施技术质量交底制度。每个分项工程施工前，项目部专业人员都应按技术交底质量要求，向直接操作的班组做好有关施工规范、操作规程的交底工作，并按规定做好质量交底记录。

(2)实施首件样板制。样板检查合格后，再全面展开施工，确保工程质量。

(3)对关键过程和特殊过程应该制定相应的作业指导书，设置质量控制点，并从人、机、料、法、环等方面实施连续监控。必要时，开展QC小组活动进行质量攻关。

4. 加强检测控制

质量检测是及时发现和消除不合格工序的主要手段。质量检验的控制，主要是从制度上加以保证。如：技术复核制度、现场材料进货验收制度、三检制度、隐蔽验收制度、首件样板制度、质量联查制度和质量奖惩办法等。通过这些检测控制，有效地防止不合格工序转序，并能制定出有针对性的纠正和预防措施。

5. 监督质量策划的落实，验证实施效果

对项目质量策划的检查重点应放在对质量计划的监督检查上。公司检查部门要围绕质量计划不定期地对项目部进行监督和指导，项目经理要经常对质量计划的落实情况进行符合性和有效性的检查，发现问题，及时纠正。在质量计划考核时，应注意证据是否确凿，奖惩分明，使项目的质量体系运行正常有效。

第四节　建筑工程项目施工准备阶段质量控制

施工准备阶段的质量控制也称为事前控制，建筑工程施工项目的质量不是靠事后检验出来的，而是在施工过程中创造出来的，把工程质量从事后检查把关转为事前控制和事中控制，从对产品质量的检查转为对工作质量的检查、对工序质量的检查，对中间产品质量的检查，达到“以预防为主”的目的，必须加强对施工前、施工过程中的质量控制。

施工前的质量控制，是施工中的重要一环和重要内容，是建筑施工顺利进行的重要保证。实践证明：凡是重视施工前的质量控制，则该工程就能够顺利完成；反之，虽有加快进度的良好愿望，但往往是事与愿违，延误时间，有的甚至被迫停工，最后不得不返过头来，补做各项工作，势必减慢施工速度，造成不应有的损失。

一、建筑工程施工准备阶段质量控制的内容

(1)建立工程项目质量保证体系，落实人员，明确职责，分解目标，编制工程质量计划。

(2)领取的图纸和技术资料，指定专人管理文件，并公布有效文件清单。

(3)依据设计文件和设计技术交底的工程控制点进行复测。发现问题应与设计方协商处理，并形成记录。

(4)项目技术负责人主持对施工图纸的审核，并形成图纸会审记录。

(5)按质量计划中分包和物资采购的规定，对供方(分包商和供应商)进行选择和评价，并保存评价记录。

(6)根据需要对工程的全体参与人员进行质量意识和能力的培训，并保存培训记录。

二、建筑工程项目设计质量控制

1. 建筑工程项目设计质量控制内容

(1)正确贯彻执行国家建设法律法规和各项技术标准。

(2)保证设计方案的技术经济合理性、先进性和实用性,满足业主提出的各项功能要求,控制工程造价,达到项目技术计划的要求。

(3)设计文件应符合国家规定的设计深度要求,并注明工程合理使用年限。

(4)设计图纸必须按规定具有国家批准的出图印章及建筑师、结构工程师的执业印章,并按规定经过有效审图程序。

2. 建筑工程项目设计质量控制方法

(1)根据项目建筑要求和有关批文、资料,组织设计招标及设计方案竞赛。

(2)对勘察、设计单位的资质业绩进行审查,优选勘察、设计单位,签订勘察设计合同,并在合同中明确有关设计范围、要求、依据,以及设计文件深度和有效性要求。

(3)根据建设单位对设计功能、等级等方面的要求,根据国家有关建设法规、标准的要求及建设项目环境条件等方面的情况,控制设计输入,做好建筑设计、专业设计、总体设计等不同工种的协调,保证设计成果的质量。

(4)控制各阶段的设计深度,并按规定组织设计评审,按法规要求对设计文件进行审批(如:对扩初设计、设计概预算、有关专业设计等),保证各阶段设计符合项目策划阶段提出的质量要求,提交的施工图满足施工的要求,工程造价符合投资计划的要求。

(5)组织施工图纸会审,吸取建设单位、施工单位、监理单位等方面对图纸问题提出的意见,以保证施工顺利进行。

(6)落实设计变更审核,控制设计变更质量,确保设计变更不导致设计质量的下降。并按规定在工程竣工验收阶段,在对全部变更文件、设计图纸校对及施工质量检查的基础上,出具质量检查报告,确认设计质量及工程质量满足设计要求。

三、建筑工程项目材料质量控制

建筑工程项目材料质量控制的内容主要包括:材料的质量标准、材料的性能、材料取样、试验方法、材料的适用范围和施工要求等。

1. 建筑工程项目材料质量控制要点

(1)掌握材料信息,优选供货厂家。

1)掌握材料质量、价格、供货能力的信息,选择好供货厂家。

2)材料订货时,要求厂方提供质量保证文件,用以表明提供的货物完全符合质量要求。

3)质量保证文件的内容主要包括:供货总说明、产品合格证及技术说明书、质量检验证明、检测与试验者的资质证明、不合格产品或质量问题处理的说明和证明及有关图纸和技术资料等。

(2)合理组织材料供应,确保施工正常进行。合理、科学地组织材料的采购、加工、储备、运输,如期地满足建设需要,确保正常施工。

(3)合理地组织材料使用,减少材料的损失。正确按定额计量使用材料,加强材料限额管理和发放工作,健全现场材料管理制度,避免材料损失。

(4)加强材料检查验收,严把材料质量关。

1)对用于工程的主要材料,进场时必须具备正式的出厂合格证的材质化验单。如不具备或对检验证明有怀疑时,应补做检验。

2)工程中所有各种构件,必须具有厂家批号和出厂合格证。

3)凡标志不清或认为质量有问题的材料;对质量保证资料有怀疑或与合同规定不符的一般材料;由工程重要程度决定,应进行一定比例试验的材料;需要进行追踪检验,以控制和保证其质量的材料等,均应进行抽检。

4)材料质量抽样和检验的方法,应符合《建筑材料质量标准与管理规程》的规定。

5)在现场配制的材料,如混凝土、砂浆、防水材料、防腐材料、绝缘材料、保温材料等的配合比,应先提出试配要求,经试配检验合格后才能使用。

6)高压电缆、电压绝缘材料,要进行耐压试验。

(5)重视材料的使用认证,防止错用或使用不合格的材料。

1)凡是用于重要结构、部位的材料,使用时必须仔细地核对、认证,其材料的品种、规格、型号、性能有无错误,是否适合工程特点和满足设计要求。

2)新材料应用,必须通过试验和鉴定;代用材料必须通过计算和充分的论证,并要符合结构构造的要求。

3)材料认证不合格时,不许用于工程中;有些不合格的材料,如过期、受潮的水泥是否降级使用,亦需结合工程的特点予以论证,但决不允许用于重要的工程或部位。

(6)加强现场材料管理。

1)入库材料要分型号、品种,分区堆放,予以标识,分别编号。

2)对易燃易爆的物资,要专门存放,有专人负责,并有严格的消防保护措施。

3)对有防湿、防潮要求的材料,要有防湿、防潮措施,并要有标识。

4)对有保质期的材料要定期检查,防止过期,并做好标识。

5)对易损坏的材料、设备,要保护好外包装,防止损坏。

2. 建筑工程项目材料质量检验

(1)材料质量检验方法。材料质量检验方法有书面检验、外观检验、理化检验和无损检验四种,见表 8-6。

表 8-6　　　　材料质量检验方法

序号	项　目	内　容　及　说　明
1	书面检验	是通过对所提供的材料质量保证资料、试验报告等进行审核,取得认可方能使用
2	外观检验	是对材料从品种、规格、标志、外形尺寸等进行直观检查,看其有无质量问题
3	理化检验	是借助试验设备和仪器对材料样品的化学成分、力学性能等进行科学的鉴定
4	无损检验	是在不破坏材料样品的前提下,利用超声波、X 射线、表面探伤仪等进行检测

(2)材料质量检验要求。材料质量检验要求见表 8-7。

表 8-7　　材料质量检验要求

序号	项目	内容及说明
1	检验程度	根据材料信息和保证资料的具体情况，其质量检验程度分免检、抽检和全部检查三种，具体如下： (1)免检。就是免去质量检查过程。对有足够质量保证的一般材料，及实践证明质量长期稳定，其质量保证资料齐全的材料，可予免检。 (2)抽检。就是按随机抽样的方法对材料进行抽样检验。当对材料的性能不清楚，或对质量保证资料有怀疑，或对成批生产的构配件均应按一定比例进行抽样检验。 (3)全部检验。对进口的材料、设备和重要工程部位的材料，以及贵重的材料，应进行全部检验，以确保材料和工程质量
2	检验项目	材料质量的检验项目分："一般检验项目"，为通常进行的试验项目；"其他检验项目"，为根据需要进行的试验项目
3	取样要求	材料质量检验的取样必须有代表性，即所采取样品的质量应能代表该批材料的质量。在采取试样时，必须按规定的部位、数量及采选的操作要求进行

第五节　建筑工程项目施工阶段质量控制

施工阶段的质量控制也称为事中控制，建筑工程项目生产活动是一个动态的过程，质量控制必须伴随着生产过程进行，施工阶段的质量控制是对建筑工程项目施工进度、质量、安全等方面的全面控制。

建筑工程项目的施工过程，是由一系列相互关联、相互制约的工序所构成，工序质量是基础，直接影响工程建筑项目的整体质量。为了把工程质量关，转向事前控制，达到以"预防为主"的目的，必须加强施工工序质量的控制。

一、建筑工程项目施工阶段质量控制的内容

(1)分阶段、分层次在开工前进行技术交底，并保存交底记录。

(2)材料的采购、验收、保管应符合质量控制的要求,做到在合格供应商名录中按计划招标采购,做好材料的数量、质量的验收,并进行分类标识、保管,保证进场材料符合国家或行业标准。重要材料要做好追溯记录。

(3)按计划配备施工机械,保证施工机具的能力,使用和维护保养应满足质量控制的要求,对机械操作人员的资格进行确认。

(4)计量器具的使用、保管、维修和周期检定应符合有关规定。

(5)参与项目的所有人员的资格确认,包括管理人员和施工人员。特别是从事特种作业和特种设备操作的人员,应严格按规定经考核后持证上岗。

(6)加强工序控制,按标准、规范、规程进行施工和检验,对发现的问题及时进行妥善处理。对关键工序(过程)和特殊工序(过程)必须进行有效控制。

(7)工程变更和图纸修改的审查、确认。

二、建筑工程项目施工工序质量控制的原理和步骤

1. 工序质量控制原理

工序质量控制的原理是,采用数理统计方法通过对工序一部分(子样)检验的数据,进行统计、分析,来判断该工序活动的质量(效果),从而实现对工序质量的控制。

2. 工序质量控制步骤

(1)实测。采用必要的检测手段,对抽取的样品进行检验,测定其质量特性指标。

(2)分析。对检测所得的数据通过直方图法、排列图法或管理图法等进行整理、分析,找出规律。

(3)判断。根据对数据分析的结果判断该工序产品是否符合正态分布曲线,是否在质量标准规定的范围内;是否属于正常状态;是否是偶然性因素引起的质量变异,从而确定该道工序产品是否达到质量标准。

(4)纠正或认可。如发现质量不符合规定标准,应采取措施纠正,如果质量符合要求则予以确认。

三、建筑工程项目施工工序质量控制的关键

1. 严格遵守工艺规程

对施工操作或工艺过程的控制,主要是指在工序施工过程中,通过旁站监督方式监督、控制施工操作或工艺过程,检验人员严格按规定和要求的操作规程或工艺标准进行施工监控。

2. 主动控制工序活动条件的质量

工序活动条件包括的内容较多,主要是指影响质量的五大因素,即施工操作者、材料、施工机械设备、施工方法和施工环境。施工管理人员应在众多影响工序质量的因素中,找出对特定工序重要的或关键的质量特征性能指标起支配性作用或具有重要影响的那些主要因素,并能在工序施工中针对这些主要因素制定出控制措施及标准,进行主动的、预防的重点控制,严格把关。

3. 及时检验工序活动效果的质量

工序活动效果是评价工序质量是否符合标准的尺度。因此,施工管理者应在整个工序活动中,连续地实施动态跟踪控制,通过对工序产品的抽样检验,对质量状况进行综合统计和分析,及时掌握质量动态。如工序活动处于异常状态,应及时查找原因,研究处理,从而保证工序活动及其产品的质量。

4. 设置工程质量控制点

控制点是指为了保证工序质量而需要进行控制的重点或关键部位、薄弱环节。施工管理人员在拟定质量控制工作计划时,应予以详细考虑,并以制度保证落实。对于质量控制点,一般事先分析可能造成的质量问题,再针对原因制定对策和措施进行预控。

四、建筑工程项目施工质量控制点的设置

质量控制点设置的原则,是根据工程的重要程度,即质量特性值

对整个工程质量的影响程度来确定。设置质量控制点时，首先要对施工的工程对象进行全面分析、比较，以明确质量控制点（是否设置为质量控制点，主要视其对质量特征影响的大小、危害程度，以及其质量保证的难度大小而定。建筑工程质量控制点的一般位置示例见表 8-8）。然后进一步分析所设置的质量控制点在施工中可能出现的质量问题，或造成质量隐患的原因，针对隐患的原因，提出对策措施用以预防。

表 8-8　建筑工程项目质量控制点的设置位置

分项工程	质量控制点
工程测量定位	标准曲线桩、水平桩、龙门板、定位轴线、标高
地基、基础（含设备基础）	基坑（槽）尺寸、标高、土质，地基耐压力，基础垫层标高，基础位置、尺寸、标高，预留洞孔、预埋件的位置、规格、数量，基础墙皮数杆及标高，杯底弹线
砌　体	砌体轴线、皮数杆、砂浆配合比，预留洞孔、预埋件位置、数量，砌块排列
模　板	位置、尺寸、标高，预埋件位置，预留洞孔尺寸、位置，模板强度及稳定性，模板内部清理及润湿情况
钢筋混凝土	水泥品种、强度等级，砂石质量，混凝土配合比，外加剂比例，混凝土振捣，钢筋品种、规格、尺寸、搭接长度、钢筋焊接，预留洞孔及预埋件规格、数量、尺寸、位置，预制构件吊装或出场（脱模）强度，吊装位置、标高、支承长度、焊缝长度
吊　装	吊装设备起重能力、吊具、索具、地锚
钢结构	翻样图、放大样
焊　接	焊接条件、焊接工艺
装　修	视具体情况而定

五、建筑工程项目施工质量预控

建筑工程项目施工质量预控见表 8-9。

表 8-9　建筑工程项目施工质量预控

序号	项目		内容及说明
1	灌注桩质量预控	可能产生的质量问题	缩颈、堵管、断桩、孔斜、钢筋笼上浮、沉渣超厚、混凝土强度达不到要求
		质量预控措施	(1)择优选择桩基施工单位,采取跟班检查,作好施工记录。 (2)应于桩孔开钻前及开钻 4h 后,对钻机认真调平,以防孔斜超限。 (3)随时抽查混凝土原材料质量,配合比应试配,试压合格后方可用于工程中。 (4)要求各桩测定混凝土坍落度两次,每 3～5m 测一次混凝土灌注高度,混凝土坍落度不小于50～70mm。 (5)定期抽查施工单位的开孔通知单、浇筑通知单和施工记录。 (6)混凝土强度按《混凝土强度检验评定标准》(GB/T 50107—2010)评定。 (7)控制泥浆密度(1.1～1.2kg/cm^3)和灌注速度,防止管子上浮。 (8)发生缩颈、堵管现象时,随时进行处理。 (9)委托法定检测单位作桩基动荷载试验,会同设计单位对质量有问题的桩基采取补救措施
2	钢筋焊接质量预控	可能出现的质量问题	(1)焊接接头偏心弯折。 (2)焊条规格长度不符合要求。 (3)焊缝长、宽、厚度不符合要求。 (4)气压焊镦粗面尺寸不符合规定。 (5)凹陷、焊瘤、裂纹、烧伤、咬边、气孔、夹渣等。 (6)焊条型号不符合要求

续表

序号	项目		内容及说明
2	钢筋焊接质量预控	质量预控措施	(1)检查焊工有无合格证,禁止无证上岗。 (2)焊工正式施焊前,必须按规定进行焊接工艺试验。 (3)每批钢筋焊接完后,应进行自检,并按规定取样进行力学性能试验。专职检查人员还需在自检的基础上对焊接质量进行抽查,对质量有怀疑时,应抽样复查其力学性能。 (4)气压焊应用时间不长、缺乏经验的焊工应先进行培训。 (5)检查焊缝质量时,应同时检查焊条型号
3	模板质量预控	可能出现的质量问题	(1)轴线、标高偏差。 (2)模板断面、尺寸偏差。 (3)模板刚度不够、支撑不牢或沉陷。 (4)预留孔中心线位移、尺寸不准。 (5)预埋件中心线位移
		质量预控措施	(1)绘制关键性轴线控制图,每层复查轴线标高一次,垂直度以经纬仪检查控制。 (2)绘制预留、预埋图,在自检基础上进行抽查,看预留、预埋是否符合要求。 (3)回填土分层夯实,支撑下面应根据荷载大小进行地基验算、加设垫块。 (4)重要模板要经设计计算,保证有足够的强度和刚度。 (5)模板尺寸偏差按规范要求检查验收

六、建筑工程项目施工工序质量检验

建筑工程项目施工工序质量检验是对工序活动的效果进行评价,工序质量检验的方式方法见表 8-10。

表 8-10 工序质量检验方式方法

序号	项目	内容及说明
1	标准具体化	标准具体化是指把设计要求、技术标准、工艺操作规程等转换成具体而明确的质量要求，并在质量检验中正确执行这些技术法规
2	度量	通过检查人员的感观度量，机械器具的测量和仪表仪器的测试，以及化验与分析等，对工程或产品的质量特性进行检测度量，并提出数据报告
3	比较	比较是指把工程项目的质量特征值同该工程或产品的质量技术标准进行比较，视其有何差异
4	判定	判定是指以事实、数据为依据，以标准规范为准绳，判断工程或产品的质量的比较结果是否符合规程、标准的要求，并做出结论
5	处理	处理是指对检查出不合格的工程或产品，找出原因，采取对策措施，予以调整纠偏或返工

七、成品保护

成品保护一般是指在施工过程中，某些分项工程已经完成，而其他分项工程尚在施工；或者是在其分项工程施工过程中，某些部位已完成，而其他部位正在施工。在这种情况下，施工单位必须负责对已完成部分采取妥善措施予以保护，以免因成品缺乏保护或保护不善而造成损伤或污染，影响工程整体质量。

根据建筑产品的特点的不同，可以分别对成品采取“防护”、“包裹”、“覆盖”、“封闭”等保护措施，以及合理安排施工顺序等来达到保护成品的目的。具体如下所述：

(1)防护。就是针对被保护对象的特点采取各种防护的措施。例如：对清水楼梯踏步，可以采取护棱角铁上下连接固定；对于进出口台阶可垫砖或方木搭脚手板供人通过的方法来保护台阶；对于门口易碰部位，可以钉上防护条或槽型盖铁保护；门扇安装后可加楔固定等。

(2)包裹。就是将被保护物包裹起来,以防损伤或污染。例如:对镶面大理石柱可用立板包裹捆扎保护;铝合金门窗可用塑料布包扎保护等。

(3)覆盖。就是用表面覆盖的办法防止堵塞或损伤。例如:对地漏、落水口排水管等安装后可加以覆盖,以防止异物落入而被堵塞;预制水磨石或大理石楼梯可用木板覆盖加以保护;地面可用锯末、苫布等覆盖以防止喷浆等污染;其他需要防晒、防冻、保温养护等项目也应采取适当的防护措施。

(4)封闭。就是采取局部封闭的办法进行保护。例如:垃圾道完成后,可将其进口封闭起来,以防止建筑垃圾堵塞通道;房间水泥地面或地面砖完成后,可将该房间局部封闭,防止人们随意进入而损害地面;房内装修完成后,应加锁封闭,防止人们随意进入而受到损伤等。

(5)合理安排施工顺序。主要是通过合理安排不同工作间的施工顺序以防止后道工序损坏或污染前道工序。例如:采取房间内先喷浆或喷涂而后安装灯具的施工顺序可防止喷浆污染、损害灯具;先做顶棚、装修而后做地坪,也可避免顶棚及装修施工污染、损害地坪。

第六节　建筑工程项目竣工验收阶段质量控制

建筑工程项目竣工验收阶段的质量控制也称事后控制,是指各分部分项工程都已全部施工完毕后的质量控制。竣工验收是建设投资成果转入生产或使用的标志,是全面考核投资效益、检验设计和施工质量的重要环节。

一、建筑工程项目竣工验收阶段质量控制内容

(1)工程完工后,应按规范的要求进行功能性试验或试车,确认满足使用要求,并保存最终试验和检验结果。

(2)对施工中存在的质量缺陷,按不合格控制程序进行处理,确认所有不符合都已得到纠正。

(3)收集整理施工过程中形成的所有资料、数据和文件,按要求编制竣工图。

(4)对工程再一次进行自检,确认符合要求后申请建设单位组织验收,并作好移交的准备。

(5)听取用户意见,实施回访保修。

二、建筑工程项目竣工验收阶段质量检查

建筑工程项目施工竣工验收质量检查方法及内容,见表 8-11。

表 8-11　建筑工程项目施工现场质量检查方法及内容

类别	项目	内容及说明
现场质量检查方法	目测法	(1)看:就是根据质量标准进行外观目测。 (2)摸:就是用手感检查。 (3)敲:就是运用工具进行声感检查。 (4)照:对于难以看到的光线较暗的部位,则可用镜子反射或灯光照射的方法进行检查
	实测法	(1)靠:是用直尺、塞尺检查墙面、地面、屋面的平整度。 (2)吊:是用托线板以线坠吊线检查垂直度。 (3)量:是用测量工具和计量仪表等检查断面尺寸、轴线、标高、湿度、温度等的偏差。 (4)套:是用方尺套方,辅以塞尺检查
	试验法	必须通过试验手段,才能对质量进行判断的检查方法
现场质量检验内容	开工前检查	目的是检查是否具备开工条件,开工后能否连续正常施工,能否保证工程质量
	工序交接检查	对于重要的工序或对工程质量有重大影响的工序,在自检、互检的基础上,还要组织专职人员进行工序交接检查
	隐蔽工程检查	凡是隐蔽工程均应检查认证后方能掩盖
	停工后复工前的检查	因处理质量问题或某种原因停工后需复工时,亦应经检查认可后方能复工
	分项、分部工程完工后检查	应经检查认可,签署验收记录后,才允许进行下一工程项目施工
	成品保护检查	检查成品有无保护措施,或保护措施是否可靠

三、建筑工程项目质量的政府监督

为加强对建筑工程质量的管理,《中华人民共和国建筑法》及《建设工程质量管理条例》明确政府行政主管部门设立专门机构对建设工程质量行使监督职能,其目的是保证建设工程质量,保证建设工程的使用安全及环境质量。

建筑工程项目质量政府监督实施,见表8-12。

表8-12 建筑工程项目质量政府监督实施

工程建设阶段	政府监督实施要求
建筑工程质量监督申报	在工程项目开工前,监督机构接受建筑工程质量监督的申报手续,并对建设单位提供的文件资料进行审查,审查合格签发有关质量监督文件
开工前质量监督	(1)检查项目参与各方的质保体系,包括组织机构、质量控制方案及质量责任制等制度。 (2)审查施工组织设计、监理规划等文件及审批手续。 (3)各方人员的资质证书。 (4)检查的结果记录保存
施工过程中质量监督	(1)在工程建设全过程,监督机构按照监督方案对项目施工情况进行不定期的检查。其中,在基础和结构阶段每月安排监督检查。检查内容为工程参与各方的质量行为及质量责任制的履行情况、工程实体质量和质保资料的检查。 (2)对建筑工程项目结构主要部位(如:桩基、基础、主体结构)除了常规检查外,在分部工程验收时进行监督,即建设单位将施工、设计、监理、建设方分别签字的质量验收证明在验收后三天内报监督机构备案。 (3)对施工过程中发生的质量问题、质量事故进行查处
竣工阶段质量监督	(1)竣工验收前,对质量监督检查中提出质量问题的整改情况进行复查,了解其整改情况。 (2)参与竣工验收会议,对验收过程进行监督。 (3)编制单位工程质量监督报告,在竣工验收之日起5d内提交竣工验收备案部门

续表

工程建设阶段	政府监督实施要求
建立建筑工程质量监督档案	建筑工程质量监督档案按单位工程建立。要求归档及时，资料记录等各类文件齐全，经监督机构负责人签字后归档，按规定年限保存

第七节　建筑工程项目质量事故分析与处理

一、建筑工程项目质量事故分类

建筑工程质量事故有多种分类方法，见表 8-13。

表 8-13　　建筑工程项目质量事故分类

序号	分类方法	事故类别	内容及说明
1	按事故的性质及严重程度划分	一般事故	通常是指经济损失在 5000 元～10 万元额度内的质量事故
		重大事故	凡是有下列情况之一者，可列为重大事故： (1)建筑物、构筑物或其他主要结构倒塌。 (2)超过规范规定或设计要求的基础严重不均匀沉降，建筑物倾斜，结构开裂或主体结构强度严重不足，影响结构物的寿命，造成不可补救的永久性质量缺陷或事故。 (3)影响建筑设备及其相应系统的使用功能，造成永久性质量缺陷。 (4)经济损失在 10 万元以上
2	按事故造成的后果区分	未遂事故	发现了质量问题，经及时采取措施，未造成经济损失、延误工期或其他不良后果者，均属未遂事故
		已遂事故	凡出现不符合质量标准或设计要求，造成经济损失、工期延误或其他不良后果者，均构成已遂事故

续表

序号	分类方法	事故类别	内容及说明
3	按事故责任区分	指导责任事故	指由于在工程实施指导或领导失误造成的质量事故
		操作责任事故	指在施工过程中，由于实施操作者不按规程或标准实施操作，而造成的质量事故
4	按质量事故产生的原因区分	技术原因引发的质量事故	是指在工程项目实施中由于设计、施工技术上的失误而造成的质量事故。主要包括以下几项： (1)结构设计计算错误。 (2)地质情况估计错误。 (3)盲目采用技术上未成熟、实际应用中未得到充分的实践检验证实其可靠的新技术。 (4)用了不适宜的施工方法或工艺
		管理原因引发的质量事故	主要是指由于管理上的不完善或失误而引发的质量事故。主要包括以下几项： (1)施工单位或监理单位的质量体系不完善。 (2)检验制度的不严密，质量控制不严格。 (3)质量管理措施落实不力。 (4)检测仪器设备管理不善而失准。 (5)进料检验不严格
		社会、经济原因引发的质量事故	主要是指由于社会、经济因素及社会上存在的弊端和不正之风引起建设中的错误行为，而导致出现的质量事故

二、建筑工程项目质量事故处理权限

(1)工程质量事故发生后，事故现场有关人员应当立即向工程建设单位负责人报告；工程建设单位负责人接到报告后，应于1h内向事故发生地县级以上人民政府住房和城乡建设主管部门及有关部门报告。

情况紧急时，事故现场有关人员可直接向事故发生地县级以上人民政府住房和城乡建设主管部门报告。

(2)住房和城乡建设主管部门接到事故报告后，应当依照下列规定上报事故情况，并同时通知公安、监察机关等有关部门：

1)较大、重大及特重大事故逐级上报至国务院住房和城乡建设主管部门,一般事故逐级上报至省级人民政府住房和城乡建设主管部门,必要时可以越级上报事故情况。

2)住房和城乡建设主管部门上报事故情况,应当同时报告本级人民政府;国务院住房和城乡建设主管部门接到重大和特重大事故的报告后,应当立即报告国务院。

3)住房和城乡建设主管部门逐级上报事故情况时,每级上报时间不得超过 2h。

4)事故报告后出现新情况,以及事故发生之日起 30d 内伤亡人数发生变化的,应当及时补报。

(3)住房和城乡建设主管部门应当按照有关人民政府的授权或委托,组织或参与事故调查组对事故进行调查。

(4)住房和城乡建设主管部门应当依据有关人民政府对事故调查报告的批复和有关法律法规的规定,对事故相关责任者实施行政处罚。处罚权限不属本级住房和城乡建设主管部门的,应当在收到事故调查报告批复后 15d 内,将事故调查报告(附具有关证据材料)、结案批复、本级住房和城乡建设主管部门对有关责任者的处理建议等转送有权限的住房和城乡建设主管部门。

(5)住房和城乡建设主管部门应当依据有关法律法规的规定,对事故负有责任的建设、勘察、设计、施工、监理等单位和施工图审查、质量检测等有关单位分别给予罚款、停业整顿、降低资质等级、吊销资质证书,其中一项或多项处罚,对事故负有责任的注册执业人员分别给予罚款、停止执业、吊销执业资格证书、终身不予注册其中一项或多项处罚。

(6)其他要求。

1)事故发生地住房和城乡建设主管部门接到事故报告后,其负责人应立即赶赴事故现场,组织事故救援。事故一般分为以下三个等级:

①发生一般及以上事故,或者领导有批示要求的,设区的市级住房和城乡建设主管部门应派员赶赴现场了解事故有关情况。

②发生较大及以上事故,或者领导有批示要求的,省级住房和城乡建设主管部门应派员赶赴现场了解事故有关情况。

③发生重大及以上事故，或者领导有批示要求的，国务院住房和城乡建设主管部门应根据相关规定派员赶赴现场了解事故有关情况。

2)没有造成人员伤亡、直接经济损失没有达到100万元，但是社会影响恶劣的工程质量问题，参照有关规定执行。

三、建筑工程项目质量问题发生原因分析

建筑工程项目在施工中产生的质量问题形式有多种多样。如建筑结构的错位、变形、倾斜、倒塌、破坏、开裂、渗水、刚度差、强度不足、断面尺寸不准等。通常发生质量问题发生的原因，见表8-14。

表8-14　建筑工程项目质量问题发生的原因

序号	事故原因	内容及说明
1	违背建设程序	(1)未经可行性论证，不作调查分析就拍板定案。 (2)未搞清工程地质、水文地质条件就仓促开工。 (3)无证设计、无证施工，任意修改设计，不按图纸施工。 (4)工程竣工不进行试车运转，未经验收就交付使用
2	工程地质勘察原因	(1)未认真进行地质勘察就提供地质资料，数据有误。 (2)钻孔间距太大或钻孔深度不够，致使地质勘察报告不详细、不准确
3	未加固处理好地基	对不均匀地基未进行加固处理或处理不当，导致重大质量问题
4	计算问题	设计考虑不周，结构构造不合理、计算简图不正确、计算荷载取值过小、内力分布有误等
5	建筑材料及制品不合格	导致混凝土结构强度不足，裂缝，渗漏，蜂窝、露筋，甚至断裂、垮塌
6	施工和管理问题	(1)不熟悉图纸，未经图纸会审，盲目施工。 (2)不按图施工，不按有关操作规程施工，不按有关施工验收规范施工。 (3)缺乏基本结构知识，施工蛮干。 (4)施工管理紊乱，施工方案考虑不周，施工顺序错误，未进行施工技术交底，违章作业等
7	自然条件影响	温度、湿度、日照、雷电、大风、暴风等都可能造成重大的质量事故

续表

序号	事故原因	内 容 及 说 明
8	建筑结构使用问题	(1)建筑物使用不当,使用荷载超过原设计的容许荷载。 (2)任意开槽、打洞,削弱承重结构的截面等

四、建筑工程项目质量问题处理

(一)建筑工程项目质量问题处理程序

建筑工程质量问题和质量事故的处理是施工质量控制的重要环节。根据有关文件规定,直接经济损失在 5000 元以下的属质量问题;直接经济损失在 5000 元～10 万元的属一般质量事故;工程质量问题和质量事故处理的一般程序如图 8-3 和图 8-4 所示。

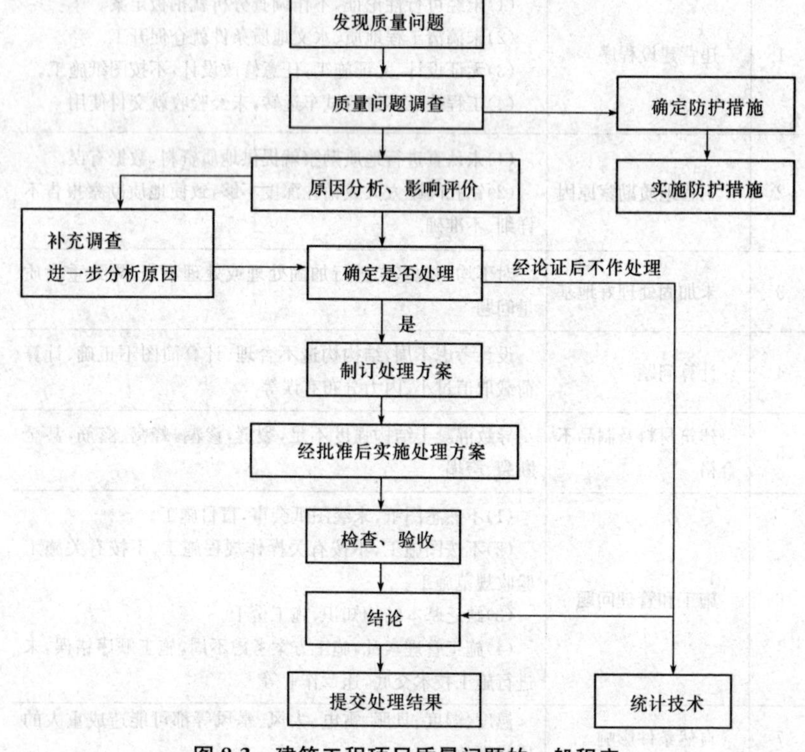

图 8-3 建筑工程项目质量问题的一般程序

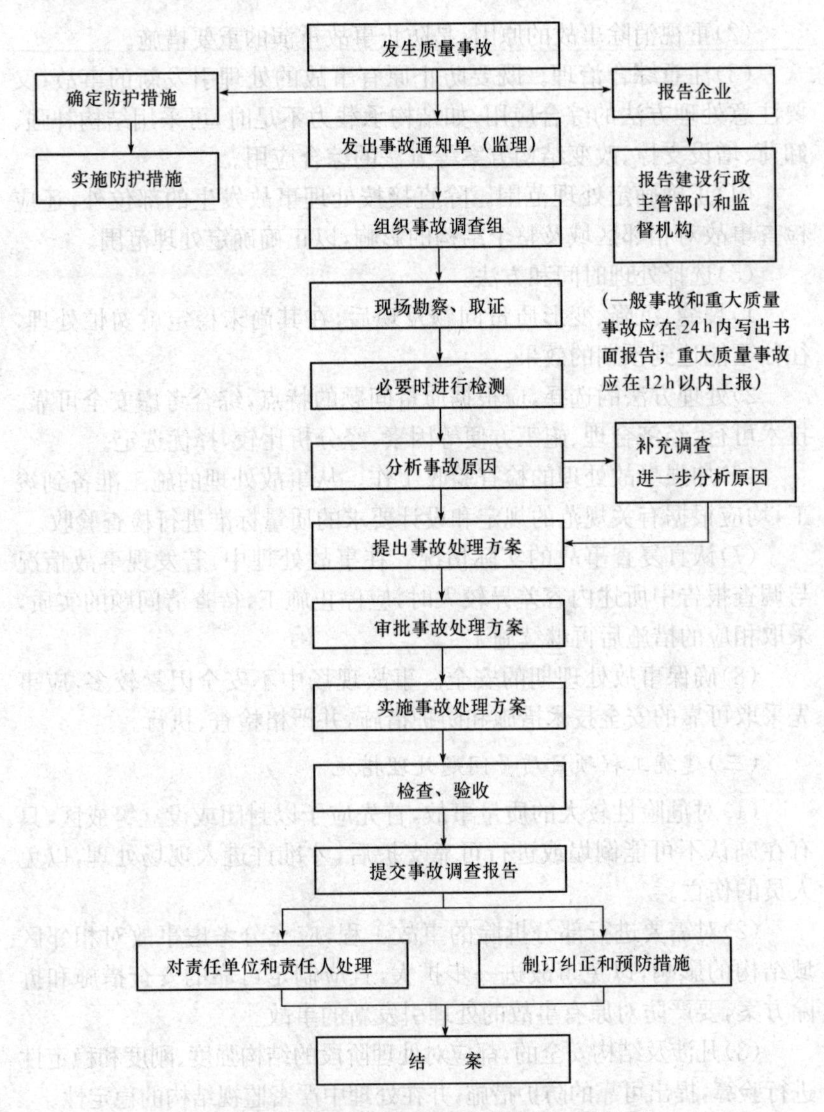

图8-4　建筑工程项目质量事故处理一般程序

(二)建筑工程项目质量问题处理要求

(1)处理应达到安全可靠,不留隐患,满足生产、使用要求,施工方便,经济合理的目的。

(2)重视消除事故的原因,是防止事故重演的重要措施。

(3)注意综合治理。既要防止原有事故的处理引发新的事故;又要注意处理方法的综合应用,如结构承载力不足时,可采用结构补强、卸荷、增设支撑、改变结构方案等方法的综合应用。

(4)正确确定处理范围。除直接按处理事故发生的部位外,还应检查事故对相邻区域及整个结构的影响,以正确确定处理范围。

(5)选择处理时间和方法。

1)裂缝、沉降、变形质量问题发现后,在其尚未稳定就匆忙处理,往往不能达到预期的效果。

2)处理方法的选择,应根据质量问题的特点,综合考虑安全可靠、技术可行、经济合理、施工方便等因素,经分析比较,择优选定。

(6)加强事故处理的检查验收工作。从事故处理的施工准备到竣工,均应根据有关规范的规定和设计要求的质量标准进行检查验收。

(7)认真复查事故的实际情况。在事故处理中,若发现事故情况与调查报告中所述内容差异较大时,应停止施工,待查清问题的实质,采取相应的措施后再继续施工。

(8)确保事故处理期的安全。事故现场中不安全因素较多,应事先采取可靠的安全技术措施和防护措施,并严格检查、执行。

(三)建筑工程项目质量问题处理措施

(1)对危险性较大的质量事故,首先应予以封闭或设立警戒区,只有在确认不可能倒塌或进行可靠支护后,才准许进入现场处理,以免人员的伤亡。

(2)对需要进行部分拆除的事故工程,应充分考虑事故对相邻区域结构的影响,以免事故进一步扩大,且应制定可靠的安全措施和拆除方案,要严防对原有事故的处理引发新的事故。

(3)凡涉及结构安全的,都应对处理阶段的结构强度、刚度和稳定性进行验算,提出可靠的防护措施,并在处理中严密监视结构的稳定性。

(4)在不卸荷条件下进行结构加固时,要注意加固方法和施工荷载对结构承载力的影响。

(5)要充分考虑对事故处理中所产生的附加内力对结构的作用,以及由此引起的不安全因素。

(四)建筑工程质量问题处理方法

1. 建筑工程项目质量缺陷处理方法

建筑工程项目质量缺陷的处理包括修补处理、返工处理、限制使用和不作处理四种方法。具体如下：

(1)修补处理。当工程的某些部分的质量虽未达到规范、标准的规定或设计要求，但存在一定的缺陷，经过修补后还可以达到标准要求的，又不影响使用功能或外观要求的，可以做出进行修补处理的决定。

如某些混凝土结构表面出现蜂窝、麻面，经调查、分析，该部位经修补处理后，不影响其使用及外观要求。

(2)返工处理。当工程质量未达到规定的标准或要求，有明显的严重质量问题，对结构的使用和安全有重大影响，而又无法通过修补办法给予纠正时，可以做出返工处理的决定。

如某工程预应力按混凝土规定张力系数为1.3，但实际仅为0.9，属于严重的质量缺陷，也无法修补，只能返工处理。

(3)限制使用。当工程质量缺陷按修补方式处理无法保证达到规定的使用要求和安全，而又无法返工处理的情况下，不得已时可以做出结构卸荷、减荷以及限制使用的决定。

(4)不作处理。某些工程质量缺陷虽不符合规定的要求或标准，但其情况不严重，经过分析、论证和慎重考虑后，可以做出不作处理的决定。可以不作处理的情况有：

1)不影响结构安全和使用要求，经过后续工序可以弥补的不严重的质量缺陷。

2)经复核验算，仍能满足设计要求的质量缺陷。

2. 建筑工程质量问题不作处理的论证

建筑工程质量问题不作处理的论证见表8-15。

表 8-15 建筑工程质量问题不作处理的论证

序号	不作处理的规定	示例
1	不影响结构安全、生产工艺和使用要求可以不作处理	建筑物在施工中发生错位，若要纠正，困难较大，或将造成重大的经济损失

续表

序号	不作处理的规定	示例
2	检验中的质量问题,经论证后可不作处理	混凝土试块强度偏低,而实际混凝土强度,经测试论证已达到要求,可不作处理
3	某些轻微的质量缺陷,通过后续工序可以弥补的,可以不作处理	混凝土墙板出现轻微的蜂窝、麻面,该缺陷可通过后续工序抹灰、喷涂、刷白等进行弥补,可不作处理
4	对出现的质量问题,经复核验算,仍能满足设计要求者,可不作处理	结构断面被削弱后,仍能满足设计的承载能力,但该做法需要慎重

(五)建筑工程项目质量事故处理的鉴定验收

质量事故的处理是否达到了预期目的,是否仍留有隐患,应当通过检查必要的验收和鉴定做出确认。

1. 检查验收

工程质量事故处理完成后,应严格按施工质量验收规范及有关标准的规定进行,通过实际量测,检查各种资料数据进行验收,并应办理交工验收文件,组织各有关单位会签。

2. 必要的鉴定

为确保工程质量事故的处理效果,凡涉及结构承载力等使用安全和其他重要性能的处理工作,常需做必要的试验和检验鉴定工作。在质量事故处理施工过程中,当建筑材料及构配件保证资料严重缺乏,或各参与单位对检查验收结果有争议时,也需进行必要的鉴定。常见的检验工作有:混凝土钻芯取样,用于检查密实性和裂缝修补效果,或检测实际强度;结构荷载试验,确定其实际承载力;超声波检测焊接或结构内部质量;池、罐、箱、柜工程的渗漏检验等。检测鉴定必须委托政府批准的有资质的法定检测单位进行。

3. 验收结论

对所有质量事故无论经过技术处理,通过检查鉴定验收还是不需专门处理的,均应有明确的书面结论。若对后续工程施工有特定要求,或对建筑物使用有一定限制条件,应在结论中提出。验收结论通常有以下几种：

(1)事故已排除，可继续施工。

(2)隐患已消除，结构安全有保证。

(3)经修补、处理后，完全能够满足使用要求。

(4)基本上满足使用要求，但使用时应有附加的限制条件，例如限制荷载等。

(5)对耐久性的结论。

(6)对建筑物外观影响的结论等。

(7)对短期难以做出结论者，可提出进一步观测检验的意见。

第八节　建筑工程项目质量保证与质量改进

一、建筑工程项目质量保证

质量保证是指为了提供足够的信任表明实体能够满足质量要求而在质量体系中实施并根据需要进行证实的全部有计划和有系统的活动。

(1)质量保证不是买到不合格产品以后的保修、保换、保退，质量保证定义的关键是“信任”，对达到预期质量要求的能力提供足够的信任。

(2)信任的依据是质量体系的建立和运行。因为这样的质量体系将所有影响质量的因素，包括技术、管理和人员方面的，都采取了有效的方法进行控制，因而具有减少、消除、特别是预防不合格的机制。总之，质量保证体系具有持续稳定地满足规定质量要求的能力。

(3)供方规定的质量要求，包括产品的、过程的和质量体系的要求，必须完全反映顾客的需求，才能使顾客产生足够的信任。

(4)质量保证总是在有两方的情况下才存在，由一方向另一方提供信任。质量保证分为内部和外部两种，内部质量保证是企业向自己的管理者提供信任；外部质量保证是供方向顾客或第三方认证机构提供信任。

二、建筑工程项目质量改进

质量改进是指质量管理中致力于提高有效性和效率的部分。

1. 建筑工程项目质量改进目的

质量改进的目的是向组织自身和顾客提供更多的利益，如更低的消耗、更低的成本、更多的收益以及更新的产品和服务等。质量改进是通过整个组织范围内的活动和过程的效果，以及效率的提高来实现的。组织内的任何一个活动和过程的效果以及效率的提高都会影响一定程度的质量改进。

质量改进不仅与产品、质量、过程以及质量环境等概念直接相关，而且也与质量损失、纠正措施、预防措施、质量管理、质量体系、质量控制等概念有着密切的联系，所以说质量改进是通过不断减少质量损失而为本组织和顾客提供更多的利益的；也是通过采取纠正措施、预防措施而提高活动和过程的效果及效率的。质量改进是质量管理的一项重要组成部分或者说支柱之一，它通常在质量控制的基础上进行。

2. 建筑工程项目质量改进基本规定

(1)项目经理部应定期对项目质量状况进行检查、分析，向组织提出质量报告，提出目前质量状况、发包人及其他相关方满意程度、产品要求的符合性，以及项目经理部的质量改进措施。

(2)组织应对项目经理部进行检查、考核，定期进行内部审核，并将审核结果作为管理评审的输入，促进项目经理部的质量改进。

(3)组织应了解发包人及其他相关方对质量的意见，对质量管理体系进行审核，确定改进目标，提出相应措施并检查落实。

3. 建筑工程项目质量改进方法

(1)质量改进应坚持全面质量管理的 PDCA 循环方法。随着质量管理循环的不断进行，原有的问题解决了，新的问题又产生了，问题不断产生而又不断被解决，如此循环不止，每一次循环都把质量管理活动推向一个新的高度。

(2)坚持“三全”管理:“全过程”质量管理指的是在产品质量形成全过程中，把可以影响工程质量的环节和因素控制起来；“全员”质量管理是上至项目经理下至一般员工，全体人员行动起来参加质量管理；“全面”质量管理是要对项目各方面的工作质量进行管理。这个任务不仅由质量管理部门来承担，而且项目的各个部门都要参加。

(3)质量改进要运用先进的管理办法、专业技术和数理统计方法。

第九章 建筑工程项目成本管理

第一节 建筑工程项目全面成本管理责任体系

组织应建立健全项目全面成本管理责任体系，明确业务分工和职责关系，把管理目标分解到各项技术工作和管理工作中。

一、建筑工程项目成本管理责任体系重要性

一个健全的企业，应该有各自健全的工作体系，诸如：经营工作体系、生产调度体系、质量保证体系、成本管理体系、思想工作体系等，只有各系统协调工作，才能确保企业的健康发展。

建立建筑工程项目全面成本管理责任体系的重要性具体表现在以下几个方面：

(1)建立项目全面成本管理责任体系的目的是通过建立相应的组织机构来规定成本管理活动的目的和范围。

(2)建立项目全面成本管理责任体系是施工企业建立健全企业管理机制，完善企业组织结构的重要组成部分。

(3)建立项目全面成本管理责任体系是企业搞好成本管理、提高经济效益的重要基础。

二、建筑工程项目全面成本管理责任体系特征

1. 有完整的组织机构

项目全面成本管理责任体系必须有完整的组织机构，保证成本管理活动的有效运行。应当根据工程项目不同的特性，因地制宜建立工程项目全面成本管理责任体系的组织机构。组织机构的设计应包括管理层次、机构设置、职责范围、隶属关系、相互关系及工作接口等。

2. 有明晰的运行程序

项目全面成本管理责任体系必须有明晰的运行程序，内容包括：项目成本管理办法、实施细则、工作手册、管理流程、信息载体及传递方式等。运行程序以成本管理文件的形式表达，表述控制施工成本的方法、过程，使之制度化、规范化，用以指导项目成本管理工作的开展。程序设计要简洁、明晰，确保流程的连续性、程序的可操作性。信息载体和传输应尽可能采用现代化手段，利用计算机及计算机网络，提高运行程序的先进性。

3. 有明确的成本目标和岗位职责

项目全面成本管理责任体系对企业各部门和工程项目的各管理岗位制定明确的成本目标和岗位职责，使企业各部门和全体职工明确自己为降低项目成本应该做什么和怎么做，以及应负的责任和应达到的目标。岗位职责和目标可以包含在实施细则和工作手册中，岗位职责一定要考虑全面、分工明确，防止出现管理盲区和结合部的推诿和扯皮。

4. 有规范的项目成本核算方法

项目成本核算是在成本范围内，以货币为计量单位，以项目成本直接耗费为对象，在区分收支类别和岗位成本责任的基础上，利用一定的方法，正确组织项目成本核算，全面反映项目成本耗费的一个核算过程。它是项目成本管理的一个重要的组成部分，也是对项目成本管理水平的一个全面反映，因而规范的项目成本核算十分重要。

5. 有严格的考核制度

项目全面成本管理责任体系应包括严格的考核制度，考核包括项目成本考核和成本管理体系及其运行质量考核。项目成本管理是项目施工成本全过程的实时控制，因此，考核也是全过程的实时考核，绝非工程项目施工完成后的最终考核。当然，工程项目施工完成后的施工成本的最终考核也是必不可少的，一般通过财务报告反映，但盖棺论定，为时晚矣，要以全过程的实时考核确保最终考核的通过。考核制度应包含在成本管理文件内。

三、建筑工程项目全面成本管理责任体系内容

建立健全项目全面成本管理责任体系，应明确业务分工和职责关系，把管理目标分解到各项技术工作和管理工作中。项目全面成本管理责任体系应包括组织管理层和项目经理部两个层次：

(1)组织管理层负责项目全面成本管理的决策，确定项目的合同价格和成本计划，确定项目管理层的成本目标。

(2)项目经理部负责项目成本的管理，实施成本控制，实现项目管理目标责任书中的成本目标。项目经理责任制，是项目管理的特征之一。实行项目经理责任制，是要求项目经理对项目建设的进度、质量、成本、安全和现场管理标准化等全面负责，特别要把成本控制放在首位，因为成本失控，必然影响项目的经济效益，难以完成预期的成本目标，更无法向职工交代。

项目管理人员的成本责任，不同于工作责任。有时工作责任已完成，甚至还完成得相当出色，但成本责任却没有完成。例如：项目工程师贯彻工程技术规范认真负责，对保证工程质量起了积极的作用，但往往强调了质量，忽视了节约，影响了成本。又如：材料员采购及时，供应到位，配合施工得力，值得赞扬，但在材料采购时就远不就近，就次不就好，就高不就低，既增加了采购成本，又不利于工程质量。因此，应该在原有职责分工的基础上，进一步明确成本管理责任，使每一个项目管理人员都有这样的认识：在完成工作责任的同时，还要为降低成本精打细算，为节约成本开支严格把关。

第二节　建筑工程项目成本费用构成

一、按费用构成要素划分

建筑安装工程费按照费用构成要素划分：由人工费、材料费、施工机具使用费、企业管理费、利润、规费和税金组成。其中，人工费、材料费、施工机具使用费、企业管理费和利润包含在分部分项工程费、措施项目费、其他项目费中，如图 9-1 所示。

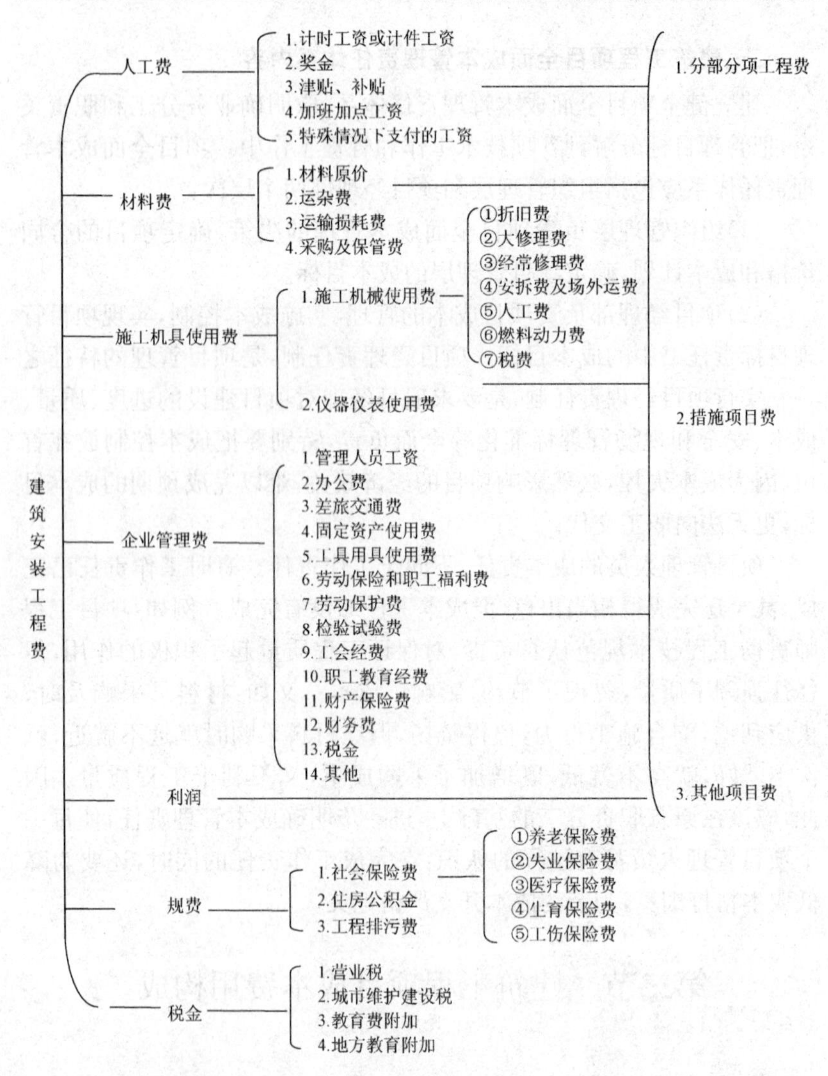

图 9-1 建筑安装工程费用项目组成(按费用构成要素划分)

(一)人工费

人工费是指按工资总额构成规定,支付给从事建筑安装工程施工的生产工人和附属生产单位工人的各项费用。

1. 人工费的构成

人工费的构成内容包括以下几项：

(1)计时工资或计件工资：是指按计时工资标准和工作时间或对已做工作按计件单价支付给个人的劳动报酬。

(2)奖金：是指对超额劳动和增收节支支付给个人的劳动报酬。如节约奖、劳动竞赛奖等。

(3)津贴补贴：是指为了补偿职工特殊或额外的劳动消耗和因其他特殊原因支付给个人的津贴，以及为了保证职工工资水平不受物价影响支付给个人的物价补贴。如流动施工津贴、特殊地区施工津贴、高温(寒)作业临时津贴、高空津贴等。

(4)加班加点工资：是指按规定支付的在法定节假日工作的加班工资和在法定日工作时间外延时工作的加点工资。

(5)特殊情况下支付的工资：是指根据国家法律、法规和政策规定，因病、工伤、产假、计划生育假、婚丧假、事假、探亲假、定期休假、停工学习、执行国家或社会义务等原因按计时工资标准或计时工资标准的一定比例支付的工资。

2. 人工费的计算

$$\text{人工费}=\sum(\text{工日消耗量}\times\text{日工资单价}) \tag{9-1}$$

$$\text{日工资单价}=\frac{\begin{matrix}\text{生产工人平均月}\\\text{工资(计时计件)}\end{matrix}+\text{平均月}\left(\text{奖金}+\begin{matrix}\text{津贴}\\\text{补贴}\end{matrix}+\begin{matrix}\text{特殊情况下}\\\text{支付的工资}\end{matrix}\right)}{\text{年平均每月法定工作日}} \tag{9-2}$$

注：公式(9-1)主要适用于施工企业投标报价时自主确定人工费，也是工程造价管理机构编制计价定额确定定额人工单价或发布人工成本信息的参考依据。

$$\text{人工费}=\sum(\text{工程工日消耗量}\times\text{日工资单价}) \tag{9-3}$$

注：公式(9-2)适用于工程造价管理机构编制计价定额时确定定额人工费，是施工企业投标报价的参考依据。

人工费计算公式中的日工资单价是指施工企业平均技术熟练程度的生产工人在每工作日(国家法定工作时间内)按规定从事施工作业应得的日工资总额。工程造价管理机构确定日工资单价应通过市场调查，根据工程项目的技术要求，参考实物工程量人工单价综合分析确定，最低日工资单价不得低于工程所在地人力资源和社会保障部门所发布的最低工资标准的：普工 1.3 倍、一般技工 2 倍、高级技工 3 倍。

工程计价定额不可只列一个综合工日单价，应根据工程项目技术要求和工种差别适当划分多种日人工单价，确保各分部工程人工费的合理构成。

（二）材料费

材料费是指施工过程中耗费的原材料、辅助材料、构配件、零件、半成品或成品、工程设备的费用。

1. 材料费的构成

材料费的构成内容包括以下几项：

(1)材料原价：是指材料、工程设备的出厂价格或商家供应价格。

(2)运杂费：是指材料、工程设备自来源地运至工地仓库或指定堆放地点所发生的全部费用。

(3)运输损耗费：是指材料在运输装卸过程中不可避免的损耗。

(4)采购及保管费：是指为组织采购、供应和保管材料、工程设备的过程中所需要的各项费用。包括采购费、仓储费、工地保管费、仓储损耗。

(5)工程设备是指构成或计划构成永久工程一部分的机电设备、金属结构设备、仪器装置及其他类似的设备和装置。

2. 材料费的计算

(1)材料费。

$$\text{材料费} = \sum(\text{材料消耗量} \times \text{材料单价}) \tag{9-4}$$

$$\text{材料单价} = [(\text{材料原价} + \text{运杂费}) \times 1 + \text{运输损耗率}(\%)] \times [1 + \text{采购保管费率}(\%)] \tag{9-5}$$

(2)工程设备费。

$$\text{工程设备费} = \sum(\text{工程设备量} \times \text{工程设备单价}) \tag{9-6}$$

工程设备单价=(设备原价+运杂费)×[1+采购保管费率(%)]　　(9-7)

(三)施工机具使用费

施工机具使用费是指施工作业所发生的施工机械、仪器仪表使用费或其租赁费。

1. 施工机具使用费的构成

施工机具使用费的构成内容包括施工机械使用费和仪器仪表使用费两个方面:

(1)施工机械使用费:以施工机械台班耗用量乘以施工机械台班单价表示,施工机械台班单价应由下列七项费用组成:

1)折旧费:是指施工机械在规定的使用年限内,陆续收回其原值的费用。

2)大修理费:是指施工机械按规定的大修理间隔台班进行必要的大修理,以恢复其正常功能所需的费用。

3)经常修理费:指施工机械除大修理以外的各级保养和临时故障排除所需的费用。包括为保障机械正常运转所需替换设备与随机配备工具附具的摊销和维护费用,机械运转中日常保养所需润滑与擦拭的材料费用及机械停滞期间的维护和保养费用等。

4)安拆费及场外运费:安拆费是指施工机械(大型机械除外)在现场进行安装与拆卸所需的人工、材料、机械和试运转费用以及机械辅助设施的折旧、搭设、拆除等费用;场外运费是指施工机械整体或分体自停放地点运至施工现场或由一施工地点运至另一施工地点的运输、装卸、辅助材料及架线等费用。

5)人工费:是指机上司机(司炉)和其他操作人员的人工费。

6)燃料动力费:是指施工机械在运转作业中所消耗的各种燃料及水、电等。

7)税费:是指施工机械按照国家规定应缴纳的车船使用税、保险费及年检费等。

(2)仪器仪表使用费:是指工程施工所需使用的仪器仪表的摊销

及维修费用。

2. 施工机具使用费的计算

(1)施工机械使用费。

$$施工机械使用费=\sum(施工机械台班消耗量\times机械台班单价) \quad (9\text{-}8)$$

机械台班单价=台班折旧费+台班大修费+台班经常修理费+台班安拆费及场外运费+台班人工费+台班燃料动力费+台班车船税费 (9-9)

注:工程造价管理机构在确定计价定额中的施工机械使用费时,应根据《建筑施工机械台班费用计算规则》结合市场调查编制施工机械台班单价。施工企业可以参考工程造价管理机构发布的台班单价,自主确定施工机械使用费的报价,如租赁施工机械,公式为:

$$施工机械使用费=\sum(施工机械台班消耗量\times机械台班租赁单价)$$

(2)仪器仪表使用费。

仪器仪表使用费=工程使用的仪器仪表摊销费+维修费 (9-10)

(四)企业管理费

企业管理费是指建筑安装企业组织施工生产和经营管理所需的费用。

1. 企业管理费的构成

企业管理费的构成内容包括以下几项:

(1)管理人员工资:是指按规定支付给管理人员的计时工资、奖金、津贴补贴、加班加点工资及特殊情况下支付的工资等。

(2)办公费:是指企业管理办公用的文具、纸张、账表、印刷、邮电、书报、办公软件、现场监控、会议、水电、烧水和集体取暖降温(包括现场临时宿舍取暖降温)等费用。

(3)差旅交通费:是指职工因公出差、调动工作的差旅费、住勤补助费,市内交通费和误餐补助费,职工探亲路费,劳动力招募费,职工退休、退职一次性路费,工伤人员就医路费,工地转移费以及管理部门使用的交通工具的油料、燃料等费用。

(4)固定资产使用费:是指管理和试验部门及附属生产单位使用的属于固定资产的房屋、设备、仪器等的折旧、大修、维修或租赁费。

(5)工具用具使用费:是指企业施工生产和管理使用的不属于固定资产的工具、器具、家具、交通工具和检验、试验、测绘、消防用具等的购置、维修和摊销费。

(6)劳动保险和职工福利费:是指由企业支付的职工退职金、按规定支付给离休干部的经费,集体福利费、夏季防暑降温、冬季取暖补贴、上下班交通补贴等。

(7)劳动保护费:是企业按规定发放的劳动保护用品的支出。如工作服、手套、防暑降温饮料以及在有碍身体健康的环境中施工的保健费用等。

(8)检验试验费:是指施工企业按照有关标准规定,对建筑以及材料、构件和建筑安装物进行一般鉴定、检查所发生的费用,包括自设试验室进行试验所耗用的材料等费用。不包括新结构、新材料的试验费,对构件做破坏性试验及其他特殊要求检验试验的费用和建设单位委托检测机构进行检测的费用,对此类检测发生的费用,由建设单位在工程建设其他费用中列支。但对施工企业提供的具有合格证明的材料进行检测不合格的,该检测费用由施工企业支付。

(9)工会经费:是指企业按《工会法》规定的全部职工工资总额比例计提的工会经费。

(10)职工教育经费:是指按职工工资总额的规定比例计提,企业为职工进行专业技术和职业技能培训,专业技术人员继续教育、职工职业技能鉴定、职业资格认定以及根据需要对职工进行各类文化教育所发生的费用。

(11)财产保险费:是指施工管理用财产、车辆等的保险费用。

(12)财务费:是指企业为施工生产筹集资金或提供预付款担保、履约担保、职工工资支付担保等所发生的各种费用。

(13)税金:是指企业按规定缴纳的房产税、车船使用税、土地使用税、印花税等。

(14)其他:包括技术转让费、技术开发费、投标费、业务招待费、绿化费、广告费、公证费、法律顾问费、审计费、咨询费、保险费等。

2. 企业管理费的费率计算

(1)以分部分项工程费为计算基础：

$$企业管理费费率(\%)=\frac{生产工人年平均管理费}{年有效施工天数\times人工单价}\times人工费占分部分项工程费比例(\%) \tag{9-11}$$

(2)以人工费和机械费合计为计算基础：

$$企业管理费费率(\%)=\frac{生产工人年平均管理费}{年有效施工天数\times(人工单价+每一工日机械使用费)}\times100\% \tag{9-12}$$

(3)以人工费为计算基础：

$$企业管理费费率(\%)=\frac{生产工人年平均管理费}{年有效施工天数\times人工单价}\times100\% \tag{9-13}$$

注：上述公式适用于施工企业投标报价时自主确定管理费，是工程造价管理机构编制计价定额确定企业管理费的参考依据。

工程造价管理机构在确定计价定额中企业管理费时，应以定额人工费或(定额人工费+定额机械费)作为计算基数，其费率根据历年工程造价积累的资料，辅以调查数据确定，列入分部分项工程和措施项目中。

(五)利润

利润是指施工企业完成所承包工程获得的盈利。

(1)施工企业根据企业自身需求并结合建筑市场实际自主确定，列入报价中。

(2)工程造价管理机构在确定计价定额中利润时，应以定额人工费或(定额人工费+定额机械费)作为计算基数，其费率根据历年工程造价积累的资料，并结合建筑市场实际确定，以单位(单项)工程测算，利润在税前建筑安装工程费的比重可按不低于5%且不高于7%的费率计算。利润应列入分部分项工程和措施项目中。

(六)规费

规费是指按国家法律、法规规定，由省级政府和省级有关权力部门规定必须缴纳或计取的费用。包括社会保险费、住房公积金及工程排污费。

1. 社会保险费和住房公积金

社会保险费的构成见表 9-1。

表 9-1　社会保险费的构成

序号	项　目	内　容
1	养老保险费	指企业按照规定标准为职工缴纳的基本养老保险费
2	失业保险费	指企业按照规定标准为职工缴纳的失业保险费
3	医疗保险费	指企业按照规定标准为职工缴纳的基本医疗保险费
4	生育保险费	指企业按照规定标准为职工缴纳的生育保险费
5	工伤保险费	指企业按照规定标准为职工缴纳的工伤保险费

住房公积金是指企业按规定标准为职工缴纳的住房公积金。

社会保险费和住房公积金应以定额人工费为计算基础，根据工程所在地省、自治区、直辖市或行业建设主管部门规定费率计算。其计算公式如下：

$$\text{社会保险费和住房公积金} = \sum(\text{工程定额人工费} \times \text{社会保险费和住房公积金费率}) \tag{9-14}$$

式中，社会保险费和住房公积金费率可以每万元发承包价的生产工人人工费和管理人员工资含量与工程所在地规定的缴纳标准综合分析取定。

2. 工程排污费

工程排污费是指按规定缴纳的施工现场工程排污费。工程排污费等其他应列而未列入的规费，应按工程所在地环境保护等部门规定的标准缴纳，按实计取列入。

(七)税金

税金是指国家税法规定的应计入建筑安装工程造价内的营业税、城市维护建设税、教育费附加以及地方教育附加。

税金的计算公式如下：

$$税金=税前造价\times综合税率(\%) \tag{9-15}$$

综合税率的计算应符合下列规定：

(1)纳税地点在市区的企业：

$$综合税率(\%)=\frac{1}{1-3\%-3\%\times7\%-3\%\times3\%-3\%\times2\%}-1 \tag{9-16}$$

(2)纳税地点在县城、镇的企业：

$$综合税率(\%)=\frac{1}{1-3\%-3\%\times5\%-3\%\times3\%-3\%\times2\%}-1 \tag{9-17}$$

(3)纳税地点不在市区、县城、镇的企业：

$$综合税率(\%)=\frac{1}{1-3\%-3\%\times1\%-3\%\times3\%-3\%\times2\%}-1 \tag{9-18}$$

(4)实行营业税改增值税的，按纳税地点现行税率计算。

二、按造价组成要素划分

建筑安装工程费按照工程造价组成要素划分：由分部分项工程费、措施项目费、其他项目费、规费、税金组成。其中，分部分项工程费、措施项目费、其他项目费包含人工费、材料费、施工机具使用费、企业管理费和利润，如图 9-2 所示。

(一)分部分项工程费

分部分项工程费是指各专业工程的分部分项工程应予列支的各项费用。其中：

(1)专业工程：是指按现行国家计量规范划分的房屋建筑与装饰工程、仿古建筑工程、通用安装工程、市政工程、园林绿化工程、矿山工程、构筑物工程、城市轨道交通工程、爆破工程等各类工程。

(2)分部分项工程：指按现行国家计量规范对各专业工程划分的项目。如房屋建筑与装饰工程划分的土石方工程、地基处理与桩基工程、砌筑工程、钢筋及钢筋混凝土工程等。

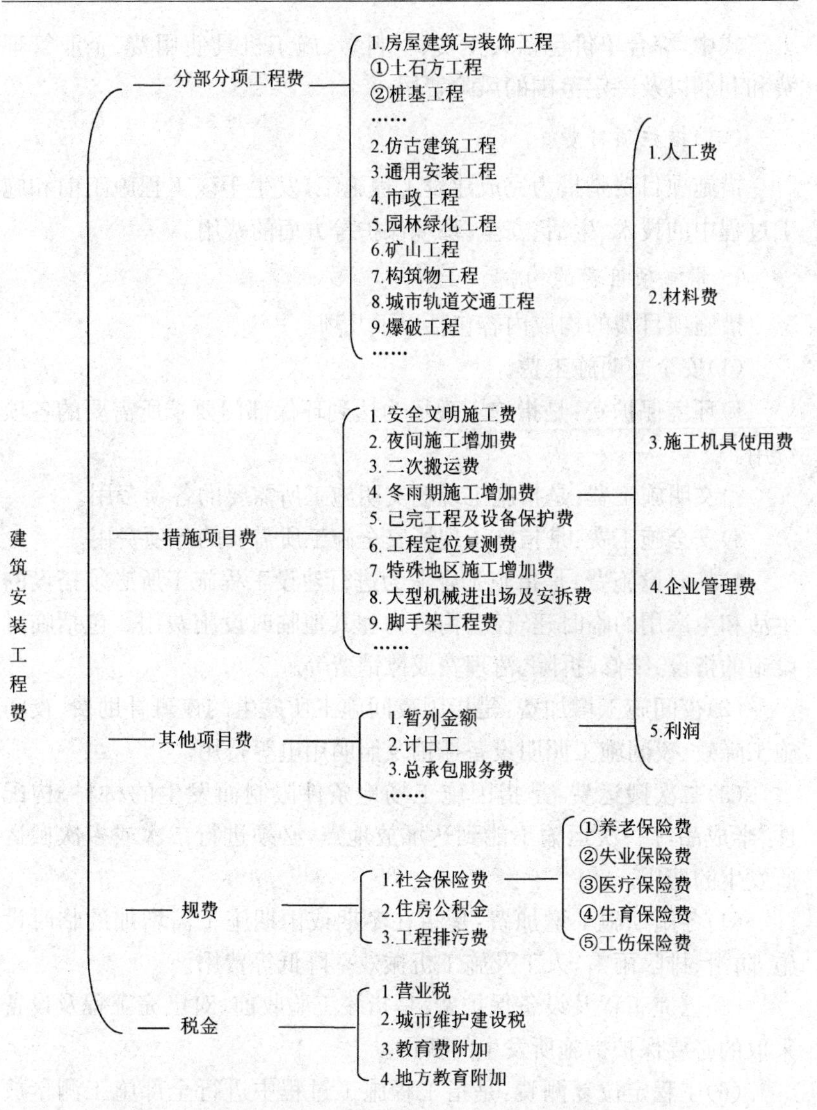

图 9-2　建筑安装工程费用项目组成(按造价组成要素划分)

分部分项工程费的计算公式如下：

$$分部分项工程费 = \sum(分部分项工程量 \times 综合单价) \quad (9\text{-}19)$$

式中，综合单价包括人工费、材料费、施工机具使用费、企业管理费和利润以及一定范围的风险费用。

(二)措施项目费

措施项目费是指为完成建设工程施工，发生于该工程施工前和施工过程中的技术、生活、安全、环境保护等方面的费用。

1. 措施项目费的构成

措施项目费的构成内容包括以下几项：

(1)安全文明施工费。

1)环境保护费：是指施工现场为达到环保部门要求所需要的各项费用。

2)文明施工费：是指施工现场文明施工所需要的各项费用。

3)安全施工费：是指施工现场安全施工所需要的各项费用。

4)临时设施费：是指施工企业为进行建设工程施工所必须搭设的生活和生产用的临时建筑物、构筑物和其他临时设施费用。包括临时设施的搭设、维修、拆除、清理费或摊销费等。

(2)夜间施工增加费：是指因夜间施工所发生的夜班补助费、夜间施工降效、夜间施工照明设备摊销及照明用电等费用。

(3)二次搬运费：是指因施工场地条件限制而发生的材料、构配件、半成品等一次运输不能到达堆放地点，必须进行二次或多次搬运所发生的费用。

(4)冬雨期施工增加费：是指在冬期或雨期施工需增加的临时设施、防滑、排除雨雪，人工及施工机械效率降低等费用。

(5)已完工程及设备保护费：是指竣工验收前，对已完工程及设备采取的必要保护措施所发生的费用。

(6)工程定位复测费：是指工程施工过程中进行全部施工测量放线和复测工作的费用。

(7)特殊地区施工增加费：是指工程在沙漠或其边缘地区、高海拔、高寒、原始森林等特殊地区施工增加的费用。

(8)大型机械设备进出场及安拆费：是指机械整体或分体自停放

场地运至施工现场或由一个施工地点运至另一个施工地点,所发生的机械进出场运输及转移费用及机械在施工现场进行安装、拆卸所需的人工费、材料费、机械费、试运转费和安装所需的辅助设施的费用。

(9)脚手架工程费:是指施工需要的各种脚手架搭、拆、运输费用以及脚手架购置费的摊销(或租赁)费用。

2. 措施项目费的计算

(1)国家计量规范规定应予计量的措施项目,其计算公式为:

$$措施项目费=\sum(措施项目工程量\times综合单价) \quad (9\text{-}20)$$

(2)国家计量规范规定不宜计量的措施项目计算方法如下:

1)安全文明施工费:

$$安全文明施工费=计算基数\times安全文明施工费费率(\%) \quad (9\text{-}21)$$

式中,计算基数应为定额基价(定额分部分项工程费+定额中可以计量的措施项目费)、定额人工费或(定额人工费+定额机械费),其费率由工程造价管理机构根据各专业工程的特点综合确定。

2)夜间施工增加费:

$$夜间施工增加费=计算基数\times夜间施工增加费费率(\%) \quad (9\text{-}22)$$

3)二次搬运费:

$$二次搬运费=计算基数\times二次搬运费费率(\%) \quad (9\text{-}23)$$

4)冬雨期施工增加费:

$$冬雨期施工增加费=计算基数\times冬雨期施工增加费费率(\%) \quad (9\text{-}24)$$

5)已完工程及设备保护费:

$$已完工程及设备保护费=计算基数\times已完工程及设备保护费费率(\%) \quad (9\text{-}25)$$

上述2)~5)项措施项目的计费基数应为定额人工费或(定额人工费+定额机械费),其费率由工程造价管理机构根据各专业工程特点和调查资料综合分析后确定。

(三)其他项目费

其他项目费包括暂列金额、计日工及总承包服务费。

1. 暂列金额

暂列金额是指建设单位在工程量清单中暂定并包括在工程合同价款中的一笔款项。其用于施工合同签订时尚未确定或者不可预见的所需材料、工程设备、服务的采购,施工中可能发生的工程变更、合同约定调整因素出现时的工程价款调整以及发生的索赔、现场签证确认等的费用。

暂列金额由建设单位根据工程特点,按有关计价规定估算,施工过程中由建设单位掌握使用,扣除合同价款调整后如有余额,归建设单位。

2. 计日工

计日工是指在施工过程中,施工企业完成建设单位提出的施工图纸以外的零星项目或工作所需的费用。

计日工由建设单位和施工企业按施工过程中的签证计价。

3. 总承包服务费

总承包服务费是指总承包人为配合、协调建设单位进行的专业工程发包,对建设单位自行采购的材料、工程设备等进行保管以及施工现场管理、竣工资料汇总整理等服务所需的费用。

总承包服务费由建设单位在招标控制价中根据总包服务范围和有关计价规定编制,施工企业投标时自主报价,施工过程中按签约合同价执行。

(四)规费和税金

建设单位和施工企业均应按照省、自治区、直辖市或行业建设主管部门发布标准计算规费和税金,不得作为竞争性费用。

第三节　建筑工程项目经理部的成本管理工作

项目经理部的成本管理工作应包括成本计划、成本控制、成本核算、成本分析和成本考核。

一、建筑工程项目成本计划

项目成本计划是项目经理部对项目施工成本进行计划管理的工

具。它是以货币形式编制工程项目在计划期内的生产费用、成本水平、成本降低率，以及为降低成本所采取的主要措施和规划的书面方案，它是建立项目成本管理责任制、开展成本控制和核算的基础。一般来说，一个项目成本计划应包括从开工到竣工所必需的施工成本，它是降低项目成本的指导文件，是设立目标成本的依据。

项目成本计划是项目全面计划管理的核心。其内容涉及项目范围内的人、财、物和项目管理职能部门等方方面面，是受企业成本计划制约而又相对独立的计划体系，并且工程项目成本计划的实现，又依赖于项目组织对生产要素的有效控制。

1. 建筑工程项目成本计划的编制依据

项目经理部应依据合同文件、项目管理实施规划、可研报告和相关设计文件、市场价格信息、相关定额及类似项目的成本资料等编制项目成本计划。对项目成本计划的编制依据提出具体要求，目的在于强调项目成本计划必须反映以下要求：

(1)合同规定的项目质量和工期要求。

(2)组织对项目成本管理目标的要求。

(3)以经济合理的项目实施方案为基础的要求。

(4)有关定额及市场价格的要求。

(5)类似项目提供的启示。

2. 建筑工程项目成本计划的编制原则

(1)合法性原则。编制项目成本计划时，必须严格遵守国家的有关法令、政策及财务制度的规定，严格遵守成本开支范围和各项费用开支标准，任何违反财务制度的规定，随意扩大或缩小成本开支范围的行为，必然使计划失去考核实际成本的作用。

(2)先进可行性原则。成本计划既要保持先进性，又必须切实可行。否则，就会因计划指标过高或过低而失去应有的作用。这就要求编制成本计划必须以各种先进的技术经济定额为依据，并针对施工项目的具体特点，采取切实可行的技术组织措施作保证。只有这样，才能使制定的成本计划既有科学根据，又有实现的可能，而且成本计划才能起到促进和激励的作用。

(3)弹性原则。编制成本计划,应留有充分余地,保持计划具有一定的弹性。在计划期内,项目经理部的内部或外部的技术经济状况和供产销条件,很可能发生一些在编制计划时所未预料的变化,尤其是材料的市场价格。只有充分考虑这些变化的发展,才能更好地发挥成本计划的责任。

(4)可比性原则。成本计划应与实际成本、前期成本保持可比性。为了保证成本计划的可比性,在编制计划时,应注意所采用的计算方法,应与成本核算方法保持一致(包括成本核算对象、成本费用的汇集、结转、分配方法等),只有保证成本计划的可比性,才能有效地进行成本分析,才能更好地发挥成本计划的作用。

(5)统一领导、分级管理原则。编制成本计划,应实行统一领导、分级管理的原则,采取走群众路线的工作方法。应在项目经理的领导下,以财物和计划部门为中心,发动全体职工总结降低成本的经验,找出降低成本的正确途径,使成本计划的制订和执行具有广泛的群众基础。

(6)从实际情况出发的原则。编制成本计划必须从企业的实际情况出发,充分挖掘企业内部潜力,使降低成本指标既积极可靠,又切实可行。工程项目管理部门降低成本的潜力在于正确选择施工方案,合理组织施工,提高劳动生产率,改善材料供应,降低材料消耗,提高机械设备利用率,节约施工管理费用等。但要注意,不能为降低成本而偷工减料,忽视质量,不对机械设备进行必要的维护修理,片面增加劳动强度,加班加点,或减掉合理的劳保费用,忽视安全工作。

(7)与其他计划结合的原则。编制成本计划,必须与工程项目的其他各项计划如施工方案、生产进度、财务计划、资料供应及耗费计划等密切结合,保持平衡。即成本计划一方面要根据工程项目的生产、技术组织措施、劳动工资、材料供应等计划来编制,另一方面又影响着其他各种计划指标。在制订其他计划时,应考虑适应降低成本的要求,与成本计划密切配合,而不能单纯考虑每一种计划本身的需要。

3. 建筑工程项目成本计划的编制要求

(1)由项目经理部负责编制,报组织管理层批准。

(2)自下而上分级编制并逐层汇总。

(3)反映各成本项目指标和降低成本指标。

4. 建筑工程项目成本计划的编制内容

(1)编制说明。指对工程的范围、投票竞争过程及合同条件、承包人对项目经理提出的责任成本目标、项目成本计划编制的指导思想和依据等的具体说明。

(2)项目成本计划的指标。项目成本计划的指标应经过科学的分析预测确定,可以采用对比法,因素分析法等进行测定。

(3)按工程量清单列出的单位工程计划成本汇总表,见表 9-2。

表 9-2　　单位工程计划成本汇总表

	清单项目编码	清单项目名称	合同价格	计划成本
1				
2				
……				

(4)按成本性质划分的单位工程成本汇总表,根据清单项目的造价分析,分别对人工费、材料费、机械费、措施费、企业管理费和税费进行汇总,形成单位工程成本计划表。

(5)项目计划成本应在项目实施方案确定和不断优化的前提下进行编制,因为不同的实施方案将导致直接工程费、措施费和企业管理费的差异。成本计划的编制是项目成本预控的重要手段。因此,应在工程开工前编制完成,以便将计划成本目标分解落实,为各项成本的执行提供明确的目标、控制手段和管理措施。

二、建筑工程项目成本控制

项目成本控制是指在施工过程中,对影响项目成本的各种因素加强管理,并采取各种有效措施,将施工中实际发生的各种消耗和支出严格控制在成本计划范围内,随时揭示并及时反馈,严格审查各项费用是否符合标准,计算实际成本和计划成本之间的差异并进行分析,消除施工中的损失浪费现象,发现和总结先进经验。通过成本控制,使之最终实现甚至超过预期的成本节约目标，它是企业全面成本管理的重要环节。

成本的发生和形成是一个动态的过程，这就决定了成本的控制也应该是一个动态过程，因此，项目的成本控制也可称为成本的过程控制。

1. 建筑工程项目成本控制的依据

(1)工程承包合同。施工成本控制要以工程承包合同为依据，围绕降低工程成本这个目标，从预算收入和实际成本两方面，努力挖掘增收节支潜力，以求获得最大的经济效益。

(2)施工成本计划。施工成本计划是根据施工项目的具体情况制定的施工成本控制方案，既包括预定的具体成本控制目标，又包括实现控制目标的措施和规划，是施工成本控制的指导文件。

(3)进度报告。进度报告提供了每一时刻工程实际完成量，工程施工成本实际支付情况等重要信息。施工成本控制工作正是通过实际情况与施工成本计划相比较，找出二者之间的差别，分析偏差产生的原因，从而采取措施改进以后的工作。此外，进度报告还有助于管理者及时发现工程实施中存在的隐患，并在事态还未造成重大损失之前采取有效措施，尽量避免损失。

(4)工程变更。在项目的实施过程中，由于各方面的原因，工程变更是很难避免的。工程变更一般包括设计变更、进度计划变更、施工条件变更、技术规范与标准变更、施工次序变更、工程数量变更等。一旦出现变更，工程量、工期、成本都必将发生变化，从而使得施工成本控制工作变得更加复杂和困难。因此，施工成本管理人员就应当通过对变更要求当中各类数据的计算、分析，随时掌握变更情况，包括已发生工程量、将要发生工程量、工期是否拖延、支付情况等重要信息，判断变更以及变更可能带来的索赔额度等。

(5)其他。除了上述几种施工成本控制工作的主要依据以外，有关施工组织设计、分包合同文本等也都是施工成本控制的依据。

2. 建筑工程项目成本控制的原则

建筑工程项目施工成本控制是在成本发生和形成的过程中，对成本进行的监督检查。项目施工成本控制原则包括以下几项：

(1)全面控制原则。

1)项目成本的全员控制。项目成本的全员控制，并不是抽象的概念，而应该有一个系统的实质性内容，其中包括各部门、各单位的责任网络和班组经济核算等，防止成本控制人人有责又人人不管。

2)项目成本的全过程控制。施工项目成本的全过程控制，是指在工程项目确定以后，自施工准备开始，经过工程施工，到竣工交付使用后的保修期结束，其中每一项经济业务，都要纳入成本控制的轨道。

(2)动态控制原则。

1)项目施工是一次性行为，其成本控制应更重视事前、事中控制。

2)在施工开始之前进行成本预测，确定目标成本，编制成本计划，制定或修订各种消耗定额和费用开支标准。

3)施工阶段重在执行成本计划，落实降低成本措施实行成本目标管理。

4)成本控制随施工过程连续进行，与施工进度同步，不能时紧时松，不能拖延。

5)建立灵敏的成本信息反馈系统，使成本责任部门(人员)能及时获得信息，纠正不利成本偏差。

6)制止不合理开支，把可能导致损失和浪费的苗头消灭在萌芽状态。

7)竣工阶段成本盈亏已成定局，主要进行整个项目的成本核算、分析、考评。

(3)开源与节流相结合原则。降低项目成本，需要一面增加收入，一面节约支出。因此，每发生一笔金额较大的成本费用，都要查一查有无与其相对应的预算收入，是否支大于收。

(4)目标管理原则。目标管理是贯彻执行计划的一种方法，它把计划的方针、任务、目的和措施等逐一加以分解，提出进一步的具体要求，并分别落实到执行计划的部门、单位甚至个人。

(5)节约原则。

1)施工生产既是消耗资财人力的过程，也是创造财富增加收入的过程，其成本控制也应坚持增收与节约相结合的原则。

2)作为合同签约依据，编制工程预算时，应“以支定收”，保证预算收入；在施工过程中，要“以收定支”，控制资源消耗和费用支出。

3)每发生一笔成本费用，都要核查是否合理。

4)经常性的成本核算时，要进行实际成本与预算收入的对比分析。

5)抓住索赔时机，搞好索赔，合理力争甲方给予经济补偿。

6)严格控制成本开支范围、费用开支标准和有关财务制度，对各项成本费用的支出进行限制和监督。

7)提高施工项目的科学管理水平、优化施工方案，提高生产效率，节约人、财、物的消耗。

8)采取预防成本失控的技术组织措施，制止可能发生的浪费。

9)施工的质量、进度、安全都对工程成本有很大的影响，因而，成本控制必须与质量控制、进度控制、安全控制等工作相结合、相协调，避免返工(修)损失，降低质量成本，减少并杜绝工程延期违约罚款、安全事故损失等费用支出发生。

10)坚持现场管理标准化，堵塞浪费的漏洞。

(6)责、权、利相结合原则。要使成本控制真正发挥及时有效的作用，必须严格按照经济责任制的要求，贯彻责、权、利相结合。实践证明，只有责、权、利相结合的成本控制，才是名实相符的项目成本控制。

3. 建筑工程项目施工成本控制的要求

(1)要按照计划成本目标值来控制生产要素的采购价格，并认真做好材料、设备进场数量和质量的检查、验收与保管。

(2)要控制生产要素的利用效率和消耗定额，如任务单管理、限额领料、验工报告审核等。同时，要做好不可预见成本风险的分析和预控，包括编制相应的应急措施等。

(3)控制影响效率和消耗量的其他因素(如工程变更等)所引起的成本增加。

(4)把项目成本管理责任制度与对项目管理者的激励机制结合起来，以增强管理人员的成本意识和控制能力。

(5)承包人必须有一套健全的项目财务管理制度,按规定的权限和程序对项目资金的使用和费用的结算支付进行审核、审批,使其成为项目成本控制的一个重要手段。

4. 用价值工程进行成本控制

用价值工程进行成本控制是成本控制较为有效的方法。价值工程是通过各相关领域的协作,对所研究对象的功能与成本进行系统分析,不断创新,旨在提高所研究对象价值的思想方法和管理技术。

(1)价值工程的含义。从价值工程的定义来看,包括以下几个方面含义:

1)价值工程的性质属于一种"思想方法和管理技术"。

2)价值工程的核心内容是对"功能与成本进行系统分析"和"不断创新"。

3)价值工程的目的旨在提高产品的"价值"。若把价值的定义结合起来看,应理解为在提高功能对成本的比值。

4)价值工程通常是由多个领域协作而开展的活动。

(2)价值工程在施工项目成本控制中的应用。

1)价值工程是从控制项目的寿命周期费用出发,应结合施工,研究工程设计的技术经济的合理性,探索有无改进的可能性。

2)结合价值工程活动,制定技术先进、经济合理的施工方案。

(3)价值工程的原理。价值工程的基本原理归纳为价值、功能和成本三者之间的关系应该为:

$$价值=功能(或效用)/成本(或生产费用) \tag{9-26}$$

用数学公式可表示为:

$$V=F/C \tag{9-27}$$

(4)提高价值的途径。按价值工程的公式 $V=F/C$ 分析,提高价值的途径有以下几条:

1)功能提高,成本不变。

2)功能不变,成本降低。

3)功能提高,成本降低。

4)降低辅助功能,大幅度降低成本。

5)功能大大提高,成本稍有提高。

其中第2)～4)条途径也是降低成本的途径。应当选择价值系数低、降低成本潜力大的工程作为价值工程的对象,寻求对成本的有效降低。

(5)价值分析的对象。价值分析的对象应以下述内容为重点:

1)选择数量大,应用面广的构配件。

2)选择成本高的工程和构配件。

3)选择结构复杂的工程和构配件。

4)选择体积与重量大的工程和构配件。

5)选择对产品功能提高起关键作用的构配件。

6)选择在使用中维修费用高、耗能量大或使用期的总费用较大的工程和构配件。

7)选择畅销产品,以保持优势,提高竞争力。

8)选择在施工(生产)中容易保证质量的工程和构配件。

9)选择施工(生产)难度大、多花费材料和工时的工程和构配件。

10)选择可利用新材料、新设备、新工艺、新结构及在科研上已有先进成果的工程和构配件。

(6)对象资料收集。

1)基础资料。本项目及企业的基本情况,如企业的技术素质和施工能力,以及本项目的建设规模、工程特点和施工组织设计等。

2)技术资料。本项目的设计文件、地质勘探资料以及用料的规格和质量等。

3)经济资料。本项目的施工图预算、施工预算、成本计划和工、料、机械费用的价格等。

4)建设单位意见。建设单位对本项目建设的使用要求等。

5. 用量本利方法(盈亏平衡法)进行成本控制

盈亏平衡分析是在一定市场、生产能力及经营管理条件下,通过对产品产量、成本、利润相互关系的分析,判断企业对市场需求变化适应能力的一种不确定性分析方法。

盈亏平衡分析是将产量或者销售量作为不确定因素,求取盈亏平衡时临界点(盈亏平衡点)所对应产量或者销售量。

(1)盈亏平衡点。盈亏平衡点应按项目投产后的正常年份计算,而不能按计算期内平均值计算,盈亏平衡点越低,表示项目适应市场变化的能力越强,抗风险能力也越强。盈亏平衡点常用生产能力或者产量表示:

1)用生产能力利用率表示的盈亏平衡点(BEP)为:

$$BEP(\%)=\text{年固定总成本}/(\text{年销售收入}-\text{年可变成本}-\text{年销售税金及附加}-\text{年增值税})\times 100\% \tag{9-28}$$

2)用产量表示的盈亏平衡点 BEP(产量)为:

$$BEP(\text{产量})=\text{年固定总成本}/(\text{单位产品销售价格}-\text{单位产品可变成本}-\text{单位产品销售税金及附加}-\text{单位产品增值税}) \tag{9-29}$$

3)两者之间的换算关系为:

$$BEP(\text{产量})=BEP(\%)\times\text{设计生产能力} \tag{9-30}$$

(2)盈亏平衡分析图。项目评价中常使用盈亏分析图表示分析结果,如图 9-3 所示。

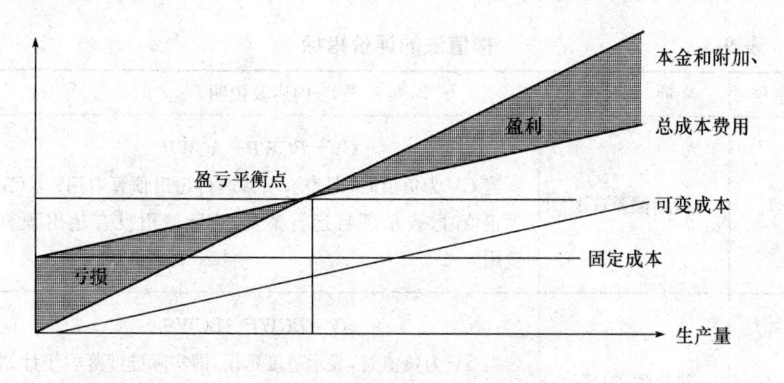

图 9-3　盈亏平衡分析图

6. 用挣值法进行成本控制

挣值法是通过分析项目目标实施与项目目标期望之间的差异,从而判断项目实施的费用、进度绩效的一种方法。挣值法主要运用三个费用值进行分析，它们分别是已完成工作预算费用、计划完成工作预算费用和已完成工作实际费用。在这三个费用值的基础上，可以确定挣值法的评价指标(表 9-3)，它们也是时间的函数。

(1)已完成工作预算费用。已完成工作预算费用，简称 $BCWP$，是指在某一时间已经完成的工作(或部分工作)，以批准认可的预算为标准所需要的资金总额，由于业主正是根据这个值为承包商完成的工作量支付相应的费用，也就是承包商获得(挣得)的金额，故称挣得值或挣值。

$$BCWP = \text{已完成工程量} \times \text{预算单价} \tag{9-31}$$

(2)计划完成工作预算费用。计划完成工作预算费用，简称 $BCWS$，即根据进度计划，在某一时刻应当完成的工作(或部分工作)，以预算为标准所需要的资金总额，一般来说，除非合同有变更，$BCWS$ 在工作实施过程中应保持不变。

$$BCWS = \text{计划工程量} \times \text{预算单价} \tag{9-32}$$

(3)已完成工作实际费用。已完成工作实际费用，简称 $ACWP$，即到某一时刻为止，已完成的工作(或部分工作)所实际花费的总金额。

表 9-3　　挣值法的评价指标

序号	项　目	内容及说明
1	费用偏差(CV)	$CV = BCWP - ACWP$ 当 CV 为负值时，即表示项目运行超出预算费用；当 CV 为正值时，表示项目运行节支，实际费用没有超出预算费用
2	进度偏差(SV)	$SV = BCWP - BCWS$ 当 SV 为负值时，表示进度延误，即实际进度落后于计划进度；当 SV 为正值时，表示进度提前，即实际进度快于计划进度
3	费用绩效指数(CPI)	$CPI = BCWP / ACWP$ 当 $CPI < 1$ 时，表示超支，即实际费用高于预算费用；当 $CPI > 1$ 时，表示节支，即实际费用低于预算费用

续表

序号	项　目	内容及说明
4	进度绩效指数(SPI)	$SPI=BCWP/BCWS$ 当 $SPI<1$ 时,表示进度延误,即实际进度比计划进度拖后;当 $SPI>1$ 时,表示进度提前,即实际进度比计划进度快

三、建筑工程项目成本核算

项目成本核算是指项目施工过程中所发生的各种费用和形式项目成本的核算:

(1)按照规定的成本开支范围对施工费用进行归集,计算出施工费用的实际发生额。

(2)根据成本核算对象,采用适当的方法,计算出该工程项目的总成本和单位成本。

项目成本核算是在项目法施工条件下诞生的,是企业探索适合行业特点管理方式的一个重要体现。它是建立在企业管理方式和管理水平基础上,适合施工企业特点的一个降低成本开支、提高企业利润水平的主要途径。项目成本核算所提供的各种成本信息,是成本预测、成本计划、成本控制、成本分析和成本考核等各个环节的依据。因此,加强项目成本核算工作,对降低项目成本、提高企业的经济效益有积极的作用。

1. 建筑工程项目成本核算的原则

(1)确认原则。在项目成本管理中对各项经济业务中发生的成本,都必须按一定的标准和范围加以认定和记录。只要是为了经营目的所发生的或预期要发生的,并要求得以补偿的一切支出,都应作为成本来加以确认。正确的成本确认往往与一定的成本核算对象、范围和时期相联系,并必须按一定的确认标准来进行。这种确认标准具有相对的稳定性,主要侧重定量,但也会随着经济条件和管理要求的发展而变化。在成本核算中,往往要进行再确认,甚至是多次确认。如确认是否属于成本,是否属于特定核算对象的成本

（如临时设施先算搭建成本，使用后算摊销费）以及是否属于核算当期成本等。

(2)分期核算原则。施工生产是连续不断的，项目为了取得一定时期的项目成本，就必须将施工生产活动划分为若干时期，并分期计算各期项目成本。成本核算的分期应与会计核算的分期相一致，这样便于财务成果的确定。但要指出，成本的分期核算，与项目成本计算期不能混为一谈。不论生产情况如何，成本核算工作，包括费用的归集和分配等都必须按月进行。至于已完项目成本的结算，可以是定期的，按月结转；也可以是不定期的，等到工程竣工后一次结转。

(3)实际成本核算原则。要采用实际成本计价。采用定额成本或者计划成本方法的，应当合理计算成本差异，月终编制会计报表时，调整为实际成本。即必须根据计算期内实际产量（已完工程量）以及实际消耗和实际价格计算实际成本。

(4)权责发生制原则。权责发生制原则主要从时间选择上确定成本会计确认的基础，其核心是根据权责关系的实际发生和影响期间来确认企业的支出和收益。凡是当期已经实现的收入和已经发生或应当负担的费用，不论款项是否收付，都应作为当期的收入或费用处理；凡是不属于当期的收入和费用，即使款项已经在当期收付，都不应作为当期的收入和费用。

(5)相关性原则。成本核算要为项目成本管理目标服务，成本核算不只是简单的计算问题，要与管理融于一体，算为管用。所以，在具体成本核算方法、程度和标准的选择上，在成本核算对象和范围的确定上，应与施工生产经营特点和成本管理要求特性结合，并与项目一定时期的成本管理水平相适应。正确地核算出符合项目管理目标的成本数据和指标，真正使项目成本核算成为领导的参谋和助手。无管理目标，成本核算是盲目和无益的，无决策作用的成本信息是没有价值的。

(6)一贯性原则。项目成本核算所采用的方法一经确定，不得随意变动。只有这样，才能使企业各期成本核算资料口径统一，前后连贯,相互可比。成本核算办法的一贯性原则体现在各个方面,如耗用材料的计价方法,折旧的计提方法,施工间接费的分配方法,未施工的计价方法等。坚持一贯性原则,并不是一成不变,如确有必要变更,要有充分的理由对原成本核算方法进行改变的必要性做出解释,并说明这种改变对成本信息的影响。如果随意变动成本核算方法,并不加以说明,则有对成本、利润指标、盈亏状况弄虚作假的嫌疑。

(7)划分收益性支出与资本性支出原则。划分收益性支出与资本性支出是指成本、会计核算应当严格区分收益性支出与资本性支出界限,以正确地计算当期损益。所谓收益性支出是指该项目支出发生是为了取得本期收益,即仅仅与本期收益的取得有关,如支付工资、水电费支出等。所谓资本性支出是指不仅为取得本期收益而发生的支出,同时该项支出的发生有助于以后会计期间的支出,如构建固定资产支出。

(8)及时性原则。及时性原则是指项目成本的核算、结转和成本信息的提供应当在所要求的时期内完成。要指出的是,成本核算及时性原则,并非越快越好,而是要求成本核算和成本信息的提供,以确保真实为前提,在规定时期内核算完成,在成本信息尚未失去时效的情况下适时提供,确保不影响项目其他环节核算工作的顺利进行。

(9)明晰性原则。明晰性原则是指项目成本记录必须直观、清晰、简明、可控、便于理解和利用,使项目经理和项目管理人员了解成本信息的内涵,弄懂成本信息的内容,便于信息利用,有效地控制本项目的成本费用。

(10)配比原则。配比原则是指营业收入与其对应的成本、费用应当相互配合。为取得本期收入而发生的成本和费用,应与本期实现的收入在同一时期内确认入账,不得脱节,也不得提前或延后。以便正确计算和考核项目经营成果。

(11)重要性原则。重要性原则是指对于成本有重大影响的业务内容,应作为核算的重点,力求精确,而对于那些不太重要的琐碎的经济业务内容,可以相对从简处理,不要事无巨细,均作详细核算。坚持重要性原则能够使成本核算在全面的基础上保证重点，有助于加强对经济活动和经营决策有重大影响和有重要意义的关键性问题的核算，达到事半功倍，简化核算，节约人力、财力、物力，提高工作效率的目的。

(12)谨慎原则。谨慎原则是指在市场经济条件下，在成本、会计核算中，应当对项目可能发生的损失和费用，做出合理预计，以增强抵御风险的能力。

2. 建筑工程项目成本核算的要求

(1)项目经理部应根据财务制度和会计制度的有关规定，建立项目成本核算制，明确项目成本核算的原则、范围、程序、方法、内容、责任及要求，并设置核算台账，记录原始数据。

项目成本核算制是明确项目成本核算的原则、范围、程序、方法、内容、责任及要求的制度。项目管理必须实行项目成本核算制，和项目经理责任制等共同构成了项目管理的运行机制。组织管理层与项目管理层的经济关系、管理责任关系、管理权限关系，以及项目管理组织所承担的责任成本核算的范围、核算业务流程和要求等，都应以制度的形式做出明确规定。

(2)项目经理部应按照规定的时间间隔进行项目成本核算。项目经理部要建立一系列项目业务核算台账和施工成本会计账户，实施全过程的成本核算，具体可分为定期的成本核算和竣工工程成本核算，如:每天、每周、每月的成本核算。定期的成本核算是竣工工程全面成本核算的基础。

(3)项目成本核算应坚持形象进度、产值统计、成本归集三同步的原则。形象进度、产值统计、实际成本归集三同步，即三者的取值范围应是一致的。形象进度表达的工程量、统计施工产值的工程量和实际成本归集所依据的工程量均应是相同的数值。

(4)项目经理部应编制定期成本报告。建立以单位工程为对象的项目生产成本核算体系，原因是单位工程是施工企业的最终产品(成品)，可独立考核。

对竣工工程的成本核算，应区分为竣工工程现场成本和竣工工程完全成本，分别由项目经理部和企业财务部门进行核算分析，其目的在于分别考核项目管理绩效和企业经营效益。

3. 项目成本表格核算法

表格核算法是建立在内部各项成本核算基础上，各要素部门和核算单位定期采集信息，填制相应的表格，并通过一系列的表格，形成项目成本核算体系，作为支撑项目成本核算平台的方法。

表格核算法是依靠众多部门和单位支持，专业性要求不高。一系列表格，由有关部门和相关要素提供单位，按有关规定填写、完成数据比较、考核和简单的核算。它的优点是比较简洁明了，直观易懂，易于操作，实时性较好；缺点，一是覆盖范围较窄，如核算债权债务等比较困难，二是较难实现科学的严密的审核制度，有可能造成数据失实，精度较差。

表格核算法一般有以下几个过程：

(1)确定项目责任成本总额。根据确定的“项目成本责任总额”分析项目成本收入的构成。

(2)项目编制内控成本和落实岗位成本责任。在控制项目成本开支的基础上，在落实岗位成本考核指标的基础上，制定“项目内控成本”。

(3)项目责任成本和岗位收入调整。岗位收入变更表：工程施工过程中的收入调整和签证而引起的工程报价变化或项目成本收入的变化，而且后者更为重要。

(4)确定当期责任成本收入。在已确认的工程收入的基础上，按月确定本项目的成本收入。这项工作一般由项目统计员或合约预算人员与公司合约部门或统计部门，依据项目成本责任合同中有关项目成本收入确认方法和标准，进行计算。

(5)确定当月的分包成本支出。项目依据当月分部分项的完成情况，结合分包合同和分包商提出的当月完成产值，确定当月的项目分包成本支出，编制“分包成本支出预估表”，这项工作一般是由施工员提出，预算合约人员初审，项目经理确认，公司合约部门批准的程序。

(6)材料消耗的核算。以经审核的项目报表为准,由项目材料员和成本核算员计算后,确认其主要材料消耗值和其他材料的消耗值。在分清岗位成本责任的基础上,编制材料耗用汇总表。由材料员依据各施工员开具的领料单,而汇总计算的材料费支出,经项目经理确认后,报公司物资部门批准。

(7)周转材料租用支出的核算。以施工员提供的或财务转入项目的租费确认单为基础,由项目材料员汇总计算,在分清岗位成本责任的前提下,经公司财务部门审核后,落实周转材料租用成本支出,项目经理批准后,编制其费用预估成本支出。如果是租用外单位的周转材料,还要经过公司有关部门审批。

(8)水、电费支出的核算。以机械管理员或财务转入项目的租费确认单为基础,由项目成本核算员汇总计算,在分清岗位成本责任的前提下,经公司财务部门审核后,落实周转材料租用成本支出,项目经理批准后,编制其费用成本支出。

(9)项目外租机械设备的核算。所谓项目从外租入机械设备,是指项目从公司或公司从外部租入用于项目的机械设备,从项目讲,不管此机械设备是公司的产权,还是公司从外部临时租入用于项目施工的,对于项目而言都是从外部获得,周转材料也是这个性质,真正属于项目拥有的机械设备,往往只有部分小型机械设备或部分大型工器具。

(10)项目自有机械设备、大小型工器具摊销、CI费用分摊、临时设施摊销等费用开支的核算。由项目成本核算员按公司规定的摊销年限,在分清岗位成本责任的基础上,计算按期进入成本的金额。经公司财务部门审核并经项目经理批准后,按月计算成本支出金额。

(11)现场实际发生的措施费开支的核算。由项目成本核算员按公司规定的核算类别,在分清岗位成本责任的基础上,按照当期实际发生的金额,计算进入成本的相关明细。经公司财务部门审核并经项目经理批准后,按月计算成本支出金额。

(12)项目成本收支核算。按照已确认的当月项目成本收入和各项成本支出,由项目会计编制,经项目经理同意,公司财务部门审核后,及时编制项目成本收支计算表,完成当月的项目成本收支确认。

(13)项目成本总收支的核算。首先由项目预算合约人员与公司相关部门,根据项目成本责任总额和工程施工过程中的设计变更,以及工程签证等变化因素,落实项目成本总收入。由项目成本核算员与公司财务部门,根据每月的项目成本收支确认表中所反映的支出与耗费,经有关部门确认和依据相关条件调整后,汇总计算并落实项目成本总支出。在以上基础上由成本核算员落实项目成本总的收入、总的支出和项目成本降低水平。

4. 项目成本会计核算法

会计核算法是指建立在会计核算基础上,利用会计核算所独有的借贷记账法和收支全面核算的综合特点,按项目成本内容和收支范围,组织项目成本核算的方法。

会计核算法主要是以传统的会计方法为主要手段,组织进行核算。有核算严密、逻辑性强、人为调节的可能因素较小、核算范围较大的特点。会计核算法之所以严密,是因为它建立在借贷记账法基础上的收和支、进和出,都有另一方做备抵。如购进的材料进入成本少,那这该进而未进成本的部分,就会一直挂在项目库存的账上。会计核算不仅核算项目施工直接成本,而且还要核算项目的施工生产过程中出现的债权债务、项目为施工生产而自购的料具、机具摊销、向业主的结算,责任成本的计算和形成过程、收款、分包完成和分包付款等。不足的一面是对专业人员的专业水平要求较高,要求成本会计的专业水平和职业经验较丰富。

使用会计法核算项目成本时,项目成本直接在项目上进行核算称为直接核算,不直接在项目上进行核算的称为间接核算,介于直接核算与间接核算之间的是列账核算。

(1)项目成本的直接核算。项目除及时上报规定的工程成本核算资料外,还要直接进行项目施工的成本核算,编制会计报表,落实项目成本的盈亏。项目不仅是基层财务核算单位,而且是项目成本核算的主要承担者。还有一种是不进行完整的会计核算,通过内部列账单的形式，利用项目成本台账，进行项目成本列账核算。

直接核算是将核算放在项目上，便于项目及时了解项目各项成本情况，也可以减少一些扯皮。不足的一面是每个项目都要配有专业水平和工作能力较高的会计核算人员。目前一些单位还不具备直接核算的条件。此种核算方式，一般适用于大型项目。

(2)项目成本的间接核算。项目经理部不设置专职的会计核算部门，由项目有关人员按期、按规定的程序和质量向财务部门提供成本核算资料，委托企业在本项目成本责任范围内进行项目成本核算，落实当期项目成本盈亏。企业在外地设立分公司的，一般由分公司组织会计核算。

间接核算是将核算放在企业的财务部门，项目经理部不配专职的会计核算部门，由项目有关人员按期与相应部门共同确定当期的项目成本收入。项目按规定的时间、程序和质量向财务部门提供成本核算资料，委托企业的财务部门在项目成本收支范围内，进行项目成本支出的核算，落实当期项目成本的盈亏。这样可以使会计专业人员相对集中，一个成本会计可以完成两个或两个以上的项目成本核算。不足之处有以下几点：

1)项目了解成本情况不方便，项目对核算结论信任度不高。

2)由于核算不在项目上进行，项目开展管理岗位成本责任核算，就会失去人力支持和平台支持。

(3)项目成本列账核算。项目成本列账核算是介于直接核算和间接核算之间的一种方法。项目经理部组织相对直接核算，正规的核算资料留在企业的财务部门。项目每发生一笔业务，其正规资料由财务部门审核存档后，与项目成本员办理确认和签认手续。项目凭此列账通知作为核算凭证和项目成本收支的依据，对项目成本范围的各项收支，登记台账会计核算，编制项目成本及相关的报表。企业财务部门按期以确认资料，对其审核。这里的列账通知单，一式两联，一联给项目据以核算，另一联留财务审核之用。项目所编制的报表，企业财务不汇总，只作为考核之用，一般式样见表 9-4。内部列账单，项目主要使用台账进行核算和分析。

表 9-4　　　　　　　　　　　　列账通知单

项目名称　　　　　　　　　　　年　月　日　　　　　　　　　　（单位：元）

借/贷	摘　要			百	十	万	千	百	十	元	角	分
	____级科目	____级科目	岗位责任									
大写												
注：	第一联：列账单位使用											
	第二联：接受单位使用											

列账核算法的正规资料在企业财务部门，方便档案保管，项目凭相关资料进行核算，也有利于项目开展项目成本核算和项目岗位成本责任考核。但企业和项目要核算两次，相互之间往返较多，比较烦琐。因此，它适用于较大工程。

5. 表格核算法与会计核算法的并行运用

由于表格核算法便于操作和表格格式自由的特点，它可以根据管理方式和要求设置各种表式。使用表格法核算项目岗位成本责任，能较好地解决核算主体和载体的统一、和谐问题，便于项目成本核算工作的开展。并且随着项目成本核算工作的深入发展，表格的种类、数量、格式、内容、流程都在不断地发展和改进，以适应各个岗位的成本控制和考核。随着项目成本管理的深入开展，要求项目成本核算内容更全面，结论更权威。表格核算由于它的局限性，显然不能满足。于是，采用会计核算法进行项目成本核算提到了会计部门的议事日程。

总的说来，用表格核算法进行项目施工各岗位成本的责任考核和控制，用会计核算法进行项目成本核算，两者互补，相得益彰。

四、建筑工程项目成本分析

项目成本分析是在成本形成过程中，对项目成本进行的对比评价和剖析总结工作，它贯穿于项目成本管理的全过程，也就是说项目成本分析主要利用工程项目的成本核算资料（成本信息），与目标成本（计划成本）、预算成本以及类似的工程项目的实际成本等进行比较，了解成本的变动情况，同时，也要分析主要技术经济指标对成本的影响，系统地研究成本变动的因素，检查成本计划的合理性，并通过成本分析，深入揭示成本变动的规律，寻找降低项目成本的途径，以便有效地进行成本控制。

施工项目成本分析，也是降低成本、提高项目经济效益的重要手段之一。影响建筑工程项目成本变动的因素有两个方面，一是外部的属于市场经济的因素；二是内部的属于企业经营管理的因素。这两方面的因素在一定条件下，又是相互制约和相互促进的。影响施工项目成本变动的市场经济因素，主要包括施工企业的规模和技术装备水平，施工企业专业化和协作的水平以及企业员工的技术水平和操作的熟练程度等，这些因素不是在短期内所能改变的。

1. 成本分析原则

(1)实事求是的原则。在成本分析中，必然会涉及一些人和事，因此，要注意人为因素的干扰。成本分析一定要有充分的事实依据，对事物进行实事求是的评价。

(2)用数据说话的原则。成本分析要充分利用统计核算和有关台账的数据进行定量分析，尽量避免抽象的定性分析。

(3)注重时效的原则。施工项目成本分析贯穿于施工项目成本管理的全过程。这就要求要及时进行成本分析，及时发现问题，及时予以纠正，否则，就有可能贻误解决问题的最好时机，造成成本失控、效益流失。

(4)为生产经营服务的原则。成本分析不仅要揭露矛盾，而且要分析产生矛盾的原因，提出积极有效的解决矛盾的合理化建议。这样的成本分析，必然会深得人心，从而受到项目经理部有关部门和人员的积极支持与配合，使施工项目的成本分析更健康地开展下去。

2. 成本分析依据

施工项目成本分析的依据包括会计核算、业务核算和统计核算。

(1)会计核算。会计核算主要是价值核算。会计是对一定单位的经济业务进行计量、记录、分析和检查，做出预测，参与决策，实行监督，旨在实现最优经济效益的一种管理活动。由于会计记录具有连续性、系统性、综合性等特点，所以，它是施工成本分析的重要依据。

(2)业务核算。业务核算是各业务部门根据业务工作的需要而建立的核算制度，它包括原始记录和计算登记表，如单位工程及分部分项工程进度登记，质量登记，工效、定额计算登记，物资消耗定额记录，测试记录等。业务核算的目的，在于迅速取得资料，在经济活动中及时采取措施进行调整。

(3)统计核算。统计核算是利用会计核算资料和业务核算资料，把企业生产经营活动客观现状的大量数据，按统计方法加以系统整理，表明其规律性。它的计量尺度比会计宽，可以用货币计算，也可以用实物或劳动量计量。它通过全面调查和抽样调查等特有的方法，不仅能提供绝对数指标，还能提供相对数和平均数指标，可以计算当前的实际水平，确定变动速度，可以预测发展的趋势。

3. 对比法成本分析

对比法也称比较法，又称“指标对比分析法”，是通过技术经济指标的对比，检查目标的完成情况，分析产生差异的原因，进而挖掘内部潜力的方法。对比法具有通俗易懂、简单易行、便于掌握的特点，因而得到了广泛的应用，但在应用时必须注意各技术经济指标的可比性。

对比法成本分析的形式包括以下几种：

(1)实际指标与目标指标对比。

1)将实际指标与目标指标对比，以此检查目标的完成情况，分析实现目标的积极因素和影响目标完成的原因，以便及时采取措施，保证成本目标的实现。

2)在进行实际与目标对比时，还应注意目标本身的质量。如果目标本身出现质量问题，则应调整目标，重新正确评价实际工作的成绩，以免挫伤人的积极性。

(2)本期实际指标与上期实际指标对比。

1)通过对比，可以看出各项技术经济指标的动态情况，反映施工项目管理水平的提高程度。

2)在一般情况下,一个技术经济指标只能代表施工项目管理的一个侧面,只有成本指标才是施工项目管理水平的综合反映。

3)成本指标的对比分析尤为重要;一定要真实可靠,而且要有深度。

(3)与本行业平均水平、先进水平对比。通过这种对比,可以反映本项目的技术管理和经济管理与其他项目的平均水平和先进水平的差距,进而采取措施赶超先进水平。

4. 因素分析法成本分析

因素分析法又称连锁置换法或连环代替法,因素分析法可用来分析各种因素对成本形成的影响程度。在进行分析时,首先要假定众多因素中的一个因素发生了变化,而其他因素则不变,然后逐个替换,并分别比较其计算结果,以确定各个因素的变化对成本的影响程度。

因素分析法计算步骤如下:

(1)确定分析对象(即所分析的技术经济指标),并计算出实际与目标(或预算)数的差异。

(2)确定该指标是由哪几个因素组成的,并按其相互关系进行排序(排序规则是:先实物量,后价值量;先绝对值,后相对值)。

(3)以目标(或预算)数为基础,将各因素的目标(或预算)数相乘,作为分析替代的基数。

(4)将各个因素的实际数按照上面的排列顺序进行替换计算,并将替换后的实际数保留下来。

(5)将每次替换计算所得的结果,与前一次的计算结果相比较,两者的差异即为该因素对成本的影响程度。

5. 差额计算法成本分析

差额计算法是因素分析法的一种简化形式,它利用各因素的目标值与实际值的差额来计算其对成本的影响程度。

成本分析的方法可以单独使用,也可结合使用。尤其是在进行成本综合分析时,必须使用基本方法。为了更好地说明成本升降的具体原因，必须依据定量分析的结果进行定性分析。

成本偏差分为局部成本偏差和累计成本偏差。局部成本偏差包括项目的月度（或周、天等）核算成本偏差、专业核算成本偏差以及分部分项作业成本偏差等；累计成本偏差是指已完工程在某一时间点上实际总成本与相应的计划总成本的差异。对成本偏差的原因分析，应采取定量和定性相结合的方法。

五、建筑工程项目成本考核

成本考核是指在项目完成后，对项目成本形成中的各责任者，按项目成本目标责任制的有关规定，将成本的实际指标与计划、定额、预算进行对比和考核，评定项目成本计划的完成情况和各责任者的业绩，并以此给予相应的奖励和处罚。通过成本考核，做到有奖有惩，赏罚分明，才能有效地调动企业的每一个职工在各自的施工岗位上努力完成目标成本的积极性，为降低项目成本和增加企业的积累做出自己的贡献。

项目的成本考核，特别要强调施工过程中的中间考核，这对具有一次性特点的施工项目来说尤为重要。因为通过中间考核发现问题，还能及时弥补；而竣工后的成本考核虽然也很重要，但对成本管理的不足和由此造成的损失，已经无法弥补。

1. 建筑工程项目成本考核的要求

项目成本考核是项目落实成本控制目标的关键，是将项目施工成本总计划支出，在结合项目施工方案、施工手段和施工工艺、讲究技术进步和成本控制的基础上提出的，针对项目不同的管理岗位人员，而做出的成本耗费目标要求。具体要求如下：

（1）组织应建立和健全项目成本考核制度，对考核的目的、时间、范围、对象、方式、依据、指标、组织领导、评价与奖惩原则等做出规定。

（2）组织应以项目成本降低额和项目成本降低率作为成本考核主要指标。项目经理部应设置成本降低额和成本降低率等考核指标。发现偏离目标时，应及时采取改进措施。

以项目成本降低额和项目成本降低率作为成本考核的主要指标，

要加强组织管理层对项目管理部的指导，并充分依靠技术人员、管理人员和作业人员的经验和智慧，防止项目管理在企业内部异化为靠少数人承担风险的以包代管模式。成本考核也可分别考核组织管理层和项目经理部。

(3)组织应对项目经理部的成本和效益进行全面审核、审计、评价、考核和奖惩。项目管理组织对项目经理部进行考核与奖惩时，既要防止虚盈实亏，又要避免实际成本归集差错等的影响，使项目成本考核真正做到公平、公正、公开，在此基础上兑现项目成本管理责任制的奖惩或激励措施。

2. 建筑工程项目成本考核的内容

项目成本考核，可以分为两个层次：一是企业对项目经理的考核；二是项目经理对所属部门、施工队和班组的考核。通过层层考核，督促项目经理、责任部门和责任者更好地完成自己的责任成本，从而形成实现项目成本目标的层层保证体系。

(1)企业对项目经理考核的内容。

1)项目成本目标和阶段成本目标的完成情况。

2)建立以项目经理为核心的成本管理责任制的落实情况。

3)成本计划的编制和落实情况。

4)对各部门、各作业队和班组责任成本的检查和考核情况。

5)在成本管理中贯彻责权利相结合原则的执行情况。

(2)项目经理对所属各部门、各作业队和班组考核的内容。

1)对各部门的考核内容：

①本部门、本岗位责任成本的完成情况。

②本部门、本岗位成本管理责任的执行情况。

2)对各作业队的考核内容：

①对劳务合同规定的承包范围和承包内容的执行情况。

②劳务合同以外的补充收费情况。

③对班组施工任务单的管理情况，以及班组完成施工任务后的考核情况。

3)对生产班组的考核内容(平时由作业队考核)。以分部分项工程成本作为班组的责任成本。以施工任务单和限额领料单的结算资料为依据,与施工预算进行对比,考核班组责任成本的完成情况。

3. 建筑工程项目成本考核的实施

(1)项目成本考核采取评分制。项目成本考核是工程项目根据责任成本完成情况和成本管理工作业绩确定权重后,按考核的内容评分。

具体方法为:先按考核内容评分,然后按七与三的比例加权平均,即责任成本完成情况的评分为七,成本管理工作业绩的评分为三。这是一个假设的比例,工程项目可以根据自己的具体情况进行调整。

(2)项目的成本考核要与相关指标的完成情况相结合。项目成本的考核评分要考虑相关指标的完成情况,予以嘉奖或扣罚。与成本考核相结合的相关指标,一般有进度、质量、安全和现场标准化管理。

(3)强调项目成本的中间考核。项目成本的中间考核,一般有月度成本考核和阶段成本考核。成本的中间考核,能更好地带动今后成本的管理工作,保证项目成本目标的实现。

1)月度成本考核:一般是在月度成本报表编制以后,根据月度成本报表的内容进行考核。在进行月度成本考核的时候,不能单凭报表数据,还要结合成本分析资料和施工生产、成本管理的实际情况,然后才能做出正确的评价,带动今后的成本管理工作,保证项目成本目标的实现。

2)阶段成本考核。项目的施工阶段,一般可分为:基础、结构、装饰、总体四个阶段。如果是高层建筑,可对结构阶段的成本进行分层考核。

阶段成本考核能对施工告一段落后的成本进行考核,可与施工阶段其他指标(如进度、质量等)的考核结合得更好,也更能反映工程项目的管理水平。

(4)正确考核项目的竣工成本。项目的竣工成本,是在工程竣工和工程款结算的基础上编制的,它是竣工成本考核的依据,也是项目成本管理水平和项目经济效益的最终反映,又是考核承包经营情况、实施奖罚的依据。必须做到核算无误,考核正确。

(5)项目成本的奖罚。工程项目的成本考核,可分为月度考核、阶段考核和竣工考核三种。为贯彻责、权、利相结合原则，应在项目成本考核的基础上，确定成本奖罚标准，并通过经济合同的形式明确规定，及时兑现。

由于月度成本考核和阶段成本考核属假设性的，因而，实施奖罚应留有余地，待项目竣工成本考核后再进行调整。

项目成本奖罚的标准，应通过经济合同的形式明确规定。因为经济合同规定的奖罚标准具有法律效力，任何人都无权中途变更，或者拒不执行。另外，通过经济合同明确奖罚标准以后，职工群众就有了奋斗目标，因而，也会在实现项目成本目标中发挥更积极的作用。在确定项目成本奖罚标准的时候，必须从本项目的客观情况出发，既要考虑职工的利益，又要考虑项目成本的承受能力。在一般情况下，造价低的项目，奖金水平要定得低一些；造价高的项目，奖金水平可以适当提高。具体的奖罚标准，应该经过认真测算再行确定。

除此之外，企业领导和项目经理还可对完成项目成本目标有突出贡献的部门、作业队、班组和个人进行随机奖励。这是项目成本奖励的另一种形式，显然不属于上述成本奖罚的范围，但往往能起到很好的效果。

第十章　建筑工程项目职业安全与文明施工管理

第一节　建筑工程项目职业安全管理概述

建筑工程项目职业健康安全管理就是用现代管理的科学知识，概括项目职业健康安全生产的目标要求，进行控制、处理，以提高职业健康安全管理工作的水平。在施工过程中只有用现代管理的科学方法去组织、协调生产，方能大幅度降低伤亡事故，才能充分调动施工人员的主观能动性。在提高经济效益的同时，改变不安全、不卫生的劳动环境和工作条件，在提高劳动生产率的同时，加强对工程项目的职业健康安全管理。

建筑工程项目施工现场存在着较多不安全因素，属于事故多发的作业现场。因此，加强对建设工程施工现场的职业健康安全管理具有重要意义。

职业健康安全管理是建筑工程施工企业职业健康安全系统管理的关键，是保证建筑工程施工企业处于职业健康安全状态的重要基础。在建筑工程施工中多单位、多工种集中在一个场地，而且人员、作业位置流动性较大，因此，加强对施工现场各种要素的管理和控制，对减少职业健康安全事故的发生非常重要。同时，随着我国经济改革的发展，建设工程施工企业迅速发展壮大，难免良莠不齐，为了规范建设市场，也必须加强建筑工程施工职业健康安全管理。

一、建筑工程项目职业安全管理概念

1. 职业健康安全

职业健康安全是指预知人类在生产和生活各个领域存在的固有的或潜在的危险，并且为消除这些危险所采取的各种方法、手段和行

动的总称。

2. 职业健康安全生产

职业健康安全生产是指在劳动生产过程中，通过努力改善劳动条件，克服不安全因素，防止伤亡事故发生，使劳动生产在保障劳动者安全健康和国家财产及人民生命财产不受损失的前提下顺利进行。

3. 职业健康安全生产管理

职业健康安全生产管理是指经营管理者对职业健康安全生产工作进行的策划、组织、指挥、协调、控制和改进的一系列活动，目的是保证在生产经营活动中的人身安全、财产安全，促进生产的发展，保持社会的稳定。

4. 项目职业健康安全管理

项目职业健康安全管理是用现代管理的科学知识，概括项目职业健康安全生产的目标要求，进行控制、处理，以提高职业健康安全管理工作的水平。在施工过程中，只有用现代管理的科学方法去组织、协调生产，方能大幅度降低伤亡事故，才能充分调动施工人员的主观能动性。在提高经济效益的同时，改变不安全、不卫生的劳动环境和工作条件，在提高劳动生产率的同时，加强对工程项目的职业健康安全管理。

二、建筑工程项目职业安全管理内容

1. 职业健康安全组织管理

为保证国家有关职业健康安全生产的政策、法规及建筑工程施工现场职业健康安全管理制度的落实，施工企业应建立健全职业健康安全管理机构，并对职业健康安全管理机构的构成、职责及工作模式做出规定。施工企业还应重视职业健康安全档案管理工作，及时整理、完善职业健康安全档案、职业健康安全资料，为预防、预测、预报职业健康安全事故提供依据。

2. 职业健康安全制度管理

项目确立以后，建筑工程施工单位就要根据国家及行业有关职业健康安全生产的政策、法规、规范和标准，建立一整套符合项目特点的职业健康安全管理制度，包括职业健康安全生产责任制度、职业健康安全生产教育制度、职业健康安全生产检查制度、现场职业健康安全管理制度、电气职业健康安全管理制度、防火防爆职业健康安全管理制度、高处作业职业健康安全管理制度、劳动卫生职业健康安全管理制度等。用制度约束施工人员的行为，达到职业健康安全生产的目的。

3. 施工人员操作规范化管理

施工单位要严格按照国家及行业的有关规定，按各工种操作规程及工作条例的要求规范施工人员的行为，坚决贯彻执行各项职业健康安全管理制度，杜绝由于违反操作规程而引发的工伤事故。

4. 职业健康施工安全技术管理

在施工生产过程中，为了防止和消除伤亡事故，保障职工职业健康安全，企业应根据国家及行业的有关规定，针对工程特点、施工现场环境、使用机械，以及施工中可能使用的有毒有害材料，提出职业健康安全技术和防护措施。职业健康安全技术措施在开工前应根据施工图编制。施工前必须以书面形式对施工人员进行职业健康安全技术交底，对不同工程特点和可能造成的职业健康安全事故，从技术上采取措施，消除危险，保证施工职业健康安全。施工中对各项职业健康安全技术措施要认真组织实施，经常进行监督检查。对施工中出现的新问题，技术人员和职业健康安全管理人员要在调查分析的基础上，提出新的职业健康安全技术措施。

5. 施工现场职业健康安全设施管理

根据原建设部颁发的《建筑工程施工现场管理规定》，应对施工现场的运输道路，附属加工设施，给排水、动力及照明、通信等管线，临时性建筑（仓库、工棚、食堂、水泵房、变电所等），材料、构件、设备及工器具的堆放点，施工机械的行进路线，安全防火设施等一切施工所必需的临时工程设施进行合理的设计、有序摆放和科学管理。

三、建筑工程项目职业安全管理基本要求

（1）必须取得安全行政主管部门颁发的“安全施工许可证”后才可

开工。

(2)总承包单位和每一个分包单位都应持有“施工企业安全资格审查认可证”。

(3)各类人员必须具备相应的执业资格才能上岗。

(4)所有新员工必须经过三级安全教育,即进场、进车间和进班组的安全教育。

(5)特殊工种作业人员必须持有特种作业操作证,并严格按规定定期进行复查。

(6)对查出的安全隐患要做到“五定”,即定整改责任人、定整改措施、定整改完成时间、定整改完成人、定整改验收人。

(7)必须把好安全生产“六关”,即措施关、交底关、教育关、防护关、检查关、改进关。

(8)施工现场安全设施齐全,并符合国家及地方有关规定。

(9)施工机械(特别是现场安设的起重设备等)必须经安全检查合格后方可使用。

四、建筑工程项目职业安全与其相关要素关系

建筑工程项目职业健康安全管理应正确处理职业健康安全与危险、生产、质量、速度、效益的关系。

1. 职业健康安全与危险关系

职业健康安全与危险在同一事物的运动中是相互对立的,也是相互依赖而存在的,因为有危险,所以,才进行职业健康安全生产过程控制,以防止或减少危险。职业健康安全与危险并非是等量并存、平静相处,随着事物的运动变化,职业健康安全与危险每时每刻都在起变化,彼此进行斗争。事物的发展将向斗争的胜方倾斜。可见,在事物的运动中,都不会存在绝对的职业健康安全或危险。保持生产的职业健康安全状态,必须采取多种措施,以预防为主,危险因素是可以控制的。因为危险因素是客观地存在于事物运动之中的,是可知的,也是可控的。

2. 职业健康安全与生产统一

生产是人类社会存在和发展的基础,如生产中的人、物、环境都处

于危险状态，则生产无法顺利进行，因此，职业健康安全是生产的客观要求，当生产完全停止，职业健康安全也就失去意义；就生产目标来说，组织好职业健康安全生产就是对国家、人民和社会最大的负责。有了职业健康安全保障，生产才能持续、稳定、健康地发展。若生产活动中事故不断发生，生产势必陷于混乱，甚至瘫痪。当生产与职业健康安全发生矛盾，危及员工生命或资产时，停止生产经营活动进行整治、消除危险因素以后，生产经营形势会变得更好。

3. 职业健康安全与质量同步

质量和职业健康安全工作，交互作用，互为因果。职业健康安全第一，质量第一，这两个第一并不矛盾。职业健康安全第一是从保护生产经营因素的角度提出的。而质量第一则是从关心产品成果的角度而强调的，职业健康安全为质量服务，质量需要职业健康安全保证。生产过程哪一头都不能丢掉，否则，将陷于失控状态。

4. 职业健康安全与速度互促

生产中违背客观规律，盲目蛮干、乱干，在侥幸中求得的进度，缺乏真实与可靠的安全支撑，往往容易酿成不幸，不但无速度可言，反而会延误时间，影响生产。速度应以职业健康安全做保障，职业健康安全是速度，应追求职业健康安全加速度，避免职业健康安全减速度。职业健康安全与速度成正比关系。一味强调速度，置职业健康安全于不顾的做法是极其有害的。当速度与职业健康安全发生矛盾时，暂时减缓速度，保证职业健康安全才是正确的选择。

5. 职业健康安全与效益同在

职业健康安全技术措施的实施，会不断改善劳动条件，调动职工的积极性，提高工作效率，带来经济效益，从这个意义上说，职业健康安全与效益完全是一致的，职业健康安全促进了效益的增长。在实施职业健康安全措施中，投入要精打细算、统筹安排。既要保证职业健康安全生产，又要经济合理，还要考虑力所能及。为了省钱而忽视职业健康安全生产，或追求资金盲目高投入，都是不可取的。

五、建筑工程项目职业安全管理“六个坚持”原则

1. 坚持生产、职业健康安全同时管

职业健康安全寓于生产之中，并对生产发挥促进与保证作用，因此，职业健康安全与生产虽有时会出现矛盾，但从职业健康安全、生产管理的目标角度来看，表现出高度的一致和统一。职业健康安全管理是生产管理的重要组成部分，职业健康安全与生产在实施过程中，两者存在着密切的联系，并存在着进行共同管理的基础。国务院在《关于加强企业生产中安全工作的几项规定》中明确指出：“各级领导人员在管理生产的同时，必须负责管理安全工作。”“企业中各有关专职机构，都应该在各自业务范围内，对实现安全生产的要求负责”。管生产同时管安全，不仅是对各级领导人员明确职业健康安全管理责任，同时，也向一切与生产有关的机构和人员明确了业务范围内的职业健康安全管理责任。由此可见，一切与生产有关的机构、人员，都必须参与职业健康安全管理，并在管理中承担责任。认为职业健康安全管理只是职业健康安全部门的事，是一种片面的、错误的认识。各级人员职业健康安全生产责任制度的建立，管理责任的落实，体现了管生产同时管安全的原则。

2. 坚持目标管理

职业健康安全管理的内容是对生产中的人、物、环境因素状态的管理，在于有效地控制人的不安全行为和物的不安全状态，消除或避免事故，达到保护劳动者的职业健康安全的目标。没有明确目标的职业健康安全管理是一种盲目行为。盲目的职业健康安全管理，往往劳民伤财，危险因素依然存在。在一定意义上，盲目的职业健康安全管理，只能纵容威胁人的职业健康安全的状态，向更为严重的方向发展或转化。

3. 坚持预防为主

职业健康安全生产的方针是“安全第一、预防为主”，安全第一是从保护生产力的角度和高度，表明在生产范围内，职业健康安全与生产的关系，肯定职业健康安全在生产活动中的位置和重要性。进行职

业健康安全管理不是处理事故，而是在生产经营活动中，针对生产的特点，对生产要素采取管理措施，有效地控制不安全因素的发生与扩大，把可能发生的事故，消灭在萌芽状态，以保证生产经营活动中，人的职业健康安全。预防为主，首先是端正对生产中不安全因素的认识和消除不安全因素的态度，选准消除不安全因素的时机。在安排与布置生产经营任务时，针对施工生产中可能出现的危险因素，采取措施予以消除是最佳选择，在生产活动过程中，经常检查，及时发现不安全因素，采取措施，明确责任，尽快地、坚决地予以消除，是职业健康安全管理应有的鲜明态度。

4. 坚持全员管理

职业健康安全管理不是少数人和职业健康安全机构的事，而是一切与生产有关的机构、人员共同的事，缺乏全员的参与，职业健康安全管理不会有生机、不会出现好的管理效果。当然，这并非否定职业健康安全管理第一责任人和职业健康安全监督机构的作用。单位负责人在职业健康安全管理中的作用固然重要，但全员参与职业健康安全管理更加重要。职业健康安全管理涉及生产经营活动的方方面面，涉及从开工到竣工交付的全部过程、生产时间和生产要素。因此，生产经营活动中必须坚持全员、全方位的职业健康安全管理。

5. 坚持过程控制

通过识别和控制特殊关键过程，做到预防和消除事故，防止或消除事故伤害。在职业健康安全管理的主要内容中，虽然都是为了达到职业健康安全管理的目标，但是对生产过程的控制，与职业健康安全管理目标关系更直接，显得更为突出，因此，对生产中人的不安全行为和物的不安全状态的控制，必须列入过程安全控制管理的节点。事故发生往往由于人的不安全行为运动轨迹与物的不安全状态运动轨迹的交叉所造成的，从事故发生的原因看，也说明了对生产过程的控制，应该作为职业健康安全管理重点。

6. 坚持持续改进

职业健康安全管理是在变化着的生产经营活动中的管理，是一种动态管理。其管理是不断改进发展的、不断变化的，以适应变化的生产活动，消除新的危险因素。其需要的是不间断地摸索新的规律，总结控制的办法与经验，指导新的变化后的管理，从而不断提高职业健康安全管理水平。

第二节 建筑工程项目职业安全管理体系

组织应遵照《建设工程安全生产管理条例》和《职业健康安全管理体系》标准，坚持安全第一、预防为主和防治结合的方针，建立并持续改进职业健康安全管理体系。项目经理应负责项目职业健康安全的全面管理工作。项目负责人、专职安全生产管理人员应持证上岗。

一、职业健康安全管理体系的作用和意义

1. 职业健康安全管理体系的作用

(1)职业健康安全状况是经济发展和社会文明程度的反映。使所有劳动者获得安全与健康，是社会公正、安全、文明、健康发展的基本标志，也是保持社会安定团结和经济可持续发展的重要条件。

(2)职业健康安全管理体系是对企业环境的职业健康安全状态规定了具体的要求和限定，通过科学管理使工作环境符合职业健康安全标准的要求。

(3)职业健康安全管理体系的运行主要依赖于逐步提高，持续改进，是一个动态的、自我调整和完善的管理系统。同时，也是职业健康安全管理体系的基本思想。

(4)职业健康安全管理体系是项目管理体系中的一个子系统，其循环也是整个管理系统循环的一个子系统。

2. 职业健康安全管理体系的意义

(1)提高项目职业健康安全管理水平的需要。改善职业健康安全生产规章制度不健全，管理方法不适应，职业健康安全生产状况不佳的现状。

(2)适应市场经济管理体制的需要。随着我国经济体制的改革，

职业健康安全生产管理体制确立了企业负责的主导地位，企业要生存发展，就必须推行“职业健康安全管理体系”。

(3)顺应全球经济一体化趋势的需要。建立职业健康安全管理体系，有利于抵制非关税贸易壁垒。因为世界发达国家要求把人权、环境保护和劳动条件纳入国际贸易范畴，将劳动者权益和职业健康安全状况与经济问题挂钩，否则，将受到关税的制约。

(4)加入WTO，参与国际竞争的需要。我国加入了世贸组织后，国际的竞争日趋激烈，而我国企业职业健康安全工作，与发达国家相比明显落后，如不尽快改变这一状况，就很难参与竞争。而职业健康安全管理体系的建立，就是从根本上改善管理机制和改善劳工状况。所以，职业健康安全管理体系的认证是我国加入世贸组织，企业进入世界经济和贸易领域的一张国际通行证。

二、职业健康安全管理体系的目标

1. 使员工面临的职业健康安全风险减少到最低限度

最终实现预防和控制工伤事故、职业病及其他损失的目标，帮助企业在市场竞争中树立起一种负责的形象，从而提高企业的竞争力。

2. 直接或间接获得经济效益

通过实施“职业健康安全管理体系”，可以明显提高项目安全生产管理水平和经济效益。通过改善劳动者的作业条件，提高劳动者身心健康和劳动效率。对项目的效益具有长期的积极效应，对社会也能产生激励作用。

3. 实现以人为本的职业健康安全管理

人力资源的质量是提高生产率水平和促进经济增长的重要因素，而人力资源的质量是与工作环境的职业健康安全状况密不可分的。职业健康安全管理体系的建立，将是保护和发展生产力的有效方法。

4. 提升企业的品牌和形象

在现代市场中的竞争已不仅仅是资本和技术的竞争，企业综合素质的高低将是开发市场的最重要条件，是企业品牌的竞争。而项目职业健康安全则是反映企业品牌的重要指标，也是企业素质的重要标志。

5. 促进项目管理现代化

管理是项目运行的基础。随着全球经济一体化的到来，对现代化管理提出了更高的要求，必须建立系统、开放、高效的管理体系，以促进项目大系统的完善和整体管理水平的提高。

6. 增强对国家经济发展的能力

加大对职业健康安全生产的投入，有利于扩大社会内部需求，增加社会需求总量；同时，做好职业健康安全生产工作可以减少社会总损失。而且，保护劳动者的职业健康安全也是国家经济可持续发展的长远之计。

三、职业健康安全管理体系的建立原则

为贯彻“安全第一、预防为主”的方针，建立健全职业健康安全生产责任制和群防群治制度，确保项目施工过程的人身和财产安全，减少一般事故的发生，应结合工程的特点，建立项目职业健康安全管理体系，其原则如下：

(1)要适用于建筑工程项目全过程的职业健康安全管理和控制。

(2)依据《中华人民共和国建筑法》、《职业安全卫生管理体系标准》，国际劳工组织 167 号公约及国家有关职业健康安全生产的法律、行政法规和规程进行编制。

(3)建立职业健康安全管理体系必须包含的基本要求和内容。项目经理部应结合各自实际情况加以充实，建立职业健康安全生产管理体系，确保项目施工的职业健康安全。

(4)建筑业施工企业应加强对施工项目的职业健康安全管理，指导、帮助项目经理部建立、实施并保持职业健康安全管理体系。施工项目职业健康安全管理体系必须由总承包单位负责策划建立，分包单位应结合分包工程的特点，制订相适宜的职业健康安全保证计划，并纳入接受总承包单位职业健康安全管理体系的管理。

四、职业健康安全管理体系的管理职责

1. 制定职业健康安全管理目标

项目实施施工总承包的，由总承包单位负责制定项目的职业健康安全管理目标，并确保以下几项：

(1)项目经理为项目职业健康安全生产第一责任人，对职业健康安全生产应负全面的领导责任，实现重大伤亡事故为零的目标。

(2)有适合于项目规模、特点的应用职业健康安全技术。

(3)应符合国家职业健康安全生产法律、行政法规和建筑行业职业健康安全规章、规程及对业主和社会要求的承诺。

(4)形成全体员工所理解的文件，并实施保持。

2. 提供职业健康安全管理资源

项目经理部应确定并提供充分的资源，以确保职业健康安全管理体系的有效运行和职业健康安全管理目标的实现。资源包括以下几项：

(1)配备与职业健康安全相适应并经培训考核持证的管理、操作和检查人员。

(2)施工职业健康安全技术及防护设施。

(3)用电和消防设施。

(4)施工机械职业健康安全装置。

(5)必要的职业健康安全检测工具。

(6)职业健康安全技术措施的经费。

3. 职业健康安全管理组织的其他职责和权限

项目对从事与职业健康安全有关的管理、操作和检查人员，特别是需要独立行使权力开展工作的人员，规定其职责、权限和相互关系，并形成文件。

(1)编制职业健康安全计划，决定资源配备。

(2)职业健康安全管理体系实施的监督、检查和评价。

(3)纠正和预防措施的验证。

第三节　建筑工程项目职业安全技术措施计划

建筑工程项目职业健康安全技术措施计划是职业健康安全计划方面十分重要的工作，是企业有计划地改善劳动条件的重要工具，是防止工伤事故及职业病的一项重要措施，也是企业总计划（生产财务计划）的一个组成部分。

一、职业健康安全技术措施编制

建筑工程项目施工组织设计或施工方案中必须有针对性的职业健康安全技术措施，特殊和危险性大的工程必须单独编制职业健康安全施工方案或职业健康安全技术措施。

职业健康安全技术措施的编制，必须考虑现场的实际情况、施工特点及周围作业环境。措施要有针对性，凡施工过程中可能发生的危险因素及建筑物周围外部环境不利因素等，都必须从技术上采取具体且有效的措施予以预防。同时，职业健康安全技术措施和方案必须有设计、有计算、有详图、有文字说明。

（一）职业健康安全技术措施编制的要求

1. 及时性

（1）职业健康安全性措施在施工前必须编制好，并且经过审核批准后正式下达施工单位以指导施工。

（2）在施工过程中，设计发生变更时，职业健康安全技术措施必须及时变更或做补充，否则不能施工。

（3）施工条件发生变化时，必须变更职业健康安全技术措施内容，并及时经原编制、审批人员办理变更手续，不得擅自变更。

2. 针对性

（1）要根据施工工程的结构特点，凡在施工生产中可能出现的危险因素，必须从技术上采取措施，消除危险，保证施工安全。

（2）要针对不同的施工方法和施工工艺制定相应的职业健康安全技术措施：

1)不同的施工方法要有不同的职业健康安全技术措施，技术措施要有设计、有详图、有文字要求、有计算。

2)根据不同分部分项工程的施工工艺可能给施工带来的不安全因素，从技术上采取措施保证其安全实施。土方工程、地基与基础工程、砌筑工程、钢窗工程、吊装工程及脚手架工程等必须编制单项工程的职业健康安全技术措施。

3)编制施工组织设计或施工方案在使用新技术、新工艺、新设备、新材料的同时，必须研究应用相应的职业健康安全技术措施。

(3)针对使用的各种机械设备、用电设备可能给施工人员带来的危险因素，从安全保险装置、限位装置等方面采取职业健康安全技术措施。

(4)针对施工中有毒、有害、易燃、易爆等作业可能给施工人员造成的危害，制定相应的防范措施。

(5)针对施工现场及周围环境中可能给施工人员及周围居民带来危险的因素，以及材料、设备运输的困难和不安全因素，制定相应的职业健康安全技术措施。

3. 具体性

(1)职业健康安全技术措施必须明确具体，能指导施工，绝不能搞口号式、一般化。

(2)职业健康安全技术措施中必须有施工总平面图，在图中必须对危险的油库、易燃材料库、变电设备以及材料、构件的堆放位置，塔式起重机、井字架或龙门架、搅拌台的位置等按照施工需要和安全堆积的要求明确定位，并提出具体要求。

(3)职业健康安全技术措施及方案必须由项目责任工程师或工程项目技术负责人指定的技术人员进行编制。

(4)职业健康安全技术措施及方案的编制人员必须掌握项目概况、施工方法、场地环境等第一手资料，并熟悉有关职业健康安全生产法规和标准，具有一定的专业水平和施工经验。

(二)职业健康安全技术措施编制的内容

1. 一般工程职业健康安全技术措施

(1)深坑、桩基施工与土方开挖方案。

(2)±0.000以下结构施工方案。

(3)工程临时用电技术方案。

(4)结构施工临边、洞口及交叉作业、施工防护职业健康安全技术措施。

(5)塔式起重机、施工外用电梯、垂直提升架等安装与拆除职业健康安全技术方案(含基础方案)。

(6)大模板施工职业健康安全技术方案(含支撑系统)。

(7)高大、大型脚手架、整体式爬升(或提升)脚手架及卸料平台安全技术方案。

(8)特殊脚手架——吊篮架、悬挑架、挂架等职业健康安全技术方案。

(9)钢结构吊装职业健康安全技术方案。

(10)防水施工职业健康安全技术方案。

(11)设备安装职业健康安全技术方案。

(12)新工艺、新技术、新材料施工职业健康安全技术措施。

(13)防火、防毒、防爆、防雷职业健康安全技术措施。

(14)临街防护、临近外架供电线路、地下供电、供气、通风、管线，毗邻建筑物防护等职业健康安全技术措施。

(15)主体结构、装修工程职业健康安全技术方案。

(16)群塔作业职业健康安全技术措施。

(17)中小型机械职业健康安全技术措施。

(18)安全网的架设范围及管理要求。

(19)冬雨期施工职业健康安全技术措施。

(20)场内运输道路及人行通道的布置。

2. 单位工程职业健康安全技术措施

对于结构复杂、危险性大、特性较多的特殊工程，应单独编制职业健康安全技术方案。如:爆破、大型吊装、沉箱、沉井、烟囱、水塔、各种特殊架设作业、高层脚手架、井架和拆除工程等，必须单独编制职业健康安全技术方案，并要有设计依据、有计算、有详图、有文字要求。

3. 季节性施工职业健康安全技术措施

(1)高温作业职业健康安全措施:夏季气候炎热,高温时间持续较长,制定防暑降温职业健康安全措施。

(2)雨期施工职业健康安全方案:雨期施工,制定防止触电、防雷、防坍塌、防台风职业健康安全方案。

(3)冬期施工职业健康安全方案:冬期施工,制定防风、防火、防滑、防煤气中毒、防亚硝酸钠中毒等职业健康安全方案。

(三)职业健康安全技术措施审批管理

(1)一般工程职业健康安全技术方案(措施)由项目经理部工程技术部门负责人审核,项目经理部总(主任)工程师审批,报公司项目管理部、职业健康安全监督部备案。

(2)重要工程(含较大专业施工)职业健康安全技术方案(措施)由项目(或专业公司)总(主任)工程师审核,公司项目管理部、职业健康安全监督部复核,由公司技术发展部或公司总工程师委托技术人员审批并在公司项目管理部、职业健康安全监督部备案。

(3)大型、特大工程职业健康安全技术方案(措施)由项目经理部总(主任)工程师组织编制报技术发展部、项目管理部、职业健康安全监督部审核,由公司总(副总)工程师审批并在以上三个部门备案。

(4)深坑(超过 5m)、桩基础施工方案、整体爬升(或提升)脚手架方案经公司总工程师审批后还须报当地建委施工管理处备案。

(5)业主指定分包单位所编制的职业健康安全技术措施方案在完成报批手续后报项目经理部技术部门或总(主任)工程师处备案。

(四)职业健康安全技术措施变更

(1)施工过程中如发生设计变更,原定的职业健康安全技术措施也必须随着变更,否则不准施工。

(2)施工过程中确实需要修改拟定的职业健康安全技术措施时,必须经原编制人同意,并办理修改审批手续。

二、职业健康安全技术措施计划的重要性

(1)有了职业健康安全技术措施计划,就可以把改善劳动条件,保

证职业健康安全生产的工作纳入国家和企业的总计划中，使之实现有了保证；使企业的职业健康安全技术措施能有步骤、有时间地得以落实，做到制度化和计划化。所以企业在编制生产财务计划时，必须同时编制职业健康安全技术措施计划，有些重大项目还可纳入国家长远规划。

(2)职业健康安全技术措施计划的编制，可以更合理地使用国家投资，使国家职业健康安全技术措施经费发挥最大的作用，达到“少花钱，多办事”的目的。

(3)抓住职业健康安全生产的关键项目。注重改造、革新设备，采用新技术、新设备，可以从根本上改善劳动条件，实现职业健康安全生产。

(4)吸收工人参加编制职业健康安全技术措施计划，实现领导。与群众相结合，使工人参与职业健康安全管理工作，也是发挥群众监督作用的好办法。

(5)有利于贯彻“安全第一、预防为主”的方针。

三、职业健康安全技术措施计划的编制

职业健康安全技术措施计划的编制要以切合实际，符合当前经济、技术条件，花钱少，效果好，保证计划的实现为原则。

1. 职业健康安全技术措施计划编制的依据

(1)国家职业健康安全法规、条例、规程、政策及企业有关的职业健康安全规章制度。

(2)在职业健康安全生产检查中发现的，但尚未发生的问题。

(3)造成工伤事故与职业病的主要设备与技术原因，应采取的有效防止措施。

(4)生产发展需要所采取的职业健康安全技术与工业卫生技术措施。

(5)职业健康安全技术革新项目和职工提出的合理化建议项目。

2. 项目职业健康安全技术措施计划编制应考虑的因素

在确定是否需要编制职业健康安全技术措施计划时，应着重考虑

下列因素：

(1)国家颁布的劳动保护法令和各产业部门颁布的有关劳动保护的各项政策、指示等。

(2)职业健康安全检查中发现的隐患。

(3)职工提出的有关职业健康安全、工业卫生方面的合理化建议等。

3. 职业健康安全技术措施计划编制的可能性分析

在分析职业健康安全技术措施计划的可能性时应着重分析下列因素：

(1)在当前的科学技术条件下，计划是否具有可行性。

(2)本单位是否具备实现职业健康安全技术措施计划的人力、物力和财力。

(3)职业健康安全技术措施计划实施后的职业健康安全效果和经济效益。在选择职业健康安全技术措施计划方案时，要尽可能采用效果相同而花钱少的方案。

4. 职业健康安全技术措施计划的内容

职业健康安全技术措施计划应包括的主要项目有：单位或工作场所，措施名称，措施的内容和目的，经费预算及其来源，负责设计、施工单位或负责人，开工日期及竣工日期，措施执行情况及其效果。

职业健康安全技术措施计划的内容，包括以改善企业劳动条件、防止工伤事故、预防职业病和职业中毒为主要目的的一切技术组织措施。按照《职业健康安全技术措施计划项目总名称表》规定，具体可分为以下四类：

(1)职业健康安全技术措施。职业健康安全技术措施是指以预防工伤事故为目的的一切技术措施。如：防护装置、保险装置、信号装置及各种防护设施等。

(2)工业卫生技术措施。工业卫生技术措施是指以改善劳动条件，预防职业病为目的的一切技术措施。如：防尘、防毒、防噪声、防振动设施以及通风工程等。

(3)辅助房屋及设施。辅助房屋及设施是指有关保证职业健康安全生产、工业卫生所必需的房屋及设施。如:淋浴室、更衣室、消毒室、妇女卫生室等。

(4)职业健康安全宣传教育所需的设施。职业健康安全宣传教育所需的设施包括:购置职业健康安全教材、图书、仪器。举办职业健康安全生产劳动保护展览会,设立陈列室、教育室等。

企业在编制职业健康安全技术措施计划时,必须划清项目范围。凡属医疗福利、劳保用品、消防器材、环保设施、基建和技改项目中的安全卫生设施等,均不应列入职业健康安全技术措施计划中,以确保职业健康安全技术措施经费真正用于改善劳动条件。例如:设备的检修、厂房的维修和个人的劳保用品、公共食堂、公用浴室、托儿所、疗养院等集体福利设施以及采用新技术、新工艺、新设备时必须解决的安全卫生设施等,均不应列入职业健康安全技术措施项目经费预算的范围。

四、职业健康安全技术措施计划的实施

(一)职业健康安全教育

安全是生产赖以正常进行的前提,安全教育又是安全管理工作的重要环节,是提高全员安全素质、安全管理水平和防止事故,从而实现安全生产的重要手段。

1. 职业健康安全教育对象

国家法律法规规定:生产经营单位应当对从业人员进行职业健康安全生产教育和培训,保证从业人员具备必要的职业健康安全生产知识,熟悉有关的职业健康安全生产规章制度和职业健康安全操作规程,掌握本岗位的职业健康安全操作技能。未经职业健康安全生产教育和培训不合格的从业人员,不得上岗作业。

地方政府及行业管理部门对项目各级管理人员的职业健康安全教育培训做出了具体规定,要求项目职业健康安全教育培训率实现100%。

建筑工程项目职业健康安全教育培训的对象包括的五类人员,见

表10-1。

表10-1 建筑工程项目职业健康安全教育培训对象及要求

序号	培训对象	要 求
1	工程项目经理、项目执行经理、项目技术负责人	工程项目主要管理人员必须经过当地政府或上级主管部门组织的职业健康安全生产专项培训，培训时间不得少于24h，经考核合格后持“安全生产资质证书”上岗
2	工程项目基层管理人员	施工项目基层管理人员每年必须接受公司职业健康安全生产年审，经考试合格后持证上岗
3	分包负责人、分包队伍管理人员	必须接受政府主管部门或总包单位的职业健康安全培训，经考试合格后持证上岗
4	特种作业人员	必须经过专门的职业健康安全理论培训和职业健康安全技术实际训练，经理论和实际操作的双项考核，合格者，持“特种作业操作证”上岗作业
5	操作工人	新入场工人必须经过三级职业健康安全教育，考试合格后持“上岗证”上岗作业

2. 职业健康安全教育形式

(1)新工人“三级安全教育”。三级安全教育是企业必须坚持的安全生产基本教育制度。对新工人(包括新招收的合同工、临时工、学徒工、农民工及实习和代培人员)必须进行公司、项目、作业班组三级安全教育，时间不得少于40h。三级安全教育由安全、教育和劳资等部门配合组织进行。经教育考试合格者才准许进入生产岗位；不合格者必须补课、补考。对新工人的三级安全教育情况，要建立档案(印制职工安全生产教育卡)。新工人工作一个阶段后还应进行重复性的安全再教育，加深安全感性、理性知识的意识。

(2)转场安全教育。新转入施工现场的工人必须进行转场安全教育，教育时间不得少于8h。

(3)变换工种安全教育。凡改变工种或调换工作岗位的工人必须进行变换工种安全教育；变换工种安全教育时间不得少于4h，教育考核合格后方准上岗。

(4)特种作业安全教育。从事特种作业的人员必须经过专门的安全技术培训,经考试合格取得操作证后方准独立作业。

(5)班前安全活动交底(班前讲话)。班前安全讲话作为施工队伍经常性安全教育活动之一,各作业班组长于每班工作开始前(包括夜间工作前)必须对本班组全体人员进行不少于15min的班前安全活动交底。班组长要将安全活动交底内容记录在专用的记录本上,各成员在记录本上签名。

(6)周一安全活动。周一安全活动作为施工项目经常性安全活动之一,每周一开始工作前应对全体在岗工人开展至少1h的安全生产及法制教育活动。活动形式可采取看录像、听报告、分析事故案例、图片展览、急救示范、智力竞赛、热点辩论等形式进行。

(7)季节性施工安全教育。进入雨期和冬期施工前,在现场经理的部署下,由各区域责任工程师负责组织本区域内施工的分包队伍管理人员及操作工人进行专门的季节性施工安全技术教育;时间不少于2h。

(8)节假日安全教育。节假日前后应特别注意各级管理人员及操作者的思想动态,有意识有目的地进行教育,稳定他们的思想情绪,预防事故的发生。

(9)特殊情况安全教育。施工项目出现以下几种情况时,工程项目经理应及时安排有关部门和人员对施工工人进行安全生产教育,时间不少于2h:

1)因故改变职业健康安全操作规程。

2)实施重大和季节性职业健康安全技术措施。

3)更新仪器、设备和工具,推广新工艺、新技术。

4)发生因工伤亡事故、机械损坏事故和重大未遂事故。

5)出现其他不安全因素,职业健康安全生产环境发生了变化。

3. 职业健康安全教育内容

职业健康安全是生产赖以正常进行的前提,职业健康安全教育又是职业健康安全管理工作的重要环节,是提高全员职业健康安全素质、职业健康安全管理水平和防止事故,从而实现职业健康安全生产的重要手段。

(1)职业健康安全生产思想教育。职业健康安全思想教育的目的是为职业健康安全生产奠定思想基础。通常从加强思想认识、方针政策和劳动纪律教育等方面进行:

1)思想认识和方针政策的教育。一是提高各级管理人员和广大职工群众对职业健康安全生产重要意义的认识。从思想上、理论上,认识社会主义制度下搞好职业健康安全生产的重要意义,以增强关心人、保护人的责任感,树立牢固的群众观点;二是通过职业健康安全生产方针、政策教育,提高各级技术、管理人员和广大职工的政策水平,使他们正确全面地理解党和国家的职业健康安全生产方针、政策,严肃认真地执行职业健康安全生产方针、政策和法规。

2)劳动纪律教育。主要是使广大职工懂得严格执行劳动纪律对实现职业健康安全生产的重要性,企业的劳动纪律是劳动者进行共同劳动时必须遵守的。反对违章指挥,反对违章作业,严格执行职业健康安全操作规程,遵守劳动纪律是贯彻职业健康安全生产方针,减少伤害事故,实现安全生产的重要保证。

(2)职业健康安全知识教育。企业所有职工必须具备职业健康安全基本知识。因此,全体职工都必须接受职业健康安全知识教育和每年按规定学时进行职业健康安全培训。职业健康安全基本知识教育的主要内容是:企业的基本生产概况;施工(生产)流程、方法;企业施工(生产)危险区域及其职业健康安全防护的基本知识和注意事项;机械设备、厂(场)内运输的有关职业健康安全知识;有关电气设备(动力、照明)的基本职业健康安全知识;高处作业职业健康安全知识;生产(施工)中使用的有毒、有害物质的职业健康安全防护基本知识;消防制度及灭火器材应用的基本知识;个人防护用品的正确使用知识等。

(3)职业健康安全技能教育。职业健康安全技能教育就是结合本工种专业特点,实现职业健康安全操作、职业健康安全防护所必须具备的基本技术知识要求。每个职工都要熟悉本工种、本岗位专业职业健康安全技术知识。职业健康安全技能知识是比较专门、细致和深入的知识。它包括职业健康安全技术、劳动卫生和职业健康安全操作规程。

国家规定建筑登高架设、起重、焊接、电气、爆破、压力容器、锅炉等特种作业人员必须进行专门的职业健康安全技术培训。宣传先进经验，既是教育职工找差距的过程，又是学、赶先进的过程；事故教育可以从事故教训中吸取有益的东西，防止今后类似事故的重复发生。

(4)法制教育。法制教育就是要采取各种有效形式，对全体职工进行职业健康安全生产法规和法制教育，从而提高职工遵法、守法的自觉性，以达到职业健康安全生产的目的。

(二)项目经理部安全生产责任制

1. 项目经理部安全生产职责

项目经理部是安全生产工作的载体，具体组织和实施项目安全生产、文明施工、环境保护工作，对本项目工程的安全生产负全面责任，项目经理部安全生产职责包括以下几项：

(1)贯彻落实各项安全生产的法律、法规、规章、制度，组织实施各项安全管理工作，完成各项考核指标。

(2)建立并完善项目经理部安全生产责任制和安全考核评价体系，积极开展各项安全活动，监督、控制分包队伍执行安全规定，履行安全职责。

(3)发生伤亡事故及时上报，并保护好事故现场，积极抢救伤员，认真配合事故调查组开展伤亡事故的调查和分析，按照“四不放过”原则，落实整改防范措施，对责任人员进行处理。

2. 项目经理部各级人员安全生产责任

(1)工程项目经理。工程项目经理是项目工程安全生产的第一责任人，对项目工程经营生产全过程中的安全负全面领导责任，具体如下：

1)工程项目经理必须经过专门的安全培训考核，取得项目管理人员安全生产资格证书，方可上岗。

2)贯彻落实各项安全生产规章制度,结合工程项目特点及施工性质,制定有针对性的安全生产管理办法和实施细则,并落实实施。

3)在组织项目施工、聘用业务人员时,要根据工程特点、施工人数、施工专业等情况,按规定配备一定数量和素质的专职安全员,确定安全管理体系;明确各级人员和分承包方的安全责任和考核指标,并制定考核办法。

4)健全和完善用工管理手续,录用外协施工队伍必须及时向人事劳务部门、安全部门申报,必须事先审核注册、持证等情况,对工人进行三级安全教育后,方准入场上岗。

5)负责施工组织设计、施工方案、安全技术措施的组织落实工作,组织并督促工程项目安全技术交底制度、设施设备验收制度的实施。

6)领导、组织施工现场每旬一次的定期安全生产检查,发现施工中的不安全问题,组织制定整改措施及时解决;对上级提出的安全生产与管理方面的问题,要在限期内定时、定人、定措施予以解决;接到政府部门安全监察指令书和重大安全隐患通知单后,应立即停止施工,组织力量进行整改。隐患消除后,必须报请上级部门验收合格,才能恢复施工。

7)在工程项目施工中,采用新设备、新技术、新工艺、新材料,必须编制科学的施工方案、配备安全可靠的劳动保护装置和劳动防护用品,否则不准施工。

8)发生因工伤亡事故时,必须做好事故现场保护与伤员的抢救工作,按规定及时上报,不得隐瞒、虚报和故意拖延不报。积极组织配合事故的调查,认真制定并落实防范措施,吸取事故教训,防止发生重复事故。

(2)工程项目生产副经理。工程项目生产副经理的安全生产责任包括以下几项:

1)对工程项目的安全生产负直接领导责任,协助工程项目经理认真贯彻执行国家安全生产方针、政策、法规,落实各项安全生产规范、标准和工程项目的各项安全生产管理制度。

2)组织实施工程项目总体和施工各阶段安全生产工作规划以及

各项安全技术措施、方案的组织实施工作，组织落实工程项目各级人员的安全生产责任制。

3)组织领导工程项目安全生产的宣传教育工作，并制定工程项目安全培训实施办法，确定安全生产考核指标，制定实施措施和方案，并负责组织实施，负责外协施工队伍各类人员的安全教育、培训和考核审查的组织领导工作。

4)配合工程项目经理组织定期安全生产检查，负责工程项目各种形式的安全生产检查的组织、督促工作和安全生产隐患整改"三落实"的实施工作，及时解决施工中的安全生产问题。

5)负责工程项目安全生产管理机构的领导工作，认真听取、采纳安全生产的合理化建议，支持安全生产管理人员的业务工作，保证工程项目安全生产保证体系的正常运转。

6)工地发生伤亡事故时，负责事故现场保护、职工教育、防范措施落实，并协助做好事故调查分析的具体组织工作。

(3)项目安全总监。项目安全总监在现场经理的直接领导下履行项目安全生产工作的监督管理职责，具体责任如下：

1)宣传贯彻安全生产方针政策、规章制度，推动项目安全组织保证体系的运行。

2)督促实施施工组织设计、安全技术措施；实现安全管理目标；对项目各项安全生产管理制度的贯彻与落实情况进行检查与具体指导。

3)组织分承包商安全专兼职人员开展安全监督与检查工作。

4)查处违章指挥、违章操作、违反劳动纪律的行为和人员，对重大事故隐患采取有效的控制措施，必要时可采取局部直至全部停产的非常措施。

5)督促开展周一安全活动和项目安全讲评活动。

6)负责办理与发放各级管理人员的安全资格证书和操作人员安全上岗证。

7)参与事故的调查与处理。

(4)工程项目技术负责人。工程项目技术负责人的安全生产责任包括以下几项：

1)对工程项目生产经营中的安全生产负技术责任。

2)贯彻落实国家安全生产方针、政策,严格执行安全技术规程、规范、标准;结合工程特点,进行项目整体安全技术交底。

3)参加或组织编制施工组织设计,在编制、审查施工方案时,必须制定、审查安全技术措施,保证其可行性和针对性,并认真监督实施情况,发现问题及时解决。

4)主持制订技术措施计划和季节性施工方案的同时,必须制定相应的安全技术措施并监督执行,及时解决执行中出现的问题。

5)应用新材料、新技术、新工艺,要及时上报,经批准后方可实施,同时必须组织对上岗人员进行安全技术的培训、教育;认真执行相应的安全技术措施与安全操作工艺要求,预防施工中因化学药品引起的火灾、中毒或在新工艺实施中可能造成的事故。

6)主持安全防护设施和设备的验收。严格控制不符合标准要求的防护设备、设施投入使用;使用中的设施、设备,要组织定期检查,发现问题及时处理。

7)参加安全生产定期检查,对施工中存在的事故隐患和不安全因素,从技术上提出整改意见和消除办法。

8)参加或配合工伤及重大未遂事故的调查,从技术上分析事故发生的原因,提出防范措施和整改意见。

(5)工长、施工员。工长、施工员是所管辖区域范围内安全生产的第一责任人,对所管辖范围内的安全生产负直接领导责任,具体如下:

1)认真贯彻落实上级有关规定,监督执行安全技术措施及安全操作规程,针对生产任务特点,向班组(外协施工队伍)进行书面安全技术交底,履行签字手续,并对规程、措施、交底要求的执行情况经常检查,随时纠正违章作业。

2)负责组织落实所管辖施工队伍的三级安全教育、常规安全教育、季节转换及针对施工各阶段特点等进行的各种形式的安全教育,负责组织落实所管辖施工队伍特种作业人员的安全培训工作和持证上岗的管理工作。

3)经常检查所管辖区域的作业环境、设备和安全防护设施的安全状况，发现问题及时纠正解决。对重点特殊部位施工，必须检查作业人员及各种设备和安全防护设施的技术状况是否符合安全标准要求，认真做好书面安全技术交底，落实安全技术措施，并监督其执行，做到不违章指挥。

4)负责组织落实所管辖班组(外协施工队伍)开展各项安全活动，学习安全操作规程，接受安全管理机构或人员的安全监督检查，及时解决其提出的不安全问题。

5)对工程项目中应用的新材料、新工艺、新技术严格执行申报、审批制度，发现不安全问题，及时停止施工，并上报领导或有关部门。

6)发生因工伤亡及未遂事故必须停止施工，保护现场，立即上报，对重大事故隐患和重大未遂事故，必须查明事故发生原因，落实整改措施，经上级有关部门验收合格后方准恢复施工，不得擅自撤除现场保护设施，强行复工。

(6)外协施工队负责人。外协施工队负责人是本队安全生产的第一责任人，对本单位安全生产负全面领导责任，具体如下：

1)认真执行安全生产的各项法规、规定、规章制度及安全操作规程，合理安排组织施工班组人员上岗作业，对本队人员在施工生产中的安全和健康负责。

2)严格履行各项劳务用工手续，做到证件齐全，特种作业人员持证上岗。做好本队人员的岗位安全培训、教育工作，经常组织学习安全操作规程，监督本队人员遵守劳动、安全纪律，做到不违章指挥，制止违章作业。

3)必须保持本队人员的相对稳定，人员变更须事先向用工单位有关部门报批，新进场人员必须按规定办理各种手续，并经入场和上岗安全教育后，方准上岗。

4)组织本队人员开展各项安全生产活动，根据上级的交底向本队各施工班组进行详细的书面安全交底，针对当天施工任务、作业环境等情况，做好班前安全讲话，施工中发现安全问题，应及时解决。

5)定期和不定期组织检查本队施工的作业现场安全生产状况，发现不安全因素，及时整改，发现重大事故隐患应立即停止施工，并上报有关领导，严禁冒险蛮干。

6)发生因工伤亡或重大未遂事故，组织保护好事故现场，做好伤者抢救工作和防范措施，并立即上报，不准隐瞒、拖延不报。

(7)班组长。班组长是本班组安全生产的第一责任人，认真执行安全生产规章制度及安全技术操作规程，合理安排班组人员的工作，对本班组人员在施工生产中的安全和健康负直接责任，具体如下：

1)经常组织班组人员开展各项安全生产活动和学习安全技术操作规程，监督班组人员正确使用个人劳动防护用品和安全设施、设备，不断提高安全自保能力。

2)认真落实安全技术交底要求，做好班前交底，严格执行安全防护标准，不违章指挥，不冒险蛮干。

3)经常检查班组作业现场的安全生产状况和工人的安全意识、安全行为，发现问题及时解决，并上报有关领导。

4)发生因工伤亡及未遂事故，保护好事故现场，并立即上报有关领导。

(8)工人。工人是本岗位安全生产的第一责任人，在本岗位作业中对自己、对环境、对他人的安全负责，具体如下：

1)认真学习，严格执行安全操作规程，模范遵守安全生产规章制度。

2)积极参加各项安全生产活动，认真执行安全技术交底要求，不违章作业，不违反劳动纪律，虚心服从安全生产管理人员的监督、指导。

3)发扬团结友爱精神，在安全生产方面做到互相帮助，互相监督，维护一切安全设施、设备，做到正确使用，不准随意拆改，对新工人有传、带、帮的责任。

4)对不安全的作业要求要提出意见，有权拒绝违章指令。

5)发生因工伤亡事故，要保护好事故现场并立即上报。

6)在作业时要严格做到“眼观六面、安全定位、措施得当、安全操作”。

3. 项目部各职能部门安全生产责任

(1)安全部。安全部是项目安全生产的责任部门，是项目安全生产领导小组的办公机构，行使项目安全工作的监督检查职权，其安全职责如下：

1)协助项目经理开展各项安全生产业务活动，监督项目安全生产保证体系的正常运转。

2)定期向项目安全生产领导小组汇报安全情况，通报安全信息，及时传达项目安全决策，并监督实施。

3)组织、指导项目分包安全机构和安全人员开展各项业务工作，定期进行项目安全性测评。

(2)工程管理部。工程管理部的安全职责包括以下几项：

1)在编制项目总工期控制进度计划，年、季、月计划时，必须树立“安全第一”的思想，综合平衡各生产要素，保证安全工程与生产任务协调一致。

2)对于改善劳动条件、预防伤亡事故项目，要视同生产项目优先安排；对于施工中重要的安全防护设施、设备的施工要纳入正式工序，予以时间保证。

3)在检查生产计划实施情况的同时，检查安全措施项目的执行情况。

4)负责编制项目文明施工计划，并组织具体实施。

5)负责现场环境保护工作的具体组织和落实。

6)负责项目大、中、小型机械设备的日常维护、保养和安全管理。

(3)技术部。技术部安全职责包括以下几项：

1)负责编制项目施工组织设计中安全技术措施方案，编制特殊、专项安全技术方案。

2)参加项目安全设备、设施的安全验收，从安全技术角度进行把关。

3)检查施工组织设计和施工方案的实施情况的同时，检查安全技术措施的实施情况，对施工中涉及的安全技术问题，提出解决办法。

4)对项目使用的新技术、新工艺、新材料、新设备，制定相应的安全技术措施和安全操作规程，并负责工人的安全技术教育。

(4)物资部。物资部安全职责包括以下几项：

1)重要劳动防护用品的采购和使用必须符合国家标准和有关规定,执行本系统重要劳动防护用品定点使用管理规定。同时,会同项目安全部门进行验收。

2)加强对在用机具和防护用品的管理,对自有及协力自备的机具和防护用品定期进行检验、鉴定,对不合格品及时报废、更新,确保使用安全。

3)负责施工现场材料堆放和物品储运的安全。

(5)机电部。机电部安全职责包括以下几项:

1)选择机电分承包方时,要考核其安全资质和安全保证能力。

2)平衡施工进度,交叉作业时,确保各方安全。

3)负责机电安全技术培训和考核工作。

(6)合约部。合约部安全生产职责包括以下几项:

1)分包单位进场前签订总分包安全管理合同或安全管理责任书。

2)在经济合同中应分清总分包安全防护费用的划分范围。

3)在每月工程款结算单中扣除由于违章而被处罚的罚款。

(7)设计部。设计部安全生产职责包括以下几项:

1)坚持安全生产的"三同时"原则,在设计项目中同时涵盖职业安全卫生的设备和设施。

2)在施工详图设计中确保各个项目的安全可靠性。

(8)办公室。办公室安全生产职责包括以下几项:

1)负责项目全体人员安全教育培训的组织工作。

2)负责现场 CI 管理的组织和落实。

3)负责项目安全责任目标的考核。

4)负责现场文明施工与各相关方的沟通。

(三)项目安全技术交底

安全技术交底是指导工人安全施工的技术措施,是项目安全技术方案的具体落实。安全技术交底一般由技术管理人员根据分部分项工程的具体要求、特点和危险因素编写,是操作者的指令性文件,因而,要具体、明确、针对性强,不得用施工现场的安全纪律、安全检查等制度代替。

安全技术交底与工程技术交底一样，实行分级交底制度，具体内容如下：

(1)大型或特大型工程由公司总工程师组织有关部门向项目经理部和分包商(含公司内部专业公司)进行交底。交底内容：工程概况、特征、施工难度、施工组织、采用的新工艺、新材料、新技术、施工程序与方法、关键部位应采取的安全技术方案或措施等。

(2)一般工程由项目经理部总(主任)工程师会同现场经理向项目有关施工人员(项目工程管理部、工程协调部、物资部、合约部、安全总监及区域责任工程师、专业责任工程师等)和分包商(含公司内部专业公司)行政和技术负责人进行交底，交底内容同前款。

(3)分包商(含公司内部专业公司)技术负责人要对其管辖的施工人员进行详尽的交底。

(4)项目专业责任工程师要对所管辖的分包商的工长进行分部工程施工安全措施交底，对分包工长向操作班组所进行的安全技术交底进行监督与检查。

(5)专业责任工程师要对劳务分承包方的班组进行分部分项工程安全技术交底并监督指导其安全操作。

(6)各级安全技术交底都应按规定程序实施书面交底签字制度，并存档以备查用。

(四)项目施工过程安全控制

建筑工程项目施工过程中存在诸多危险因素，可能导致一系列事故的发生，因此应对建筑工程项目施工过程进行安全控制。

1. 建筑工程项目常见的危险因素及事故

(1)洞口防护不到位、其他安全防护缺陷、人违章操作，可导致高处坠落、物体打击等。

(2)电危害(物理性危险因素)、人违章操作(行为性危险因素)，可导致触电、火灾等。

(3)大模板不按规范正确存放等违章作业，可导致物体打击等。

(4)化学危险品未按规定正确存放等违章作业，可导致火灾、爆炸等。

(5)架子搭设作业不规范,可导致高处坠落、物体打击等。

(6)现场料架不规范,可导致物体打击等。

2. 项目经理部对可能影响安全生产的因素的控制

项目经理部对施工过程中可能影响安全生产的因素进行控制,确保施工项目按安全生产的规章制度、操作规程和程序要求进行施工。

(1)进行安全策划,编制安全计划。

(2)根据业主提供的资料对施工现场及其受影响的区域内地下障碍物清除或采取相应的措施对周围道路管线采取的保护措施。

(3)制定现场安全、劳动保护、文明施工和环境保护措施,编制临时用电施工组织设计。

(4)按安全、文明、卫生、健康的要求布置宿舍、食堂、饮用水及卫生设施。

(5)落实施工机械设备、安全设施及防护用品进场计划。

(6)制定各类劳动保护技术措施。

(7)制定现场安全专业管理、特种作业和施工人员安全生产责任制。

(8)对从事危险作业的员工,依法办理意外伤害保险。

(9)检查各类持证上岗人员的资格。

(10)验证所需的安全设施、设备及防护用品。

(11)检查、验收临时用电设施。

(12)对施工机械设备,按规定进行检查、验收,并对进场设备进行维护,保持设备的完好状态。

(13)对脚手架工程的搭设,按施工组织设计规定进行验收。

(14)对专项编制的安全技术措施落实进行检查。

(15)检查劳动保护技术措施计划落实情况,并从严控制员工的加班加点。

(16)施工作业人员操作前,应由项目施工负责人以作业指导书、安全技术交底等,对施工人员进行安全技术交底,双方签字确认并保存交底记录。

(17)对施工过程中的洞口、临边、高处作业所采取的安全防护措施,应规定专人负责搭设与检查。

(18)对施工现场的环境(现场废水、尘毒、噪声、振动、坠落物)进行有效重点监控,防止职业危害,建立良好的作业环境。

(19)对施工中动用明火采取审批措施,现场的消防器材配置及危险物品运输及使用得到有效管理。

(20)督促作业人员做好班后清理工作以及对作业区域的安全防护设施进行检查。

(21)搭设或拆除的安全防护设施、脚手架、起重机械设备,如当天未完成时,应做好局部的收尾,并设置临时安全措施。

3. 建筑工程项目施工阶段安全控制要点

建筑工程项目施工阶段安全控制要点见表 10-2。

表 10-2　　建筑工程项目施工阶段安全控制要点

序号	施工阶段划分	控制要点
1	基础施工阶段	(1)挖土机械作业安全。 (2)边坡防护安全。 (3)降水设备与临时用电安全。 (4)防水施工时的防火、防毒。 (5)人工挖扩孔桩安全
2	主体结构施工阶段	(1)临时用电安全。 (2)内外架子及洞口防护。 (3)作业面交叉施工及临边防护。 (4)大模板和现场堆料防倒塌。 (5)机械设备使用安全
3	装修阶段	(1)室内多工种、多工序的立体交叉施工安全防护。 (2)外墙面装饰防坠落。 (3)做防水油漆的防火、防毒。 (4)临电、照明及电动工具的使用安全

续表

序号	施工阶段划分	控制要点
4	脚手架工程交底与验收	(1)脚手架搭设前，应按照施工方案要求，结合施工现场作业条件和队伍情况，做详细的交底。 (2)脚手架搭设完毕，应由施工负责人组织，有关人员参加，按照施工方案和规范规定分段进行逐项检查验收，确认符合要求后，方可投入使用。 (3)对脚手架检查验收应按照相应规范要求进行，凡不符合规定的应立即进行整改，对检查结果及整改情况，应按实测数据进行记录，并由检测人员签字
5	季节性施工	(1)雨期防触电、防雷击、防沉陷坍塌、防台风。 (2)高温季节防中暑、防中毒、防疲劳作业。 (3)冬期施工防冻、防滑、防火、防煤气中毒、防大风雪、防大雾

4. 建筑工程安全生产的六大纪律

(1)进入现场必须戴好安全帽，扣好帽带；并正确使用个人劳动防护用品。

(2)2m 以上的高处、悬空作业，无安全设施的，必须戴好安全帽，扣好保险钩。

(3)高处作业时，不准往下或向上乱抛材料和工具等物件。

(4)各种电动机械设备必须有可靠有效的安全接地和防雷装置，方能开动使用。

(5)不懂电气和机械的人员，严禁使用和玩弄机电设备。

(6)吊装区域非操作人员严禁入内，吊装机械设备必须完好，把杆垂直下方不准站人。

(五)建筑工程项目安全生产检查

建筑工程项目安全检查的目的是消除隐患、防止事故、改善劳动条件及提高员工安全生产意识，是安全控制工作的一项重要内容。

1. 安全检查内容

(1)安全技术措施。根据工程特点、施工方法、施工机械、编制完善的安全技术措施并在施工过程中得到贯彻。

(2)施工现场安全组织。工地上是否有专、兼职安全员并组成安全活动小组,工作开展情况,是否有完整的施工安全记录。

(3)安全技术交底,操作规章的学习贯彻情况。

(4)安全设防情况。

(5)个人防护情况。

(6)安全用电情况。

(7)施工现场防火设备。

(8)安全标志牌等。

2. 安全检查形式

(1)上级检查。上级检查是指主管各级部门对下属单位进行的安全检查。这种检查,能发现本行业安全施工存在的共性问题和主要问题,具有针对性、调查性,也有批评性。同时通过检查总结,扩大(积累)安全施工经验,对基层推动作用较大。

(2)定期检查。建筑公司内部必须建立定期安全检查制度。公司级定期安全检查可每季度组织一次,工程处可每月或每半月组织一次检查,施工队要每周检查一次。每次检查都要由主管安全的领导带队,同工会、安全、动力设备、保卫等部门一起,按照事先计划的检查方式和内容进行检查。定期检查属全面性和考核性的检查。

(3)专业性检查。专业安全检查应由公司有关业务分管部门单独组织,有关人员针对安全工作存在的突出问题,对某项专业(如,施工机械、脚手架、电气、塔式起重机、锅炉、防尘、防毒等)存在的普遍性安全问题进行单项检查。这类检查针对性强,能有的放矢,对帮助提高某项专业安全技术水平有很大作用。

(4)经常性检查。经常性的安全检查主要是要提高大家的安全意识,督促员工时刻牢记安全,在施工中安全操作,及时发现安全隐患,消除隐患,保证施工的正常进行。经常性安全检查有:班组进行班前、班后岗位安全检查；各级安全员及安全值班人员日常巡回安全检查；各级管理人员在检查施工同时检查安全等。

(5)季节性检查。季节性和节假日前后的安全检查。季节性安全检查是针对气候特点(如，夏季、冬季、风季、雨季等)可能给施工安全和施工人员健康带来危害而组织的安全检查。节假日(如，元旦、劳动节、国庆节)前后的安全检查，主要是防止施工人员在这一段时间思想放松，纪律松懈而容易发生事故。检查应由单位领导组织有关部门人员进行。

(6)自行检查。施工人员在施工过程中还要经常进行自检、互检和交接检查。自检是施工人员工作前、后对自身所处的环境和工作程序进行安全检查，以随时消除隐患。互检是指班组之间、员工之间开展的安全检查，以便互相帮助，共同预防事故。交接检查是指上道工序完毕，交给下道工序使用前，在工地负责人组织工长、安全员、班组及其他有关人员参加情况下，由上道工序施工人员进行安全交底并一起进行安全检查和验收，认为合格后，才能交给下道工序使用。

3. 安全检查方法

安全检查一般方法主要是通过看、听、嗅、问、查、测、验、析等手段进行检查。

(1)看——就是看现场环境和作业条件，看实物和实际操作，看记录和资料等，通过看来发现隐患。

(2)听——听汇报、听介绍、听反映、听意见或批评、听机械设备的运转响声或承重物发出的微弱声等，通过听来判断施工操作是否符合安全规范的规定。

(3)嗅——嗅出有无不安全或影响职工健康的因素。

(4)问——对影响安全的问题，详细询问，寻根究底。

(5)查——查安全隐患问题，对发生的事故查清原因，追究责任。

(6)测——对影响安全的有关因素、问题，进行必要的测量、测试、监测等。

(7)验——对影响安全的有关因素进行必要的试验或化验。

(8)析——分析资料、试验结果等，查清原因，清除安全隐患。

第四节 建筑工程项目职业健康安全隐患和事故处理

建筑工程项目经理部应对项目全过程中存在隐患的安全设施、过程和行为进行控制，确保不合格设施不使用、不合格物资不放行、不合格过程不通过，组装完毕后应进行检查验收，并应确定对事故隐患进行处理的人员，规定其职责和权限。

一、职业健康安全隐患

职业健康安全事故隐患是指可能导致职业健康安全事故的缺陷和问题，包括职业健康安全设施、过程和行为等诸方面的缺陷问题，因此，对检查和检验中发现的事故隐患，应采取必要的措施及时处理和化解，以确保不合格设施不使用，不合格过程不通过，不安全行为不放过，并通过事故隐患的适当处理，防止职业健康安全事故的发生。

1. 职业健康安全隐患分类

职业健康安全隐患的分类标准及类别见表 10-3。

表 10-3 职业健康安全隐患的分类标准及类别

序号	划分标准	主要类别
1	按危害程度分类	一般隐患（危险性较低，事故影响或损失较小的隐患）；重大隐患（危险性较大，事故影响或损失较大的隐患）；特别重大隐患（危险性大，事故影响或损失大的隐患），如发生事故可能造成死亡 10 人以上，或直接经济损失 500 万元以上的
2	按危害类型分类	火灾隐患（占 32.2%）；爆炸隐患（占 30.2%）；危房隐患（占 13.1%）；坍塌和倒塌隐患（占 5.25%）；滑坡隐患（占 2.28%）；交通隐患（占 2.71%）；泄漏隐患（占 2.01%）；中毒隐患（占 1.88%）（以上依据来源于 1995 年原劳动部安管局组织调查结果）

续表

序号	划分标准	主要类别
3	按表现形式分类	人的隐患(认识隐患、行为隐患);机械的状态隐患;环境隐患;管理隐患

2. 职业健康安全隐患处理方式

项目部对各类事故隐患应确定相应的处理部门和人员,规定其职责和权限,要求一般问题当天解决,重大问题限期解决。

职业健康安全隐患的处理方式包括以下几项:

(1)对性质严重的隐患应停止使用、封存。

(2)指定专人进行整改,以达到规定的要求。

(3)进行返工,以达到规定的要求。

(4)对有不安全行为的人员先停止其作业或指挥,纠正违章行为,然后进行批评教育,情节严重的给予必要的处罚。

(5)对不安全生产的过程重新组织等。

3. 职业健康安全隐患整改和处理

对检查出隐患的处理一般要经过以下几步:

(1)对检查出来的职业健康安全隐患和问题仔细分门别类的进行登记。登记的目的是积累信息资料,并作为整改的备查依据,以便对施工职业健康安全进行动态管理。

(2)查清产生职业健康安全隐患的原因。对职业健康安全隐患要进行细致分析,并对各个项目工程施工存在的问题进行横向和纵向的比较,找出“通病”和个例,发现“顽固症”,具体问题具体对待,分析原因,制定对策。

(3)发出职业健康安全隐患整改通知单,见表10-4。对各个项目工程存在的职业健康安全隐患发出整改通知单,以便引起整改单位重视。对容易造成事故重大的职业健康安全隐患,检查人员应责令停工,被查单位必须立即整改。整改时,要做到“四定”,即定整改责任人、定整改措施、定整改完成时间、定整改验收人。

表 10-4　建筑工程项目职业健康安全检查隐患整改通知单

项目名称				检查时间	年　月　日	
序号	查出的隐患	整改措施	整改人	整改日期	复查人	复查结果及时间
签发部门及签发人 年　月　日				整改单位及签认人 年　月　日		

4. 隐患处理后的复查验证

(1)对存在隐患的职业健康安全设施、职业健康安全防护用品的整改措施落实情况,必要时由项目部职业健康安全部门组织有关专业人员对其进行复查验证,并做好记录。只有当险情排除,采取了可靠措施后方可恢复使用或施工。

(2)上级或政府行业主管部门提出的事故隐患通知,由项目部及时报告企业主管部门,同时制定措施、实施整改,自查合格报企业主管部门复查后,再报有关上级或政府行业主管部门消项。

二、职业健康安全事故

1. 职业健康安全事故的分类

职业健康安全事故分两大类型,即职业伤害事故与职业病。

(1)职业伤害事故。职业伤害事故是指因生产过程及工作原因或与其相关的其他原因造成的伤亡事故。按照国家标准《企业职工伤亡事故分类》(GB/T 6441—1986)的规定,我国将职业伤害事故分成20类。职业事故的分类见表10-5和表10-6。

表 10-5　职业伤害事故按类别的分类

事故类别	含　义
物体打击	指落物、滚石、锤击、碎裂、崩块、砸伤等造成的人身伤害，不包括因爆炸而引起的物体打击
车辆伤害	指被车辆挤、压、撞和车辆倾覆等造成的人身伤害
机械伤害	指被机械设备或工具绞、碾、碰、割、戳等造成的人身伤害，不包括车辆、起重设备引起的伤害
起重伤害	指从事各种起重作业时发生的机械伤害事故，不包括上下驾驶室时发生的坠落伤害、起重设备引起的触电及检修时制动失灵造成的伤害
触电	由于电流经过人体导致的生理伤害，包括雷击伤害
淹溺	由于水或液体大量从口、鼻进入肺内，导致呼吸道堵塞，发生急性缺氧而窒息死亡
灼烫	指火焰引起的烧伤、高温物体引起的烫伤、强酸或强碱引起的灼伤、放射线引起的皮肤损伤，不包括电烧伤及火灾事故引起的烧伤
火灾	在火灾时造成的人体烧伤、窒息、中毒等
高处坠落	由于危险势能差引起的伤害，包括从架子、屋架上坠落以及平地坠入坑内等
坍塌	指建筑物、堆置物倒塌以及土石塌方等引起的事故伤害
冒顶片帮	指矿井作业面、巷道侧壁由于支护不当、压力过大造成的坍塌(片帮)以及顶板垮落(冒顶)事故
透水	指从事矿山、地下开采或其他坑道作业时，有压地下水意外大量涌入而造成的伤亡事故
放炮	指由于放炮作业引起的伤亡事故
火药爆炸	指在火药的生产、运输、储藏过程中发生的伤亡事故
瓦斯爆炸	指可燃气体、瓦斯、煤粉与空气混合，接触火源时引起的化学性爆炸事故
锅炉爆炸	指锅炉由于内部压力超出炉壁的承受能力而引起的物理性爆炸事故
容器爆炸	指压力容器内部压力超出容器壁所能承受的压力所引起的物理性爆炸，容器内部可燃气体泄漏与周围空气混合遇火源而发生的化学性爆炸
其他爆炸	化学爆炸，炉膛、钢水包爆炸等
中毒和窒息	指煤气、油气、沥青、化学、一氧化碳中毒等
其他伤害	包括扭伤、跌伤、冻伤、野兽咬伤等

表 10-6　　职业伤害事故按后果严重程度的分类

事故类别	含　义
轻伤事故	造成职工肢体或某些器官功能性或器质性轻度损伤，表现为劳动能力轻度或暂时丧失的伤害，一般每个受伤人员休息 1d 以上，105d 以下
重伤事故	一般指受伤人员肢体残缺或视觉、听觉等器官受到严重损伤，能引起人体长期存在功能障碍或劳动能力有重大损失的伤害，或者造成每个受伤人损失 105d 以上的失能伤害
死亡事故	一次事故中死亡职工 1～2 人的事故
重大伤亡事故	一次事故中死亡 3 人以上（含 3 人）的事故
特大伤亡事故	一次死亡 10 人以上（含 10 人）的事故
急性中毒事故	指生产性毒物一次或短期内通过人的呼吸道、皮肤或消化道大量进入体内，使人体在短时间内发生病变，导致职工立即中断工作，并须进行急救或死亡的事故；急性中毒的特点是发病快，一般不超过 1d，有的毒物因毒性有一定的潜伏期，可在下班后数小时发病

（2）职业病。经诊断因从事接触有毒有害物质或不良环境的工作而造成急慢性疾病，属职业病。2002 年卫生部会同劳动和社会保障部发布的《职业病目录》列出的法定职业病为 10 大类共 115 种。该目录中所列的 10 大类职业病见表 10-7。

表 10-7　职业病目录（摘自卫生部、劳动保障部 2002 年文件）

类　别	病　种
尘肺	矽肺、煤工尘肺、石墨尘肺、炭黑尘肺、石棉肺、滑石尘肺、水泥尘肺、云母尘肺、陶工尘肺、铝尘肺、电焊工尘肺、铸工尘肺、根据《尘肺病诊断标准》和《尘肺病理诊断标准》可以诊断的其他尘肺
职业性放射性疾病	外照射急性放射病、外照射亚急性放射病、外照射慢性放射病、内照射放射病、放射性皮肤疾病、放射性肿瘤、放射性骨损伤、放射性甲状腺疾病、放射性性腺疾病、放射复合伤、根据《职业性放射性疾病诊断标准（总则）》可以诊断的其他放射性损伤

续表

类　别	病　　种
职业中毒	铅及其化合物中毒(不包括四乙基铅)、汞及其化合物中毒、锰及其化合物中毒、镉及其化合物中毒、铍病、铊及其化合物中毒、钡及其化合物中毒、钒及其化合物中毒、磷及其化合物中毒、砷及其化合物中毒、铀中毒、砷化氢中毒、氯气中毒、二氧化硫中毒、光气中毒、氨中毒、偏二甲基肼中毒、氮氧化合物中毒、一氧化碳中毒、二硫化碳中毒、硫化氢中毒、磷化氢、磷化锌、磷化铝中毒、工业性氟病、氰及腈类化合物中毒、四乙基铅中毒、有机锡中毒、羰基镍中毒、苯中毒、甲苯中毒、二甲苯中毒、正乙烷中毒、汽油中毒、一甲胺中毒、有机氟聚合物单体及其热裂解物中毒、二氯乙烷中毒、四氯化碳中毒、氯乙烯中毒、三氯乙烯中毒、氯丙烯中毒、氯丁二烯中毒、苯的氨基及硝基化合物(不包括三硝基甲苯)中毒、三硝基甲苯中毒、甲醇中毒、酚中毒、五氯酚(钠)中毒、甲醛中毒、硫酸二甲酯中毒、丙烯酰胺中毒、二甲基甲酰胺中毒、有机磷农药中毒、氨基甲酸酯类农药中毒、杀虫脒中毒、溴甲烷中毒、拟除虫菊酯类农药中毒、根据《职业性中毒性肝病诊断标准》可以诊断的职业性中毒性肝病、根据《职业性急性化学物中毒诊断标准(总则)》可以诊断的其他职业性急性中毒
物理因素所致职业病	中暑、减压病、高原病、航空病、手臂振动病
生物因素所致职业病	炭疽、森林脑炎、布氏杆菌病
职业性皮肤病	接触性皮炎、光敏性皮炎、电光性皮炎、黑变病、痤疮、溃疡、化学性皮肤灼伤、根据《职业性皮肤病诊断标准(总则)》可以诊断的其他职业性皮肤病
职业性眼病	化学性眼部灼伤、电光性眼炎、职业性白内障(含辐射性白内障、三硝基甲苯白内障)
职业性耳鼻喉口腔疾病	噪声聋、铬鼻病、牙酸蚀病
职业性肿瘤	石棉所致肺癌、间皮瘤、联苯胺所致膀胱癌、苯所致白血病、氯甲醚所致肺癌、砷所致肺癌、皮肤癌、氯乙烯所致肝血管肉瘤、焦炉工人肺癌、铬酸盐制造业工人肺癌
其他职业病	金属烟热、职业性哮喘、职业性变态反应性肺泡炎、棉尘病、煤矿井下工人滑囊炎

2. 职业健康安全事故统计

建筑工程项目职业健康安全事故统计应符合下列规定:

(1)企业职工伤亡事故统计实行以地区考核为主的制度。各级隶属关系的企业和企业主管单位要按当地安全生产行政主管部门规定的时间报送报表。

(2)安全生产行政主管部门对各部门的企业职工伤亡事故情况实行分级考核。企业报送主管部门的数字要与报送当地安全生产行政主管部门的数字一致,各级主管部门应如实向同级安全生产行政主管部门报送。

(3)省级安全生产行政主管部门和国务院各有关部门及计划单列的企业集团的职工伤亡事故统计月报表、年报表应按时报到国家安全生产行政主管部门。

3. 职业健康安全事故处理

(1)处理原则。安全事故处理应遵循四不放过原则,即事故原因不清楚不放过;事故责任者和员工没有受到教育不放过;事故责任者没有处理不放过;没有制定防范措施不放过。

(2)处理程序。安全事故处理程序如下:

1)报告安全事故。

2)处理安全事故,抢救伤员,排除险情,防止事故蔓延扩大,做好标识,保护好现场等。

3)安全事故调查。

4)对事故责任者进行处理。

5)编写调查报告并上报。

三、工程建设重大事故

工程建设重大事故,系指在工程建设过程中由于责任过失造成工程倒塌或报废、机械设备毁坏和安全设施失当造成人身伤亡或者重大经济损失的事故。

1. 工程建设重大事故分级

工程建设重大事故分级见表10-8。

表 10-8　　工程建设重大事故分级

序号	分级	内容
1	一级	具备下列条件之一者为一级重大事故： (1)死亡 30 人以上。 (2)直接经济损失 300 万元以上
2	二级	具备下列条件之一者为二级重大事故： (1)死亡 10 人以上,29 人以下。 (2)直接经济损失 100 万元以上,不满 300 万元
3	三级	具备下列条件之一者为三级重大事故： (1)死亡 3 人以上,9 人以下。 (2)重伤 20 人以上。 (3)直接经济损失 30 万元以上,不满 100 万元
4	四级	具备下列条件之一者为四级重大事故： (1)死亡 2 人以下。 (2)重伤 3 人以上,19 人以下。 (3)直接经济损失 10 万元以上,不满 30 万元

2. 工程建设重大事故报告

重大事故发生后,事故发生单位必须以最快方式,将事故的简要情况向上级主管部门和事故发生地的市、县级建设行政主管部门及检察、劳动(如有人身伤亡)部门报告;事故发生单位属于国务院部委的,应同时向国务院有关主管部门报告。

事故发生地的市、县级建设行政主管部门接到报告后,应当立即向人民政府和省、自治区、直辖市建设行政主管部门报告;省、自治区、直辖市建设行政主管部门接到报告后,应当立即向人民政府与住房和城乡建设部报告。

重大事故发生后,事故发生单位应当在 24h 内写出书面报告,书面报告应当包括以下内容：

(1)事故发生的时间、地点、工程项目、企业名称。

(2)事故发生的简要经过、伤亡人数和直接经济损失的初步估计。

(3)事故发生原因的初步判断。

(4)事故发生后采取的措施及事故控制情况。

(5)事故报告单位。

3. 工程建设重大事故调查

重大事故的调查由事故发生地的市、县级以上建设行政主管部门或国务院有关主管部门组织成立调查组负责进行。

对于一、二级重大事故，由省、自治区、直辖市建设行政主管部门提出调查组组成意见，报请人民政府批准；三、四级重大事故由事故发生地的市、县级建设行政主管部门提出调查组组成意见，报请人民政府批准。

对于事故发生单位属于国务院部委的，由国务院有关主管部门或其授权部门会同当地建设行政主管部门提出调查组组成意见。

工程建设重大事故调查组由建设行政主管部门、事故发生单位的主管部门和劳动部门等有关人员组成，并应邀请人民检察机关和工会派员参加。必要时，调查组可以聘请有关方面的专家协助进行技术鉴定、事故分析和财产损失的评估工作。

(1)调查组职责。重大事故调查组的职责包括以下几项：

1)组织技术鉴定。

2)查明事故发生的原因、过程、人员伤亡及财产损失情况。

3)查明事故的性质、责任单位和主要责任者。

4)提出事故处理意见及防止类似事故再次发生所应采取措施的建议。

5)提出对事故责任者的处理建议。

6)写出事故调查报告。

(2)调查组工作要求。

1)调查组有权向事故发生单位、各有关单位和个人了解事故的有关情况，索取有关资料，任何单位和个人不得拒绝和隐瞒。

2)任何单位和个人不得以任何方式阻碍、干扰调查组的正常工作。

3)调查组在调查工作结束后10d内，应当将调查报告报送批准组成调查组的人民政府和建设行政主管部门以及调查组其他成员所在部门。经组织调查的部门同意，调查工作即告结束。

4)事故处理完毕后，事故发生单位应当尽快写出详细的事故处理报告，按程序逐级上报。

第五节 建筑工程项目消防保安

消防与保安是现场管理最具风险性的工作。一旦发生情况,后果十分严重。因此,建筑工程项目组织应建立消防保安管理体系,制定消防保安管理制度。

一、消防管理

消防管理应严格按照《中华人民共和国消防法》的规定,建立和执行消防管理制度,具体要求如下:

(1)项目现场应设有消防车出入口和行驶通道,消防设施应保持完好的备用状态。

(2)项目现场的通道、消防出入口、紧急疏散通道等应符合消防要求,设置明显标志。有通行高度限制的地点应设限高标志。

(3)项目现场应有用火管理制度,使用明火时应配备监管人员和相应的安全设施,并制定安全防火措施。

(4)需要进行爆破作业的,应向所在地有关部门办理批准手续,由具备爆破资质的专业机构实施。

二、保安管理

保安管理的目的是做好施工现场安全保卫工作,采取必要的防盗措施,防止无关人员进入和防止不良行为。

现场应设门卫,根据需要设置流动警卫。非施工人员不得擅自进入施工现场。由于建筑现场人员众多,入口处设置进场登记的方法很难达到控制无关人员进入的目的。因此,提倡采用施工现场工作人员佩戴证明其身份的证卡,并以不同的证卡标志各种人员。有条件时可采用进退场人员磁卡管理。在磁卡上记有所属单位、姓名、工作期限等信息。人员进退场时必须通过入口处划卡。这种方式除防止无关人员进场外,还可起到随时统计在场人员的作用。

保安工作应从施工进驻现场开始直至撤离现场应贯彻始终。其中,施工进入装修阶段时,现场工作单位多,人员多,使用材料易燃性强,保安管理应担负着防火、保安和半成品保护三样重任。此时的保安由于责任重大，仅控制入场人员已能满足要求。目前，普遍采用分区设岗卡，并发放不同颜色的胸卡，以区别工作人员的工作区域和允许入场期限的方式。现场人员凭胸卡进入有关区域工作。胸卡应定期更换，防止由于遗失而造成漏洞。

第六节　建筑工程项目文明施工管理

文明施工是环境管理的一部分，鉴于施工现场的特殊性和国家有关部门以及各地对建筑业文明施工的重视，另行列出有关要求。由于各地对施工现场文明施工的要求不尽一致，项目经理部在进行文明施工管理时，应按照当地的要求进行管理。文明施工管理应与当地的社区文化、民族特点及风土人情有机结合，树立项目管理良好的社会影响。

一、建筑工程项目文明施工的主要内容

文明施工应包括下列工作：

(1)进行现场文化建设。

(2)规范场容，保持作业环境整洁卫生。

(3)创造有序生产的条件。

(4)减少对居民和环境的不利影响。

项目经理部应对现场人员进行培训教育，提高其文明意识和素质，树立良好的形象。

按照文明施工标准，定期进行评定、考核和总结。

二、建筑工程项目文明施工的基本要求

(1)工地主要入口要设置简朴规整的大门，门旁必须设立明显的标牌，标明工程名称、施工单位和工程负责人姓名等内容。

(2)施工现场建立文明施工责任制，划分区域，明确管理负责人，实行挂牌制，做到现场清洁整齐。

(3)施工现场场地平整，道路坚实畅通，有排水措施，基础、地下管道施工完后要及时回填平整，清除积土。

(4)现场施工临时水电要有专人管理，不得有长流水、长明灯。

(5)施工现场的临时设施，包括生产、办公、生活用房、仓库、料场、

临时上下水管道以及照明、动力线路，要严格按施工组织设计确定的施工平面图布置、搭设或埋设整齐。

(6)工人操作地点和周围必须清洁整齐，做到活完脚下清，工完场地清，洒在楼梯、楼板上的砂浆混凝土要及时清除，落地灰要回收过筛后使用。

(7)砂浆、混凝土在搅拌、运输、使用过程中，要做到不洒、不漏、不剩，使用地点盛放砂浆、混凝土必须有容器或垫板，如有洒、漏要及时清理。

(8)要有严格的成品保护措施，严禁损坏污染成品，堵塞管道。高层建筑要设置临时便桶，严禁在建筑物内大小便。

(9)建筑物内清除的垃圾渣土，要通过临时搭设的竖井或利用电梯井或采取其他措施稳妥下卸，严禁从门窗口向外抛掷。

(10)施工现场不准乱堆垃圾及余物。应在适当地点设置临时堆放点，并定期外运。清运渣土垃圾及流体物品，要采取遮盖防漏措施，运送途中不得遗撒。

(11)根据工程性质和所在地区的不同情况，采取必要的围护和遮挡措施，并保持外观整洁。

(12)针对施工现场情况设置宣传标语和黑板报，并适时更换内容，切实起到表扬先进，促进后进的作用。

(13)施工现场严禁居住家属，严禁居民、家属、小孩在施工现场穿行、玩耍。

(14)现场使用的机械设备，要按平面布置规划固定点存放，遵守机械安全规程，经常保持机身及周围环境的清洁，机械的标记、编号明显，安全装置可靠。

(15)清洗机械排出的污水要有排放措施，不得随地流淌。

(16)在用的搅拌机、砂浆机旁必须设有沉淀池，不得将浆水直接排放到下水道及河流等处。

(17)塔式起重机轨道按规定铺设整齐稳固，塔边要封闭，道渣不外溢，路基内外排水畅通。

(18)施工现场应建立不扰民措施，针对施工特点设置防尘和防噪声设施，夜间施工必须有当地主管部门的批准。

第十一章　建筑工程项目风险管理

第一节　工程建设风险概述

风险是指一种客观存在的、损失的发生具有不确定性的状态。而工程项目中的风险则是指在工程项目的筹划、设计、施工建造以及竣工后投入使用各个阶段可能遭受的风险。

风险在任何项目中都存在。风险会造成项目实施的失控现象，如工期延长、成本增加、计划修改等，最终导致工程经济效益降低，甚至项目失败。

工程建设风险具有风险多样性、存在范围广、影响面大等特点。

一、工程建设风险的类型

工程建设项目投资巨大、工期漫长、参与者众多，整个过程都存在着各种各样的风险，风险按不同的标准可划分为不同的类型，见表11-1。

表11-1　　工程建设风险的类型

序号	划分标准	类别及其释义
1	按风险造成的后果分	(1)纯风险。指只会造成损失而不会带来收益的风险。其后果只有两种，即损失或无损失，不会带来收益。 (2)投机风险。指那些既存在造成损失的可能性，也存在获得收益的可能性的风险。其后果有造成损失、无损失和收益三种结果，即存在三种不确定状态
2	按风险产生的根源分	(1)经济风险。指在经济领域中各种导致企业的经营遭受厄运的风险。即在经济实力、经济形势及解决经济问题的能力等方面潜在的不确定因素构成经营方面的可能后果。

续表

序号	划分标准	类别及其释义
2	按风险产生的根源分	(2)政治风险。指政治方面的各种事件和原因给自己带来的风险。包括战争和动乱、国际关系紧张、政策多变、政府管理部门的腐败和专制等。 (3)技术风险。指工程所处的自然条件(包括地质、水文、气象等)和工程项目的复杂程度给承包商带来的不确定性。 (4)管理风险。指人们在经营过程中,因不能适应客观形势的变化或因主观判断失误或对已经发生的事件处理不当而造成的威胁。包括:施工企业对承包项目的控制和服务不力;项目管理人员水平低不能胜任自己的工作;投标报价时具体工作的失误;投标决策失误等
3	从风险控制的角度分	(1)不可避免又无法弥补损失的风险。如天灾人祸(地震、水灾、泥石流,战争、暴动……)。 (2)可避免或可转移的风险。如技术难度大且自身综合实力不足时,可放弃投标达到避免的目的;可组成联合体承包以弥补自身不足;也可采用保险对风险进行转移。 (3)有利可图的投机风险

二、工程建设风险管理的重要性

风险管理是指人们对潜在的意外损失进行辨识、评估,并根据具体情况采取相应的措施进行处理,即在主观上尽可能做到有备无患,或在客观上无法避免时亦能寻求切实可行的补救措施,从而减少意外损失或化解风险为我所用。

工程建设风险管理是指参与工程项目的各方,包括发包方、承包方和勘察、设计、监理单位等在工程项目的筹划、设计、施工建造,以及竣工后投入使用等各阶段采取的辨识、评估、处理项目风险的措施和方法。

工程建设风险管理的重要性主要体现在:风险管理事关工程项目

各方的生死存亡;风险管理直接影响企业的经济效益;风险管理有助于项目建设顺利进行,化解各方可能发生的纠纷;风险管理是业主、承包商和设计、监理单位等在日常经营、重大决策过程中必须认真对待的工作。

三、工程建设风险管理的目标

风险管理是一项有目的的管理活动,只有目标明确,才能起到有效的作用。否则,风险管理就会流于形式,没有实际意义,也无法评价其效果。工程建设风险管理的目标如下:

(1)实际投资不超过计划投资。

(2)实际工期不超过计划工期。

(3)实际质量满足预期的质量要求。

(4)建设过程安全。

四、工程建设风险管理的过程

工程建设风险管理过程主要包括以下内容:

(1)风险识别。即确定项目的风险种类,也就是可能有哪些风险发生。

(2)风险评估。即评估风险发生的概率及风险事件对项目的影响。

(3)风险响应。即制定风险对策措施。

(4)风险控制。即在实施中的风险控制。

第二节　工程建设风险识别

风险识别是进行风险管理的第一步重要工作。风险识别具有个别性、主观性、复杂性及不确定性。

一、风险识别的原则

1. 由粗及细,由细及粗原则

由粗及细是指对风险因素进行全面分析,并通过多种途径对工程风险进行分解，逐渐细化，以获得对工程风险的广泛认识，从而得到工程初始风险清单。

由细及粗是指从工程初始风险清单的众多风险中，根据同类工程建设的经验以及对拟建工程建设具体情况的分析和风险调查，确定那些对建设工程目标实现有较大影响的工程风险，作为主要风险，即作为风险评价以及风险对策决策的主要对象。

2. 严格界定风险内涵并考虑风险因素之间的相关性

对各种风险的内涵要严加界定，不能出现重复和交叉现象。另外，还要尽可能考虑各种风险因素之间的主次关系、因果关系、互斥关系、正相关关系、负相关关系等相关性。但在风险识别阶段考虑风险因素之间的相关性有一定的难度，因此，至少应做到严格界定风险内涵。

3. 先怀疑，后排除

对于所遇到的问题都要考虑其是否存在不确定性，不要轻易否定或排除某些风险，要通过认真的分析进行确认或排除。

4. 排除与确认并重

对于肯定可以排除和肯定可以确认的风险应尽早予以排除和确认。对于一时既不能排除又不能确认的风险再作进一步的分析，予以排除或确认。最后，对于肯定不能排除但又不能肯定予以确认的风险按确认考虑。

5. 必要时可作试验论证

对于某些按常规方式难以判定其是否存在，也难以确定其对工程建设目标影响程度的风险，尤其是技术方面的风险，必要时可作试验论证，如抗震实验、风洞实验等。这样做的结论可靠，但要以付出费用为代价。

二、风险识别的过程

工程建设自身及其外部环境的复杂性，给工程风险的识别带来了许多具体的困难，同时，也要求明确工程建设风险识别的过程。

工程建设的风险识别往往是通过对经验数据的分析、风险调查、专家咨询以及实验论证等方式,在对工程建设风险进行多维分解的过程中,认识工程风险,建立工程风险清单。

工程建设风险识别的过程如图 11-1 所示。

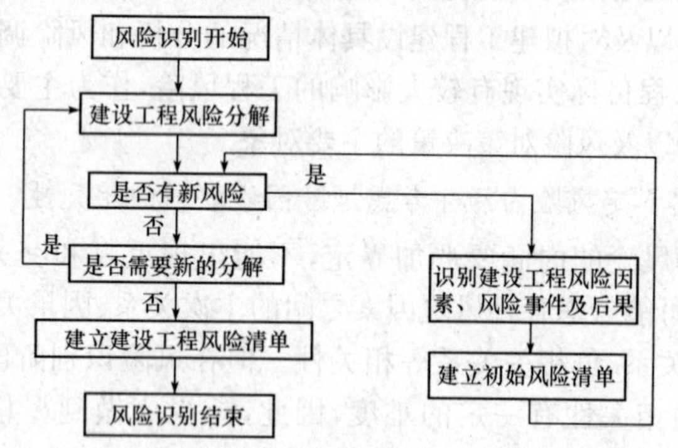

图 11-1 工程建设风险识别过程

由图可知,风险识别的结果是建立工程建设风险清单。在工程建设风险识别过程中,核心工作是“工程建设风险分解”和“识别工程建设风险因素、风险事件及后果”。

三、风险识别的方法

工程建设的风险识别可以根据其自身特点,采用相应的方法,即专家调查法、财务报表法、流程图法、初始清单法、经验数据法和风险调查法。

1. 专家调查法

专家调查法分为两种方式:一种是召集有关专家开会,让专家各抒己见,充分发表意见,起到集思广益的作用;另一种是采用问卷式调查,各专家不知道其他专家的意见。

采用专家调查法时,所提出的问题应具体,具有指导性和代表性,并具有一定的深度。对专家发表的意见要由风险管理人员加以归纳分类、整理分析,有时可能要排除个别专家的个别意见。

2. 财务报表法

财务报表法有助于确定一个特定企业或特定的工程建设可能遭

受到的损失以及在何种情况下遭受的这些损失。通过分析资产负债表、现金流量表、营业报表及有关补充资料,可以识别企业当前的所有资产、责任及人身损失风险。将这些报表与财务预测、预算结合起来,可以发现企业或工程建设未来的风险。

采用财务报表法进行风险识别,要对财务报表中所列的各项会计科目作深入的分析研究,并提出分析研究报告,以确定可能产生的损失,还应通过一些实地调查以及其他信息资料来补充财务记录。由于工程财务报表与企业财务报表不尽相同,因而,工程建设的风险识别时需要结合工程财务报表的特点。

3. 流程图法

将一项特定的生产或经营活动按步骤或阶段顺序以若干个模块形式组成一个流程图,在每个模块中都标出各种潜在的风险因素或风险事件,从而给决策者一个清晰的总体印象。一般来说,对流程图中各步骤或阶段的划分比较容易,关键在于找出各步骤或各阶段不同的风险因素或风险事件。

由于流程图的篇幅限制,采用这种方法所得到的风险识别结果较粗。

4. 初始清单法

如果对每一个工程建设风险的识别都从头做起,至少有以下三个方面缺陷:

(1)耗费时间和精力多,风险识别工作的效率低。

(2)由于风险识别的主观性,可能导致风险识别的随意性,其结果缺乏规范性。

(3)风险识别成果资料不便积累,对今后的风险识别工作缺乏指导作用。

因此,为了避免以上三个方面的缺陷,有必要建立初始风险清单。

初始风险清单只是为了便于人们较全面地认识风险的存在,而不至于遗漏重要的工程风险,但并不是风险识别的最终结论。在初始风险清单建立后,还需要结合特定工程建设的具体情况进一步识别风险,从而对初始风险清单作一些必要的补充和修正。为此,需要参照同类工程建设风险的经验数据或针对具体工程建设的特点进行风险调查。

5. 经验数据法

经验数据法也称为统计资料法,即根据已建各类工程建设与风险有关的统计资料来识别拟建工程建设的风险。不同的风险管理主体都应有自己关于工程建设风险的经验数据或统计资料。在工程领域建设,可能有工程风险经验数据或统计资料的风险管理主体包括咨询公司(含设计单位)、承包商以及长期有工程项目的业主(如房地产开发商)。由于这些不同的风险管理主体的角度不同、数据或资料来源不同,其各自的初始风险清单一般多少有些差异。但是,工程建设风险本身是客观事实,有客观的规律性,当经验数据或统计资料足够多时,这种差异性就会大大减小。何况风险识别只是对工程建设风险的初步认识,还是一种定性分析,因此,这种基于经验数据或统计资料的初始风险清单,可以满足对工程建设风险识别的需要。

6. 风险调查法

风险调查法是工程建设风险识别的重要方法。风险调查应当从分析具体工程建设的特点入手,一方面,对通过其他方法已识别出的风险(如初始风险清单所列出的风险)进行鉴别和确认;另一方面,通过风险调查有可能发现此前尚未识别出的重要的工程风险。

通常,风险调查可以从组织、技术、自然及环境、经济、合同等方面分析拟建工程的特点以及相应的潜在风险。

由于风险管理是一个系统的、完整的循环过程,因而,风险调查并不是一次性的,应该在工程建设实施全过程中不断地进行,这样才能了解不断变化的条件对工程风险状态的影响。

第三节　工程建设风险评估

风险评估是对风险的规律性进行研究和量化分析。工程建设中存在的每一个风险都有自身的规律和特点、影响范围和影响量。通过分析可以将它们的影响统一成成本目标的形式，按货币单位来度量，并对每一个风险进行评价。

一、风险评估的内容

1. 风险因素发生的概率

风险发生的可能性可用概率表示。它的发生有一定的规律性，但也有不确定性。既然被视为风险，则它必然在必然事件（概率＝1）和不可能事件（概率＝0）之间。风险发生的概率需要利用已有数据资料和相关专业方法进行估计。

2. 风险损失量的估计

风险损失量是个非常复杂的问题，有的风险造成的损失较小，有的风险造成的损失很大，可能引起整个工程的中断或报废。风险之间通常是有联系的，某个工程活动受到干扰而拖延，则可能影响它后面的许多活动。

工程建设风险损失包括：投资风险、进度风险、质量风险和安全风险。

投资风险导致的损失可以直接用货币形式来表现，即法规、价格、汇率和利率等的变化或资金使用安排不当等风险事件引起的实际投资超出计划投资的数额。

进度风险导致的损失由以下几部分组成：

（1）货币的时间价值。进度风险的发生可能会对现金流动造成影响，在利率的作用下，引起经济损失。

（2）为赶上计划进度所需的额外费用。包括加班的人工费、机械使用费和管理费等一切因追赶进度所发生的非计划费用。

（3）延期投入使用的收入损失。这方面损失的计算相当复杂，不仅仅是延误期间内的收入损失，还可能由于产品投入市场过迟而失去商机，从而大大降低市场份额，因而这方面的损失有时是相当巨大的。

质量风险导致的损失包括事故引起的直接经济损失，以及修复和补救等措施发生的费用以及第三者责任损失等，可分为以下几个方面：

(1)建筑物、构筑物或其他结构倒塌所造成的直接经济损失。

(2)复位纠偏、加固补强等补救措施和返工的费用。

(3)造成的工期延误的损失。

(4)永久性缺陷对于建设工程使用造成的损失。

(5)第三者责任的损失。

安全风险导致的损失包括以下几个方面：

(1)受伤人员的医疗费用和补偿费。

(2)财产损失，包括材料、设备等财产的损毁或被盗。

(3)因引起工期延误带来的损失。

(4)为恢复工程建设正常实施所发生的费用。

(5)第三者责任损失(即：在工程建设实施期间，因意外事故可能导致的第三者的人身伤亡和财产损失所做的经济赔偿以及必须承担的法律责任)。

由以上四方面风险的内容可知，投资增加可以直接用货币来衡量；进度的拖延则属于时间范畴，同时也会导致经济损失；而质量事故和安全事故既会产生经济影响又可能导致工期延误和第三者责任，显得更加复杂。而第三者责任除了法律责任之外，一般都是以经济赔偿的形式来实现的。因此，这个四方面的风险最终都可以归纳为经济损失。

3. 风险等级评估

风险因素涉及各个方面，但人们并不是对所有的风险都予以十分重视。否则将大大提高管理费用，干扰正常的决策过程。所以，组织应根据风险因素发生的概率和损失量，确定风险程度，进行分级评估。

通常对一个具体的风险，它如果发生，则损失为 R_H，发生的可能性为 E_w，则风险的期望值 R_w 为：

$$R_w = R_H \cdot E_w$$

引用物理学中位能的概念，损失期望值高的，则风险位能高。可以在二维坐标上作等位能线(即损失期望值相等)(图 11-2)，则具体项目中的任何一个风险可以在图上找到一个表示它位能的点。

不同位能的风险可分为不同的类别，用 A、B、C 表示。

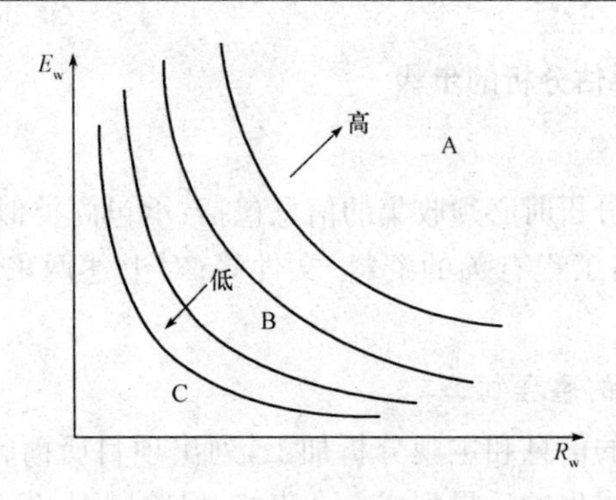

图 11-2　风险等位轴线

(1)A类:高位能,即损失期望很大的风险。通常发生的可能性很大,而且一旦发生损失也很大。

(2)B类:中位能,即损失期望值一般的风险。通常发生可能性不大,损失也不大的风险,或发生可能性很大但损失极小,或损失比较大但可能性极小的风险。

(3)C类:低位能,即损失期望极小的风险,发生的可能性极小,即使发生损失也很小的风险。

在工程项目风险管理中,A类是重点,B类要顾及,C类可以不考虑。

另外,也可用1级、2级、3级表示风险类型,见表11-2。

表 11-2　　风险等级评估表

风险等级　后果 / 可能性	轻度损失	中度损失	重大损失
很　大	Ⅲ	Ⅳ	Ⅴ
中　等	Ⅱ	Ⅲ	Ⅳ
极　小	Ⅰ	Ⅱ	Ⅲ

注:表中Ⅰ为可忽略风险;Ⅱ为可容许风险;Ⅲ为中度风险;Ⅳ为重大风险;Ⅴ为不容许风险。

二、风险评估分析的步骤

1. 收集信息

风险评估分析时必须收集的信息包括:承包商类似工程的经验和积累的数据;与工程有关的资料、文件等;对上述两来源的主观分析结果。

2. 对信息的整理加工

根据收集的信息和主观分析加工,列出项目所面临的风险,并将发生的概率和损失的后果列成一个表格,风险因素、发生概率、损失后果、风险程度一一对应,见表 11-3。

表 11-3　风险程度分析

风险因素	发生概率 P/(%)	损失后果 C/万元	风险程度 R/万元
物价上涨	10	50	5
地质特殊处理	30	100	30
恶劣天气	10	30	3
工期拖延罚款	20	50	10
设计错误	30	50	15
业主拖欠工程款	10	100	10
项目管理人员不胜任	20	300	60
合　计	—	—	133

3. 评价风险程度

风险程度是风险发生的概率和风险发生后的损失严重性的综合结果。其表达式为:

$$R=\sum_{i=1}^{n}R_i=\sum_{i=1}^{n}P_i\times C_i \qquad (11\text{-}1)$$

式中　R——风险程度;

R_i——每一风险因素引起的风险程度;

P_i——每一风险发生的概率;

C_i——每一风险发生的损失后果。

4. 提出风险评估报告

风险评估分析结果必须用文字、图表进行表达说明，作为风险管理的文档，即以文字、表格的形式作风险评估报告。评估分析结果不仅作为风险评估的成果，而且应作为人们风险管理的基本依据。

对于风险评估报告中所用表的内容可以按照分析的对象进行编制。对于在项目目标设计和可行性研究中分析的风险及对项目总体产生的风险（如：通货膨胀影响、产品销路不畅、法律变化、合同风险等），可以按风险的结构进行分析研究。

三、风险程度分析的方法

风险程度分析主要应用在项目决策和投标阶段，常用的方法包括：专家评分比较法、风险相关性评价法、期望损失法和风险状态图法。

1. 专家评分比较法

专家评分比较法主要是找出各种潜在的风险并对风险后果做出定性估计。对那些风险很难在较短时间内用统计方法、实验分析方法或因果关系论证得到的情形特别适用。该方法的具体步骤如下：

(1)由投标小组成员及有投标和工程施工经验的成员组成专家小组，共同就某一项目可能遇到的风险因素进行分类、排序。

(2)列出表格，见表 11-4。确定每个风险因素的权重 W，W 表示该风险因素在众多因素中影响程度的大小，所有风险因素权重之和为 1。

表 11-4　　专家打分法分析风险表

可能发生的风险因素	权重(W)	风险因素发生的概率(P)					风险因素得分 $W\times P$
		很大	比较大	中等	较小	很小	
		1.0	0.8	0.6	0.4	0.2	
1. 物价上涨	0.15		√				0.12
2. 报价漏项	0.10				√		0.04
3. 竣工拖期	0.10			√			0.06

续表

可能发生的风险因素	权重(W)	风险因素发生的概率(P)					风险因素得分 W×P
		很大	比较大	中等	较小	很小	
		1.0	0.8	0.6	0.4	0.2	
4. 业主拖欠工程款	0.15	√					0.15
5. 地质特殊处理	0.20				√		0.08
6. 分包商违约	0.10			√			0.06
7. 设计错误	0.15					√	0.03
8. 违反扰民规定	0.10				√		0.04
合　计							0.58

(3)确定每个风险因素发生的概率等级值 P,按发生概率很大、较大、中等、较小、很小五个等级,分别以 1.0、0.8、0.6、0.4、0.2 给 P 值打分。

(4)每一个专家或参与的决策人,分别按上表判断概率等级。判断结果画"√"表示,计算出每一风险因素的 $P\times W$,合计得出 $\sum(P\times W)$。

(5)根据每位专家和参与的决策人的工程承包经验、对招标项目的了解程度、招标项目的环境及特点、知识的渊博程度确定其权威性即权重值 W,W 可取 0.5~1.0 之间。再按表 11-5 确定投标项目的最后风险度值。风险度值的确定采用加权平均值的方法,见表 11-5。

表 11-5　　风险因素得分汇总表

决策人或专家	权威性权重 W	风险因素得分 W×P	风险度 $(W\times P)\times k/\sum k$
决策人	1.0	0.58	0.176
专家甲	0.5	0.65	0.098
专家乙	0.6	0.55	0.100
专家丙	0.7	0.55	0.117
专家丁	0.5	0.55	0.083
合　计	3.3	—	0.574

(6)根据风险度判断是否投标。一般风险度在0.4以下可认为风险很小,可较乐观地参加投标;0.4～0.6可视为风险属中等水平,报价时不可预见费也可取中等水平;0.6～0.8可看作风险较大,不仅投标时不可预见费取上限值,还应认真研究主要风险因素的防范;超过0.8可认为风险很大,应采用回避此风险的策略。

2. 风险相关性评价法

风险之间的关系可以分为三种,即:两种风险之间没有必然联系;一种风险出现,另一种风险一定会发生;如一种风险出现后,另一种风险发生的可能性增加。

后两种情况的风险是相互关联的,有交互作用。用概率来表示各种风险发生的可能性,设某项目中可能会遇到 i 个风险,$i=1,2,\cdots$,P_i 表示各种风险发生的概率($0\leqslant P_i\leqslant 1$),$R_i$ 表示第 i 个风险一旦发生给项目造成的损失值。其评价步骤为:

(1)找出各种风险之间相关概率 P_{ab},设 P_{ab} 表示一旦风险 a 发生后风险 b 发生的概率($0\leqslant P_{ab}\leqslant 1$);$P_{ab}=0$,表示风险 a、b 之间无必然联系;$P_{ab}=1$,表示风险 a 出现必然会引起风险 b 发生。根据各种风险之间的关系,可以找出各风险之间的 P_{ab}(表11-6)。

表11-6　风险相关概率分析表

风险		1	2	3	…	i	…
1	P_1	1	P_{12}	P_{13}	…	P_{1i}	…
2	P_2	P_{21}	1	P_{23}	…	P_{2i}	…
…		…	…	…	…	…	…
i	P_i	P_{i1}	P_{i2}	P_{i3}	…	1	…
…		…	…	…	…	…	…

(2)计算各风险发生的条件概率 $P(b/a)$。已知风险 a 发生概率为 P_a,风险 b 的相关概率为 P_b,则在 a 发生情况下 b 发生的条件概率 $P(b/a)=P_a\cdot P_{ab}$(表11-7)。

表 11-7 风险发生条件概率分析表

风 险	1	2	3	…	i	…
1	P_1	$P(2/1)$	$P(3/1)$	…	$P(i/1)$	…
2	$P(1/2)$	P_2	$P(3/2)$	…	$P(i/2)$	…
⋮	…	…	…	…	…	…
i	$P(1/i)$	$P(2/i)$	$P(3/i)$	…	P_i	…
⋮	…	…	…	…	…	…

(3)计算出各种风险损失情况 R_i。

$$R_i = \text{风险 } i \text{ 发生后的工程成本} - \text{工程的正常成本} \tag{11-2}$$

(4)计算各风险损失期望值 W。

$$W=\begin{bmatrix} P_1 & P(2/1) & P(3/1) & \cdots & P(i/1) & \cdots \\ P(1/2) & P_2 & P(3/2) & \cdots & P(i/1) & \cdots \\ \cdots & \cdots & \cdots & \cdots\ \cdots & & \cdots \\ P(1/i) & P(2/i) & P(3/i) & \cdots & P(i) & \cdots \\ \cdots & \cdots & \cdots & \cdots\ \cdots & & \cdots \end{bmatrix} \times \begin{bmatrix} R_1 \\ R_2 \\ \vdots \\ R_i \\ \vdots \end{bmatrix} = \begin{bmatrix} W_1 \\ W_2 \\ \vdots \\ W_i \\ \vdots \end{bmatrix} \tag{11-3}$$

其中

$$W_i = \sum p(j/i) \cdot R_j \tag{11-4}$$

(5)将损失期望值按从大到小的顺序进行排列,并计算出各期望值在总损失期望值中所占百分率。

(6)计算累计百分率并分类。损失期望值累计百分率在 80%以下的风险为 A 类风险,是主要风险;累计百分率在 80%~90%的风险为 B 类风险,是次要风险;累计百分率在 90%~100%的风险为 C 类风险,是一般风险。

3. 期望损失法

风险的期望损失指的是风险发生的概率与风险发生造成的损失的乘积。期望损失法首先要辨识出工程面临的主要风险,其次推断每种风险发生的概率以及损失后果,求出每种风险的期望损失值,然后将期望损失值累计,求出总和并分析每种风险的期望损失占总价的百分比、占总期望损失的百分比。

4. 风险状态图法

工程建设项目风险有时会有不同的状态,根据它的各种状态的概率累计风险状态曲线,从风险状态曲线上可以反映出风险的特性和规律,如风险的可能性、损失的大小及风险的波动范围等。

第四节 工程建设风险响应

对分析出来的风险应有响应,即确定针对风险的对策。风险响应是通过采用将风险转移给另一方或将风险自留等方式,研究如何对风险进行管理,包括风险规避、风险减轻、风险转移、风险自留及其组合等策略。

一、风险规避

风险规避是指承包商设法远离、躲避可能发生风险的行为和环境,从而达到避免风险发生的可能性,其具体做法有以下三种:

1. 拒绝承担风险

承包商拒绝承担风险大致有以下几种情况:

(1)对某些存在致命风险的工程拒绝投标。

(2)利用合同保护自己,不承担应该由业主承担的风险。

(3)不接受实力差、信誉不佳的分包商和材料、设备供应商,即使是业主或者有实权的其他任何人的推荐。

(4)不委托道德水平低下或其他综合素质不高的中介组织或个人。

2. 承担小风险回避大风险

这在项目决策时要注意,放弃明显导致亏损的项目。对于风险超过自己的承受能力,成功把握不大的项目,不参与投标,不参与合资。甚至有时在工程进行到一半时,预测后期风险很大,必然有更大的亏损,不得不采取中断项目的措施。

3. 为了避免风险而损失一定的较小利益

利益可以计算,但风险损失是较难估计的,在特定情况下,采用此种做法。如在建材市场有些材料价格波动较大，承包商与供应商提前订立购销合同并付一定数量的定金，从而避免因涨价带来的风险；采购生产要素时，应选择信誉好、实力强的分包商，虽然价格略高于市场平均价，但分包商违约的风险减小了。

规避风险虽然是一种风险响应策略，但应该承认这是一种消极的防范手段。因为规避风险固然避免损失，但同时也失去了获利的机会。如果企业想生存、图发展，又想回避其预测的某种风险，最好的办法是采用除规避以外的其他策略。

二、风险减轻

承包商的实力越强，市场占有率越高，抵御风险的能力也就越强，一旦出现风险，其造成的影响就相对显得小些。如承包商承担一个项目，出现风险会使他难以承受；若承包若干个工程，其中一旦在某个项目上出现了风险损失，还可以有其他项目的成功加以弥补。这样，承包商的风险压力就会减轻。

在分包合同中，通常要求分包商接受建设单位合同文件中的各项合同条款，使分包商分担一部分风险。有的承包商直接把风险比较大的部分分包出去，将建设单位规定的误期损失赔偿费如数订入分包合同，将这项风险分散。

三、风险转移

风险转移是指承包商不能回避风险的情况下，将自身面临的风险转移给其他主体来承担。风险的转移并非转嫁损失，有些承包商无法控制的风险因素，其他主体都可以控制。风险转移一般指对分包商和保险机构。

1. 转移给分包商

工程风险中的很大一部分可以分散给若干分包商和生产要素供应商。例如：对待业主拖欠工程款的风险，可以在分包合同中规定在业主支付给总包后若干日内向分包方支付工程款。

承包商在项目中投入的资源越少越好，以便一旦遇到风险，可以进退自如。可以租赁或指令分包商自带设备等措施来减少自身资金、设备沉淀。

2. 工程保险

购买保险是一种非常有效的转移风险的手段，将自身面临的风险很大一部分转移给保险公司来承担。

工程保险是指业主和承包商为了工程项目的顺利实施，向保险人（公司）支付保险费，保险人根据合同约定对在工程建设中可能产生的财产和人身伤害承担赔偿保险金责任。

3. 工程担保

工程担保是指担保人（一般为银行、担保公司、保险公司以及其他金融机构、商业团体或个人）应工程合同一方（申请人）的要求向另一方（债权人）做出的书面承诺。工程担保是工程风险转移的一项重要措施，它能有效地保障工程建设的顺利进行。许多国家政府都在法规中规定要求进行工程担保，在标准合同中也含有关于工程担保的条款。

四、风险自留

风险自留是指承包商将风险留给自己承担，不予转移。这种手段有时是无意识的，即当初并不曾预测的，不曾有意识地采取种种有效措施，以致最后只好由自己承受；但有时也可以是主动的，即经营者有意识、有计划地将若干风险主动留给自己。

决定风险自留必须符合以下条件之一：

(1)自留费用低于保险公司所收取的费用。

(2)企业的期望损失低于保险人的估计。

(3)企业有较多的风险单位，且企业有能力准确地预测其损失。

(4)企业的最大潜在损失或最大期望损失较小。

(5)短期内企业有承受最大潜在损失或最大期望损失的经济能力。

(6)风险管理目标可以承受年度损失的重大差异。

(7)费用和损失支付分布于很长的时间里，因而导致很大的机会成本。

(8)投资机会好。

(9)内部服务或非保险人服务优良。

如果实际情况与以上条件相反，则应放弃风险自留的决策。

第五节 工程建设风险控制

在整个工程建设风险控制过程中，应收集和分析与项目风险相关的各种信息，获取风险信号，预测未来的风险并提出预警，纳入项目进展报告。同时还应对可能出现的风险因素进行监控，根据需要制订应急计划。

一、风险预警

要做好工程建设项目过程中的风险管理，就要建立完善的项目风险预警系统，通过跟踪项目风险因素的变动趋势，测评风险所处状态，尽早地发出预警信号，及时向业主、项目监管方和施工方发出警报，为决策者掌握和控制风险争取更多的时间，尽早采取有效措施防范和化解项目风险。

在工程建设项目过程中，捕捉风险前奏的信号途径包括：天气预测警报；股票信息；各种市场行情、价格动态；政治形势和外交动态；各投资者企业状况报告；在工程中通过工期和进度的跟踪、成本的跟踪分析、合同监督、各种质量监控报告、现场情况报告等手段，了解工程风险；在工程的实施状况报告中应包括风险状况报告。

二、风险监控

在工程建设项目推进过程中，各种风险在性质和数量上都是在不断变化的，有可能会增大或者衰退。因此，在项目整个生命周期中，需要时刻监控风险的发展与变化情况，并确定随着某些风险的消失而带来的新的风险。

风险监控的目的是：监视风险的状况，例如：风险是已经发生、仍然存在还是已经消失；检查风险的对策是否有效，监控机制是否在运行；不断识别新的风险并制定对策。

风险监控的任务主要包括：在项目进行过程中跟踪已识别风险、监控残余风险并识别新风险；保证风险应对计划的执行并评估风险应对计划执行效果。评估的方法可以是项目周期性回顾、绩效评估等；对突发的风险或“接受”风险采取适当的权变措施。

风险监控常用的方法主要有：风险审计、偏差分析和技术指标三种。

1. 风险审计

专人检查监控机制是否得到执行，并定期作风险审核。例如：在大的阶段点重新识别风险并进行分析，对没有预计到的风险制定新的应对计划。

2. 偏差分析

与基准计划比较，分析成本和时间上的偏差。例如：未能按期完工、超出预算等都是潜在的问题。

3. 技术指标

比较原定技术指标和实际技术指标差异。例如：测试未能达到性能要求，缺陷数大大超过预期等。

三、风险应急计划

在工程建设项目实施过程中必然会遇到大量未曾预料到的风险因素，或风险因素的后果比已预料的更严重，使事先编制的计划不能奏效，所以，必须重新研究应对措施，即编制附加的风险应急计划。

风险应急计划应当清楚地说明当发生风险事件时要采取的措施，以便可以快速有效地对这些事件做出响应。

1. 风险应急计划的编制要求

风险应急计划的编制要求应符合下列文件的规定：

(1)《职业健康安全管理体系　要求》(GB/T 28001—2011)。

(2)《环境管理体系　要求及使用指南》(GB/T 24001—2004)。

(3)《施工企业安全生产评价标准》(JGJ/T 77—2010)。

2. 风险应急计划的编制程序及内容

风险应急计划的编制程序如下：

(1)成立预案编制小组。

(2)制定编制计划。

(3)现场调查,收集资料。

(4)环境因素或危险源的辨识和风险评价。

(5)控制目标、能力与资源的评估。

(6)编制应急预案文件。

(7)应急预案评估。

(8)应急预案发布。

风险应急计划的编制内容主要如下:

(1)应急预案的目标。

(2)参考文献。

(3)适用范围。

(4)组织情况说明。

(5)风险定义及其控制目标。

(6)组织职能(职责)。

(7)应急工作流程及其控制。

(8)培训。

(9)演练计划。

(10)演练总结报告。

第十二章　建筑工程项目收尾管理

项目收尾阶段是项目管理过程的最后阶段，包括：竣工收尾、验收、结算、决算、回访保修、考核评价等内容。

建筑工程项目收尾管理工作的具体内容如图12-1所示。

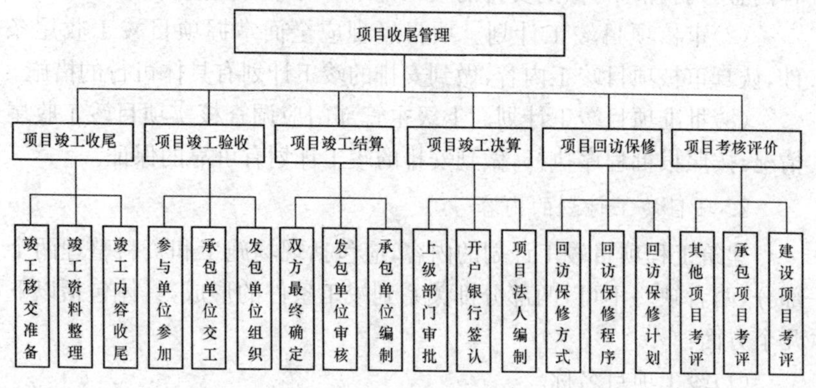

图12-1　建筑工程项目收尾管理工作内容

第一节　项目竣工收尾

项目经理应全面负责项目收尾工作，组织编制项目竣工计划，报上级主管部门批准后按期完成。

在项目竣工验收前，项目经理部应检查合同约定的哪些工作内容已经完成，或完成到什么程度，并将检查结果记录并形成文件；总分包之间还有哪些连带工作需要收尾接口，项目近外层和远外层关系还有哪些工作需要沟通协调等，以保证竣工收尾顺利完成。

一、项目竣工计划的编制

建筑工程项目进入竣工收尾阶段，项目经理部要有的放矢地组织配备好竣工收尾工作小组，明确分工管理责任制，做到因事设岗，以岗定责，以责考核，限期完成。收尾工作小组要由项目经理亲自领导，成员包括技术负责人、生产负责人、质量负责人、材料负责人和班组负责人等多方面的人员参加，组织编制项目竣工计划，报上级主管部门批准后按期完成。

1. 项目竣工计划的编制程序

(1)制订项目竣工计划。项目收尾应详细清理项目竣工收尾的工程内容，列出清单，做到安排的竣工计划有可靠的依据。

(2)审核项目竣工计划。项目经理应全面掌握项目竣工收尾条件，认真审核项目竣工内容，做到安排的竣工计划有具体可行的措施。

(3)批准项目竣工计划。上级主管部门应调查核实项目竣工收尾情况，按照报批程序执行，做到安排的竣工计划有可靠的保证。

2. 项目竣工计划的内容

建筑工程项目竣工计划的内容，应包括现场施工和资料整理两个部分，两者缺一不可，两部分都关系到竣工条件的形成，具体包括以下几个方面：

(1)竣工项目名称。

(2)竣工项目收尾具体内容。

(3)竣工项目质量要求。

(4)竣工项目进度计划安排。

(5)竣工项目文件档案资料整理要求。

项目竣工计划的内容编制格式见表 12-1。

表 12-1　项目竣工计划

序号	收尾项目名称	简要内容	起止时间	作业队组	班组长	竣工资料	整理人	验证人

项目经理：　　　　　技术负责人：　　　　　编制人：

3. 项目竣工计划的检查

项目竣工收尾阶段前，项目经理和技术负责人应定期和不定期地组织对项目竣工计划进行检查。有关施工、质量、安全、材料、内业等技术、管理人员要积极配合，对列入计划的收尾、修补、成品保护、资料整理和场地清扫等内容，要按分工原则逐项检查核对，做到完工一项、验证一项、消除一项，不给竣工收尾留下遗憾。

项目竣工计划的检查应依据法律、行政法规和强制性标准的规定严格进行，发现偏差要及时进行调整、纠偏，发现问题要强制执行整改。竣工计划的检查应满足以下要求：

(1)全部收尾项目施工完毕，工程符合竣工验收条件的要求。

(2)工程的施工质量经过自检合格，各种检查记录、评定资料齐备。

(3)水、电、气、设备安装、智能化等经过试验、调试，达到使用功能的要求。

(4)建筑物室内外做到文明施工，四周 2m 以内的场地达到工完、料净、场地清。

(5)工程技术档案和施工管理资料收集、整理齐全，装订成册，符合竣工验收规定。

二、项目竣工自检

项目经理部完成项目竣工计划，并确认达到竣工条件后，应按规定向所在企业报告，进行项目竣工自查验收，填写工程质量竣工验收记录、质量控制资料核查记录、工程质量观感记录表，并对工程施工质量做出合格结论。

工程项目竣工自检的步骤如下：

(1)属于承包人一家独立承包的施工项目，应由企业技术负责人组织项目经理部的项目经理、技术负责人、施工管理人员和企业的有关部门对工程质量进行检验评定，并做好质量检验记录。

(2)依法实行总分包的项目，应按照法律、行政法规的规定，承担质量连带责任，按规定的程序进行自检、复检和报审，直到项目竣工交接报验结束为止。建设工程项目总分包竣工报检的一般程序如图 12-2 所示。

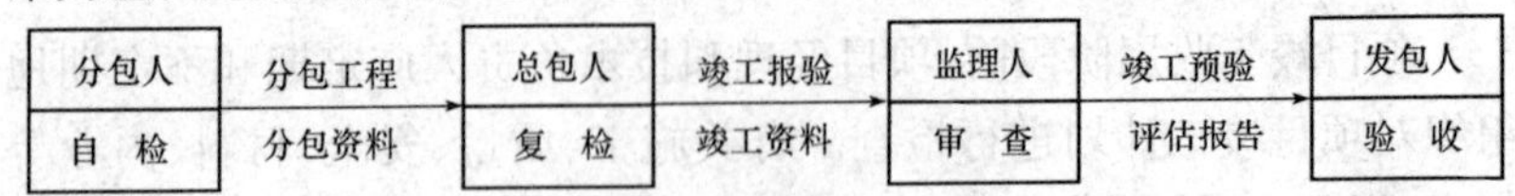

图 12-2 工程项目总分包竣工报检程序

(3)当项目达到竣工报验条件后，承包人应向工程监理机构递交工程竣工报验单，提请监理机构组织竣工预验收，审查工程是否符合正式竣工验收条件。

第二节 项目竣工验收

建筑工程项目竣工验收是指承包人按施工合同完成了项目全部任务，经检验合格，由发承包人组织验收的过程。项目的交工主体应是合同当事人的承包主体；验收主体应是合同当事人的发包主体，其他项目参与人则是项目竣工验收的相关组织。

项目竣工收尾工作内容按计划完成后，除了承包人的自检评定外，应及时地向发包人递交竣工工程申请验收报告，实行建设监理的项目，监理人还应当签署工程竣工审查意见。发包人应按竣工验收法规向参与项目各方发出竣工验收通知单，组织进行项目竣工验收。

一、建筑工程项目竣工验收的范围

建筑工程项目的竣工验收是资产转入生产的标志，是全面考核和检查建设工程是否符合设计要求和工程质量的重要环节，是建设单位会同设计、施工单位向国家(或投资者)汇报建设成果和交付新增固定资产的过程。建设单位对已符合竣工验收条件的建筑工程项目，要按照国家有关部门关于《建设项目竣工验收办法》的规定，及时向负责验收的主管单位提出竣工验收申请报告，适时组织建筑项目正式进行竣工验收，办理固定资产移交手续。建筑工程项目竣工验收的范围如下：

(1)凡列入固定资产投资计划的新建、扩建、改建和迁建的建筑工程项目或单项工程按批准的设计文件规定的内容和施工图纸要求全部建成符合验收标准的，必须及时组织验收，办理固定资产移交手续。

(2)使用更新改造资金进行的基本建设或属于基本建设性质的技术改造工程项目，也应按国家关于建设项目竣工验收规定，办理竣工验收手续。

(3)小型基本建筑和技术改造项目的竣工验收，可根据有关部门(地区)的规定适当简化手续，但必须按规定办理竣工验收和固定资产交付生产手续。

二、建筑工程项目竣工验收的方式与程序

1. 建筑工程项目竣工验收的方式

建筑工程项目竣工验收的方式见表12-2。

表12-2　　建筑工程项目验收的方式

类型	验收条件	验收组织
中间验收	(1)按照施工承包合同的约定，施工完成到某一阶段后要进行中间验收。 (2)重要的工程部位施工已完成隐蔽前的准备工作，该工程部位即将置于无法查看的状态	由监理单位组织、业主和承包商派人参加。该部位的验收资料将作为最终验收的依据
单项工程验收(交工验收)	(1)建筑项目中的某个合同工程已全部完成。 (2)合同内约定有分部分项移交的工程已达到竣工标准，可移交给业主投入使用	由业主组织会同承包商、监理单位、设计单位及使用单位等有关部门共同进行
全部工程竣工验收(动用验收)	(1)建筑项目按设计规定全部建成，达到竣工验收条件。 (2)初验结果全部合格。 (3)竣工验收所需资料已准备齐全	大中型和限额以上项目由国家发改委或由其委托项目主管部门或地方政府部门组织验收，小型和限额以下项目由项目主管部门组织验收。验收委员会由银行、物资、环保、劳动、统计、消防及其他有关部门组成，业主、监理单位、施工单位、设计单位和使用单位参加验收工作

2. 建筑工程项目验收的程序

工程项目竣工验收工作，通常按图 12-3 所示程序进行。

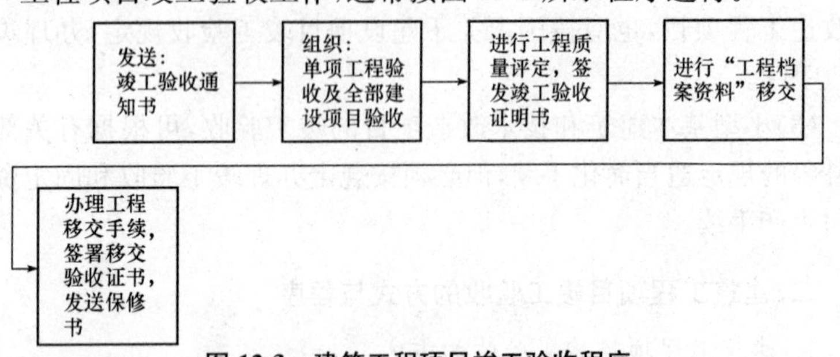

图 12-3 建筑工程项目竣工验收程序

(1)发送《竣工验收通知书》。项目完成后，承包人应在检查评定合格的基础上，向发包人发出预约竣工验收的通知书，提交工程竣工报告，说明拟交工程项目的情况，商定有关竣工验收事宜。

承包人应向发包人递交预约竣工验收的书面通知，说明竣工验收前的准备情况，包括施工现场准备和竣工资料审查结论。发出预约竣工验收的书面通知应表达两个含义：一是承包人按施工合同的约定已全面完成建设工程施工内容，预验收合格；二是请发包人按合同的约定和有关规定，组织施工项目的正式竣工验收。《交付竣工验收通知书》的内容格式如下：

交付竣工验收通知书

××××(发包单位名称)：

根据施工合同的约定，由我单位承建的××××工程，已于××××年××月××日竣工，经自检合格，监理单位审查签认，可以正式组织竣工验收。请贵单位接到通知后，尽快洽商，组织有关单位和人员于××××年××月××日前进行竣工验收。

附件：(1)工程竣工报验单

(2)工程竣工报告

××××(单位公章)

年　月　日

(2)正式验收。项目正式验收的工作程序一般分为两个阶段进行:

1)单项工程验收。指建设项目中一个单项工程,按设计图纸的内容和要求建成,并能满足生产或使用要求、达到竣工标准时,可单独整理有关施工技术资料及试车记录等,进行工程质量评定,组织竣工验收和办理固定资产转移手续。

2)全部验收。指整个建设项目按设计要求全部建成,并符合竣工验收标准时,组织竣工验收,办理工程档案移交及工程保修等移交手续。在全部验收时,对已验收的单项工程不再办理验收手续。

(3)进行工程质量评定,签发《竣工验收证明书》。验收小组或验收委员会,根据设计图纸和设计文件的要求,以及国家规定的工程质量检验标准,提出验收意见,在确认工程符合竣工标准和合同条款规定之后,应向施工单位签发《竣工验收证明书》。

(4)进行"工程档案资料"移交。"工程档案资料"是建设项目施工情况的重要记录,工程竣工后,应立即将全部工程档案资料按单位工程分类立卷,装订成册,然后,列出工程档案资料移交清单,注册资料编号、专业、档案资料内容、页数及附注。双方按清单上所列资料,查点清楚,移交后,双方在移交清单上签字盖章。移交清单一式两份,双方各自保存一份,以备查对。

(5)办理工程移交手续。工程验收完毕,施工单位要向建设单位逐项办理工程和固定资产移交手续,并签署交接验收证书和工程保修证书。

三、建筑工程项目管理竣工验收的依据

(1)上级主管部门对该项目批准的各种文件。包括可行性研究报告、初步设计,以及与项目建设有关的各种文件。

(2)工程设计文件。包括施工图纸及说明、设备技术说明书等。

(3)国家颁布的各种标准和规范。包括现行的《工程施工及验收规范》、《工程质量检验评定标准》等。

(4)合同文件。包括施工承包的工作内容和应达到的标准,以及

施工过程中的设计修改变更通知书等。

四、建筑工程项目竣工验收的标准

1. 建筑工程施工合同规定

建筑工程施工合同示范文本对项目竣工验收做了如下规定:

(1)工程具备竣工验收条件,承包人按国家工程竣工验收有关规定,向发包人提供完整竣工资料及竣工验收报告。双方约定由承包人提供竣工图的,应当在专用条款内约定提供的日期和份数。

(2)发包人收到竣工验收报告后28d内组织有关单位验收,并在验收后14d内给予认可或提出修改意见,承包人按要求修改,并承担由自身原因而造成修改的费用。

(3)发包人收到承包人送交的竣工验收报告后28d内不组织验收,或验收后14d内不提出修改意见,视为竣工验收报告已被认可。

(4)工程竣工验收通过,承包人送交竣工验收报告的日期为实际竣工日期。工程按发包人要求修改后通过竣工验收的,实际竣工日期为承包人修改后提请发包人验收的日期。

(5)发包人收到承包人竣工验收报告后28d内不组织验收,从第29d起承担工程保管及一切意外责任。

(6)中间交工工程的范围和竣工时间,双方在专用条款内约定。

(7)因特殊原因,发包人要求部分单位工程或工程部位甩项竣工的,双方另行签订甩项竣工协议,明确双方责任和工程价款支付方法。

2. 具体项目验收标准

由于建筑工程项目门类很多,要求各异,因此必须有相应竣工验收标准,以此遵循。一般有土建工程、安装工程、人防工程、管道工程、桥梁工程、电气工程及铁路建筑安装工程等的验收标准。

(1)土建工程验收标准。凡生产性工程、辅助公用设施及生活设施按照设计图纸、技术说明书、验收规范进行验收,工程质量符合各项要求,在工程内容上按规定全部施工完毕,不留尾巴。即对生产性工程要求室内全部做完,室外明沟勒脚、踏步斜道全部做好,内外粉刷完毕;建筑物、构筑物周围2m以内场地平整、障碍物清除,道路及下水道畅通。对生活设施和职工住宅除上述要求外，还要求水通、电通和道路通。

（2）安装工程验收标准。按照设计要求的施工项目内容、技术质量要求及验收规范的规定，各道工序全部保质保量施工完毕，不留尾巴。即工艺、燃料、热力等各种管道已做好清洗、试压、吹扫、油漆、保温等工作，各项设备、电气、空调、仪表、通信等工程项目全部安装结束，经过单机、联动无负荷及投料试车，全部符合安装技术的质量要求，具备形成设计能力的条件。

（3）人防工程验收标准。凡有人防工程或结合建设的人防工程的竣工验收必须符合人防工程的有关规定，并要求按工程等级安装好防护密闭门；室外通道在人防密闭门外的部位增设防护门进、排风等孔口，设备安装完毕。目前没有设备的，做好基础和预埋件，具备设备以后即能安装的条件；应做到内部粉饰完工；内部照明设备安装完毕，并可通电；工程无漏水，回填土结束；通道畅通等。

（4）大型管道工程验收标准。大型管道工程（包括铸铁管和钢管）按照设计内容、设计要求、施工规格和验收规范全部（或分段）按质量敷设施工完毕和竣工，泵验必须符合规定要求达到合格，管道内部垃圾要清除，输油管道、自来水管道还要经过清洗和消毒，输气管道还要经过通气换气。在施工前，对管道材质用防腐层（内壁及外壁）要根据规定标准进行验收，钢管要注意焊接质量，并加以评定和验收。对设计中选定的闸阀产品要慎重检验。地下管道施工后，对覆盖地要求分层夯实，确保道路质量。

更新改造项目和大修理项目，可以参照国家标准或有关标准，根据工程性质，结合当时当地的实际情况，由业主与承包商共同商定提出适用的竣工验收的具体标准。

五、建筑工程项目竣工验收的内容

（1）隐蔽工程验收。隐蔽工程是指在施工过程中上一工序的工作被下一工序所掩盖，而无法进行复查的部位。对这些工程在下一道工序施工以前，建设单位驻现场人员应按照设计要求及施工规范规定，及时签署隐蔽工程记录手续，以便承包单位继续施工下一道工序，同时，将隐蔽工程记录交承包单位归入技术资料；如不符合有关规定，应以书面形式告诉承包单位，令其处理，符合要求后再进行隐蔽工程验收与签证。

隐蔽工程验收项目及内容。对于基础工程要验收地质情况、标高尺寸、基础断面尺寸，桩的位置、数量。对于钢筋混凝土工程，要验收钢筋的品种、规格、数量、位置、形状、焊接尺寸、接头位置、预埋件的数量及位置以及材料代用情况。对于防水工程要验收屋面、地下室、水下结构的防水层数和防水处理措施的质量。

(2)分项工程验收。对于重要的分项工程，建设单位或其代表应按照工程合同的质量等级要求，根据该分项工程施工的实际情况，参照质量评定标准进行验收。在分项工程验收中，必须严格按照有关验收规范选择检查点数，然后计算检验项目和实测项目的合格或优良的百分率，最后确定出该分项工程的质量等级，从而确定能否验收。

(3)分部工程验收。在分项工程验收的基础上，根据各分项工程质量验收结论，对照分部工程的质量等级，以便决定可否验收。此外，对单位或分部土建工程完工后交转安装工程施工前，或中间其他过程，均应进行中间验收，承包单位得到建设单位或其中间验收认可的凭证后，才能继续施工。

(4)单位工程竣工验收。在分项工程和分部工程验收的基础上，通过对分项、分部工程质量等级的统计推断，结合直接反映单位工程结构及性能质量保证资料，便可系统地核查结构是否安全，是否达到设计要求；再结合观感等直观检查以及对整个单位工程进行全面的综合评定，从而决定是否验收。

(5)全部验收。全部是指整个建筑项目已按设计要求全部建设完成，并已符合竣工验收标准，施工单位预验通过，建设单位初验认可，有设计单位、施工单位、档案管理机关和行业主管部门参加，由建筑单位主持的正式验收。

进行全部验收时，对已验收过的单项工程，可以不再进行正式验收和办理验收手续，但应将单项工程验收单独作为全部建筑项目验收的附件而加以说明。

六、建筑工程项目竣工验收报告

项目竣工验收应依据批准的建设文件和工程实施文件，达到国家法律、行政法规、部门规章对竣工条件的规定和合同约定的竣工验收要求后，提出工程竣工验收报告，有关承发包当事人和项目相关组织应签署验收意见，签名并盖单位公章。

1. 工程竣工验收报告的内容

按照国家对建筑工程项目竣工验收条件的规定，建筑工程竣工验收报告的内容主要应包括以下几个方面：

(1)工程概况。

(2)竣工验收组织情况。

1)竣工验收委员会。

2)竣工验收小组。

3)验收组织单位和代表。

(3)质量验收情况。

1)建筑工程质量。

2)给水排水与采暖工程质量。

3)建筑电气安装工程质量。

4)通风与空调工程质量。

5)电梯安装工程质量。

6)建筑智能化工程质量。

7)工程竣工资料审查结论。

8)其他专业工程质量等。

(4)竣工验收程序。

1)按工程规模大小划分。

2)按工程项目竣工先后组织。

3)按施工合同约定的程序进行。

(5)竣工验收意见。

1)建设单位执行基本建设程序的情况。

2)对勘察、设计、施工和监理等各方面的评价。

3)对整个建设工程竣工验收的综合评估。

(6)签名盖章确认。

1)参加竣工验收各单位代表签名。

2)加盖竣工验收各单位公章。

(7)竣工验收报告附件。

1)施工许可证、施工图设计文件审查意见。

2)勘察、设计单位的质量检查报告。

3)施工单位的竣工资料分类目录及汇总表。

4)监理单位对工程质量的评估报告。

5)中间交工工程验收报告。

6)竣工验收遗留问题处理结果报告。

7)建设行政主管部门、质量监督机构责令整改的结果报告。

8)法律、法规、规章规定应交的其他文件资料。

2. 工程竣工验收报告的格式

根据专业特点和工程类别不同,各地工程竣工验收报告编制的格式也有所不同。工程竣工验收报告的常用格式见表 12-3。

表 12-3　　工程竣工验收报告

工程概况	工程名称		建设面积/m²	
	工程地址		结构类型	
	层　数	地上　层;地下　层	总　高	
	电　梯	台	自动扶梯	台
	开工日期		竣工日期	
	建设单位		施工单位	
	勘察单位		监理单位	
	设计单位		质量监督	
完成设计与合同约定内容情况				

续表

<table>
<tr><td>验收组织形式</td><td colspan="2"></td></tr>
<tr><td rowspan="8">验收组组成情况</td><td>专　业</td><td></td></tr>
<tr><td>建筑工程</td><td></td></tr>
<tr><td>建筑给排水与采暖工程</td><td></td></tr>
<tr><td>建筑电气安装工程</td><td></td></tr>
<tr><td>通风与空调工程</td><td></td></tr>
<tr><td>电梯安装工程</td><td></td></tr>
<tr><td>建筑智能化工程</td><td></td></tr>
<tr><td>工程竣工资料审查</td><td></td></tr>
<tr><td>竣工验收程序</td><td colspan="2"></td></tr>
<tr><td rowspan="5">工程竣工验收意见</td><td colspan="2">建设单位执行基本建设程序情况：</td></tr>
<tr><td colspan="2">对工程勘察方面的评价：</td></tr>
<tr><td colspan="2">对工程设计方面的评价：</td></tr>
<tr><td colspan="2">对工程施工方面的评价：</td></tr>
<tr><td colspan="2">对工程监理方面的评价：</td></tr>
</table>

续表

建设单位	项目负责人 (单位公章) 年　月　日
勘察单位	勘察负责人 (单位公章) 年　月　日
设计单位	设计负责人 (单位公章) 年　月　日
施工单位	项目经理 企业技术负责人 (单位公章) 年　月　日
监理单位	总监理工程师 (单位公章) 年　月　日

竣工验收报告附件:

1　施工许可证

2　施工图设计文件审查意见

3　勘察单位对工程勘察文件的质量检查报告

4　设计单位对工程设计文件的质量检查报告

5　施工单位对工程施工质量的检查报告,包括工程竣工资料明细、分类目录、汇总表

6　监理单位对工程质量的评估报告

7　地基与勘察、主体结构分部工程与单位工程质量验收记录

8　工程有关质量检测和功能性试验资料

9　建设行政主管部门、质量监督机构责令整改问题的整改结果

10　验收人员签署的竣工验收原始文件

11　竣工验收遗留问题处理结果

12　施工单位签署的工程质量保修书

13　法律、行政法规、规章规定必须提供的其他文件

七、工程项目文件的归档管理

工程文件是建设工程的永久性技术资料，是施工项目进行竣工验收的主要依据，也是建设工程施工情况的重要记录。因此，工程文件的准备必须符合有关规定及规范的要求，必须做到准确、齐全，能够满足建设工程进行维修、改造、扩建时的需要。

1. 工程文件归档整理基本规定

工程文件的归档整理应按国家发布的现行标准、规定执行，如《建设工程文件归档整理规范》(GB/T 50328—2001)、《科学技术档案案卷构成的一般要求》(GB/T 11822—2008)等。承包人向发包人移交工程文件档案应与编制的清单目录保持一致，须有交接签认手续，并符合移交规定。

2. 工程文件资料的内容

(1)工程项目开工报告。

(2)工程项目竣工报告。

(3)分项分部工程和单位工程技术人员名单。

(4)图纸会审和设计交底记录。

(5)设计变更通知单。

(6)技术变更核实单。

(7)工程质量事故发生后调查和处理资料。

(8)水准点位置、定位测量记录、沉降及位移观测记录。

(9)材料、设备、构件的质量合格证明资料。

(10)试验、检验报告。

(11)隐蔽验收记录及施工日志。

(12)竣工图。

(13)质量检验评定资料。

(14)工程竣工验收资料。

3. 工程文件的交接程序

(1)承包人，包括勘察、设计、施工根据总分包合同的约定，负责对分包人的工程文件进行中检和预验，有整改的待整改完成后，进行整理汇总一并移交发包人。

(2)承包人,包括勘察、设计、施工必须对工程文件的质量负全面责任,对各分包人做到“开工前有交底,实施中有检查,竣工时有预验”,确保工程文件达到一次交验合格。

(3)承包人根据建设工程合同的约定,在项目竣工验收后,按规定和约定的时间,将全部应移交的工程文件交给发包人,并符合档案管理的要求。

(4)根据工程文件移交验收办法,建设工程发包人应组织有关单位的项目负责人、技术负责人对资料的质量进行检查,验证手续应完备,应移交的资料不齐全,不得进行验收。

4. 工程文件的审核

项目竣工验收时,应对以下几个方面进行审核:

(1)材料、设备构件的质量合格证明材料。

(2)试验检验资料。

(3)核查隐蔽工程记录及施工记录。

(4)审查竣工图。建设项目竣工图是真实地记录各种地下、地上建筑物等详细情况的技术文件,是对工程进行交工验收、维护、扩建、改建的依据,也是使用单位长期保存的技术资料。监理工程师必须根据国家有关规定对竣工图绘制基本要求进行审核,以考查施工单位提交竣工图是否符合要求,一般规定如下:

1)凡按图施工没有变动的,则由施工单位(包括总包和分包施工单位)在原施工图上加盖“竣工图”标志后即作为竣工图。

2)凡在施工中,虽有一般性设计变更,但能将原施工图加以修改补充作为竣工图的,可不重新绘制,由施工单位负责在原施工图(必须是新蓝图)上注明修改部分,并附以设计变更通知单和施工说明,加盖“竣工图”标志后,即作为竣工图。

3)如果设计变更的内容很多,如改变平面布置、改变工艺、改变结构形式等,就必须重新绘制改变后的竣工图。由于设计原因造成,由设计单位负责重新绘图;由于施工原因造成的,由施工单位负责重新绘图;由于其他原因造成的,由建设单位自行绘图或委托设计单位绘图，施工单位负责在新图上加盖“竣工图”标志附以有关记录和说明，作为竣工图。

4)各项基本建设工程，特别是基础、地下建筑物、管线、结构、井巷、峒室、桥梁、隧道、港口、水坝以及设备安装等隐蔽部位都要绘制竣工图。在审查施工图时，应注意以下几个方面：

①审查施工单位提交的竣工图是否与实际情况相符。若有疑问，及时向施工单位提出质询。

②竣工图图面是否整洁，字迹是否清楚，是否用圆珠笔和其他易于褪色的墨水绘制，若不整洁，字迹不清，使用圆珠笔绘制等，必须让施工单位按要求重新绘制。

③审查中发现施工图不准确或短缺时，要及时让施工单位采取措施修改和补充。

5. 工程文件的签证

项目竣工验收文件资料经审查，认为已符合工程承包合同及国家有关规定，而且资料准确、完整、真实，监理工程师便可签署同意竣工验收的意见。

第三节　项目竣工结算

项目竣工结算是承包人在所承包的工程按照合同规定的内容全部完工，并通过竣工验收之后，与发包人进行最终工程价款的结算。这是建设工程施工合同双方围绕合同最终确定总的结算价款所开展的工作。

项目竣工验收条件具备后，承包人应按合同约定和工程价款结算的规定，及时编制并向发包人递交项目竣工结算报告及完整的结算资料，经双方确认后，按有关规定办理项目竣工结算。办完竣工结算，承包人应履约按时移交工程成品，并建立交接记录，完善交工手续。

一、建筑工程项目竣工结算的编制

建筑工程项目竣工结算的编制方法是在原工程投标报价或合同

价的基础上，根据所收集、整理的各种结算资料，如设计变更、技术核定、现场签证和工程量核定单等进行直接费的增减调整计算，按取费标准的规定计算各项费用，最后汇总为工程结算造价。

项目竣工结算应由承包人编制，发包人审查，双方最终确定。建筑工程项目竣工结算的编制可依据以下资料：

(1)合同文件。

(2)竣工图纸和工程变更文件。

(3)有关技术核准资料和材料代用核准资料。

(4)工程计价文件、工程量清单、取费标准及有关调价规定。

(5)双方确认的有关签证和工程索赔资料。

二、建筑工程项目竣工结算的办理

1. 项目竣工结算办理规定

(1)工程竣工验收报告经发包人认可后28d内，承包人向发包人递交竣工结算报告及完整的结算资料，双方按照协议书约定的合同价款及专用条款约定的合同价款调整内容，进行工程竣工结算。

(2)发包人收到承包人递交的竣工结算报告及结算资料后28d内进行核实，给予确认或提出修改意见。发包人确认竣工结算报告后通知经办银行向承包人支付工程竣工结算价款。承包人收到竣工价款后14d内将竣工工程交付发包人。

(3)发包人收到竣工结算报告及结算资料后28d内无正当理由不支付工程竣工结算价款，从第29d起按承包人同期向银行贷款利率支付拖欠工程价款的利息，并承担违约责任。

(4)发包人收到竣工结算报告及结算资料后28d内不支付工程竣工结算价款，承包人可以催告发包人支付结算价款。发包人在收到竣工结算报告及结算资料后56d内仍不支付的，承包人可以与发包人协议将该工程折价转让，也可以由承包人申请法院将该工程依法拍卖，承包人就该工程折价或者拍卖的价款优先受偿。

(5)工程竣工验收报告经发包人认可后28d内，承包人未向发包人递交竣工结算报告及完整的结算资料，造成工程竣工结算不能正常进行或工程竣工结算价款不能及时支付，发包人要求交付工程的，承包人应当交付；发包人不要求交付工程的，承包人承担保管责任。

(6)发包人、承包人对工程竣工结算价款发生争议时，按争议的约定处理。

2. 项目竣工结算办理原则

(1)以单位工程或施工合同约定为基础，对工程量清单报价的主要内容，包括：项目名称、工程量、单价及计算结果，进行认真的检查和核对，若是根据中标价订立合同的应对原报价单的主要内容进行检查和核对。

(2)在检查和核对中若发现有不符合有关规定，单位工程结算书与单项工程综合结算书有不相符的地方，有多算、漏算或计算误差等情况时，均应及时进行纠正调整。

(3)建筑工程项目由多个单项工程构成的，应按建筑项目划分标准的规定，将各单位工程竣工结算书汇总，编制单项工程竣工综合结算书。

(4)若建筑工程是由多个单位工程构成的项目，实行分段结算并办理了分段验收计价手续的，应将各单项工程竣工综合结算书汇总编制成建筑项目总结算书，并撰写编制说明。

三、建筑工程项目工程价款的结算

1. 项目工程价款结算方式

(1)按月结算。即实行旬末或月中预支，月终结算，竣工后清算的办法。跨年度竣工的工程，在年终进行工程盘点，办理年度结算。

(2)竣工后一次结算。即建筑项目或单位工程全部建筑安装工程建设期在12个月以内，或者工程承包合同价值在100万元以下的，可实行工程价款每月月中预支，竣工后一次结算。

(3)分段结算。即当年开工，当年不能竣工的单项工程或单位工程按照工程形象进度，划分不同阶段进行结算。分段结算，可以按月预支工程款。

(4)结算双方约定并经开户银行同意的其他结算方式。实行竣工后一次结算和分段结算的工程，当年结算的工程款应与年度完成工作量一致，年终不另清算。

2. 项目工程价款结算方法

(1)承包单位办理工程价款结算时，应填制统一规定的“工程价款结算账单”(表 12-4)，经发包单位审查签证后，通过开户银行办理结算。发包单位审查签证期一般不超过 5d。

表 12-4　　工程价款结算账单

建设单位名称：　　　　年　　月　　日　　　　(单位:元)

单项工程项目名称	合同预算		本期应收工程款	应抵扣款项					本期实收款	备料款余额	本期止已收工程价款累计	说明
	价值	其中:计划利润		合计	预支工程款	备料款	建设单位供给材料价款	各种往来款				

承包单位：　　　　(签章)　　　　财务负责人：　　　　(签章)

注:1. 本账单由承包单位在月终和竣工结算工程价款时填列，送建设单位和经办行各一份。

2. 第 4 栏“本期应收工程款”应根据已完工程月报数填列。

(2)建筑工程价款可以使用期票结算。发包单位按发包工程投资总额将资金一次或分次存入开户银行，在存款总额内开出一定期限的商业汇票，经其开户行承兑后，交承包单位，承包单位到期持票到开户银行申请付款。

(3)承包单位对所承包的工程，应根据施工图、施工组织设计和现行定额、费用标准、价格等编制施工图预算，经发包单位同意，送开户银行审定后，作为结算工程价款的依据。对于编有施工图修正概算或中标价格的，经工程承发包双方和开户银行同意，可据以结算工程价款，不再编制施工图预算。开工后没有编出施工图预算的，可以暂按批准的设计概算办理工程款结算，开户银行应要求承包单位限期编送。

(4)承包单位将承包的工程分包给其他分包单位的，其工程款由总包单位统一向发包单位办理结算。

(5)承包单位预支工程款时,应根据工程进度填列“工程价款预支账单”(表 12-5),送发包单位和开户银行办理付款手续,预支的款项,应在月终和竣工结算时抵充应收的工程款。

表 12-5　　　　工程价款预支账单

建设单位名称　　　　年　　月　　日　　　　(单位:元)

单项工程项目名单	合同预算价值	本旬(或半月)完成数	本旬(或半月)预支工程款	本月预支工程款	应扣预收款项	实支款项	说明

施工企业:　　　　(签章)　　　　财务负责人　　　　(签章)

注:1. 本账单由承包单位在预支工程款时编制。送建设单位和经办行各一份。

2. 承包单位在旬末或月中预支款项时,应将预支数额填入第 4 栏内;所属按月预支,竣工后一次结算的,应将每次预支款项填入第 5 栏内。

3. 第 6 栏“应扣预收款”包括备料款等。

(6)实行预付款结算,每月终了,建筑安装企业应根据当月实际完成的工程量以及施工图预算所列工程单价和取费标准,计算已完工程价值,编制“工程价款结算账单”和“已完工程月报表”(表 12-6),送建设单位和银行办理结算。

表 12-6　　　　已完工程月报表

单项工程项目名称	施工图预算(或计划投资额)	建筑面积	开竣工日期		实际完成数		说明
			开工日期	竣工日期	至上月止已完工程累计	本月份已完工程	

施工企业:　　　　(签章)　　　　编制:　　　　日期　年　月　日

注:本表作为本月份结算工程价款的依据,送建设单位和经办行各一份。

(7)施工期间,不论工期长短,其结算价款一般不得超过承包工程合同价值的95%,结算双方可以在5%的幅度内协商确认尾款比例,并在工程承包合同中注明,尾款应专户存入银行,等到工程竣工验收后清算。

(8)承包单位收取备料款和工程款时,可以按规定采用汇兑、委托收款、汇票、本票、支票等各种结算手段。

(9)工程承发包双方必须遵守结算纪律,不准虚报冒领,不准相互拖欠。对无故拖欠工程款的单位,银行应督促拖欠单位及时清偿。对于承包单位冒领、多领的工程款,按多领款额每日万分之五处以罚款;发包单位违约拖延结算期的,按延付款额每日万分之五处以罚款。

(10)工程承发包双方应严格履行工程承包合同。工程价款结算中的经济纠纷,应协商解决。协商不成,可向双方主管部门或国家仲裁机关申请裁决或向法院起诉。对产生纠纷的结算款额,在有关方面仲裁或判决以前,银行不办理结算手续。

第四节 项目竣工决算

项目竣工决算是由项目发包人(业主)编制的项目从筹建到竣工投产或使用全过程的全部实际支出费用的经济文件。竣工决算综合反映竣工项目建设成果和财务情况,是竣工验收报告的重要组成部分,按国家有关规定,所有新建、扩建、改建的项目竣工后都要编制竣工决算。

项目竣工决算是指所有建筑工程项目竣工后,业主按照国家有关规定编制的竣工决算报告。项目竣工决算是正确核定新增固定资产价值,考核分析投资效果,建立健全经济责任制的依据,也是项目竣工验收报告的重要组成部分。

一、建筑工程项目竣工决算的编制

1. 项目竣工决算的编制依据

(1)项目计划任务书和有关文件。

(2)项目总概算和单项工程综合概算书。

(3)项目设计图纸及说明书。

(4)设计交底、图纸会审资料。

(5)合同文件。

(6)项目竣工结算书。

(7)各种设计变更、经济签证。

(8)设备、材料调价文件及记录。

(9)竣工档案资料。

(10)相关的项目资料、财务决算及批复文件。

2. 项目竣工决算的编制内容

竣工决算是以实物量和货币为单位，综合反映建筑项目或单项工程的实际造价和投资效益，核定交付使用财产和固定资产价值的文件，是建筑项目的财物总结。

(1)竣工决算的内容由文字说明和决算报表两部分组成。

(2)文字说明主要包括：工程概况、设计概算和基建计划的执行情况，各项技术经济指标完成情况，各项投资资金使用情况，建设成本和投资效益分析以及建设过程中的主要经验、存在问题和解决意见等。

(3)决算表格分大中型项目和小型项目两种。大中型项目竣工决算表包括：竣工工程概况表、竣工财务决算表、交付使用财产总表和交付使用财产明细表；小型项目竣工决算表按上述内容合并简化为小型项目竣工决算总表和交付使用财产明细表(表 12-7)。

表 12-7　竣工决算报表

序号	类别	内容及要求
1	竣工工程概况表	(1)包括工程概况、设计概算和基本建设执行情况。 (2)主要反映竣工项目建筑的实际成本以及各项技术经济指标的完成情况，建筑工期和实物工程量完成情况，主要材料消耗情况、建筑成本分析和投资效果分析，新增生产能力和效益分析，建筑过程中主要经验、存在的问题和意见等

续表

序号	类　别	内 容 及 要 求
2	竣工财务决算表	(1)主要反映建筑项目的全部投资来源及其运用情况。 (2)资金来源是指项目全部投入的资金,包括国家预算拨款或贷款、利用外资、基建收入、专项资金和其他资金等。 (3)资金运用反映建筑项目从开始筹建到竣工验收的全过程中资金运用全面情况,主要包括作为基本建设成果而交付使用的财产和少量收尾工程;已经支出但不构成交付使用财产的资金,即核销支出;结余财产及物资,包括应安装的设备、库存材料、因自行施工而购置的施工机具设备、银行结余存款和现金、专用基金及应收款等
3	交付使用财产总表和明细表	包括交付使用的固定资产构成情况(建安工程费用、设备费用和其他费用)和流动资金的详细情况

3. 项目竣工决算的编制程序

(1)收集、整理有关项目竣工决算依据。在项目竣工决算编制之前,应认真收集、整理各种有关的项目竣工决算依据,做好各项基础工作,保证项目竣工决算编制的完整性。项目竣工决算的编制依据是各种研究报告、投资估算、设计文件、设计概算、批复文件、变更记录、招标控制价、投标报价、工程合同、工程结算、调价文件、基建计划和竣工档案等各种工程文件资料。

(2)清理项目账务、债务和结算物资。项目账务、债务和结算物资的清理核对是保证项目竣工决算编制工作准确有效的重要环节。要认真核实项目交付使用资产的成本,做好各种账务、债务和结余物资的清理工作,做到及时清偿、及时回收。清理的具体工作要做到逐项清点、核实账目、整理汇总和妥善管理。

(3)填写项目竣工决算报告。项目竣工决算报告的内容是项目建筑成果的综合反映。项目竣工决算报告中各种财务决算表格中的内容应依据编制资料进行计算和统计,并符合有关规定。

(4)编写竣工决算说明书。项目竣工决算说明书具有建设项目竣工决算系统性的特点,综合反映项目从筹建开始到竣工交付使用为止,全过程的建筑情况,包括项目建筑成果和主要技术经济指标的完成情况。

(5)报上级审查。项目竣工决算编制完毕,应将编写的文字说明和填写的各种报表，经过反复认真校稿核对，无误后装帧成册，形成完整的项目竣工决算文件报告，及时上报审批。

二、建筑工程项目竣工决算的审查

项目竣工决算编制完成后，在建筑单位或委托咨询单位自查的基础上，应及时上报主管部门并抄送有关部门审查，必要时，应经有权机关批准的社会审计机构组织的外部审查。大中型建筑项目的竣工决算，必须报该建筑项目的批准机关审查，并抄送省、自治区、直辖市财政厅、局和财政部审查。

1. 项目竣工决算审查的内容

建筑工程项目竣工决算一般由建设主管部门会同银行进行会审。重点审查以下内容：

(1)根据批准的设计文件，审查有无计划外的工程项目。

(2)根据批准的概(预)算或包干性指标，审查建筑成本是否超标，并查明超标原因。

(3)根据财务制度，审查各项费用开支是否符合规定，有无乱挤建设成本、扩大开支范围和提高开支标准的问题。

(4)报废工程和应核销的其他支出中，各项损失是否经过有关机构的审批同意。

(5)历年建设资金投入和结余资金是否真实准确。

(6)审查和分析投资效果。

2. 项目竣工决算审查的程序

(1)建筑项目开户银行应签署意见并盖章。

(2)建筑项目所在地财政监察专员办事机构应签署审批意见盖章。

(3)最后由主管部门或地方财政部门签署审批意见。

第五节　项目回访保修

项目竣工验收后，承包人应按工程建设法律、法规的规定，履行工程质量保修义务，并采取适宜的回访方式为顾客提供售后服务。项目回访与质量保修制度应纳入承包人的质量管理体系，明确组织和人员的职责，提出服务工作计划，按管理程序进行控制。

建筑工程的保修回访是建筑工程在竣工验收交付使用后，在一定的期限内(例如1年左右的时间)由施工单位主动到建设单位或用户进行回访，对工程建筑物发生使用功能不良或无法使用的问题确实是由于施工单位施工责任造成的，由施工单位负责修理，直至达到正常使用的标准。房屋建筑工程质量保修是指对房屋建筑工程竣工验收后在保修期限内出现的质量缺陷，予以修复。所谓质量缺陷，是指房屋建筑工程的质量不符合工程建设强制性标准以及合同的约定。

项目回访保修制度属于建筑工程项目竣工收尾管理范畴，在项目管理中，体现了项目承包者对建筑工程项目负责到底的精神，体现了社会主义施工企业“为人民服务，对用户负责”的宗旨。1983年国家计委颁发的《施工企业为用户负责守则》中明确规定，施工企业必须做到:施工前为用户着想，施工中对用户负责，竣工后让用户满意，积极搞好“三保”(保试运、保投产、保使用)和回访保修。

根据《建设工程质量管理条例》规定，建筑工程实行质量保修制度。建筑工程质量保修制度是国家所确定的重要法律制度。完善建筑工程质量保修制度，对于促进承包方加强质量管理，保护用户及消费者的合法权益可起到重要的保障作用。

一、建筑工程项目回访工作方式

回访应以业主对竣工项目质量的反馈及特殊工程采用的新技术、新材料、新设备和新工艺等的应用情况为重点，并根据需要及时采取改进措施。

建筑工程项目回访工作的方式一般有以下几种：

(1)季节性回访。大多数是雨季回访屋面、墙面的防水情况，冬期回访锅炉房及采暖系统的情况。如发现问题，采取有效措施，及时加以解决。

(2)技术性的回访。主要了解在工程施工过程中所采用的新材料、新技术、新工艺、新设备等的技术性能和使用后的效果，发现问题及时加以补救和解决。同时也便于总结经验，获取科学依据，不断改进与完善,为进一步推广创造条件。这种回访既可定期进行,又可不定期进行。

(3)保修期满前的回访。这种回访一般是在保修即将届满之前,既可以解决出现的问题,又标志着保修期即将结束,使业主单位注意建筑物的维修和使用。

二、建筑工程项目回访工作计划的编制

在项目经理的领导下,由生产、技术、质量及有关方面人员组成回访小组,并制订具体的项目回访工作计划。回访保修工作计划应形成文件,每次回访结束应填写回访记录,并对质量保修进行验证。回访应关注发包人及其他相关方对竣工项目质量的反馈意见,并及时根据情况实施改进措施。

1. 项目回访工作计划内容

(1)主管回访保修的部门。

(2)执行回访保修工作的单位。

(3)回访时间及主要内容和方式。

2. 项目回访工作计划编制形式

建筑工程项目回访保修工作计划应由承包人的归口管理部门统一编制。回访保修工作计划编制的一般表式,见表 12-8。

表 12-8　　　　回访工作计划

（　　年度）

序号	建设单位	工程名称	保修期限	回访时间安排	参加回访部门	执行单位

单位负责人：　　　　　　　　归口部门：　　　　　　　　编制人：

三、建筑工程质量保修书

承包人签署工程质量保修书,其主要内容必须符合法律、行政法

规和部门规章已有的规定。没有规定的，应由承包人与发包人约定，并在工程质量保修书中提示。签发工程质量保修书应确定质量保修范围、期限、责任和费用的承担等内容。

1. 项目质量保修范围

一般来讲，凡是施工单位的责任或者由于施工质量不良而造成的问题，都应该实行保修。根据以往的经验，保修的内容主要包括：屋面、地下室、外墙、阳台、厕所、浴室、卫生间及厨房等处渗水、漏水；各种管道渗水、漏水、漏气；通风孔和烟道堵塞；水泥地面大面积起砂、裂缝、空鼓；墙面抹灰大面积起泡、空鼓、脱落；暖气局部不热，接口不严渗漏，以及其他使用功能不能正常发挥作用的部位。

凡是由于用户使用不当而造成建筑功能不良或损坏者，不属于保修范围；凡属工业产品发生问题者，亦不属于保修范围，应由建设单位自行组织修理。

2. 项目质量保修期限

《建设工程质量管理条例》规定，在正常使用条件下，建筑工程的最低保修期限如下：

(1)基础设施工程、房屋建筑的地基基础工程和主体结构工程，为设计文件规定的该工程的合理使用年限。

1)屋面防水工程、有防水要求的卫生间、房间和外墙面的防渗漏，为 5 年。

2)供热与供冷系统，为 2 个采暖期、供冷期。

3)电气管线、给排水管道、设备安装和装修工程，为 2 年。

(2)其他项目的保修期限由发包方和承包方约定。

建筑工程在超过合理使用年限后仍需要继续使用的，产权所有人应当委托具有相应资质等级的勘察、设计单位鉴定，并根据鉴定结果采取加固、维修等措施，重新界定使用期限。

3. 项目保修责任

建筑工程情况一般比较复杂，修理项目往往由多种原因造成。所以，经济责任必须根据修理项目的性质、内容和修理原因诸因素，由建设单位和施工单位共同协商处理。一般分为以下几种：

(1)修理项目确实由于施工单位施工责任或施工质量不良遗留的隐患,应由施工单位承担全部检修费用。

(2)修理项目是由建设单位和施工单位双方的责任造成的,双方应实事求是地共同商定各自承担的修理费用。

(3)修理项目是由于建设单位的设备、材料、成品、半成品及工业产品等的质量不良等原因造成的,应由建设单位承担全部修理费用。

(4)修理项目是由于用户使用不当,造成建筑物功能不良或损坏时,应由建设单位承担全部修理费用。

(5)涉外工程的保修问题,除按照上述办法处理外,还应依照合同条款的有关规定执行。

4. 项目保修费用的处理

由于建筑工程情况比较复杂,不像其他商品那样单一性强,有些问题往往是由于多种原因造成的。因此,在费用的处理上必须根据造成问题的原因以及具体的返修内容,有关单位需共同商定处理办法。一般来说有以下几种情况：

(1)若为设计原因造成的问题,则应由原设计单位负责。原设计单位或业主委托新的设计单位修改设计方案,业主向施工单位提出新的委托,由施工单位进行处理或返修,其新增费用由原设计单位负责。由此给项目(业主)造成的其他损失,业主可向原设计单位提出索赔。

(2)因施工安装单位的施工和安装质量原因造成的问题,由施工安装单位负责进行保修,其费用由施工安装单位负责。由此给项目造成的其他损失,业主可向施工安装单位提出索赔。

(3)因设备质量原因造成的问题,由设备供应单位负责进行保修,其费用由设备供应单位负责。由此给项目造成的其他损失,业主可向设备供应单位提出索赔。

(4)如因用户在使用后有新的要求或用户使用不当需进行局部处理和返修时,由用户与施工单位协商解决,或用户另外委托施工,费用由用户自己负责。

第六节　项目考核评价

项目结束后，应对项目管理的运行情况进行全面评价。项目考核评价是项目干系人对项目实施效果从不同角度进行的评价和总结。通过定量指标和定性指标的分析、比较，从不同的管理范围总结项目管理经验，找出差距，提出改进处理意见。

项目考核评价是对项目管理主体行为与项目实施效果的检验和评估，是客观反映项目管理目标实现情况的总结。通过项目考核评价可以总结经验，找出差距，制定措施，进一步提高建设工程项目管理水平。

一、建筑工程项目考核评价方式

根据项目范围管理和组织实施方式的不同，应采取不同的项目考核评价方式。通常而言，建筑工程项目考核评价可按年度进行，也可按工程进度计划划分阶段进行，还可综合以上两种方式，按工程部位划分阶段进行，考核中插入按自然时间划分阶段进行考核。工程完工后，必须全面地对项目管理进行终结性考核。

项目终结性考核的内容应包括确认阶段性考核的结果，确认项目管理的最终结果，确认该项目经理部是否具备“解体”的条件。经考核评价后，兑现“项目管理目标责任书”确定奖励和处罚。

二、建筑工程项目考核评价指标

项目考核评价指标可分为定量指标和定性指标两类，是对项目管理的实施效果做出客观、正确、科学分析和论证的依据。选择一组适用的指标对某一项目的管理目标进行定量或定性分析，是考核评价项目管理成果的需要。

1. 定量指标

建筑工程项目考核评价的定量指标是指反映项目实施成果，可作量化比较分析的专业技术经济指标。定量指标的内容应按项目评价的要求确定，主要包括以下几项：

(1)工期。建筑工程的工期长短是综合反映工程项目管理水平、项目组织协调能力、施工技术设备能力和各种资源配置能力等方面情况的指标。在评价项目管理效果时,一般都把工期作为一个重要指标来考核。

实际工期是指统计实际工期,可按单位工程、单项工程和建筑项目的实际工期分别计算。工期提前或拖后是指实际工期与合同工期出现的差异及与定额工期出现的差异。

项目工期分析的主要内容应该包括以下几个方面:

1)工程项目建设的总工期和单位工程工期或分部分项工程工期,以计划工期同实际工期进行对比分析,还要对比分析各主要施工阶段控制工期的实施情况。

2)施工方案是否是最合理、最经济并能有效地保证工期和工程质量的方案,通过实施情况的综合汇总,检查施工方案的优点和缺点。

3)施工方法和各项施工技术措施是否满足了施工的需要,特别应该把重点放到分析和评价工程项目中的新结构、新技术、新工艺,高耸的、大跨度的、重型的构件,以及深基础等新颖、施工难度大或有代表性的施工方面。

4)工程项目的均衡施工情况以及土建中水、暖、电、卫、设备安装等分项工程的工期和协作配合情况。

5)劳动组织、工种结构是否合理以及劳动定额达到的水平。

6)各种施工机械的配置是否合理以及台班、台时的产量水平。

7)各项保证安全生产措施的实施情况。

8)各种原材料、半成品、加工订货、预制构件(包括建设单位供应部分)的计划与实际供应情况。

9)施工过程中项目总工期和单位工程工期或分部、分项工程工期提前或拖延的原因分析。

10)施工过程中赶工现象的统计分析。

11)与分包商的工期衔接和配合情况。

12)施工现场的文明施工情况。

13)其他与工期有关工作的分析,如开工前的准备工作、施工中各主要工种的工序搭接情况等。

(2)质量。工程质量是项目考核评价的关键性指标,它是依据工程建设强制性标准的规定,对工程质量合格与否做出的鉴定。评价工程质量的依据是工程勘察质量检查报告、工程设计质量检查报告、工程施工质量检查报告以及工程监理质量评估报告等。

项目工程质量分析的主要内容应该包括以下几个方面:

1)工程质量按国家规定的标准所达到的等级(即"优良"或"合格"),是否达到控制目标。

2)隐蔽工程质量分析。

3)地基、基础工程的质量分析。

4)主体结构工程的质量分析。

5)水、暖、电、卫和设备安装工程的质量分析。

6)装修工程的质量分析。

7)重大质量事故的分析。

8)质量返工和修补的统计分析。

9)各项保证工程质量措施的实施情况及是否得力。

10)工程质量责任制的执行情况。

11)全面质量管理的落实情况。

12)QC(质量管理)小组的活动情况。

(3)成本。成本指标有两个:降低成本额和降低成本率。

$$降低成本额=预算成本-实际成本 \quad (12\text{-}1)$$

$$降低成本率=(预算成本-实际成本)/预算成本\times100\% \quad (12\text{-}2)$$

项目成本分析应包括以下内容:

1)总收入和总支出对比。

2)人工成本分析和劳动生产率分析。

3)材料、物资的耗用水平和管理效果分析。

4)施工机械的利用和费用收支分析。

5)其他各类费用的收支情况分析。

6)计划成本和实际成本比较。

7)成本控制各分项目标的实际节约或超支情况的统计分析。

8)垫资施工(如果有)对成本费用的影响情况。

9)业主拖延付款对成本费用的影响情况。

10)返工或修补的成本费用统计分析。

11)额外或无效工作的成本费用统计分析。

(4)职业健康安全。职业健康安全控制目标是工程项目管理的重要目标之一,按照《建筑施工安全检查标准》(JGJ 59—2011)的规定,项目职业健康安全标准分为优良、合格、不合格三个等级。

项目职业健康安全控制目标包括杜绝重大伤亡事故、杜绝重大机械事故、杜绝重大火灾事故和工伤频率控制等。

贯彻“安全第一,预防为主”的方针,坚持职业健康安全控制程序,消除、减少安全事故,保证人员健康安全和财产免受损失,是实现安全控制目标的重要保证。

(5)环境保护。环境保护是按照法律、法规、标准的规定,各级行政主管部门和企业保护和改善项目现场的环境,控制现场的各种粉尘、废水、废气、固体废弃物、噪声、振动等对环境的污染和危害。项目环境保护指标的内容主要如下:

1)项目现场噪声限值。

2)现场土方、粉状材料管理覆盖率和道路硬化率。

3)项目资源能源节约率等。

2. 定性指标

建筑工程项目考核评价的定性指标,是指综合评价或单项评价项目管理水平的非量化指标,且有可靠的论证依据和办法,对项目实施效果做出科学评价。

项目考核评价的定性指标可包括经营管理理念,项目管理策划,管理制度及方法,新工艺、新技术推广,社会效益及其社会评价等。

三、建筑工程项目考核评价程序

(1)制定考核评价办法。

(2)建立考核评价组织。

(3)确定考核评价方案。

(4)实施考核评价工作。

(5)提出考核评价报告。

四、建筑工程项目管理总结

1. 项目管理总结内容

项目管理总结是全面、系统反映项目管理实施情况的综合性文件。项目管理结束后,项目管理实施责任主体或项目经理部应进行项目管理总结。项目管理总结应在项目考核评价工作完成后编制。

建筑工程项目管理总结的内容主要包括以下几个方面:

(1)项目概况。

(2)组织机构、管理体系、管理控制程序。

(3)各项经济技术指标完成情况及考核评价。

(4)主要经验及问题处理。

(5)其他需要提供的资料。

2. 项目管理总结结论

通过建筑工程项目管理总结,应当得出以下结论:

(1)合同完成情况。即是否完成了工程承包合同,以及内部承包合同责任承担的实际完成情况。

(2)施工组织设计和管理目标实现的情况。

(3)项目的质量状况。

(4)工期对比状况及工期缩短(或延误)所产生的效益(或损失)。

(5)项目的成本节约状况。

(6)项目实施和项目管理过程中提供的经验和教训。

对建筑工程项目管理中形成的所有总结及相关资料应按有关规定及时予以妥善保存。

参 考 文 献

[1] 国家标准. GB/T 50326—2006 建设工程项目管理规范[S]. 北京:中国建筑工业出版社,2006.

[2] 杜晓玲. 建设工程项目管理[M]. 北京:机械工业出版社,2006.

[3] 宫立鸣,孙正茂. 工程项目管理[M]. 北京:化学工业出版社,2005.

[4] 刘喆,刘志君. 建设工程信息管理[M]. 北京:化学工业出版社,2005.

[5] 胡志根,黄建平. 工程项目管理[M]. 武汉:武汉大学出版社,2004.

[6] 冯州,张颖. 项目经理安全生产管理手册[M]. 北京:中国建筑工业出版社,2004.

[7] 卜振华,吴之昕. 施工项目资源管理[M]. 北京:中国建筑工业出版社,2004.

[8] 卜振华. 项目管理模式与组织[M]. 北京:中国建筑工业出版社,2003.

[9] 顾勇新. 施工项目质量控制[M]. 北京:中国建筑工业出版社,2003.

[10] 刘允延. 建筑工程项目成本管理[M]. 北京:机械工业出版社,2003.

中国建材工业出版社
China Building Materials Press